DELIUS KLASING

Dirk-Michael Conradt

Audi 100 Coupé S

Edition **Audi Tradition**

DELIUS KLASING VERLAG

Inhalt

Von Fakten und von Zeitzeugen

Wer Ereignisse – und dazu zählen sicherlich auch Automobile – lediglich aus heutiger Sicht beurteilt, sie mit aktuellen Maßstäben misst, der wird ihnen nicht gerecht. Wer damals nicht dabei war, der kommt meist zu Fehleinschätzungen, weil sich das Vorstellungsvermögen am aktuellen Stand der Dinge orientiert. Der aktuelle Stand ist jedoch der vorläufige Endpunkt einer Entwicklung, deren Stationen und Facetten die Situation des Anfangs überlagern. Was heute cool erscheint, das fanden Auto-Enthusiasten zu ihrer Zeit oftmals dröge. Und was heute als Langweiler unter den Autos gilt, das erschien den damaligen Betrachtern womöglich als außerordentlich. Nur wer eine Sache, ein Automobil mit den Augen seiner Zeitzeugen beurteilt, der schätzt ihre Wirkung korrekt ein, misst ihren individuellen Status an Maßstäben der jeweiligen Epoche.

Ein einfaches und einleuchtendes Beispiel dafür ist das Leistungsvermögen der Autos vor 50 oder vor 60 Jahren. Aus heutiger Sicht mag die Hubraum-Erweiterung des VW Käfers im Jahre 1965 von 1,2 auf 1,3 Liter marginal erscheinen – damals war dieser Sprung, auch der damit erzielte Potenz-Zuwachs von 34 auf 40 PS nicht nur der Rede wert, sondern unter Autofahrern Anlass für erregte Diskussionen. Der einst, 1968, unsägliche „Nasenbär“-VW 411 ist heute Kult – nicht etwa trotz, sondern gerade wegen seiner verunglückten Formgebung. 90 PS im Audi Super 90 aus dem Jahr 1966? Das ist heute bestenfalls Mittelmaß, damals empfanden autointeressierte Menschen die Kombination einer braven Limousine mit der Potenz eines Porsche 356 Super 90 als Sensation. NSU – pardon: VW – K 70? Damals, 1969/70, allenthalben als Wunderauto gepriesen, heute wissen nur noch K 70-Clubmitglieder um dessen Meriten. Ein Sportcoupé mit 115 PS? Heute trüge so ein Gefährt den Stempel „mehr Schein als Sein“, doch noch 1969 leistete ein Porsche 911T gerade mal 110 PS, und 1970 galt dieser 115 PS-Audi 100 Coupé S als eines der temperamentvollsten Autos aus Deutschland.

Was heute nicht der Rede wert, war damals Anlass für erregte Diskussionen: sechs Mehr-PS im VW Käfer 1300 anno 1965 (oben).

Einst belächelt und verspottet, heute Kultstatus: „Nasenbär“-VW 411/412 ab 1968 (unten).

Nur wer dabei war, kann die Dinge richtig beurteilen

Audi Super 90

Sensation von 1966: bürgerliche Mittelklasse-Limousine mit der Leistung eines Porsche – der Audi Super 90 beeindruckte Zeitgenossen mit Temperament (unten).

Gestern toll, heute moll: Der VW K 70, Wunderauto von 1969/70 und erster Frontantriebs-VW, geriet in Vergessenheit (rechts).

Dass der Audi serienmäßig Nackenstützen an den vorderen Sitzen trug, dass er eine Heckscheibenheizung besaß und einen großen Drehzahlmesser im Armaturenbrett, heute so selbstverständlich wie Sicherheitsgurte und elektrische Fensterheber, das war damals Anlass zur Lobpreisung, als Derartiges selbst bei einer Sportlimousine wie dem BMW 2002 Aufpreise kostete. Und dass Ende der 1960er Jahre ein Audi 100 LS und ein Mercedes 200/8, immerhin Limousinen der gehobenen Mittelklasse, serienmäßig über eine Zeituhr, ein Türschloss an der Beifahrertür und zwei Rückfahrscheinwerfer verfügten, das war dem Stuttgarter Automagazin *mot* in Ausgabe 16/ 1969 immerhin einen Lauftext-Absatz voller Hochachtung wert …

Gute Beispiele für im Laufe der Zeit veränderte Betrachtungsweisen repräsentieren auch einige Italiener – und ein heute geradezu legendärer Engländer. Vortritt den Italienern: Autobianchi A 112? 1969 ein allenthalben gefeiertes Kleinwagen-Highlight, klein zwar in den Maßen, doch edel gemacht, mit 44 PS extrem spritzig, Ausstattung wie in der Mittelklasse, Straßenlage vom Feinsten, einer der Ersten mit großer Hecktür und klappbarem Rücksitz. Und wie steht es um die kleine Mailand-Perle heute? Ein Niemand auf vier Rädern, angeboten zum Grabbelkisten-Preis. Alfasud? 1972 in Fachzeitschriften für sein pfiffiges Giugiaro-Design, seine fantastische Straßenlage und sein Temperament gerühmt – doch wer kennt heute noch diesen einstigen Revoluzzer der gehobenen Kleinwagen-Klasse, der sich in aktuellen Verkaufs-Foren die Reifen platt steht …?

Wäre heute nicht der Rede wert, war Ende der 1960er Jahre jedoch eine Sensation: Audi 100 Coupé S aus Ingolstadt mit immerhin 115 PS, dies in einer Zeit, …

… als die Sportwagen-Institution Porsche in Stuttgart-Zuffenhausen den Typ 911T mit lediglich 110 PS anbot (rechts).

Wer kennt heute noch die einst gefeierte Kleinwagen-Perle Autobianchi A 112 aus Mailand? !969 sportlicher Trendsetter, heute „Standuhr" bei mobile.de.

Wer schätzt heute noch die Alfa-Revolution Alfasud von 1972? Seine Straßenlage setzt bis heute Maßstäbe, sein Giugiaro-Design inspirierte später Renault und Seat.

Generationen-Vergleich anno 1960: Den ultramoderne Austin empfand der Tester als „unnötig häßlich" – der klassische Fiat schien ihm in vielerlei Hinsicht überlegen.

Die zeitgenössische Mini-Werbung nahm voraus, was erst später zum Image des kleinen Briten wurde: „coole Karre für beautiful people".

Ein besonders spektakuläres Beispiel für den Anschauungs-Unterschied zwischen gestern und heute verkörpert der später fast schon mystisch verklärte, klassische Mini. Bei seinem Erscheinen 1959/60 standen die Menschen eher ratlos vor dieser Schuhschachtel mit Dackelbeinen. „Wie jeder an den biederen Außenlinien erkennen kann", ätzte etwa *Roller Mobil Kleinwagen*[1]-Redakteur Dr. Paul Simsa in Ausgabe 1/1960 über das Briten-Unikum, „hatte man für einen Stylisten keinen Penny übrig." Die Karosserie-Seitenansicht bezeichnete Simsa folglich als „arg langweilig", um schließlich zu einem vernichtenden Fazit zu gelangen, das Mini-Design betreffend: „unnötige Häßlichkeiten". Dass Austin seinen Kleinen als „Europas modernsten Wagen" bezeichnete, konterte der Kleinwagen-Kritiker mit diesen Worten: „... so bescheiden und urteilslos ist Europa doch wieder nicht."

In der Tat: Man muss Autos aus der Sicht ihrer Ära beschreiben und beurteilen. Selbst heute noch lebende Zeitgenossen, zu denen ich in Sachen Audi-Frühzeit durchaus zähle, tun sich da schwer. Der Psychologe spricht in diesem Zusammenhang von „selektiver Wahrnehmung" oder davon, dass man Erlebtes stets auf's Neue resettet ... und dabei verändert, je nach Mentalität und Sachverhalt zum Guten oder zum Schlechten. Mir scheint es deshalb sicherer zu sein, auf meine eigenen Erinnerungen möglichst selten zurückzugreifen – einzig im folgenden Prolog-

Kapitel nahm ich mir die Freiheit. Stattdessen vertraue ich auf die Urteile derer, die sich Autos damals professionell zur Brust nahmen und über sie schrieben. Das sind nun einmal die Test-Redakteure der einst im Vergleich zu heute noch zahlreicheren Automobil-Fachblätter. Die „fremden Federn" ordne ich selbstverständlich akribisch zu, gebe Hinweise auf die entsprechenden Publikationen, die Ausgaben und möglichst auch die Autoren. Dass dabei überproportional oft *auto motor und sport* zitiert wird, möge der Leser verzeihen – das in Stuttgart erscheinende Motor-Magazin war nun einmal in der fraglichen Zeit die Informations-Quelle Nummer 1, wenn es um Automobile geht ...

Ein möglichst realistisches Portrait eines Automobils, in diesem Fall des Audi 100 Coupé S, ist mein Ziel. Dazu gehört auch die in Jahren gemessen kurze, jedoch turbulente und so sehr prägende Vorgeschichte des ersten „Premium-Automobils" von Audi. Das Schicksal der Nachkriegs-Auto Union nimmt folglich entsprechend der Bedeutung dieses facettenreichen deutschen Industriekapitels einen relativ breiten Raum ein – und natürlich bedarf meines Erachtens auch die Coupé-Basis, der einstige „Shooting-Star" der deutschen Auto-Produktion, einer detaillierten Beschreibung. Denn was für die Audi 100 Limousine galt und gilt, das ist gleichermaßen relevant für deren Topmodell mit zwei Türen, gekürztem Radstand und „schnellem Rücken"...

Die Chronik der frühen Auto Union-Nachkriegsjahre, der ersten Nachkriegsmodelle namens Audi mit deren Höhepunkte Audi 100 und 100 Coupé S – ich hoffe, diese für Ingolstadt so turbulenten Zeiten auf den folgenden Seiten mit Hilfe meiner journalistischen Kollegen der damaligen Zeit möglichst korrekt zu erzählen – und nicht nur mit deren Expertise. Mit **Hartmut Warkuß** stand überdies der damalige Formgeber des Audi Coupés, verantwortlich überdies für dessen beiden Ingolstädter Nachfolger der zweiten und dritten Generation, ausführlich Rede und Antwort. **Peter Falk**, Porsche Urgestein und einst als Chef des Weissacher Fahrversuchs zuständig für die Entwicklung der Porsche-Fahrzeuge zur Serienreife, gab Anekdoten einer Wüstenfahrt zum Besten, in denen ein 928-Prototyp im Audi Coupé-Kleid eine herausragende Rolle spielte.

Ihnen allen dient mein Dank genauso, wie einmal mehr **Ralf Friese** von Audi Tradition, der in Ingolstadt unermüdlich Archivmaterialien ausgrub, selektierte, zuordnete, scannte und gen Chronik-Redaktion in Norddeutschland schickte. Nach Audi A2 (2018) und Audi quattro (2020) war mir die Arbeit am Audi 100 Coupé S dadurch einmal mehr ein spannendes Vergnügen.

[1] Das in den 1950er Jahren auf die damals populären Kleinstwagen spezialisierte Magazin des Stuttgarter Motor-Presse-Verlags wurde in den 1960er Jahren im Zuge eines Relaunches zu *mot*.

Design-Legende Hartmut Warkuß erinnerte sich im Gespräch mit dem Chronik-Autor gern an den Audi 100 Coupé S: „Das war bei Audi meine erste Schüssel ..."

Porsche-Legende Peter Falk erzählt von Wüsten-Fahrten mit 928-Prototypen – einer davon im Audi 100 Coupé-Ornat.

Audi- (und DKW-)Guru Ralf Friese förderte im Archiv von Audi Tradition Coupé-Schätze zutage und schuf die Basis für diese Chronik.

Erinnerungen des Autors

Audi-Image in den 1960/70er Jahren – ein Prolog

Er wollte nicht auf mich hören, mein alter Herr, damals in den 1960er Jahren. Mit unserem hellblauen Opel Rekord Caravan des Baujahres 1962 waren wir nach Düsseldorf gereist. Hugo sollte besucht werden, Vaters Kriegskamerad. Der war noch vor ein paar Jahren Mitarbeiter der damals in Düsseldorf ansässigen Auto Union[1], und das hatte auch jetzt noch, 1966, automobile Folgen: In seiner Garage stand nämlich sein jüngst erworbener, brandneuer Audi Super 90, viertürig, beigefarbener Lack, die Radausschnitte sehr edel mit Chromleisten eingefasst – und mit sagenhaften 90 PS unter der Motorhaube. Das waren 35 PS mehr, als unser Opel mit ähnlichem Hubraum bot, und fast so viel, wie der italienische Maßstab aller Sportlimousinen, die rassige Giulia TI von Alfa Romeo ...

Vaters Opel Rekord Caravan war dem Coupé-Chronisten Anfang der 1960er Jahre nicht stark genug und folglich zu langsam.

In den 1960er Jahren Maß der Leistungs-Dinge: Alfa Romeo Giulia TI. Mit 92 PS ist die Italienerin nur zwei PS stärker ...

... als der Audi Super 90, der im zeitgenössischen Prospekt genau so aussieht, wie 1966 in der Garage von Vaters Freund Hugo.

[1] Nachdem die sächsischen Werke der einstigen Auto Union AG nach 1945 von der sowjetzonalen Regierung enteignet worden waren, wurden DKW-Zweiräder der neuen Auto Union GmbH ab 1949 in Ingolstadt, DKW-Pkw hingegen ab 1950 in Düsseldorf gefertigt. Erst 1962 wechselte der DKW-Fahrzeugbau komplett nach Ingolstadt, nachdem die Auto Union GmbH 1958 von Daimler-Benz aufgekauft worden war – siehe dazu auch das Kapitel „Die Auto Union nach dem Zweiten Weltkrieg ...“ ab Seite 34.

„Wäre das nicht auch für uns das Richtige?", quengelte ich während der Heimfahrt nach Stuttgart, „überlege doch mal: 90 PS, über 160 Spitze!" „Noi!", beschied mich der Senior schwäbisch und kurz angebunden. „I will koin DKW!" Ein Audi war für ihn ein DKW, da ließ er sich nicht beirren, damals in den 1960er Jahren, trotz des im Audi seit ein paar Jahren werkelnden Viertaktmotors, den noch Mercedes-Benz-Ingenieure konstruiert hatten. Mit DKW assoziierte Vater das Ärmliche der im Zweitakt knatternden Vehikel der frühen Nachkriegsjahre: qualmende Mopeds und Motorräder, scheppernde und zerfledderte, kleine Limousinen, DKW-Restbestände aus den 1930er Jahren, die im Krieg keine Verwendung gefunden hatten. Und so wurde es statt des von mir begehrten und empfohlenen „DKW" Audi Super 90 ein Peugeot 404. Der litt im Vergleich zu meinem Favoriten zwar unter einem 20 PS Leistungs-Manko, dafür bot er jedoch Walter Conradt, frankophil, da in der württembergischen Schule einst im Französischen unterrichtet, den Image-Vorteil eines weltmännischen Geschmacks.

Folglich liebte er seinen „Pöscho", und der französischen Marke blieb er zu meinem Leidwesen auch noch treu, als Audi 1968 den eleganten Typ 100 lancierte. Zwar riet ich ihm damals als mittlerweile von *auto motor und sport* geprägter Jüngling zum 100 PS starken 100 LS. Der hatte schließlich im Vergleichstest des Stuttgarter Auto-Magazins, Ausgaben 26/1969 und 1/1970, die Konkurrenz von Alfa Romeo, Ford, Opel und BMW „gebügelt", einzig übertroffen vom knapp 3.000 DM teureren Mercedes-Benz. Die Redakteure der Kölner *Auto Zeitung* setzten den mittlerweile zum 112 PS-100 GL geadelten Ingolstädter im großen Vergleichstest der Ausgaben 26/1971 und 1/1972 gar auf Platz 1. Die Gegner (in der Reihenfolge ihrer Platzierungen): Mercedes 220, Volvo 144, Peugeot 504 Injection und BMW 2000. Doch das überzeugte meinen Senior nicht: Er entschied sich statt für einen Audi 100 für den Nachfolger seines 404 mit der Kennzahl 504.

Audi-Image in den 1960er/70er Jahren: „Mehr Volksmusik als Beat"

Nicht mit Punkten bedachten weder die Stuttgarter, noch die Kölner Tester freilich das Image der Vergleichskandidaten – jenes Kriterium also, das meinen Erzeuger von Audi hatte Abstand halten lassen. Und doch pflegte zumindest die *auto motor und sport*-Truppe auch zum Thema Audi-Image eine dezidierte, überwiegend ironisch kolportierte Meinung. Bei Audi-Fahrern, so ein nicht allzu ernst gemeintes „automobilistisches Image-Kompendium" in Ausgabe 10/1967, läge die Annahme nahe, „daß sie vorher einen DKW besessen hätten". Neben dem Zweitaktprinzip kämen bei ihnen diese Anliegen in Frage: „Freikörperkultur, Zen-Buddhismus, Kontakt mit Venus-Menschen."

Grund für Vaters Audi-Reserve: den Krieg überlebende DKW-Veteranen, noch in den 1950er Jahren oft knatternd und qualmend im täglichen Gebrauch.

Grund zur Freude – trotz des 20 PS-Defizits im Vergleich zum Audi Super 90: Vater und Sohn C. im 1967 neuen Peugeot 404.

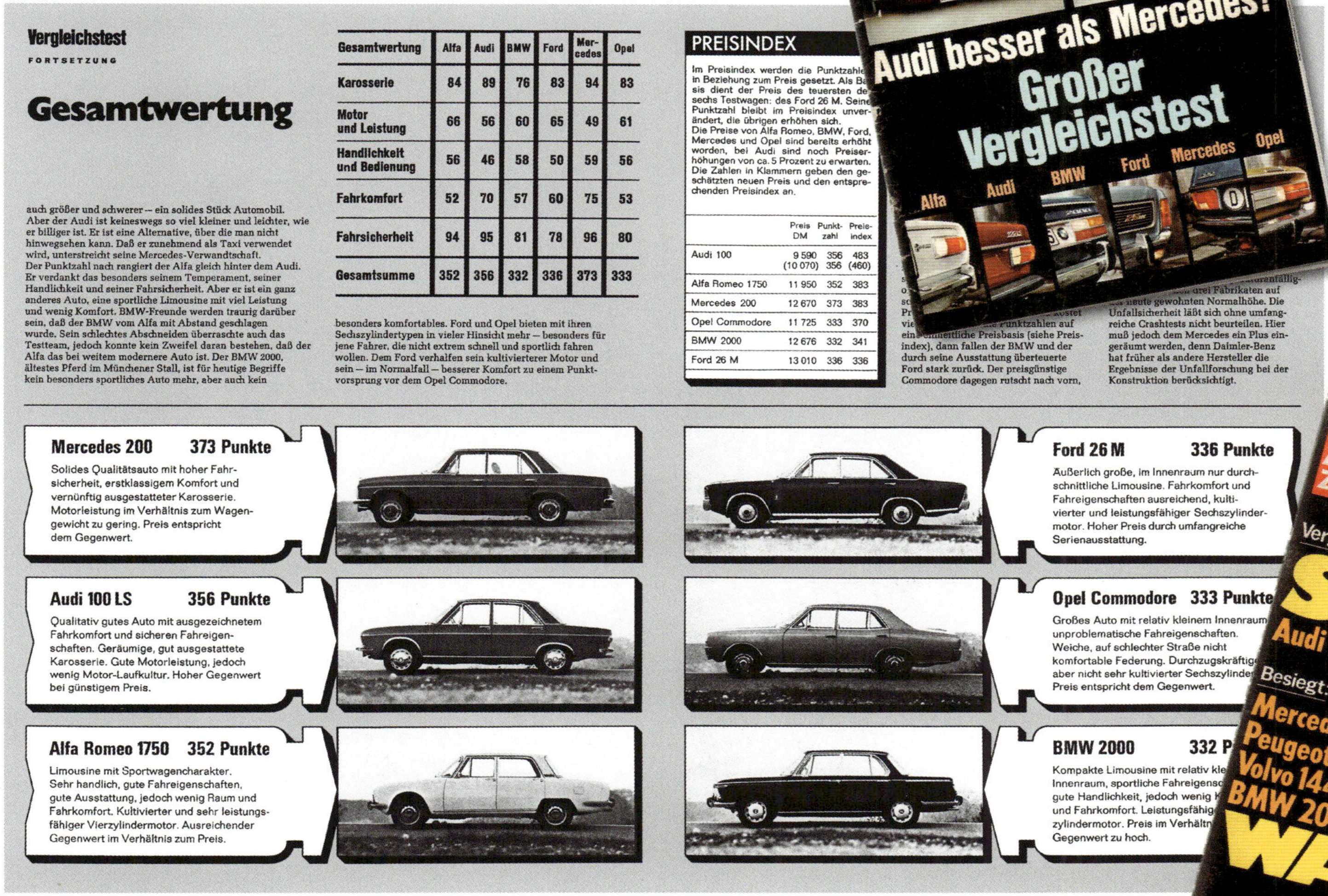

Vergleichstest
FORTSETZUNG

Gesamtwertung

Gesamtwertung	Alfa	Audi	BMW	Ford	Mercedes	Opel
Karosserie	84	89	76	83	94	83
Motor und Leistung	66	56	60	65	49	61
Handlichkeit und Bedienung	56	46	58	50	59	56
Fahrkomfort	52	70	57	60	75	53
Fahrsicherheit	94	95	81	78	96	80
Gesamtsumme	352	356	332	336	373	333

auch größer und schwerer – ein solides Stück Automobil. Aber der Audi ist keineswegs so viel kleiner und leichter, wie er billiger ist. Er ist eine Alternative, über die man nicht hinwegsehen kann. Daß er zunehmend als Taxi verwendet wird, unterstreicht seine Mercedes-Verwandtschaft.
Der Punktzahl nach rangiert der Alfa gleich hinter dem Audi. Er verdankt das besonders seinem Temperament, seiner Handlichkeit und seiner Fahrsicherheit. Aber er ist ein ganz anderes Auto, eine sportliche Limousine mit viel Leistung und wenig Komfort. BMW-Freunde werden traurig darüber sein, daß der BMW vom Alfa mit Abstand geschlagen wurde. Sein schlechtes Abschneiden überraschte auch das Testteam, jedoch konnte kein Zweifel daran bestehen, daß der Alfa das bei weitem modernere Auto ist. Der BMW 2000, ältestes Pferd im Münchener Stall, ist für heutige Begriffe kein besonders sportliches Auto mehr, aber auch kein besonders komfortables. Ford und Opel bieten mit ihren Sechszylindertypen in vieler Hinsicht mehr – besonders für jene Fahrer, die nicht extrem schnell und sportlich fahren wollen. Dem Ford verhalfen sein kultivierterer Motor und sein – im Normalfall – besserer Komfort zu einem Punktvorsprung vor dem Opel Commodore.

PREISINDEX

Im Preisindex werden die Punktzahle[n] in Beziehung zum Preis gesetzt. Als Ba[sis] dient der Preis des teuersten de[r] sechs Testwagen: des Ford 26 M. Seine Punktzahl bleibt im Preisindex unverändert, die übrigen erhöhen sich.
Die Preise von Alfa Romeo, BMW, Ford, Mercedes und Opel sind bereits erhöht worden, bei Audi sind noch Preiserhöhungen von ca. 5 Prozent zu erwarten. Die Zahlen in Klammern geben den geschätzten neuen Preis und den entsprechenden Preisindex an.

	Preis DM	Punktzahl	Preisindex
Audi 100	9 590 (10 070)	356 356	483 (460)
Alfa Romeo 1750	11 950	352	383
Mercedes 200	12 670	373	383
Opel Commodore	11 725	333	370
BMW 2000	12 676	332	341
Ford 26 M	13 010	336	336

… index), dann fallen der BMW und der durch seine Ausstattung überteuerte Ford stark zurück. Der preisgünstige Commodore dagegen rutscht nach vorn, …

… heute gewohnten Normalhöhe. Die Unfallsicherheit läßt sich ohne umfangreiche Crashtests nicht beurteilen. Hier muß jedoch dem Mercedes ein Plus eingeräumt werden, denn Daimler-Benz hat früher als andere Hersteller die Ergebnisse der Unfallforschung bei der Konstruktion berücksichtigt.

Mercedes 200 — 373 Punkte
Solides Qualitätsauto mit hoher Fahrsicherheit, erstklassigem Komfort und vernünftig ausgestatteter Karosserie. Motorleistung im Verhältnis zum Wagengewicht zu gering. Preis entspricht dem Gegenwert.

Audi 100 LS — 356 Punkte
Qualitativ gutes Auto mit ausgezeichnetem Fahrkomfort und sicheren Fahreigenschaften. Geräumige, gut ausgestattete Karosserie. Gute Motorleistung, jedoch wenig Motor-Laufkultur. Hoher Gegenwert bei günstigem Preis.

Alfa Romeo 1750 — 352 Punkte
Limousine mit Sportwagencharakter. Sehr handlich, gute Fahreigenschaften, gute Ausstattung, jedoch wenig Raum und Fahrkomfort. Kultivierter und sehr leistungsfähiger Vierzylindermotor. Ausreichender Gegenwert im Verhältnis zum Preis.

Ford 26 M — 336 Punkte
Äußerlich große, im Innenraum nur durchschnittliche Limousine. Fahrkomfort und Fahreigenschaften ausreichend, kultivierter und leistungsfähiger Sechszylindermotor. Hoher Preis durch umfangreiche Serienausstattung.

Opel Commodore — 333 Punkte
Großes Auto mit relativ kleinem Innenraum, unproblematische Fahreigenschaften. Weiche, auf schlechter Straße nicht komfortable Federung. Durchzugskräftig[er], aber nicht sehr kultivierter Sechszylinde[r]. Preis entspricht dem Gegenwert.

BMW 2000 — 332 P[unkte]
Kompakte Limousine mit relativ kle[inem] Innenraum, sportliche Fahreigensc[haften], gute Handlichkeit, jedoch wenig K[…] und Fahrkomfort. Leistungsfähig[er …]zylindermotor. Preis im Verhältn[is …] Gegenwert zu hoch.

Audi 100: 1969/70 zweiter Platz hinter Mercedes bzw. überlegener Preisindex-Sieg Im *auto motor und sport*-Vergleichstest …

… und 1972 alsTyp 100 GL mit Coupé-Motorisierung gar Gesamtsieger vor Mercedes- und BMW-Konkurrenten im Vergleichstest der Kölner *Auto Zeitung*.

Daddy Cool: Statt für einen deutschen Audi 100 entschied sich der Vater des Autors Anfang der 1970er Jahre für den Peugeot 504 aus Frankreich.

Manager Paul G. Hahnemann attestierte der Auto Union ein fehlendes Nachkriegs-Image, ...

... Staatsanwalt Hans Sachs fuhr trotzdem einen Audi.

Empfehlung an *auto motor und sport*-Leser: „Wer ungern belehrt oder missioniert werden möchte, geht Audi-Fahrern lieber aus dem Weg." Empfehlung an die Auto Union: „Die Neutralisierung des Audi-Image sollte von der Werbung unterstützt werden. Etwa: ... Sie glauben nicht an das Übernatürliche? Fahren Sie trotzdem Audi!"

Kaum weniger sarkastisch ging drei Jahre später Reinhard Seiffert mit einem „weichen" Merkmal der jungen Marke Audi ins Gericht. „Die Auto Union hat sich wenig um Image-Pflege gekümmert", analysierte der damalige Chefredakteur des schwäbischen Motor-Blattes in Ausgabe 10/1970 unter dem Slogan „Der Kampf ums Image", nicht ohne den Lesern Nachhilfe in Sachen Aussprache des damals wenig verbreiteten Fremdwortes zu geben: „gesprochen ‚Immidsch'". „Der Audi", heißt es weiter im Text, „dokumentierte zwar einen neuen Anfang, durch den aufgewärmten Markennamen wurde die Zweitakt-Vergangenheit bewältigt. Aber der klassische DKW-Fahrer, eine hagere, asketische Gestalt, mit sächsischem Akzent sprechend, drückt auch heute dem Audi-Publikum noch seinen Stempel auf." Immerhin, so Seiffert, sei diese typische Audi-Klientel im Vergleich zum DKW-Besitzer „toleranter, pluralistischer, konsumfreundlicher. Aber Bärte und extreme Linkshaltungen sind hier selten, aus dem Audi-Radio klingt mehr Volksmusik als Beat." Seifferts klischeehaftes Fazit: „Der Audi wurde ein gut deutsches bürgerliches Auto, ein Mercedes ohne Stern."

Hochachtung hört sich anders an, und tatsächlich stand es bei Audi in Sachen Image um das Jahr 1970, gerade mal ein halbes Jahrzehnt nach der Wiederauferstehung der Marke, noch ein wenig im Argen. Dieser Meinung war einst auch Paul G. Hahnemann, ab 1957 Marketing-Chef der Auto Union, danach ab 1961 Verkaufschef von BMW und ab 1969 stellvertretender BMW-Generaldirektor. Im Interview mit *auto motor und sport*, veröffentlicht in Ausgabe 1/1970, gab „Nischen-Paul"[2] zu Protokoll: „... dazu kommt noch – und das ist vielleicht das Wichtigste – daß wir nicht nur ein Automobil, sondern dazu auch Image verkaufen. Der Name BMW hatte schon vor dem Krieg einen guten Klang. Es gelang uns, wie auch Mercedes, dieses Image im Bewußtsein der Jugend von heute zu erhalten. Der Auto Union zum Beispiel ist das nicht gelungen."

Aus heutiger Sicht erscheint die damalige Image-Situation im Verhältnis der drei deutschen Premium-Marken verwunderlich, da Berliner Minister und Kanzler gefühlt weit häufiger im Audi A8 vorfahren, als in Konkurrenzmodellen aus Stuttgart oder München, da selbst der britische Premierminister Audi fährt, statt Jaguar – nicht zu vergessen die verstorbene Lady Di, die sich gerne im Audi Cabrio zeigte. Zwar wurde Audi bereits Anfang der 1970er Jahre als durchaus individuellere, womöglich auch etwas exklusivere Alternative zur noch braveren Mittelklasse von Ford und Opel gehandelt. Das Audi-Image war damit nicht wirklich schlecht, aber doch etwas belanglos, noch wenig prägnant, ein bisschen bieder – „Volksmusik statt Beat" eben.

Geschichtslehrer fuhren Audi, und Finanzbeamte – immerhin, so 1971 eine Umfrage des Instituts Allensbach im Auftrag des Nachrichten-Magazins *Der Spiegel*[3], tendierten Menschen mit höherer Schulbildung damals zum Kauf eines Audi, weshalb

wohl auch der Nürnberger Oberstaatsanwalt Hans Sachs, damals als Mitglied des Robert Lembke'schen „Was bin ich?"-Rateteams der TV-Gemeinde wohl bekannt, eine rote 100 Limousine sein Eigen nannte. Als „Traumwagen" galt ein Audi der weit überwiegenden Mehrzahl der 2.000 Befragten indessen nicht: Nur fünf Prozent unter ihnen nannten das Ingolstädter Fabrikat auf die Frage nach ihrem Favoriten, womit Audi in der Beliebtheitsskala gleichauf rangierte mit Ford und sogar noch hinter Volkswagen (6 %). Zum Vergleich: 32 Prozent der Allensbach-Kandidaten präferierten Mercedes-Benz, 15 Prozent BMW, immerhin 8 Prozent Opel …

Wenn es um eine Einstufung in die heute als „Premium-Klasse" apostrophierte obere Mittelklasse ging, galt eher der Konzernbruder NSU Ro 80 als gleichrangiger Kandidat zu BMW und Mercedes (obwohl von Allensbach nicht speziell abgefragt).

NSU Ro 80: im Gegensatz zum Audi 100 Ende der 1960er Jahre gleichrangiger Kandidat zu BMW und Mercedes-Benz in der sogenannten „Premium-Klasse".

[2] **Paul G. Hahnemann** (*31. Oktober 1912, † 23. Januar 1997) war nach Maschinenbau- und Volkswirtschaftsstudium zunächst für Opel tätig; 1957 Marketing-Chef der Auto Union, ab 1961 bei BMW in verschiedenen Positionen für den Vertrieb zuständig. Aus dieser Zeit stammt Hahnemanns Szene-Spottname „Nischen-Paul", begründet in seiner Marketing-Philosophie, für BMW Markt-Nischen zu besetzen, „wo sich für die Großen das Angebot nicht lohnt". 1972 schied Hahnemann bei BMW aus, blieb aber weiter als Berater tätig.

[3] *Der Spiegel*, Ausgabe 53/1971 vom 27. Dezember 1971, Titelgeschichte „Der Deutsche und sein Auto".

NSU Ro 80 statt Audi 100: Rudolf Leiding, VW-Konzernchef, und einstiger Audi 100-Förderer, präferierte die Neckarsulmer Wankel-Limousine als Dienstwagen …

… und teilte diese Vorliebe mit Schauspieler Dieter Borsche, bekannt durch seine TV-Rollen in Edgar Wallace- und Durbridge-Krimis der 1960er Jahre.

Hahn im Korb: Zu Beginn seiner Karriere stand das Coupé S von Audi im Mittelpunkt des breiten Audi/NSU-Angebots (S. 19 oben).

Saab 99: Audi 100-Konkurrent aus Schweden, in Deutschland ein Fall für Individualisten – des Autors Vater war einer davon (S. 19 unten).

[4] Dieter Bosche mimte beispielsweise Schurken im Edgar Wallace-Krimi „Die toten Augen von London“ oder im Durbridge-Sechsteiler „Das Halstuch“, damals ein „Straßenfeger“ mit extrem hohen Einschaltquoten.

[5] **Rudolf Leiding** (*4. September 1914, † 3. September 2003) startete seine Karriere nach eine Kfz-Lehre 1945 bei Volkswagen und avancierte 1958 zum Leiter des VW-Werkes in Kassel; weitere Berufsstationen: 1965 Vorsitzender der Geschäftsführung der Auto Union GmbH, 1968 Vorsitz von Volkswagen do Brasil, 1971 Vorstandsvorsitzender der Audi NSU Auto Union AG, kurz darauf 1971 Vorstandsvorsitzender der Volkswagenwerk AG, 1975 schied Leiding bei VW aus.

[6] Details zur Audi NSU Auto Union-Fusion siehe Seite 97.

[7] Der mit großen Hoffnungen von NSU 1967 im Ro 80 eingeführte Zweischeiben-Wankelmotor erwies sich, was die anfängliche Zuverlässigkeit und den Treibstoffverbrauch anbelangt, als nicht konkurrenzfähig. Nach zehn Jahren wurde die Ro 80-Produktion am 19. April 1977 nach 37.374 Exemplaren eingestellt (siehe auch „NSU Ro 80" aus der Edition Audi Tradition von Klaus Arth, Delius Klasing Verlag, ISBN 978-3-667-11045-9).

Den Wankel-Star fuhren beispielsweise erfolgreiche Architekten, trendige Agenturchefs oder beliebte Schauspieler wie etwa Dieter Borsche, der von Mercedes auf einen metallicsilbernen Ro 80 konvertiert war. Selbst Rudolf Leiding[5], seit 1. Oktober 1971 VW-Konzernlenker und Ende der 1960er Jahre als einstiger Auto Union-Chef einflussreicher Mentor der Audi 100-Entwicklung (siehe „Der Audi 100 erster Generation ..." ab Seite 72), wählte in den 1970er Jahren als Dienstwagen einen Ro 80 statt eines Audi 100, wobei die Wankel-Limousine prototypisch mit 160 PS speziell motorisiert war.

Womöglich spielte die Präferenz des Chefs und der Premium-Status der Wankel-Limousine aus Neckarsulm in Ingolstadt eine gewisse Rolle bei der Entwicklung des 100 Coupé S – das vermutete zumindest der bereits als „Immidsch"-Analyst zitierte Reinhard Seiffert von *auto motor und sport* im ersten Coupé-Test (Ausgabe 2/1971) – O-Ton: „... Die Auto Union ... will offenbar dem Coupé in jeder Hinsicht das Image eines Top-Modells geben. Ein wenig hat vielleicht auch die Absicht eine Rolle gespielt, dem NSU Ro 80 Konkurrenz zu machen, denn trotz des Firmennamens Audi-NSU[6] sind Neckarsulm und Ingolstadt noch keineswegs zu einer Einheit verschmolzen. ..."

Tatsächlich darf das 100 Coupé S durchaus als Ergebnis hausinternen Wettbewerbs eingeschätzt werden, dessen Entwicklung in Ingolstadt in Angriff genommen wurde, als das eher tragische Schicksal des bis heute legendären Ro 80[7] noch nicht abzusehen war. Noch 1973 wurde den Spitzenmodellen von Audi und NSU in der Marketing-Abteilung der Konzernmutter Volkswagen eine vergleichbare Rolle als Image-Leader der VW-Gruppe zugestanden. So vertraten Diplom-Kaufmann Peter Gierse und Dr. Gerd Burmann, die Leiter der VW-Abteilungen Marktanalyse und Marketing-Planung, 1973 im *auto motor und sport*-Interview (Ausgabe 9/1973) zwar einerseits die Meinung, „... dass solche Modelle in ihrer Funktion als Galionsfiguren überschätzt werden." Doch die Wolfsburger Markt-Analysten verwiesen gleichwohl etwas umständlich und geziert „... auf das Audi Coupé und den NSU Ro 80 ..., die wahrscheinlich in etwa das darstellen ..." Bei großen Auto-Ausstellungen, in Genf oder in Frankfurt am Main, platzierten die Standgestalter des VW-Konzerns die beiden Flaggschiffe folgerichtig Seit' an Seit'.

Audi-Ziel Mitte der 1970er Jahre: „Marke für den besonderen Geschmack"

Bei Audi in Ingolstadt wurde das Thema Image offensichtlich zunehmend ernster genommen als bei der „Mutter" in Wolfsburg. Dass der Audi 100 und seine Coupé-Version in das Audi-Image Bewegung gebracht hatten, betonten nämlich in der selben *auto motor und sport*-Ausgabe Herbert Kothe, Leiter der Audi-Stabshauptabteilung „Marketing", und Diplom-Volkswirt Dietrich Moeller, Leiter der Audi-Marktforschung: „Wir haben ... unser Marken-Image nach psychologischen Kriterien testen lassen und dabei einen ganz erstaunlichen Goodwill registrieren können. Nach diesen Erhebungen gelten wir als „sympathische Firma, die Schritt hält mit der technischen Entwicklung." Und wohin soll die Audi-Reise gehen? „Wir streben an, Audi innerhalb des Konzerns als die Marke für den besonderen Geschmack zu profilieren ..."

Mein Vater jedenfalls hatte automobilistisch einen solchen „besonderen Geschmack", und bei ihm zeigte das elegant-sportliche Coupé aus Ingolstadt durchaus die dort erhoffte Wirkung. Zumindest dieser ganz spezielle Audi war für ihn plötzlich eine Erwägung wert, erinnerte er ihn doch nicht länger an DKW. Dass es Mitte der 1970er Jahre dennoch nicht zum Kaufabschluss beim Audi-Händler kam, lag zum einen an Audi, zum andern an mir. Das von Vater Conradt bewunderte S Coupé kostete nämlich zwischenzeitlich fast 17.000 DM – das sprengte sein Budget. Und ich hatte meinem väterlichen Auto-Individualisten mittlerweile einen weit exotischeren Floh ins Ohr gesetzt. Diesmal hörte er auf mich. In den Folgejahren fuhr er Saab 99 ...

Coupé-Trend der 1950er bis 1980er Jahre

Was in den 1990er Jahren die Minivans und aktuell die SUV, das waren ab den 1950er bis in die 1980er Jahre die Coupés: Modeerscheinungen, Trends zur Anregung der Kauflust. Während allerdings Minivans und SUV im Vergleich zu herkömmlichen Limousinen mit praktischen Vorteilen punkten, nämlich mit einem größeren Platzangebot und einer höheren Variabilität des Innenraumes, lieferten Coupés Kaufanreize eher ideeller, weniger pragmatischer Natur. Sie bezirzten das Käufer-Publikum meist (wenn auch nicht immer) mit mehr Eleganz, mit mehr Rasse, und sie versprachen ihren Besitzern gegenüber braver Hausmannskost im Limousinen-Livree mehr Renommee.

Reinhard Seiffert, langjähriger *auto motor und sport*-Chefredakteur, brachte den Coupé-Charakter in der Sommer-Ausgabe 1962 der einst vierteljährig erscheinenden *Motor Revue* treffend auf den Punkt – seine O-Töne: „Was nützlich ist, schätzt der Mensch, aber lieben tut er es selten. Was er liebt, ist meistens nicht nützlich; ... Wir sprechen von Coupés. Coupés sind Autos, die bei gleichem Gewicht und gleicher Grundfläche viel mehr Innenraum haben könnten, als sie haben. Aber wenn sie diesen Innenraum hätten, dann wären sie Limousinen, und der Coupé-Reiz wäre dahin. Beim Coupé ist im wahrsten Sinn des Wortes etwas vom Innenraum kupiert, abgeschnitten, und dadurch bekommt es seinen exklusiven Charakter. Es verschenkt mit nobler Geste den Nutzen zugunsten des Ästhetischen."

Diese sehr emotionalen Qualitäten mögen dem damaligen Zeitgeist geschuldet gewesen sein: Zunehmend dienten Automobile nach den dürren Nachkriegsjahren nicht allein dem Nutzen der Fortbewegung, sondern mehr und mehr auch und vor allem der Profilierung der Persönlichkeit. Mit einem Coupé hob man sich ab von der Masse der gewöhnlichen, der vernunftorientierten Automobilisten, man verzichtete bewusst zugunsten einer attraktiveren Linienführung auf einen familientauglichen Innenraum und bezahlte dafür einen höheren Preis. Ein Coupé dokumentiere, so *auto motor und sport*-Redakteur Manfred Jantke 1964 im Opel Kadett Coupé-Test (Ausgabe 3/1964), „daß man es nicht nötig hat, ein zweckmäßiges Auto zu fahren". Tatsächlich war das Coupé als kleiner und großer Luxus vor plus/minus 60 Jahren in allen Hubraum-Klassen präsent – und überdies sogar Ideologie-übergreifend, in West und in Ost.

Einer der Vorreiter war die Auto Union

So lieferten im westdeutschen Kleinstwagen-Segment Glas mit dem Goggomobil TS, NSU mit dem Sportprinz, BMW mit dem 700 Coupé und NSU-Fiat mit dem Weinsberg 500 Coupé und dem Jagst 770 Riviera hübschere, zugleich aber auch unpraktischere und kostspieligere Varianten. Selbst jenseits des Eisernen Vorhangs, nämlich in der DDR und in der Tschechoslowakei, entstanden Luxus-Coupés zwecks großzügiger Belohnung besonders linientreuer Genossen. Verdiente Werktätige und Mitglieder der Nomenklatura bediente das VEB Automobilwerk Zwickau bereits in den 1950er Jahren mit einer Coupé-Version des Plaste-Mobils P 70. Auch Wartburg in Eisenach übte sich ab 1957 in kapitalistischer Dekadenz mit einer noblen 1000-Version namens Reise-Coupé, gebaut vom VEB Karosseriewerk Meerane, noch steigerungsfähig durch den Zweisitzer Wartburg Sport. Und Škoda in Mlada Boleslav stellte der 1000 MB-Limousine 1966 eine exklusivere Coupé-Variante namens MBX zur Seite, 1970 gefolgt von der Fastback-Version S 110 R Coupé.

Technik von BMW, Design von Michelotti: Das BMW 700 LS Coupé von 1964 ergänzte die seit 1959 offerierte Kleinwagen-Serie aus München (oben).

Mit 250, 300 und 400 cm³ und Leistungen von 13,6 bis 18,5 PS lieferbar: Das Goggomobil TS Coupé ließ von 1957 bis 1969 die Glas-Kasse klingeln (links).

Der 1959 lancierte NSU Sport-Prinz galt als attraktivster Kleinwagen seiner Ära – kein Wunder: Sein Design stammt von Bertone, Italien (rechts).

Coupé-Freuden im Zwei-Takt auch für verdiente Bürger der DDR: Das extrem rare, 1957 vorgestellte AWZ P 70 Coupé mit attraktivem Stahlblech-Aufbau an Stelle der Plaste-Hülle von P 70 Limousine und Kombi galt genauso als Traumwagen der Ostdeutschen, … (links)

… wie das von 1957 bis 1965 gebaute Wartburg Coupé (unten).

Ab 1966 huldigte auch Škoda in der damaligen Tschechoslowakei der Coupé-Idee. 1000 MBX-Merkmal: pfostenlos versenkbare Seitenscheiben, …

… Doppelscheinwerfer und ein rasantes Fastback prägen das Äußere des von 1970 bis 1980 gebauten 110 R Coupés.

Verkaufsschlager nach dem Vorbild des US-Ford Mustang: Ford Capri, ab 1969 mit Motoren von 50 bis 150 PS lieferbar (ganz oben).

„Rasender Kofferraum" nannten Witzbolde die Coupé-Version des Opel Rekord P2 von 1961: Dachpartie extrem coupiert, ellenlange Kofferraumpartie (oben).

Capri-Pendant von Opel: Der konzeptionell identische Manta wurde ab 1970 erfolgreichster Capri-Konkurrent (rechts oben).

1958 wurde der seit 1957 gebaute Goliath zum Hansa 1100 (Abb.) – eine oberhalb der Gürtellinie gekappte Coupe-Version schmückte beide Generationen (rechts).

In den diversen Hubraum-Kategorien der westdeutschen Mittelklasse weckten Ford mit 12M, 17M, 20M und Capri, Opel mit Kadett, Rekord und Manta, Goliath (ab 1958 Hansa) mit dem 1100, Borgward mit der Isabella, BMW mit den Modellen 2000 C und CS, Glas mit der S-Reihe 1004/1204/1304 und natürlich Volkswagen mit den beiden Karmann Ghia-Typen 1 und 3 Kundengelüste mittels des Coupé-Strickmusters – und zugleich als Möglichkeit der Gewinnmaximierung. Peugeot, Renault und Simca versorgten wiederum frankophile Genießer mit attraktiven Vierzylinder-Coupés – ihre Typbezeichnungen: 404 Coupé, Caravelle/Floride, Aronde, 1000 Coupé und 1200 S. Und natürlich lieferte auch Italien kompakte Appetithappen, seien es die Fiat-Coupés auf 850- oder 124 Basis, oder die besonders sportlichen Alfa Romeo-Coupés mit Nachnamen Giulietta und Giulia.

(Fortsetzung auf Seite 29)

In Konzept und Motorleistung kommt dieses bei Karmann gebaute Coupé dem Audi 100 Coupé S am nächsten: BMW 2000 C/CS, gebaut von 1965 bis 1970.

VW, Karmann und Ghia spielten Mitte der 1950er Jahre Coupé-Vorreiter: Der Karmann-Ghia auf Käfer-Basis kam von 1955 bis 1974 auf gut 445.000 (Coupé und Cabriolet) Verkäufe.

Weit weniger erfolgreich verlief die Karriere des „großen" Karmann-Ghia auf VW 1500/1600-Basis: Von 1961 bis 1969 fanden nur 42.505 Exemplare Käufer.

Eher selten der Fall: Glas in Dingolfing lancierte 1962 zuerst das S 1004 Coupé – die geräumigere Limousine 1204 folgte erst im Jahr darauf (unten).

Das von Zeitgenossen als herausragend elegant empfundene Isabella Coupé startete 1955 als Einzelstück für Borgwards Gattin, Serienproduktion ab 1957 (rechts).

Frua gestaltete den Karmann Ghia-Konkurrenten Renault Floride als Coupé und Cabriolet. Wie beim VW sitzt der Vierzylinder im Heck.

Frankreich lieferte ab den 60er Jahren bildschöne Mittelklasse-Coupés mit Großserien-Technik: Pininfarina schuf das Coupé auf Peugeot 404-Basis.

Französische Coupé-Raritäten: Der bei Facel eingekleidete Simca Aronde Plein Ciel von 1957 mit amerikanisch inspirierter Panorama-Frontscheibe …

… und der von Bertone eingekleidete Simca 1200 S von 1967, mit 80 PS-Heckmotor mehr Sportwagen als Coupé.

Einst auch in Deutschland beliebt und verbreitet: das von 1965 bis 1972 in drei Serien gebaute Fiat 850 Coupé …

… und dessen größerer Bruder 124 Coupé mit Front-, statt Heckmotor, 1,4 bis 1,8 Liter Hubraum, 90 bis zu 118 PS; Bauzeit 1967 bis 1976.

Die Carrozzeria Bertone schuf für Alfa Romeo Coupé-Klassiker, die zugleich Sportwagen-Geschichte schrieben – ab 1954 der Giulietta Sprint (oben), …

… ab 1963 der Giulia Sprint GT mit 1,6 Liter Hubraum, als GT Junior mit 1,3 Liter (links), als 1750 GT mit 1,8 Liter, als 2000 GTV mit zwei Liter Hubraum.

Im automobilen Oberhaus hatten Coupés stets ihren festen Käuferkreis. BMW bediente die betuchte Klientel von 1962 bis 1965 mit dem von Bertone eingekleideten Achtzylinder-3200 CS (oben), …

… während dessen sechszylindriger Nachfolger CS ab 1968 bis 1975 als 2800 CS, 3,0 CS, CSi, CSL und 2,5 CS Furore machte (darüber).

Mercedes bot bereits in den 1930er Jahren Coupés an und setzte diese Tradition ab den 1950er Jahren fort. 1961 gab das 220 SEb Coupé sein Debüt (rechts).

Kleinstwagen-Hersteller Glas offerierte Coupés mit zwei, vier und acht Zylindern – der glücklose 2600 V8 kam 1966.

Auch Alfa Romeo blieb in der Oberklasse ohne Coupé-Glück: Der 2600 Sprint (1962–66) fand nur 6.999 Abnehmer (re. unten).

Im automobilen Oberhaus lieferten BMW (503, 3200 CS, 2,5-3.0 CS), Mercedes-Benz (220-300 SEC, 250 C/CE), Opel (Diplomat Coupé) und sogar Glas (2600 GT) mit teuren Zweitürern gesteigerte Exklusivität für Wirtschaftswunder-Profiteure, verbunden mit einem erschwerten Fond-Zugang für deren Fahrgäste. Alternativ hatten wohlhabende Menschen im Übrigen vielerlei Möglichkeiten, sich mit Aufsehen erregender Coupé-Grandezza auch italienisch (Alfa Romeo, Ferrari, Fiat, Lancia), französisch (Citroën Chapron, Facel Vega) oder amerikanisch (General Motors, Ford, Chrysler) zu schmücken ...

Im Unterschied zu den späteren Massen-Trends Minivan und SUV eroberten sich die meisten Coupés allerdings lediglich ein vergleichsweise kleines Stück vom Neuzulassungs-Kuchen der jeweiligen Typenreihen – weit überwiegend waren die braven Limousinen in der deutlichen Überzahl, wobei auf die Ausnahme von dieser Regel noch eingegangen werden soll. Zumeist profilierten sich Coupés somit als hübsche Randerscheinungen, was deren Besonderheit naturgemäß förderte. Drei Beispiele in drei Klassen mögen das belegen. So fanden im Kleinstwagen-Segment zwar gut 210.000 Goggomobil-Limousinen Käufer, doch nur gut 66.000 Goggo-Coupés. Beim Volkswagen Typ 3, dem 1500/1600, lautete das Verhältnis Limousine/Variant zu Karmann-Ghia Coupé über 2,5 Millionen zu gut 42.000. Und Mercedes-Benz lieferte den Typ 220 SEb in den Jahren 1959 bis 1965 zwar über 66.000 Mal als Limousine aus, jedoch nur knapp 17.000 Mal als Coupé (und Cabriolet).

Der erste in größerer Serie gebaute Ferrari war ein Coupé. Immerhin 950 Wohlhabende leisteten sich von 1960 bis 1963 den Zwölfzylinder-250 GTE 2+2.

Fiat bot von 1961 bis 1968 auch in der Oberklasse eine Coupé-Delikatesse: den 2300 S mit exotischer Ghia-Karosserie.

Pininfarina verantwortete das Design des von 1958 bis 1967 gebauten Lancia Flaminia Coupes.

Ferruccio Lamborghini favorisierte unter seinen Boliden die Coupés: den Islero von 1968/69 unten den Espada (1968–78).

WHO SAYS TOMORROW NEVER COMES?

Im „Land der unbegrenzten Möglichkeiten“, den USA, boten alle Hersteller seit den 1930er Jahren auch Coupés – dieser Plymouth Fury stammt von 1960.

Don't miss Plymouth's two great new TV programs: "The Lawrence Welk Show" and "The Ray Anthony Show."

YOU'RE LOOKING AT IT!

This is the car you might have expected in 1960, yet it's here today—the *only* car that dares to break the time barrier.

Plymouth has reached far into the future to bring you 1960-new Flight-Sweep Styling, and a *car-full* of exciting features . . . revolutionary new Torsion-Aire ride . . . terrific new power for safety with the fabulous Fury "301" V-8 engine, super-powered to 235 hp . . . super-safe Total Contact Brakes . . . exhilarating sports-car handling.

1960 is as near as your Plymouth dealer. Drive this *great* automobile *today!*

SUDDENLY, IT'S 1960 ➢ PLYMOUTH

„Überflüssig“ oder willkommene Ergänzung: Audi 100 Coupé S

Audi kam mit der Coupé-Version des Typs 100 Ende der 1960er Jahre relativ spät, weshalb manche Publikationen die Ingolstädter der Nachahmung bezichtigten. „Die Coupé-Masche ist keine neue Erfindung“, schrieb etwa *auto motor und sport* 1971 im Audi 100 Coupé S-Test (Ausgabe 2/1971), „… Auch das Audi-Coupé stand seit seiner Vorstellung auf der IAA 1969 in dem Verdacht, nach dieser Masche gestrickt zu sein …“ Ein gutes Jahr zuvor befand das Stuttgarter Fachblatt das Audi Coupé in der IAA-Übersicht (Ausgabe 19/1969) gar „als herzlich überflüssig“. Ob „überflüssig“ oder willkommene Ergänzung – wer Audi korrekterweise als Erbe der Auto Union betrachtet, der erkennt, dass dieser Hersteller die Coupé-Welle eher mit auslöste, als dass er einer Mode nachgerannt wäre. Schließlich setzte die 100-Coupéversion eine langjährige Auto Union-Traditionslinie fort.

So bestritt Audi mit Sport-Coupés bereits 1933 die „2000 km durch Deutschland“-Fahrt. Auch das Top-Mitglied der Auto Union, nämlich Horch, offerierte neben Limousinen und Cabriolets Coupés – Auto Union-Star Bernd Rosemeyer taufte sein 853 Coupé auf den Namen „Manuela“. Schließlich krönten ab Anfang der 1950er Jahre zweisitzige und insbesondere viersitzige Coupés das DKW-Programm. Die Viersitzer warten nach amerikanischem Hardtop-Vorbild mit pfostenlos voll versenkbaren Seitenscheiben auf – und sie beeindruckten einst im Vergleich zur Limousine mit einem erstaunlichen Absatz-Erfolg. Bereits bei der von 1953 bis 1955 gebauten Sonderklasse (F91) wählte knapp ein Viertel der Käufer, nämlich deren 13.657, eine der beiden Coupé-Varianten, 41.799 DKW-Freunde beschieden sich mit einer Version der um 710 bis 960 DM günstigeren Limousine.

„Standard of the World“ lautete der Werbeslogan von Cadillac – das galt natürlich auch für das DeVille Coupé, Jahrgang 1966.

Ein Raubfisch als Namensgeber – das Plymouth-Coupé Barracuda zählte 1967 zur US-Kategorie der einst beliebten „Muscle Cars“…

… in Konkurrenz zum hochgerüsteten Coupé Cyclone GT, den die Ford-Tochter Mercury Jungdynamikern im Jahrgang 1966 anbot.

Motorsport-Held der 1930er Jahre und sein Traumwagen: Bernd Rosemeyer favorisierte im Alltag sein Horch 853 Coupé „Manuela“.

Zweitakt-Held der frühen 1950er Jahre: DKW Sonderklasse (F 91) mit voll versenkbaren Seitenscheiben von 1953 (darunter).

Ausnahme von der Regel: DKW-Kunden orderten beim letzten klassischen DKW, dem Modell 1000/1000 S, zu rund zwei Drittel Coupé statt Limousine oder Kombi.

Umgekehrt gar das Verhältnis Coupé zu Limousine bei der letzten klassischen DKW-Reihe, dem Auto Union 1000/1000 S, produziert in den Jahren 1958 bis 1963. Als Ausnahme von der Regel, somit im Gegensatz zur kompletten Coupé-Konkurrenz, blieben die Auto Union-Grazien in dieser Bauzeit keine Randgeschöpfe. Sie profilierten sich im Gegenteil als Hauptdarsteller. So wählten bei der 1000-Reihe nur rund 34 Prozent der Käufer eine zwei- oder viertürige Limousine oder den Kombi-Typ „Universal" – dagegen favorisierten über 66 Prozent eine der drei lieferbaren, viersitzigen Coupé-Varianten[1]. Deren stilistisches Merkmal, die amerikanisch inspirierte, mittelpfostenlose Hardtop-Bauart mit voll versenkbaren Seitenscheiben, übernahm übrigens Mercedes-Benz 1961 bei der Coupé-Version des Luxuswagens 220 SEb …

Das vorläufige Ingolstädter Coupé-Ende bedeutete 1964 der F 102 mit erstmals selbsttragender Karosserie an Stelle der klassischen Rahmenbauweise seiner DKW-Ahnen. Die Ingolstädter standen beim F 102-Debüt bereits unter dem Kuratel des Wolfsburger VW-Konzerns (siehe auch Seite 46) – zumindest vorläufig war damit angesichts stark rückläufiger DKW-Absatzzahlen „Schluss mit lustig". So gestaltete sich auch der Start der Auto Union ins Viertakt-Zeitalter mit dem im September 1965 lancierten Audi ernsthaft-spröde statt frivol-luxuriös. Denn die Audi-Renaissance bedeutete zunächst einmal Graubrot als Überlebensration statt Torte für Schlemmer. Dieses ausgesprochen brave Mittelklasse-Modell im unscheinbaren, leicht abgewandelten Kleid des DKW F 102 gab es anfangs ausschließlich als Limousine, immerhin alternativ mit zwei oder mit vier Türen (siehe auch Seiten 50ff). Ab Mai 1966 ergänzte die Auto Union das Audi-Programm zudem durch einen gleichfalls sehr sachlichen dreitürigen Kombi. Dessen Bezeichnung dokumentierte unzweideutig, wer nun Herr im Ingolstädter Hause sei: Der Nützling heißt nicht etwa „Universal" in Anlehnung an die Kombis der Auto Union-Ära, sondern „Variant" entsprechend der Wolfsburger Mehrzweck-Nomenklatur.

Erst mit dem wiedererwachten Selbstbewusstsein von Audi, begründet im enormen Verkaufserfolg des zunächst ohne VW-Wissen und -Assistenz entwickelten Eigengewächses Typ 100 C1, sollte Ende der 1960er Jahre auch wieder eine „Torte" ins Audi-Schaufenster finden: nämlich ein Coupé in schönster Auto Union-Tradition. Dabei handelte es sich um ein Luxus-Angebot auf Augenhöhe mit Coupés von BMW und Mercedes-Benz, wie das im gesamten Stil vergleichbare BMW-Duo 2000/2000CS nicht bloß in Dachbereich coupiert, sondern weitgehend eigenständig modelliert.

Gemeint ist das Audi 100 Coupé S, der Hauptdarsteller dieser Chronik.

[1] Die exakten Zahlen der von 1958 bis 1963 produzierten Baureihe AU 1000 lauten: Coupé/Coupé de Luxe/S Coupé 127.804 Exemplare, Limousine mit zwei und vier Türen 48.104 Exemplare, Kombi Universal 16.406 Exemplare.

Kombis hießen bei der Auto Union traditionell Universal. Das begann 1951 mit der Meisterklasse F 89 S, wurde 1953 mit der Sonderklasse F 91 S, 1957 mit dem 3=6 Typ F 94 S und 1959 mit AU 1000 fortgeschrieben.

Daraus wurde nichts mehr: Einen DKW F 102 Universal gab es nur als solitären Prototyp - und in Gestalt dieses Designmodells.

Indiz der Wolfsburger „Machtübernahme" bei der Auto Union in Ingolstadt: Audi-Kombis heißen fortan Variant – so, wie deren Artgenossen von Volkswagen.

Die Auto Union nach dem Zweiten Weltkrieg

Renaissance in Westdeutschland, Neuerfindung einer Marke und Fusion

Als das Audi 100 Coupé S seine Premiere feierte, im September 1969, da lag die Neugründung der Auto Union GmbH nach dem Krieg ziemlich genau zwei Jahrzehnte zurück. Und als das Coupé 1970 in Serienfertigung ging, da hatte die traditionsreiche Marken-Bezeichnung Audi gerade mal fünf Jahre zuvor Eingang in den Katalog deutscher Nachkriegs-Marken gefunden. Das rechtfertigt zweifellos einen ausführlichen Blick in den Rückspiegel und somit in die Vorgeschichte des ersten sportlichen Luxuswagens aus Ingolstadt. Denn dieses Modell repräsentiert den Start von Audi in der sogenannte Premium-Klasse, dem heutigen Kern-Segment der VW-Tochter.

Folglich geht es in diesem Kapitel zunächst einmal um den Wiedereinstieg einer renommierten Marke in den Fahrzeugbau. Diese Unternehmens-Renaissance nach Krieg und Mangelwirtschaft erfolgte im Westen des geteilten Deutschlands, statt in Ostdeutschland, in Sachsen, dem ursprünglichen Wirkungskreis. Es geht um das Anknüpfen an technologische Vorkriegs-Traditionen der Auto Union und um den Aufstieg in Wirtschaftswunderjahren. Es geht aber auch um Verlust, Niedergang und drohenden Untergang, um wechselnde Herrscher im Unternehmen, um Antipathien und Sympathien, um Macher und Gestalter. Das Audi 100 Coupé S steht zwar im Mittelpunkt dieser Chronik, doch seine ungeachtet der relativ geringen Stückzahl herausragende Rolle in der Audi-Geschichte erschließt sich nur im Kontext seiner Vorgeschichte.

Deshalb zunächst einmal: Was zuvor geschah …

Ausgerechnet Johannes R. Becher traf das Wesen zweier denkwürdigen Kapitel bundesrepublikanischer Wirtschaftsgeschichte auf den Punkt. Johannes R. Becher? Der bekennende Kommunist war in den 1950er Jahren Präsident des Kulturbundes der DDR, auf deren Staatsgebiet die einstige Audi-Werke AG, Zwickau, und ab 1932 die Auto Union AG, Chemnitz, ihre Firmen- bzw. Konzernsitze hatten. Im Herbst 1949 verfasste das 1958 verstorbene SED-Mitglied die einstige DDR-Nationalhymne. Sie beginnt mit diesem Halbsatz: „Auferstanden aus Ruinen …", drei Worte, passend sowohl für die westdeutsche Wiederbelebung der Auto Union, als auch für die Neuerfindung der traditionsreichen Auto Union-Marke Audi in den 1960er Jahren.

Doch der Reihe nach: Der erste Akt der Auto Union-Renaissance spielt im Dezember 1945 im oberbayrischen Ingolstadt, dort im ehemaligen Heeresproviantamt in der Schrannenstraße. Dabei handelte es sich um die Gründung eines Zentraldepots für Auto Union-Ersatzteile, das mit Erlaubnis der amerikanischen Besatzer Teile und Baugruppen nicht nur lagerte und verteilte, sondern zudem auch fertigte – dies als Keimzelle der späteren Auto Union GmbH. Bereits 1946 repräsentierte dieses Depot das größte Ersatzteillager für Automobile und Motorräder in Westdeutschland.

Wiederbelebungsphase in Westdeutschland: Das ehemalige Heeresproviantamt in Ingolstadt wird Ende 1945 als Zentraldepot für Auto Union-Ersatzteile zur Keimzelle der Auto Union GmbH.

Allerdings wurden dort (noch) keine Komplettfahrzeuge produziert, wenngleich in weiser Voraussicht vom einstigen Horch-Ingenieur Kurt Schwenk bereits konzipiert. Das Ergebnis solchen Sinnens orientierte sich an den vitalen Bedürfnissen der frühen Nachkriegsjahre: am Aufräumen, am Aufbauen, am Transportieren. Der DKW Schnelltransporter F 89 L befriedigte diese wachsende Nachfrage.

Schrannenstraße, Ingolstadt: Die neu gegründete Auto Union GmbH zeigt im Juni 1951 das komplette DKW-Programm: Kleintransporter, Limousinen, Cabrios, Kombis – und natürlich auch Motorräder.

Erster Firmensitz der im September 1949 gegründeten Auto Union GmbH: Hauptverwaltung an der Schrannenstraße in Ingolstadt.

Zentraldepot für Auto Union-Ersatzteile: bereits 1946 größtes westdeutsches Ersatzteillager für Autos und Motorräder.

Währungsreform 1948: auch die Auto Union profitierte davon

Als Prototyp wurde das im typischen DKW-Zweitakt angetriebene Frontantriebs-Nutzfahrzeug erstmals anlässlich der Hannoveraner Frühjahrsmesse 1949 präsentiert – rund ein Dreivierteljahr nach der westdeutschen Währungsreform. Die hatte am 20. Juni 1948 stattgefunden – tags darauf wurde die D-Mark als bundesrepublikanisches Zahlungsmittel eingeführt. Die neue und stabile Währung sollte sich als wesentliche Voraussetzung für das Entstehen des deutschen Wirtschaftswunders der 1950er Jahre herausstellen. Auch die am 3. September 1949 mit einem Stammkapital von 3 Millionen DM gegründete neue Auto Union GmbH profitierte davon.

Die Produktion des F 89 L („L“ steht dabei nicht etwa für Luxus, sondern für Lieferwagen) startete kurz nachdem Anfang September 1949 die neue Auto Union GmbH am Standort des Ersatzteil-Depots gegründet worden war. „... bis zum Dezember 1949 verließen 504 Schnelllaster F 89 L und 500 Motorräder vom Typ DKW RT 125 W das Werk“, memorierten stolz die Auto Union-Chronisten in der von Audi Tradition zur Jahrtausendwende heraus gegebenen Firmen-Historie mit dem Titel: *Das Rad der Zeit*[1]. DKW kam mit diesem Transporter-Blitzstart dem späteren Dominator der westdeutschen Automobil-Branche um einige Monate zuvor – was übrigens in Wolfsburg zu einer hektischen Entwicklungs-Schlussphase des später „Bulli“ genannten Kleintransporters geführt hatte: „Die Zeit drängte“, schrieb Dr. Bernd Wiersch in seinem VW Bulli-Standardwerk *Die Transporter-Legende für Leute und Lasten*[2], „denn man wusste inzwischen, dass der Wettbewerb mit seinen Entwicklungen den eigenen Anstrengungen eine Nasenlänge voraus war.“ Wiersch weiter: „Das sah auch der Generaldirektor (Nordhoff) so und machte Druck.“

[1] **Prof. Dr. Peter Kirchberg, Thomas Erdmann, Ralph Plagmann**, *Das Rad der Zeit*, Verlag Delius Klasing, ISBN 3-7688-1011-9
[2] **Dr. Bernd Wiersch**, Verlag Delius Klasing, ISBN 978-3-7688-2579-5

DKW-Schnelllaster 1951: Preise von 5.795 DM (Großraumpritsche) bis 7.825 DM (Bus) – „zuzüglich Reifenpreiszuschläge". Teuerster F 89 L: Krankenwagen, 8.760 DM.

Es geht voran: Im September 1949 startete die F 89 L-Produktion, Ende des Jahres waren davon bereits 504 Exemplare fertig.

Hat gut lachen: Der nordrhein-westfälische Transport-Unternehmer aus Bösingfeld setzte beim Personen-Nahverkehr auf zwei Zylinder und 22 PS von DKW.

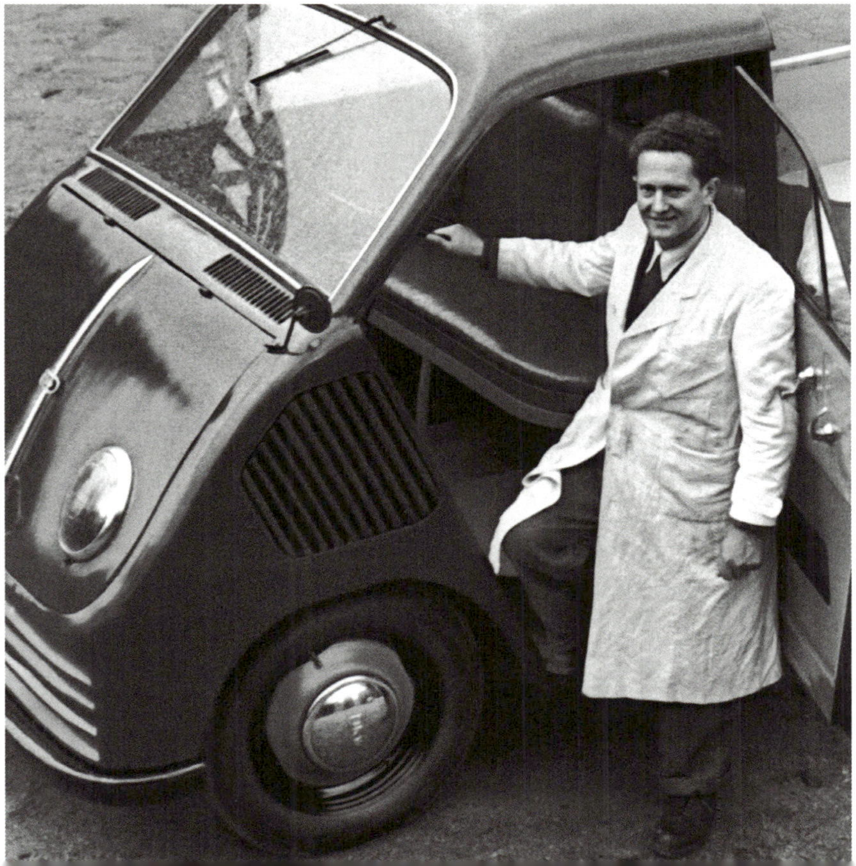

Stolzer Herr und Meister: Vor dem Krieg war Kurt Schwenk bei Horch Karosseriekonstrukteur, bei der Auto Union verantwortlich für die Konstruktion des F 89 L.

Premieren-Anlass für den DKW-Schnelllieferwagen F 89 L: die Hannoveraner Frühjahrsmesse anno 1949 – DKW ist wieder da!.

Vorserien-DKW F 89 L in Pritschen- und Kombi-Varianten als Werbeobjekte auf der Hannoveraner Frühjahrsmesse – Konkurrent VW startete erst im Folgejahr.

Bescheidener Neustart der DKW-Motorradproduktion in Ingolstadt statt wie einst in Zschopau (oben): Das Vorkriegs-Zweirad RT 125 …

… erhielt den Zusatz „W" für „West", leistet jedoch nach wie vor fünf PS bei 5.000/min. Geändert: Sattelfederung und Tank mit kleinem Werkzeugbehälter.

Tatsächlich begann die Serienproduktion des Volkswagen-Kleintransporters Typ 2, wie der Konzept-Meilenstein F 89 L in Frontlenker-Bauweise konstruiert, doch im Gegensatz zu diesem mit einem Viertakt-Heckmotor gewappnet, erst im März 1950 … Zwar überholte der Volkswagen Bulli den DKW F 89 L mit 8.059 gegenüber 6.873 Exemplaren gleich im ersten Produktionsjahr (1950). Doch mit total knapp 60.000 bis 1962 produzierten Schnelllieferwagen eilte der DKW in den Wirtschaftswunderjahren dennoch zu einem beachtlichen Erfolg, dies in Konkurrenz zu weiteren, ähnlich konzipierten Kleintransportern aus deutschen Landen. Die lieferte nämlich nicht nur VW, sondern ab 1951 auch der Bremer Borgward-Konzern mit Goliath (GV 800, ab 1953 Express) und jeweils ab 1953 zudem Ford in Köln (FK-Reihe) und Vidal & Sohn in Hamburg (Tempo Matador, ab 1955 Wiking).

In den frühen 1950er Jahren Traum-Vehikel der Erwachsenen – und der Jugend: DKW-Motorrad RT 125 W statt Fahrrad …

Volkswagen entwickelte sich ab 1950 zum schärfsten und erfolgreichsten Konkurrenten für den DKW F 89 L: Der VW Typ 2 mit Heckmotor, wurde Marktführer.

Auch Ford in Köln warb in der F 89 L/Bulli-Klasse mit einem gleichartigen Lieferwagen um Kunden: Der FK 1000, Frontmotor und Heckantrieb, startete 1953.

Mit Frontantrieb und VW Käfer-Motor buhlte ab 1950 die in Hamburg-Harburg ansässige Vidal & Sohn GmbH mit dem Tempo Matador um Kleinunternehmer.

Carl F. W. Borgward in Bremen sicherte sich mit seinem ab 1951 gebauten Kleinlieferwagen Goliath GV 800 ein kleines Stück vom Lieferwagen-Kuchen: Zweizylinder-Zweitakter mit 465 cm³ und 16 PS.

Mit Zweitakt-Lieferwagen und -Motorrädern startete die Auto Union in die westdeutsche Nachkriegszeit, gleichwohl sollten den Bundesbürgern auch wieder preisgünstige Personenwagen, neben Motorrädern eine ausgesprochene DKW-Domäne der Vorkriegszeit, offeriert werden. Damit öffnet sich ein weiteres Kapitel der „Auferstehung aus Ruinen", und das beschreibt den DKW-Neuanfang in Düsseldorf. Nachdem dort günstig ein Werksareal angemietet werden konnte, startete die Auto Union im Juli 1950 in der rheinischen Karneval-Hochburg durch, und zwar mit einer Kombination der Technik des Vorkriegs-Typs F8[3] und der stromlinienförmigen Karosserie des zehn Jahre zuvor, noch vor Kriegsausbruch projektierten F9. Dieser erste Nachkriegs-Pkw von DKW trug intern die Typbezeichnung F 89 P („P" für Personenwagen), doch öffentlich pflegte die Auto Union für diese Limousine eine DKW-Namenstradition: Sie heißt Meisterklasse. 1.538[4] Exemplare entstanden davon im gerade einmal fünf Monate währenden ersten Baujahr. Weitere 49.241[4] F 89 sollten folgen.

Coupés bei DKW: von Kunden hoch geschätzt und viel gekauft

Ab 1953 folgte der Meisterklasse mit der bis 1955 insgesamt 57.407[4] Mal gebauten F 91 Sonderklasse eine Dreizylinder-Version, in der schließlich auch der bereits 1940 in Zwickau geplante F9-Motor mit 896 cm³ und 34 PS Verwendung fand. Im Zusammenhang mit dem Hauptdarsteller dieser Chronik, dem Audi 100 Coupé S, ist freilich die Modellpolitik, die DKW ab dem F 91 verfolgte, von größerer Bedeutung. Neben konventionellen Limousinen mit zwei oder vier Türen sowie Kombis hatten nämlich fortan stets auch Coupés ihren festen und von Käufern hoch geschätzten Platz im klassischen[5] DKW-Programm – und einen bemerkenswerten Anteil am Absatz der bis 1963 angebotenen DKW-Baureihen (siehe auch Seite 33).

Gleichwohl geriet der DKW-Gesamtabsatz im Verlaufe der 1950er Jahre zunehmend unter Druck – einerseits durch die Dominanz des Volkswagenwerkes, das mit dem Käfer – je nach Version mit 3.790 DM[6] (Standard) bzw. 4.600 DM[6] (Export) deutlich preisgünstiger als der DKW 3=6 – in traditionellen DKW-Gefilden[7] graste. Andererseits verließ DKW die Kleinwagen-Klasse, einst eine Spezialität der Marke, und strebte nach Höherem, nämlich in die von Opel und Ford dominierte untere Mittelklasse. So entsprach der 1955 eingeführte, gegenüber den Vorgängern um stattliche 95 Millimeter auf 1.695 Millimeter verbreiterte DKW 3=6 in Format, Motorleistung und Grundpreis annähernd dem Opel Olympia oder dem Ford Taunus 12M und trat damit in den direkten Konkurrenzvergleich zu diesen.

Zum Beleg die entsprechenden Zahlen:

Länge x Breite:
DKW 4.225 x 1.695 mm
Opel 4.245 x 1.625 mm
Ford 4.060 x 1.580 mm
Motorleistung:
DKW 38 PS bei 4.250/min
Opel 45 PS bei 3.900/min
Ford 38 PS bei 4.250/min
Grundpreise[6]:
DKW 5.395 DM
Opel 5.350 DM
Ford 5.690 DM

Erfolgsgespann der 1930er Jahre: DKW Motorrad NZ und DKW F 8 Meisterklasse.

Die Stromlinienkarosserie des F 9 erbten jeweils 1950 im Westen der F 89 P, in der DDR der IFA F 9.

F 89 P Cabriolet-Montage bei Karmann in Osnabrück. Die Limousinen entstand hingegen seit 1950 im DKW-Werk Düsseldorf.

DKW Sonderklasse F 91 ab 1953, erstmals auch als viersitziges Coupé offeriert.

Griff nach „Stars and Stripes“: Mit dem F 91 startete die Auto Union auch den US-Verkauf.

[3] Zweizylinder-Zweitaktmotor, 684 cm³, 23 PS, Frontantrieb, Kastenprofilrahmen, Einzelradaufhängungen vorn, „Schwebeachse“ hinten.
[4] Quelle: *Motor Revue* Heft 35/Herbstausgabe 1960 (Deutsche Personenwagenproduktion 1950–1960)
[5] Gemeint ist die DKW-Ära der klassischen Bauweise mit Kastenprofilrahmen und aufgesetzter Karosserie (Sonderklasse, 3=6 und 1000/1000 S).
[6] Stand jeweils November 1956/Quelle: *Motor Revue* Heft 20/Winterausgabe 1956.
[7] **Ferdinand Porsche** hatte bei der Käfer-Entwicklung in den 1930er Jahren für Fahrvergleiche neben einem Opel Kadett und einem Adler Trumpf Junior auch einen DKW F 5 Meisterklasse herangezogen.

Klassenkampf den deutschen US-Töchtern: In Format, Motorleistung und Preis zielte DKW mit dem F 93 auf den Opel Olympia ...

... und auf den Ford Taunus 12M. Die Konkurrenten aus Rüsselsheim und Köln boten allerdings Viertakt-Motoren – für viele ein unwiderstehliches Kaufargument.

Veranlasste 1958 die Vereinigung der Auto Union GmbH mit der Daimler-Benz AG: Großaktionär Friedrich Karl Flick (ganz oben li.).

Setzte den Flick-Wunsch zwecks Programmabrundung um: Fritz Koenecke, 1958 Vorstandsvorsitzender der Daimler-Benz AG (ganz oben rechts).

Half Dank Flick'schem Einfluss in der Bonner Republik, den Gesamtabsatz der Auto Union zu fördern: der DKW Munga für den Einsatz bei der Bundeswehr (oben links).

Mit dem 1959 neuen Kleinwagen DKW Junior konnte die Auto Union auch in Italien den Absatz steigern – 80 Händler halfen dabei (oben rechts).

Dank des Junior erlebte DKW ab 1960 einen Absatz-Höhenflug und erreichte 1961 mit 7,3 Prozent westdeutschem Marktanteil einen nie mehr erreichten Gipfel (re.).

DKW Junior-Vorteil im Vergleich zum konkurrierenden Volkswagen Käfer: In seinem Kofferraum können zur Not auch vier junge Damen transportiert werden …

[8] **Friedrich Karl Flick** (*10. Juli 1883, † 20. Juli 1972).

Opel Olympia und Ford 12M warten allerdings mit Viertakt-Vierzylindermotoren auf, was die Majorität des Käuferpublikums favorisierte, waren doch die speziellen Geräusch- und Geruchsentwicklungen der Zweitakter zunehmend verpönt. „In einer Zeit, da das Automobil in Westdeutschland immer mehr zum Statussymbol wurde“, schrieb *Der Spiegel* in seiner Ausgabe 10/1965 unter der Headline „Die Käfer kommen“, fühlte sich mancher Käufer von dem Knattern des Zweitaktmotor und der Gasfahne, die hinter DKW-Automobilen herwehte, abgestoßen.“ DKW entwickelte sich in diesen Jahren zur Marke einer zwar überzeugten, ja geradezu fanatischen, jedoch zahlenmäßig vergleichsweise bescheidenen Klientel, was bei Profit-orientierten Gesellschaftern mehr Kummer- als Lachfalten zu erzeugen pflegt.

Einer dieser Auto Union-Anteilseigner war seit 1954 der deutsche „Oligarch“ Friedrich Karl Flick[8], der bis 1958 nach mehreren Kapitalerhöhungen 37,57 Prozent an der GmbH hielt. Zugleich war Flick im Besitz von 38 Prozent der Aktien der Daimler-Benz AG. Folglich hatte der Rat der damals reichsten Person Deutschlands Gewicht – mehr noch: Er hatte den Charakter einer Anordnung. Das veranlasste 1958 die Daimler-Benz-Führung unter deren Vorstands-Vorsitzenden Fritz Koenecke, die Auto Union GmbH zur Programmabrundung nach unten zu übernehmen. Im Dezember 1959 war die Komplettübernahme nach dem Aufkauf der restlichen Auto Union-Anteile perfekt und die Auto Union GmbH eine 100-prozentige Daimler-Benz-Tochter – sehr zum Misstrauen der eingeschworenen DKW-Gemeinde. „War die Verbindung wirklich nur wirtschaftlicher Art“, fragte die Stuttgarter *Motor Revue* im Herbst 1963 (Ausgabe 47) aus der Sicht der Zweitakt-Traditionalisten, „oder würde der Mercedes-Koloß die kleinere Marke auch in eine technische Abhängigkeit zwingen?“

Immerhin schien der Flick-Plan aufzugehen: Gleich im Übernahmejahr gab es einen Absatz-Hype der Auto Union, als knapp 61.000 produzierte Pkw gegenüber Vorjahr ein Plus von 47 Prozent bedeuteten. Der bereits 1956 Dank Flick'scher Verbindungen in die Bonner Polit-Prominenz erfolgte Großauftrag der Bundeswehr zur Lieferung des Geländewagens Munga und 1959 die Einführung des Kleinwagens DKW Junior – nach wie vor im Auto Union-Zweitakt statt im Mercedes-Viertakt motorisiert – beflügelten die Auto Union-Fertigung 1960 zu deren Gipfel: In jenem Jahr entstanden insgesamt 126.237 DKW-Pkw, -Kleintransporter und -Geländewagen. Im Folgejahr erreichte DKW mit 7,3 Prozent Marktanteil in Westdeutschland diesbezüglich einen Höhepunkt. Doch danach ging es Schritt für Schritt abwärts: 1964 war das DKW-Tortenstück am bundesdeutschen Zulassungskuchen um über die Hälfte geschrumpft, Marktanteil nurmehr 3,4 Prozent. Entsprechend hatte auch die DKW-Produktion den Rückwärtsgang eingelegt: 1964 fertigte die Auto Union noch 78.790 Fahrzeuge, entsprechend eines Anteils an der (west)deutschen Pkw-Gesamtproduktion von 3,1 Prozent. Noch 1962 lauteten die entsprechenden Zahlen 107.614 Fahrzeuge bzw. 5,3 Prozent …

Verwandtschafts-Indizien von DKW und Mercedes anno 1959: Sowohl im Auto Union 1000 …

… als auch im zeitgenössischen Mercedes 220b (W 111) wird die gefahrene Geschwindigkeit auf einem vertikal angeordneten „Fieberthermometer" abgelesen.

Daimler-Benz und Auto Union: nur wenige Synergie-Effekte

Sichtbare Synergie-Effekte zwischen der Daimler-Benz AG und der Auto Union GmbH beschränkten sich im Übrigen auf die Form des Tachometers in Form eines vertikal angeordneten Fieberthermometers. Ein derart originell, wenn auch wenig funktionell gestaltetes Instrument gab 1959 sowohl im Armaturenbrett des Auto Union 1000, als auch im Cockpit der Mercedes W111-Limousine (220 b/220 Sb/220 SEb) sein Debüt. Doubletten lassen sich zudem mit etwas Mühe in einem Detail der Coupé-Seitenlinien beider Fabrikate entdecken: Die von DKW bereits seit 1953 gezeigten, nach US-Vorbild pfostenlosen und voll versenkbaren Seitenfenster-Partien der Coupé-Varianten finden sich auch als besonders elegantes, für Sindelfinger-Verhältnisse neuartiges Merkmal beim 1961 eingeführten Mercedes 220 SEb Coupé.

Gleichwohl vertrugen sich die Unternehmens-Kulturen in Stuttgart und Ingolstadt nicht im erhofften Maße, waren doch die auf vier Takte im Motorenbau eingespielten Mercedes-Entwickler bei der oberbayerischen Tochter mit enthusiastischen Zweitakt-Verfechtern konfrontiert. In ihrer Reserviertheit sahen sich die Stuttgarter durch eine zunehmende Schadenanfälligkeit der in der Leistung gestärkten[9] DKW-Motoren bestätigt. „Das Hauptärgernis, das den Zweitaktmotor immer mehr belastete und schließlich auch untergehen ließ", analysierten Auto Union-Historiker gnadenlos in der Werkschronik *Das Rad der Zeit*, „waren die sich häufenden Kurbelwellenschäden, die besonders bei häufig im Kurzstreckenbereich gefahrenen Fahrzeugen auftraten. Korrosionen der im Kurbelgehäuse befindlichen Teile führten zum Fressen der Welle." Kurzum: „Der Zweitaktmotor hatte inzwischen viel von seinem Ruf eingebüßt, der vor allem von einer Generation geprägt worden war, die in den 30er Jahren zur überzeugten und anhänglichen DKW-Kundschaft gehört hatte."

So sollte die Daimler-Benz-Herrschaft über die Auto Union GmbH lediglich ein Intermezzo bleiben. Wie einst bei der Hochzeit, so zog auch bei der Scheidung Friedrich Flick die Fäden. Er verständigte sich bereits 1962 mit Heinrich Nordhoff, dem allmächtigen VW-General, darauf, die Auto Union dem Volkswagenwerk einzuverleiben. Carl Horst Hahn[10], 1964 nach fünfjährigem Wirken für Volkswagen in den USA nach Wolfsburg zurückgekehrt, erinnerte sich in seinem Buch *Meine Jahre mit Volkswagen*[11] an das damalige Szenario: „Eines Tages rief mich Nordhoff zu sich. In seinem Büro saß Joachim Zahn, damals Finanzchef von Daimler-Benz. … Er bot uns die Auto Union GmbH zum Kauf an, weil man mit Ingolstadt nicht ‚glücklich', auf Deutsch gesagt nicht fertig geworden war, und aus den Verlusten nicht heraus gekommen war." Tatsächlich hatte die Daimler-Benz AG mit ihrer DKW-Tochter außer allerlei personellem Unfrieden auch beträchtliche Verluste generiert: So mussten 1964 nicht weniger als gut 3,15 Millionen DM[12] Miese verbucht werden. Daran beteiligt war auch der im Februar 1964 abgeschlossene Ausbau der Auto Union-Produktionsfläche um 30 Prozent auf 246.586 m^2 für die Fertigungsanlagen des F 102, der im März 1964 starten sollte.

Carl Horst Hahn: „Eines Tages rief mich Nordhoff zu sich, in seinem Büro saß Joachim Zahn, damals Finanzchef von Mercedes-Benz ... er bot uns die Auto Union zum Kauf an ...“.

Ansichts-Sachen: DKW bot bei seinen Coupés bereits seit 1953 pfostenlose Seitenfenster; hier das auf der IAA 1961 vorgestellte und bis September 1963 gebaute Top-Modell AU 1000 Coupé de Luxe.

Mercedes-Benz zog 1959 mit gleichartigen Seitenfenster-Partien nach: 220 SEb Coupé.

[9] Mit Einführung des Typs 1000/1000 S leistete der Einliter-Dreizylinder 44 bzw. 50 PS und damit zehn bzw. 25 Prozent mehr als der 40 PS starke Vorgänger 3=6 mit 0,9 Liter Hubraum. Gegenüber dem ersten Dreizylinder-Modell, dem Sonderklasse von 1953, standen gar 10 bzw. 16 PS mehr zur Verfügung.

[10] **Carl Horst Hahn** (*1. Juli 1926, † 14. Januar 2023) studierte Betriebs- und Volkswirtschaft; 1953 Assistent von VW-Chef Heinrich Nordhoff, 1958 Leiter von Volkswagen of America, 1972 Vorstandsvorsitzender der Reifenfirma Continental AG, 1982 bis 1993 Vorstandsvorsitzender der Volkswagenwerk AG, danach VW-Aufsichtsrat.

[11] Signum Verlag, München, ISBN 3-7766-8000-8.

[12] Quelle: Geschäftsbericht 1964 der Auto Union vom April 1965.

1964 fanden folglich fünf Männer in mehreren geheimen Sitzungen zusammen, um die westdeutsche Automobil-Industrie neu zu ordnen: Hermann Josef Abs, Vorstandssprecher der Deutschen Bank und Aufsichtsratsvorsitzender bei Daimler-Benz, Dr. Hans Busch[13], Aufsichtsratschef der Volkswagenwerk AG, Mercedes- und Auto Union-Großaktionär Friedrich Flick, Mercedes-Generaldirektor Walter Hitzinger und VW-Oberhaupt Heinrich Nordhoff. Wirklich geheim blieben die Sitzungen freilich nicht. So kursierten alsbald Gerüchte im westdeutschen „Echoraum“, Volkswagen sei dabei, Mercedes-Benz zu übernehmen, und Nordhoff sei als Chef des neuen Großkonzerns auserkoren. Es blieb freilich bei Gerüchten – stattdessen beschloss das hochkarätige Gremium zum 1. Januar 1965 ein 296 Millionen DM-Geschäft zwecks einer „Zusammenarbeit“ zweier gleichberechtigter Unternehmen. Noch im November 1964 (Ausgabe 23/1964) zitierte *auto motor und sport* aus einer Pressemitteilung der beiden Hersteller, wonach es sich um „Vereinbarungen zwischen Daimler-Benz und dem Volkswagenwerk über den künftig gemeinsamen Besitz und die gemeinsame Führung der Auto Union GmbH“ handele. Überschrift des entsprechenden Artikels: „Daimler-Benz und VW am gleichen Strang“.

VW und Auto Union: zusätzliche Produktionsstätte in Ingolstadt

Tatsächlich bedeutete der Deal den weitgehenden Ausstieg der Daimler-Benz AG bei der Auto Union, wobei die Übernahme durch VW in drei Stufen stattfand: Die Wolfsburger erwarben zunächst 50 Prozent der Anteile, dann zwei weitere Chargen à 25 Prozent. Als Erinnerung an die Fehlinvestition in die Auto Union behielt Daimler-Benz das Düsseldorfer DKW-Werk, wo künftig Mercedes-Kleinlaster produziert werden sollten. Die Einverleibung der Kern-Auto Union eröffnete den prosperierenden Wolfsburgern eine zusätzliche Produktionskapazität in Ingolstadt, wo bis 1969 immerhin rund 348.000 Käfer entstehen sollten.

Nach der Übernahme durch die Volkswagenwerk AG waren DKW und mit dieser traditionsreichen Marke zugleich der Zweitakt-Motor bei der Auto Union Geschichte. Wogegen sich die Zweitakt-Fraktion der Auto Union in der Mercedes-Ära zum Verdruss der Daimler-Benz-Manager tapfer gewehrt hatte, das nahm nun Gestalt an: ein DKW mit Viertaktmotor, der freilich nicht länger DKW heißen sollte, sondern Audi. Diesen aus der Vorkriegs-Ära der Auto Union noch allseits bekannten, einst von August Horch eingeführten Marken-Name hatte Carl Horst Hahn VW-intern bereits im September 1964 vorgeschlagen – Hahn: „Er sollte eine deutliche Zäsur zur DKW Zweitakter-Vergangenheit markieren.“ Audi war in der

Ordneten 1964 die westdeutsche Automobil-Industrie neu: Hermann Josef Abs, Hans Busch, Heinrich Nordhoff, Walter Hitzinger (oben, im Uhrzeiger-Sinn von links oben) und Friedrich Karl Flick (siehe Seite 44).

Noch im November 1964 meldete das Fachblatt *auto motor und sport*, Mercedes und VW zögen am selben Strang“ – tatsächlich hatte VW DKW übernommen.

Auto Union vor dem Krieg für die obere Mittelklasse zuständig und rangierte in der Hierarchie des Marken-Verbundes unterhalb von Horch, jedoch oberhalb von Wanderer. Das „Volks-Wagen"-Segment wiederum deckte damals DKW ab.

Interessanterweise war auch im Mercedes-Marketing zur Zeit des Auto Union-Besitzes Anfang der 1960er Jahre erwogen worden, für einen künftigen kleineren Mercedes eine AU-Marke zu revitalisieren. In Stuttgart wurde dabei an Wanderer gedacht, oder an Horch. Im März 1964 zeigten die Tageszeitung *Bild* und *auto motor und sport* Fotos eines an Front und Heck verunstalteten Limousinen-Prototyps. Es handele sich dabei, so *auto motor und sport* in besagter Ausgabe 6/1964, „um einen Prototyp, der von Daimler-Benz in Zusammenarbeit mit der Auto Union entwickelt wurde". Tatsächlich handelte es sich jedoch um den Nachfolger des Mercedes-Benz 190/200 der Reihe W 110. Als diese neue Baureihe W 114 1968 ihr Debüt gab, war die Auto Union in der Mercedes-Historie längst Geschichte, und die später als /8-Modell bekannte Serie trug weiterhin Stern und Namen ihres Stuttgarter Herstellers. Für die Ingolstädter wiederum bedeutete Audi nicht etwa bloß ein Modell zur Diversifikation. Audi bedeutete einen radikalen Neuanfang, eine regelrechte Zeitenwende. Dennoch übernahm dieser 1965 neue Mittelklassewagen die nur in einigen Details modifizierte Karosserie, das Fahrwerk und im Kühlergrill die vier Auto Union-Chromringe des letzten DKW, des F 102.

Die Auto Union hatte den F 102 gerade erst im August 1963 als völlig neuen Nachfolger des vier Jahre zuvor lancierten Modells Auto Union 1000 S vorgestellt, das Ende der 1950er Jahre mit amerikanisch inspirierter Panorama-Windschutzscheibe und dem Verzicht auf die Markenbezeichnung „DKW" die Moderne repräsentieren sollte – und das doch den Zeitgenossen antiquiert erschien. Auf den F 102, nun trotzig wieder als „DKW" vermarktet, baute die Auto Union, doch er sollte die letzte, bereits ermüdete Zuckung der einst so renommierten Marke werden. Dabei bedeutete der F 102 gegenüber seinen Vorgängern gleich mehrere radikale Schritte Richtung Zukunft: selbsttragende Karosserie statt traditioneller Kastenrahmen-Bauweise, Federstäbe statt Querblattfedern, moderne, sachlich-bescheidene Pontonkarosserie statt Pseudostromlinie im Vorkriegsstil. Einzig den Zweitaktmotor ließen sich die DKW-Traditionalisten nicht nehmen: Mit 1,2 Liter statt einem Liter Hubraum und mit 60 statt zuvor maximal 50 PS bedeutete er die bislang höchste serienmäßig gefertigte Volumen- und Leistungs-Stufe.

Das waren – abgesehen von der Motorisierung – beste Voraussetzungen für den ersten Nachkriegs-Audi, intern folglich F 103 genannt. Der feierte 1965 seine Premiere als pragmatisches Vernunftautomobil mit einem neuartigen Viertaktmotor. Diesen sogenannten „Mitteldruckmotor" hatten noch Mercedes-Ingenieure konstruiert – die technologische Novität: eine für Ottomotoren extrem hohe Verdichtung von 11,2:1. Zunächst kam der „Ur-Audi" als Solitär noch ohne jedwede Versionenbezeichnung aus, ganz so, als sei er lediglich ein neuer Typ der Auto Union. Er hieß lediglich „Audi" – Punkt. Doch diese schlichte Bezeichnung markiert den Karriere-Anfang einer Marke, die bereits drei Jahre später, 1968, mit dem Typ 100 C1 zu deutlich Höherem strebte und 1969 gar ein erstes Luxusgeschöpf präsentierte: den Hauptdarsteller dieser Chronik, das Audi 100 Coupé S.

[13] **Dr. Hans Busch** (*8. November 1896, † 22. Juli 1972), trat nach dem Studium der Rechtswissenschaften und Promotion 1925 in den Staatsdienst ein, zuletzt als Staatssekretär der Bundesrepublik Deutschland unter Konrad Adenauer, 1961 als Pensionär Aufsichtsrats-Vorsitzender der Volkswagenwerk AG. 1966 schied er auf eigenen Wunsch von seinem Amt in Wolfsburg zurück.

Mit der Auto Union-Übernahme durch die Volkswagenwerk AG war das Ende der Ingolstädter Zweitakt-Ära beschlossene Sache: Der DKW F 102 hatte keine Zukunft …

Der erste Nachkriegs-Audi

Die faszinierende Entwicklungs-Geschichte des ersten Audi 100 und dessen erstaunlicher Markterfolg, im Folgekapitel erzählt, rückt den ersten, aus heutiger Sicht sehr unscheinbaren Nachkriegs-Audi vielfach in den Hintergrund der Erinnerung. Sein Ruhm ist so unverdient bescheiden, wie sein schlichter Name: „Audi" – also nichts als „Audi", ohne nähere Typbezeichnung. Kein Wunder, dass es anfangs unklar war, ob dieser „Audi" lediglich als zusätzliches Modell der Auto Union neben dem DKW F 102 dient, ob „Audi" lediglich eine Typbezeichnung sei oder doch etwa ein wieder entdeckter Markenname und somit der Beginn von etwas Neuem.

Aus der zeitlichen Distanz betrachtet verwundert die etymologische Unentschlossenheit keineswegs, handelte es sich doch bei diesem 1965 lancierten Automobil um eine Ingolstädter Notlösung, ursprünglich erhofft als Instrument zum Abbau angehäufter Bilanz-Defizite der notleidenden Auto Union GmbH. Dieser „Ur-Audi", erst im Nachhinein entsprechend der PS-Zahl mit dem Zusatz „72" ausgezeichnet, war eine graue Maus mit DKW-Wurzeln. Sie rollte nämlich im braven Kleid des DKW F 102 daher und damit sozusagen im Windschatten des letzten Zweitakt-Modells aus Ingolstadt, das mehr mit seinem mäßigen Absatzerfolg in die Auto Union-Geschichte eingehen sollte, als mit einem revolutionären Karosserie-Design. Immerhin, so VW-Insider Carl Horst Hahn anlässlich eines Gesprächs 2008 mit dem Autor im Rahmen der von Hahn geliebten Rallye Sachsen Classic, verlieh „eine italienische Designfirma" der F 102-Pontonkarosserie für den Audi an Front und Heck ein wenig Würze. Womöglich, wenngleich nicht durch entsprechende Dokumente gesichert, war das die in Savigliano bei Turin ansässige Carrozzeria Fissore.

Gute Basis: Die altgedienten DKW-Enthusiasten allzu moderne Pontonkarosserie des F 102 war bestens geeignet für den ersten Audi der Nachkriegs-Ära.

Zeit für gute Gespräche: Prof. Carl Horst Hahn liebte Rallyes, als Copilot erfuhr der Chronik-Autor dabei viel Interessantes.

Die Figur von DKW, das Herz von Mercedes-Benz

Vemag, 1945 im brasilianischen Sao Paulo gegründet, montierte ab 1956 DKW-Viertürer und lancierte 1961 ein DKW-Eigengewächs mit Pontonkarosserie im sehr schlichten Fissore-Design.

Fissore in Savigliano bei Turin verantwortete auch die moderne Form des Kleintransporters F 1000 L, ab 1963 bei der spanischen DKW-Dependance IMOSA auf DKW-Basis produziert.

Audi-Cheftechniker Ludwig Kraus hatte ein Faible für Fissore und bewunderte den Schweizer Monteverdi 375, disegno Fissore (S. 53 oben).

So hatte es sich der VW-General Nordhoff ursprünglich vorgestellt: die Auto Union in Ingolstadt ab 1965 als verlängerte Werkbank zur Käfer-Produktion (S. 53 unten).

Die Italiener hatten sich zuvor schon sowohl im Auftrag des brasilianischen DKW-Lizenznehmers Vemag, als auch für die spanische DKW-Dependence Industrias Del Motor S.A. (Imosa DKW) verdient gemacht. Für die Südamerikaner schuf Fissore eine durchaus gefällige, von 1961 bis 1967 gebaute Pontonkarosserie auf Basis des DKW-Vemag Belcar, der Lizenzversion des deutschen DKW 1000 S. Im Auftrag der Südeuropäer wiederum entstand mit dem F 1000 L ein attraktiver Eintonnen-Kleintransporter auf DKW-Basis, der ab 1963 mit 40 PS-Dreizylinder in sechs Varianten gefertigt wurde. Ob die Bewunderung des Audi-Cheftechnikers Ludwig Kraus (siehe Kasten nächste Seite) für das gleichfalls von Fissore gestaltete Schweizer Luxuscoupé Monteverdi 375 bei der Wahl der Blech-Chirurgen eine Rolle spielte – siehe auch Seite 53 – , ist allerdings nicht überliefert …

Der 1965 neue Audi war bereits zur Zeit der Mercedes-Regie im Hause der Auto Union Anfang der 1960er Jahre angedacht worden. So empfahl Mercedes-Chefingenieur Prof. Fritz Nallinger 1962, den künftigen DKW F 102 auch mit dem unter seiner Regie entwickelten Mitteldruck-Vierzylinder auszurüsten. Allerdings war er damals von seinen Untertürkheimer Vorstands-Kollegen überstimmt worden. Mitte der 1960er Jahre wurde die Nallinger-Idee in Ingolstadt dann doch noch realisiert, nun jedoch unter der Regie der Volkswagenwerk AG – und nicht eben zur Freude der altgedienten Auto Union-Veteranen, die den „Viertakt-DKW“ mit unverhohlener Abscheu „Bastard“ nannten.

Auch bei Volkswagen stieß das Ingolstädter Viertakt-Projekt auf einige Reserviertheit. Denn ursprünglich diente die Übernahme der Auto Union GmbH den Wolfsburger Strategen keineswegs der Etablierung einer zweiten VW-Fahrzeugmarke oberbayerischer statt niedersächsischer Herkunft. Vielmehr zielte VW-Generaldirektor Heinrich Nordhoff lediglich auf eine zweite Werkbank ab zur Herstellung der weltweit erfolgreichen Eigengewächse seines Käfer-Königreichs am Mittelland-Kanal. Einen Einblick in die damaligen Nordhoff'schen Absichten gab Carl Horst Hahn 2005, von 1982 bis 1993 selbst Vorstandsvorsitzender bei VW, in seiner Autobiographie *Meine Jahre mit Volkswagen*: „Die steigenden Verluste Ingolstadts führten jedoch zu der Entscheidung Nordhoffs, zukünftig dort überhaupt keine technischen Entwicklungen mehr zu betreiben. Alle überflüssigen Nebenbetriebe sollten aufgelöst und aus Ingolstadt sollte das Volkswagenwerk Nummer 7 werden.“

Tatsächlich sah der mächtige VW-Manager in den Ingolstädter Auto Union-Werken zuvorderst eine mögliche Ventillösung, sollte der internationale Fahrzeug-Absatz die Wolfsburger Kapazitäten sprengen, so, wie dies seit Ende der 1950er Jahre bereits mehrfach geschehen war. Dem Plan folgte augenblicklich die Tat: Vom Mai 1965 bis zum Juli 1969 entstanden in Ingolstadt parallel zu ersten Audi-Modellen nicht weniger als 347.869 Käfer – 61.830 Volkswagen wurden gleich im ersten Jahr der Übernahme, also 1965, gefertigt.

Ludwig Kraus

Ludwig Kraus (*26. Dezember 1911, † 19. September 1997) studierte von 1933–1937 Maschinenbau in München, Stuttgart und Hannover, Abschluss als Diplom-Ingenieur. 1937 begann Kraus seine Karriere bei Daimler-Benz, wo er unter anderem den Treibstoff-Verbrauch von Zeppelin-Motoren reduzieren half. Involviert war Kraus auch in die Entwicklung des Dieselmotors für den Mercedes-Benz 170V.

Weitere berufliche Stationen: 1951 Konstruktionschef Rennwagenbau bei Mercedes-Benz (unter seiner Regie entstanden die damals konkurrenzlosen Formel 1- und Rennsportwagen W 154 und W 196), 1958 Leiter Vorentwicklung Pkw. Als Chef der Direktion Entwicklung wechselte Kraus im Oktober 1963 im Mercedes-Auftrag zur Auto Union GmbH, dort ab 1. Januar 1964 Direktor für Entwicklung als Nachfolger von Oskar Siebler, der 1963 in den Ruhestand gewechselt war.

Die spätere Rückkehr von Ludwig Kraus zu Mercedes scheiterte am Widerstand von VW-Chef Heinrich Nordhoff, der – wie Kraus später berichtete – die Auto Union inklusiv Personal für VW erworben habe.

Die weiteren Kraus-Stationen: 1969 Entwicklungsvorstand der Audi NSU Auto Union AG, 1973 Ruhestand, 1976–1985 Aufsichtsratsmitglied der Audi NSU Auto Union AG.

Ironie der Industrie-Geschichte: Audi-Modelle made in Wolfsburg

Dass sich die Verhältnisse – Ironie der deutschen Industrie-Geschichte – alsbald umkehren sollten, war da noch nicht abzusehen. Bereits für den April 1967 beschloss der Konzern zwar in Ingolstadt Kurzarbeit, doch die galt nicht etwa am Audi-Fließband, sondern mangels ausreichender Nachfrage exklusiv an der Käfer-Fertigungsstraße von Volkswagen. Denn in Wolfsburg hatte die 1966 eingetretene bundesrepublikanische Rezession für Bremsspuren gesorgt, die Franz-Josef Strauß, damals in der Großen Koalition von CDU/CSU und SPD Finanzminister, in einer Bundestags-Rede 1967 allerdings auf mangelnden Ideenreichtum am Mittelland-Kanal zurückführte[1]. Ende 1967 nahm die Auto Union GmbH gar Neueinstellungen vor und setzte Sonderschichten an, um nicht noch längere Lieferfristen für das Audi-Programm entstehen zu lassen. Rund 50 Prozent der Audi-Kunden entschieden sich übrigens für das teuerste Modell, den Super 90. Und ab 1970 liefen von den nun nicht länger mit VW-Modellen ausgelasteten Wolfsburger Fertigungsstraßen gar auch höchst erfolgreiche Modelle der Ingolstädter Tochter vom Band.

1965 hatte mit dieser Entwicklung in Wolfsburg sicher niemand gerechnet, zumal es zur damaligen Übernahme-Mahlzeit auch noch ein willkommenes Sahnehäubchen gab – zum Wohle von VW, zum Nachteil der Auto Union. In deren Zuge konnte nämlich ein zwar kleiner, aber mit knapp 354.000 in den Jahren 1959 bis 1965 gebauten Einheiten durchaus respektabler Käfer-Konkurrent vom Markt genommen werden: die noch unter Mercedes-Regie eingeführte DKW-Kleinwagenriege Junior (gebaut von 1959 bis 1963), F 11 und F 12 (jeweilige Produktionsdauer: 1963 bis 1965). So bescheiden sich deren Absatz im Vergleich zum Käfer auch darstellte, so profilierte sich der kleine DKW bis 1962 gleichwohl nach dem Käfer als deutsche Nummer 2 der Kompaktwagen-Klasse, um erst danach von den 1962 eingeführten Konkurrenten Opel Kadett und Ford 12M – Letzterer legendärer Langstrecken-Prüfling und wie die DKW mit Frontantrieb – überholt zu werden.

Erwiesen sich diese kleinen Zweitakt-Limousinen zumindest anfangs als durchaus erfolgreich[2,3], so befanden sich die optisch und technologisch veralteten, 1958 eingeführten Mittelklasse-Typen 1000 und 1000 S schon seit Anfang der 1960er Jahre im steilen Nachfrage-Sinkflug – trotz ihrer geänderten Marken-Bezeichnung, nämlich „Auto Union“ statt „DKW“[4].

[1] VW sah sich durch diesen öffentlichen „Angriff“ des CSU-Granden genötigt, den *Spiegel*-Redakteuren Ferdinand Simoneit und Rudolf Glismann in Ehra-Lessien Beweise für den Ideenreichtum der Volkswagenwerk AG zu präsentieren: 36 Prototypen, die es freilich nie zur Serienreife gebracht hatten. Dass von VW ausgerechnet das Hamburger Nachrichtenblatt mit der Prototypen-Schau betraut wurde, entbehrte nicht der Pikanterie: Schließlich war es der *Spiegel*, über den Strauß 1962 im Zuge der sogenannten „*Spiegel*-Affäre“ gestolpert war …

[2] Allerdings hatte auch bei diesen Modellen die Nachfrage bis Mitte der 1960er Jahre eklatant nachgelassen. So sank deren (weltweiter) Verkauf von 44.891 Einheiten im Jahr 1964 auf nurmehr 18.501 F 11/F 12 im Folgejahr, analog zeigte die nationale Zulassungskurve in der damaligen Bundesrepublik von 1962 bis 1964 steil nach unten: 1962/53.412, 1963/44.736, 1964/28.263.

[3] Quellen: Geschäftsberichte der Auto Union GmbH für die Jahre 1964, 1965 und 1966.

[4] Lediglich die 1959 eingeführten Kleinwagen Junior, F 11 und F 12 firmierten weiterhin unter dem Markennamen DKW, der in der Mittelklasse erst wieder für den 1000/1000 S-Nachfolger F 102 reaktiviert wurde.

Franz-Josef Strauß, 1961 bis 1988 CSU-Chef und von 1966 bis 1969 BRD-Finanzminister, warf Volkswagen-Technikern 1967 mangelnden Ideenreichtum vor.

Der 1959 eingeführte DKW Junior bescherte den Ingolstädtern einen Absatz-Boom, der freilich nicht lange währen sollte.

Die Junior-Nachfolger F 11 und F 12 sahen sich übermächtiger Konkurrenz aus Köln und Rüsselsheim gegenüber – der Absatz ging dramatisch auf Talfahrt.

Mit dem kompakten Kadett, produziert in einem eigens für ihn gebauten Werk in Bochum, griff Opel 1962 die Auto Union an – und ganz besonders VW.

Mit dem Codenamen Cardinal in den USA entwickelt, emigrierte der Ford nach Köln und machte in Deutschland als 12M Karriere.

Schwanengesang der Auto Union-Zweitaktära: Im Thunderbird-Stil lief in Ingolstadt der AU 1000 Sp mit Baur-Karosserie von 1958 bis zum bitteren DKW-Ende 1965 rund 6.600 Mal vom Band.

Erster Volkswagen mit selbsttragender Karosserie: der VW 411, Debüt 1968. DKW war selbsttragend mit dem F 102 fünf Jahre früher im Markt …

Keine Zeitungs-Ente: Tages-Zeitungen und *Der Spiegel* legten die Finger in die Wunde. Der DKW F 102 stand auf Halde.

Diese DKW's warten auf Käufer. 7000 stehen in München. Die Gesamtzahlen werden in der Bundesrepublik von Fachleuten auf 2 … bis 30000 geschätzt

AUTO UNION

DKW AUF HALDE

VW-Nordhoff wirbt für die Auto-Union. Für die Preissenkung führt er Rationalisierung als Grund an, obwohl Absatzschwierigkeiten die wahre Ursache für die Werbemaßnahmen sind

Auf einer Bundesbahnwiese bei München stapeln sich DKW's. Obwohl die Preise für alle Typen gesenkt worden sind, will anscheinend niemand anbeißen. Der neue Mitbesitzer von DKW, das Volkswagenwerk, scheint sich die Zähne daran auszubeißen. Fachleute von der Autobranche schätzen, daß zur Zeit in der gesamten Bundesrepublik etwa 25000 bis 30000 DKW auf Halde liegen.

VW senkte die Preise bei Auto-Union. DKW-Wagen dürfen sich zu Werbezwecken mit VW-Federn schmücken.

Dieses Preis-Werbemanöver ist das erste für die Öffentlichkeit sichtbare Zeichen der Machtübernahme von VW-Wolfsburg über DKW-Ingolstadt.

Auto-Union wies in ganzseitigen Zeitungsanzeigen auf die „noch größere Fabrik" VW hin: „. . . Und dann müssen, wenn die Auto-Union und das Volkswagenwerk bei der Herstellung der DKW's zusammenarbeiten, die DKW's noch preiswerter werden."

Bei ihrer Werbeaktion (durchschnittliche Preissenkung von 400 Mark je Wagentyp) beruft sich DKW auf technische Rationalisierung. Werbegag: „Man macht das Gute mit weniger Aufwand noch besser."

Über diesen Trick ist die ganze Automobil-Branche gerührt. Niemand nimmt es dem sowieso sehr modernen DKW-Werk ab, daß es über Nacht noch moderner geworden ist.

Tatsächlich steht der Finanzriese VW hinter der Preispolitik der Auto-Union. Ziel: der rapide Rückgang des DKW-Marktanteils muß um jeden Preis aufgefangen werden. (Der Marktanteil sank in zwei Jahren von 7,2 auf 3,6 Prozent. Man spricht in der Branche ganz offen über eine Zwei-Takter-Misere.)

Schon vor Wochen nahmen die Händler eine „stille" Preissenkung vor. Sie bekamen DKW-Autos zu einem niedrigeren Einkaufspreis, mußten aber den alten, hohen Verkaufspreis beibehalten. Dafür durften sie Neuwagen-Interessenten für ihre alten Autos, die sie in Zahlung gaben, mehr als den Schätzpreis bieten.

Diese inoffizielle Preissenkung wurde jetzt von der VW-Auto-Union in eine werbewirksame echte Preissenkung umgemünzt.

Dieser Anlauf zu einer Verkaufssteigerung kommt zu einem Zeitpunkt, da Zigtausende von DKW-Wagen unverkauft im Vorhof zum Händler stehen. ZEITUNG fragt DKW: wie viele? Auto-Union antwortete: „Darüber möchten wir keine Auskunft geben."

Allein in München-Landwied wächst auf Bundesbahn-Gelände eine endlose Halde von DKW-Wagen. Ein Bahnbeamter: „Da stehen vielleicht so gegen 7000 Autos, und fast jeden Tag kommt ein neuer Zug voll." ■

Sonderangebot: Gebrauchtwagen hoch in Zahlung nehmen

Keine bezahlte Anzeige.

Alle DKW's sind billiger geworden.

(Ein Erfolg der Zusammenarbeit zwischen Auto Union und Volkswagenwerk.)

Die Auto-Union pocht auf den Ruf des Volkswagenwerks

Die (gerundeten) Absatzzahlen[3] lauten den jeweiligen Jahren zugeordnet: 1960/58.200, 1961/41.400, 1962/22.000, 1963/17.400 ... Daran vermochte auch der im August 1963 vorgestellte Typ F 102 als letzter DKW nichts zu ändern – trotz des durchaus zeitgemäßen Ponton-Designs und der endlich selbsttragenden Karosserie[5], mit der er der späteren Mutter VW um immerhin fünf Jahre zuvor kam: In Wolfsburg feierte das selbsttragende Karosseriebau-System erst 1968 mit Einführung des Typs 411 Premiere. Der modernisierte DKW verkaufte sich, ab März 1964 produziert, dennoch nur schleppend und bevölkerte statt der bundesdeutschen Straßen die Ingolstädter Lager. So konnten bereits im ersten F 102-Produktionsjahr (1964) von 32.265 gefertigten Einheiten lediglich 26.622 Exemplare[3] abgesetzt werden, sodass die Produktion 1965 auf nurmehr 20.427 Exemplare[3] gedrosselt werden musste. Im Winter 1964/65, so berichtete es *Der Spiegel* in seiner Ausgabe 45/1966 vom 30. Oktober 1966, standen „30.000 fabrikneue Zweitakter" auf Halde.

„Die Produktion von Fahrzeugen mit Zweitaktmotor, die schon im Vorjahr nur mit Schwierigkeiten abgesetzt werden konnte", klagte entsprechend dieser prekären Situation der Autor des Auto Union-Geschäftsberichtes '65 im März 1966, „mußte auf Grund der unverkauften Lagerbestände an Neufahrzeugen Anfang des Jahres teilweise eingestellt werden." Weiter heißt es in der Jahres-Abrechnung der Ingolstädter: „Auch der Typ F 102, dessen Produktion Anfang 1964 angelaufen war, und von dem sich das Unternehmen eine Besserung der unbefriedigenden Ertragslage versprochen hatte, konnte nicht in den erforderlichen Stückzahlen abgesetzt werden." Da half es auch nicht, dass der neue F 102-Viertürer Anfang 1965 nicht etwa von der Auto Union der Öffentlichkeit avisiert wurde, sondern von der Presseabteilung der Volkswagenwerk AG, dies verbunden mit Preissenkungen für das komplette DKW-Programm: 6.850 statt 7.200 DM für den zweitürigen F 102, 4.700 statt 5.100 DM für das DKW-Einstiegsmodell F 11. Freilich versagten diese pekuniären Fördermaßnahmen als Verkaufs-Stimulanz: Mit DKW ging es weiterhin abwärts ...

Zweitakter ohne Zukunft: Abgasreinigung unmöglich – oder zu teuer

Die bei der Auto Union seit 1959 maßgebliche Mercedes-Viertaktfraktion sprach die bereits länger anhaltende Käufer-Enthaltung vor allem dem DKW-speziellen Zweitakt-Motor zu, der mit seinem typischem Geräusch und der durchdringenden Geruchsentwicklung bei Interessenten auf eine wachsende Reserve stieß. „Der Zweitakt-Motor", resümierte Audi-Cheftechniker Ludwig Kraus Anfang der 1970er Jahre in einem Interview mit *auto motor und sport* (Ausgabe 19/1972), „hätte uns in die Pleite geführt." Die Zahlen sprachen eine eindeutige Sprache – Kraus: „Bis zum Start des Audi im August 1965 erwirtschafteten wir noch 84 Millionen Verlust – bei 500 Millionen Umsatz." Auch sei ein solcher Zweitakter künftigen internationalen Abgasvorschriften nicht gewachsen. Im Rahmen eines Audi-Kolloquiums anno 2007 begründete Uwe Handke, bei Audi damals Leiter Abgas-Service und Zulassung, das einstige Zweitakt-Todesurteil nicht zuletzt mit diesen Sachzwängen: „Zur Erfüllung der Forderungen dieser Gesetze wurden aufwendige technische Maßnahmen zur Abgasreinigung nötig, die für die schlitz/strömungsgesteuerten und gemischgeschmierten 2-Takt-Motoren zu teuer waren oder gar nicht zur Verfügung standen."

Es gab in der Tat ein ganzes Bündel an Argumenten gegen den Zweitakt-Motor, und die zählte der Auto Union-Direktor Dr. Werner Henze[6] im September 1964 im Interview mit der britischen Auto-Zeitschrift *The Motor* auf, dies im Widerspruch zur bisherigen Geschäfts-Ideologie des Ingolstädter Unternehmens – und im Widerspruch zu seinen bisherigen Überzeugungen: „Viertakter sind leiser, billiger und leichter verkäuflich als Zweitakter." Man werde deshalb den DKW F 102 mit einem Viertaktmotor ausrüsten.

Auto Union-Direktor Dr. Werner Henze 1964: „Viertakter sind leiser, billiger und leichter verkäuflich als Zweitakter..." (oben)

Internationalen Abgasvorschriften nicht gewachsen, Abgasreinigung zu teuer: Zweitakt-1,2 Liter mit 60 PS in der letzten DKW-Entwicklung, dem F 102.

[5] Die zuvor produzierten Mittelklassemodelle der Auto Union basierten noch auf einem klassischen Kastenprofilrahmen, dem die Karosserie in alter Väter Sitte aufgeschraubt wurde.
[6] **Dr. rer. pol. Werner Henze** (*19. Dezember 1910, † 4. Februar 1999) studierte ab 1928 Betriebswirtschaftslehre in Köln und Bonn, danach Promotion zum Dr. rer. pol. in Breslau; erste berufliche Station: Fahrzeug- und Motoren-Werke FAMO in Breslau; Stationen nach dem Zweiten Weltkrieg: 1950 Karl Schmidt GmbH, Neckarsulm, Zentralbüro des VDM, Frankfurt; am 15. Oktober 1956 Ernennung zum Vorsitzenden der Auto Union-Geschäftsführung, am 3. Juni 1965 Eintritt in den Ruhestand.

Vorbild für Mercedes-Benz bei der Entwicklung eines Viertaktmotors für die Auto Union? Immerhin hatten Prototypen Boxermotoren und Frontantrieb wie der Hansa 1100 von Borgward in Bremen.

Die Einsicht kam spät – für Dr. Henze zu spät: Im Februar des Folgejahres gab der Auto Union-Chef auf und bat – zwei Jahre vor seinem Vertragsende – um Entbindung von seinen Pflichten. Volkswagen ersetzte ihn durch Rudolf Leiding (siehe Seite 18). Der als harter Sanierer bewährte vorherige Leiter des VW-Werkes Kassel sollte die Auto Union nicht nur rentabel machen, sondern auch befrieden. Schließlich hatte der Zusammenprall zweier konträrer Verbrennungstakt-Ideologien zunehmend für eine Entfremdung der zwangsvereinten Unternehmens-Kulturen von Auto Union und Mercedes-Benz gesorgt, einhergehend mit kontraproduktiven Reibereien zwischen deren Vertretern. So stand bereits zum Ende der Mercedes-Ära bei der Auto Union die Entscheidung fest, aus dem F 102 als dessen Ersatz einen F 103 zu generieren. Im Motor dieses vom F 102 abgeleiteten Typs sollte das Kraftstoff/Luft-Gemisch zum Entsetzen der DKW-Veteranen im Viertakt über Ventile statt über Zweitakt-typische Einlass-Schlitze in die Brennräume gelangen. Zur Durchsetzung des Stuttgarter Einflusses bei der Auto Union im Hinblick auf die vorgesehene Neuausrichtung berief Mercedes-Benz im Oktober 1963 mehrere bewährte Ingenieure des Hauses nach Ingolstadt.

Neben Dr.-Ing. Franz Behles[7] zuvor Gruppenleiter der Mercedes-Vorentwicklung, siedelte der bereits zitierte Dipl.-Ing. Ludwig Kraus (siehe Seite 53) als technischer Direktor nach Ingolstadt um. Kraus war ursprünglich – analog zum ersten Nachkriegs-Audi – als bloße Interimslösung gedacht. Im Gepäck brachte der 1911 im oberbayerischen Hettenhausen geborene Maschinenbauer neben einer Rückfahrkarte nach Stuttgart einen Viertakt-Reihenvierzylinder mit nach Ingolstadt. Dessen Grundkonstruktion hatte er in seiner finalen Mercedes-Funktion als Leiter der Vorentwicklung zusammen mit Dr.-Ing. Behles und Dr. Franz Hauk[8], einem Spezialisten für Lkw-Dieselmotoren, bereits in Untertürkheim vorangetrieben. Denn bei Mercedes-Benz waren auf Geheiß des einstigen Technik-Vorstands Fritz Nallinger bereits Anfang der 1960er Jahre Versuche mit Mercedes-Viertaktmotoren im DKW 1000 angestellt worden.

Dr.-Ing. Behles verriet 2004, vom damaligen Audi Traditions-Historiker Thomas Erdmann interviewt, dass in diesem Zusammenhang auch zwei Prototypen mit Vierzylinder-Boxermotor und Frontantrieb gebaut worden waren. Diese technologisch womöglich am Vorbild des Bremer Hansa 1100 orientierten Versuchswagen bedeuteten eine radikale Abkehr von bisher in dem Stuttgarter Traditionsunternehmen gepflegten Bauprinzipien. Gleichwohl erfreuten sie die Entwickler, so Dr. Behles im Rückblick, mit „guten Fahreigenschaften". Allerdings, so der einstige Mercedes- und Audi-Entwickler 1981 in einem Beitrag für die damalige *Automobiltechnische Zeitschrift* *(ATZ)*, hätte der vergleichsweise breit bauende Boxermotor „die Anordnung des Kühlers vor dem Motor oder oberhalb des Differentials erfordert". Das hätte tiefgreifendere Umbaumaßnahmen erfordert, als ohnehin schon vonnöten – im DKW F 102 steht der Kühler in Fahrtrichtung zur Rechten der Antriebseinheit, im Audi zur Linken. Dr. Behles weiter: „Mit Rücksicht auf Gewicht und Preis wurde ein wassergekühlter Reihen-Vierzylinder mit Grauguss-Block gewählt, dessen Baulänge besonders kurz gehalten wurde." Kurzzeitig im Gespräch war in Untertürkheim offensichtlich auch eine „quergestellte Anordnung (nach Issigonis)". Doch die „wurde wegen der aufwendigen Getriebebauart und der höheren Schwerpunktlage nicht angewendet".

Mercedes-Kompetenz für Ingolstadt: als Übergangslösung gedacht

Pläne, das Mercedes-Programm mit der im Viertakt motorisierten Auto Union-Anleihe nach unten zu erweitern, schienen den bei Mercedes-Benz Verantwortlichen allerdings offensichtlich zu riskant: Dieses Projekt – Werks-Kürzel „W 118" – wurde trotz einer Empfehlung des Mercedes-Cheftechnikers Nallinger wieder aufgegeben, nachdem gar ein Prototyp mit zwei Seitenansichten (rechts viertürig, links zweitürig) entstanden war, dessen Heckansicht den späteren Auto Union-Typen F 102/F 103 stark ähnelt (siehe das Foto hier rechts oben auf dieser Seite).

Mercedes W 118: In den 1960er Jahren wurde der „Kleine Mercedes" noch verworfen – erst 1982 kam mit der Reihe W 201 (190/190E) ein vergleichbares Modell (oben).

Gesichtskorrekturen am DKW F 102 – Vorbereitungsarbeiten für den F 103, den ersten Nachkriegs-Audi (beide Abb. darunter).

Wechselten zusammen mit Ludwig Kraus von Mercedes-Benz zur Auto Union nach Ingolstadt: die Spezialisten Franz Behles (oben) und Franz Hauk (rechts).

[7] **Dr.-Ing. Franz Behles** (*10. Juli 1928, † 10. August 2016), studierte zunächst am Technikum Hoyerswerda, 1949 Übersiedelung nach Westdeutschland und Maschinenbau-Studium an der TH München, 1952 Promotion. Berufliche Stationen: zunächst Technischer Zeichner bei BMW, danach kurzes Intermezzo bei Daimler-Benz, ab 1964 Auto Union GmbH in Ingolstadt, dort in der Presse als „rechte Hand" von Ludwig Kraus bezeichnet; 1968 Leiter Konstruktion Vorentwicklung, 1973 Gesamtverantwortung für die Audi-Entwicklung, 1979 Leiter der Abteilung E-1 Fahrzeug-Projektmanagement. 1980 Wechsel zu BMW. 1987 Eintritt in den Ruhestand.

[8] **Dr. Franz Hauk** (*18. Oktober 1925, † 8. April 2020) studierte ab 1948 Maschinenbau an der TH München. Berufliche Stationen: 1953–1955 Henschel-Werke in Kassel, 1955–1964 Daimler-Benz, dort Hauptgruppenleiter Neukonstruktion Dieselmotoren, 1964 von Daimler-Benz zur Auto Union GmbH abgeordnet, 1981 bei Audi leitender Chefingenieur, 1987 Koordinator der Aggregate-Entwicklung VW/Audi/Seat im VW-Konzern, 1991 Eintritt in den Ruhestand.

Der neue Motor wiederum fand nicht einmal testhalber in ein Mercedes-Fahrzeug und konnte sich somit nicht im Mercedes-Versuch bewähren. Immerhin sollten derartige konstruktive Vorarbeiten in der Zukunft der Auto Union noch von Nutzen sein und diese bis Mitte der 1970er Jahre geradezu prägen.

Nach 1964 folgten Kraus und Behles weitere Mercedes-Köpfe gen Ingolstadt: eben besagter Motoren-Spezialist Franz Hauk, Dr. Fritz Naumann[9], ein ausgewiesener Fahrwerks-Experte, Getriebe-Guru Hans Nedvidek[10] (der sich später auch um die quattro-Entwicklung verdient machen sollte).

Mit Kraus und Nedvidek saßen nun gleich zwei ehemalige Rennwagen-Techniker bei der Auto Union am Technologie-Drücker, doch bei der ersten Viertakt-Maschine des einstigen Zweitakt-Unternehmens handelte es sich trotz der Verwendung eines Querstrom-Zylinderkopfes keineswegs um ein sportliches Hochleistungs-Aggregat – eher im Gegenteil.

Komplettierten die Kraus-Mannschaft in Sachen Fahrwerks-Expertise und Getriebe-Know-How: Dr. Fritz Naumann …

… und Hans Nedvidek, der sich in den 1970er Jahren auch um den Audi quattro verdient machte.

Der Audi Mitteldruckmotor habe „in der Wirtschaftlichkeit vom Dieselmotor einiges gelernt" und sei dabei so „lebendig wie ein Benzinmotor" – große Worte in der Werbung für den Audi.

Das VW-Logo und der Mercedes-Stern erstrahlen oberhalb des neuen Audi. Ort des Geschehens: die IAA in Frankfurt anno 1967.

Denn dessen ursprüngliche Zielsetzung war eine völlig andere: Der Vierzylinder sollte nämlich anfangs militärischen Zwecken der Bundeswehr dienen. Die Landesverteidiger hatten gefordert, dass alle eingesetzten Verbrennungsmotoren – auch solche für Flugzeuge – möglichst mit demselben Treibstoff betrieben werden können, somit auch mit Kerosin.

Zudem standen eine mit Diesel-Motoren vergleichbare Robustheit und eine möglichst hohe Wirtschaftlichkeit weit oben in der Prioritäten-Liste. Mit Franz Hauk, der sich sowohl bei Henschel, als auch bei Mercedes auf Lkw-Motoren spezialisiert hatte, stand der Auto Union für diese Entwicklungsziele des gemäß VW-Nomenklatur nun EA[11] 806 genannten Vierzylinders ab Oktober 1964 die bestmögliche Expertise zur Verfügung. Und da dieser Vierzylinder den Ausgangspunkt der ersten Audi 100-Motorisierung bildete – somit auch für das 100 Coupé S – sei hier im Detail darauf eingegangen.

Motorenkonstrukteur Franz Hauk war bei Mercedes auf Lkw-Motoren spezialisiert – der Audi-Vierzylinder profitierte davon mit Robustheit und im Aussehen.

[9] **Dr.-Ing. Fritz A. Naumann** (*7. Juli 1936, † 29. Oktober 2014); studierte von 1956 bis 1960 an der TH Stuttgart Maschinenbau und startete sein Berufsleben 1961 bei Daimler-Benz im Automatikgetriebe-Versuch, 1963 Wechsel in den DB-Vorversuch, hier Beschäftigung mit Hydrauliksystemen; Promotion 1971. Durch Ludwig Kraus abgeworben, wechselte Dr. Naumann 1972 zu Audi, 1994 Eintritt in den Ruhestand.
[10] **Hans Nedvidek** (*1923); der Getriebe-Spezialist entwickelte in den 1950er Jahren bei Mercedes-Benz maßgeblich die Kraftübertragung des weltmeisterlichen Formel 1-Rennwagens W 196. Bei der Auto Union avancierte er in den 1970er Jahren zum Projektleiter für den bei Audi entwickelten Geländewagen VW Iltis.
[11] EA = Entwicklungsauftrag

Extrem-Verdichtung im Ottomotor war Anfang der 1960er Jahre kein Audi-Alleinstellungsmerkmal: Chevrolet bot Derartiges schon 1963 serienmäßig in der Corvette.

360 SAE-PS lieferte 1963 die stärkste Corvette-Motorisierung Dank Benzineinspritzung und 11,25:1-Extremverdichtung.

Zweitakt-Sechszylinder von Müller-Andernach, Traummotor der DKW-Zweitaktfraktion: Im Vergleich keine Chance gegen vier Mercedes-Takte.

Noch unter Mercedes-Regie hatten die Lastenheft-Vorgaben zu einem neuartigen Verbrennungsverfahren mit einer im Ottomotoren-Vergleich außerordentlich hohen Verdichtung von bis zu 11,5:1 geführt, Resultat des großen Erfahrungsschatzes der Mercedes-Motorentechniker mit Dieselmotoren. Ähnlich wagemutig in Sachen Ottomotoren-Kompression waren Anfang der 1960er Jahre lediglich die Chevrolet-Ingenieure, die den stärksten Motor (V8 mit 5,4 Liter Hubraum, Rochester-Benzineinspritzung, 360 SAE-PS) ihrer Corvette Sting Ray 1963 im Verhältnis 11,25:1 verdichteten. In Ingolstadt behielten Behles/Hauk/Kraus für die serienmäßige Verwendung eine ähnliche Extrem-Verdichtung von 11,2:1 bei, erhofften sie sich davon doch einen besonders hohen thermischen Wirkungsgrad des Motors. Ein hoher Wirkungsgrad wiederum ist gleichbedeutend mit einem vergleichsweise niedrigen Treibstoffverbrauch. Und diesen theoretischen Vorteil spielte die unter dem Tarnnamen „Mexico" weiterentwickelte Mercedes-Konstruktion gegenüber einem anspruchsvollen Projekt der Ingolstädter DKW-Fraktion gnadenlos aus: Im Vergleich zu diesem im Versuch befindlichen Zweitakt-Sechszylinder verbrauchte der Viertakt-Vierzylinder fast 100 g/PSh[12] weniger.

Allerdings neigen extrem hoch verdichtete (Sport-) Motoren unter bestimmten Betriebsbedingungen zum zerstörerischen Klopfen beim Volllast-Beschleunigen und zum Klingeln, hervor gerufen durch eine unkontrollierte Zündung des Benzin/Luft-Gemischs. Die bei solchen undisziplinierten Explosionen auftretenden Druckspitzen können sowohl die Kolben, als auch im Zylinderkopf die Ventile und Zündkerzen sowie im Motor-Souterrain die Kurbelwellen-Lager schädigen.

Schon in Stuttgart-Untertürkheim wurde diesem selbstzerstörerischen Gebaren mit einem speziellen Verfahren der Gemisch-Zuführung begegnet. So wird der angesaugte Treibstoff/Luft-Cocktail während der Kompression durch einen vor den Brennräumen schneckenartig gestalteten Einlasskanal in eine Rotation versetzt und dadurch intensiv verwirbelt. Der Zweck: Erzielung eines möglichst homogenen Treibstoff/Luft-Gemischs und einer restlosen Durch-

Soll im hochverdichteten Mitteldruckmotor das Klingeln verhindern: Schnecken-Einlasskanal zwecks Rotation und Verwirbelung des Gemischs.

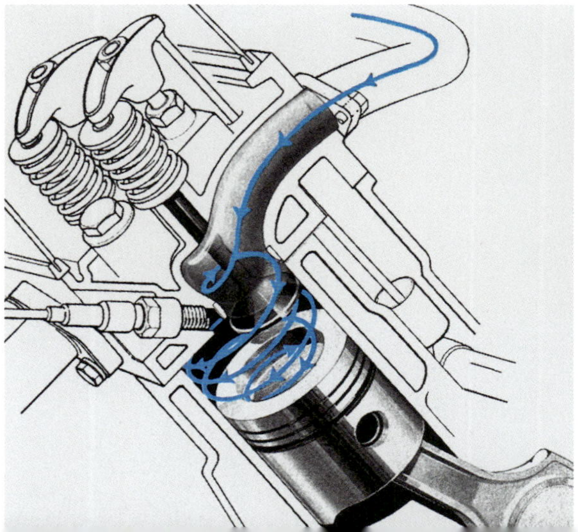

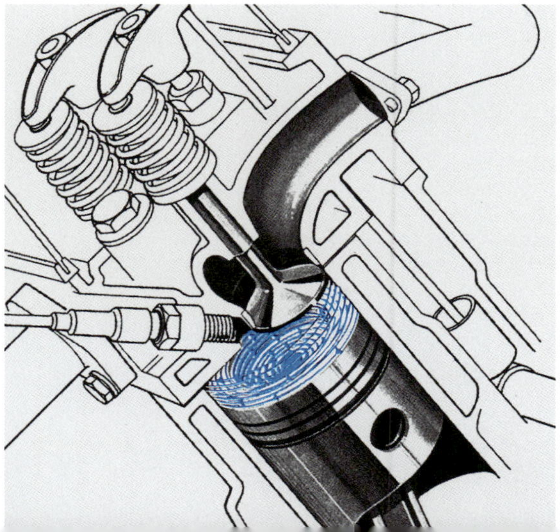

Analysierte 1965 die trickreiche Audi-Verbrennungsdramaturgie in *auto motor und sport*: „Jetzt mache ich ihn schneller"-Autor Gert Hack verwies auch auf deren Leistungs-Einschränkung.

spülung der Brennräume zur Erzielung eines geordneten Verbrennungsablaufs. „Gegen Ende des Verdichtungsvorgangs", beschrieb *auto motor und sport*-Cheftechniker Gert Hack in Ausgabe 19/1965 die trickreiche Audi-Verbrennungsdramaturgie, „wird der Zylinderinhalt durch den ringförmigen Spalt zwischen Kolbenkrone und Zylinderkopf weiter verwirbelt."

Hack, auch bekannt für seine Tuning-Bibeln *Jetzt mache ich ihn schneller*[13], erkannte freilich auch eine Schwäche des Verfahrens: „Natürlich ist durch die Gestaltung der Einlasswege eine Drosselung bei hohen Gasgeschwindigkeiten vorhanden." Dieser vergleichsweise hohe Strömungswiderstand ist wiederum gleichbedeutend mit einer eher mäßigen Füllung des Brennraums, und dieses Manko führt zu Einschränkungen der Leistungs- und Drehfreuden eines Ottomotors. Schließlich bedeuten die schneckenhausartig gestalteten Einlasskanäle das genaue Gegenteil dessen, was einer Drehzahl- und Leistungserhöhung dienlich ist: Bei Hochleistungsmotoren wird stets darauf geachtet, dem Gemisch die Brennraumzufuhr durch möglichst widerstandsarme Einlasskanäle zu erleichtern und damit zu beschleunigen. Dem dienen üblicherweise möglichst gerade, häufig intern gar polierte Gemisch-Zuführungen.

So verwundert es nicht, dass der erste Audi-Vierzylinder seine in Relation zum 1,7 Liter-Hubraum durchschnittliche Nennleistung von 72 PS (53 kW) bei einer Nenndrehzahl liefert, die nur wenig oberhalb der diesbezüglich moderaten Dieselverhältnisse angesiedelt ist: nämlich bei nur 5.000/min.

Konventioneller Ventiltrieb im Audi-Vierzylinder von Mercedes: durch seitlich oberhalb der Kurbelwelle rotierende Nockenwelle, Stoßstangen und Kipphebel.

Leistungs-Euphorie im Super 90-Prospekt: „Hier stecken 90 vollelastische PS drin."

[12] g/PSh = spezifischer Kraftstoffverbrauch, umgerechnet entspricht 1 g/PSh = 0,7355 g/kWh. Dieser Wert gibt das Verhältnis des Kraftstoffverbrauchs eines Motors pro Stunde und abgegebener Leistung an. Zum Vergleich: Ein aktueller Viertakt-Ottomotor hat (lt. *Bosch Kraftfahrttechnischem Taschenbuch*) einen spezifischen Verbrauch im Bereich 220-250 g/kWh.

[13] für die VW-Modelle Käfer und Golf, erschienen im Motorbuch Verlag, Stuttgart.

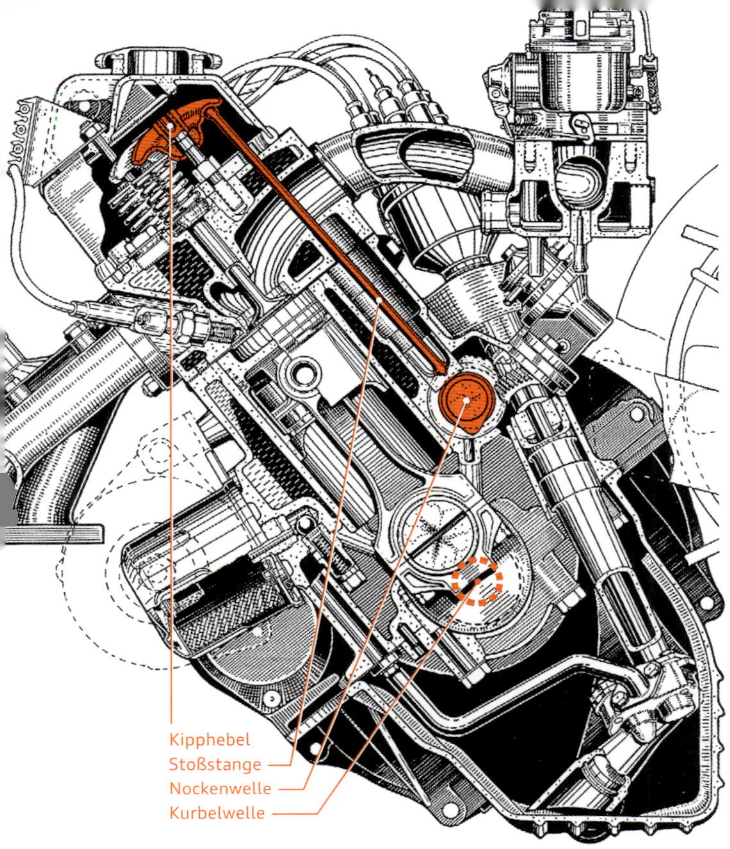

Aufwändiger Ventiltrieb: Die seitlich oberhalb der Kurbelwelle positionierte Nockenwelle schlägt den Ventilen über lange Stoßstangen und Kipphebel den Viertakt.

Mit zeitgenössischen Dieselmotoren verwandt: im Kolbenboden untergebrachte Brennraum-Mulden …

… und der auf der Brennraumseite völlig plane, sogenannte Heron-Zylinderkopf im Audi-Vierzylinder.

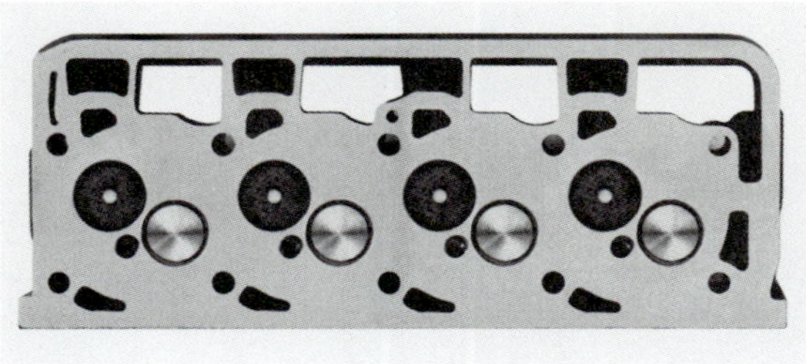

Im Hinblick auf diese Niedrigdrehzahl-Auslegung beschieden sich die ehemaligen Mercedes-Techniker bei der Steuerung der Gaswechsel mit konservativen statt progressiven Mitteln: Statt einer oben im Zylinderkopf rotierenden Nockenwelle mit direkter Ventilbetätigung und dadurch geringen oszillierenden Massen tut im Mercedes/Audi-Motor eine seitlich oberhalb der Kurbelwelle positionierte Nockenwelle Dienst. Die schlägt den in Reihe hängenden Ventilen den Takt über lange Stoßstangen, Stößel sowie Blechkipphebel und damit über eine gewichtige, dadurch vergleichsweise träge Zwischen-Mimik. Exzessive Drehzahlen waren bei diesem Vierzylinder nicht das Entwicklungsziel, vielmehr sollte er sich durch ein möglichst hohes Drehmoment auszeichnen, wozu auch sein Hub/Bohrungs-Verhältnis beiträgt: Dieser Motor ist ein Langhuber mit 84,4 mm Hub bei 80 Millimeter Bohrung. Kraft aus dem Keller heraus nötigt den Fahrer nicht zu Drehzahlorgien, ein derartiges Gebaren des Triebwerks wiederum ist beim Treibstoff-Verbrauch von Vorteil – siehe dazu auch die Audi-Testerkenntnisse des Fachmagazins *auto motor und sport* auf Seite 67.

Der erste Audi-Motor von 1965: mit Dieselmotoren verwandt

Die Verwandtschaft zu damaligen Dieselmotoren dokumentieren im Kolbenboden angeordnete Brennräume und der auf der Brennraumseite völlig plane, sogenannte Heron-Zylinderkopf. Vorteile des Heron-Systems sind eine einfachere Fertigung des planen Zylinderkopfes mit vergleichsweise geringer Bauhöhe, eine vermehrte Turbulenz der einströmenden Gase zur Unterstützung der schneckenartig geformten Einlasskanäle sowie ein exaktes Einhalten der fast halbkugelförmigen Brennraumvolumina in allen Zylindern. Auch eine gemessen an der Motorgröße sehr kräftige und entsprechend schwere Ausführung von Kolben, Pleueln und fünf Kurbelwellen-Lagern verrät die konstruktive Nähe zu Selbstzündern. Diese Maßnahmen berücksichtigen das besonders hohe Druck- und Temperaturniveau des speziellen Viertakt-Motors von Mercedes/Audi, der allerdings dadurch im Vergleich zum kompakteren und um einen Zylinder bescheideneren Zweitakt-Vorgänger des F 102 erheblich schwerer geraten war. So lasten beim Audi mit 624 Kilogramm immerhin 79 Kilogramm[14] mehr

auf den angetriebenen Vorderrädern, die Gewichtsverteilung verschlechterte sich von 60 zu 40 Prozent (F 102) Front zu Heck auf 61,6 zu 38,4 Prozent (Audi).

Diese Achslast-Änderungen bereitete den Auto Union-Fahrwerksentwicklern gehörige Kopfschmerzen, zumal der laut VDA[15]-Typenblatt 130 Kilogramm[16] schwere Grauguss-Motorenklotz analog zum gemäß VDA-Typenblatt nur 51,5 Kilogramm wiegenden DKW-Dreizylinder vor der Achse der Vorderräder zu platzieren war und mittels Hebelwirkung das Ungleichgewicht noch verstärkte. Eine neue, härtere Abstimmung von Federn und Stoßdämpfern sowie eine indirektere Übersetzung der Lenkung waren die ergriffenen Folge-Maßnahmen zur Milderung der Nachteile. Gleichwohl führten die geänderten Gewichtsverhältnisse in der Fahrpraxis zu einer im Vergleich zum F 102 schwergängigeren Lenkung und in Kurven zu einem deutlicheren Schieben über die Vorderräder zum Kurvenaußenrand. Vor allem auf nasser Piste untersteuert so ein früher Audi ganz gehörig.

Zurück zur Motoren-Novität von Audi, die in die deutsche Technik-Nomenklatur – wenig korrekt, aber von den Ingolstädtern zum Debüt so kommuniziert – als „Mitteldruckmotor" einging. Audi-Ingenieur Uwe Handke, auf Seite 57 bereits einmal zu den Zweitakter-Abgasen zitiert: „Diese Bezeichnung ist für einen Motorenfachmann unbekannt oder gar irreführend. Der Wert des Mitteldrucks, mit dem der mittlere (durchschnittliche) Verbrennungsdruck p_{me} im Zylinder gemeint ist, ist ein Maß für den Wirkungsgrad des Motors." (siehe dazu auch „Mitteldruck – das ist damit gemeint, so wird er berechnet" im Kasten auf der nächsten Seite). Des Weiteren erläutert Uwe Handke: „Ein hoher p_{me}-Wert bedeutet ein hohes Drehmoment, einen starken Motor. Mit der sehr hohen Verdichtung wurde ein guter Wirkungsgrad, eben im Vergleich zum Wettbewerb ‚hoher Mitteldruck', erwartet."

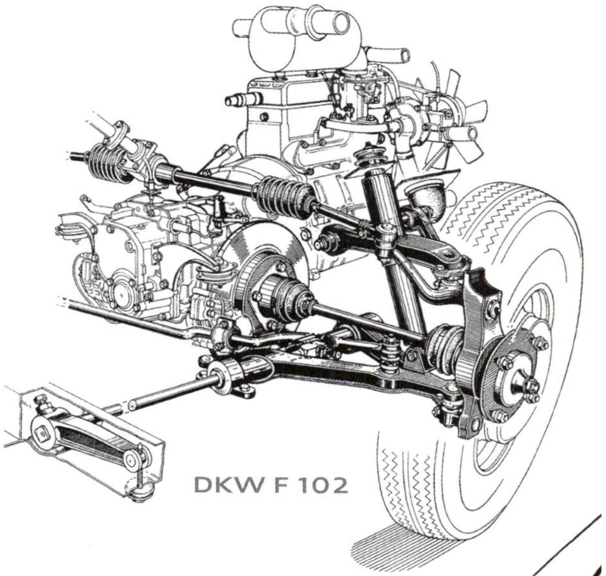

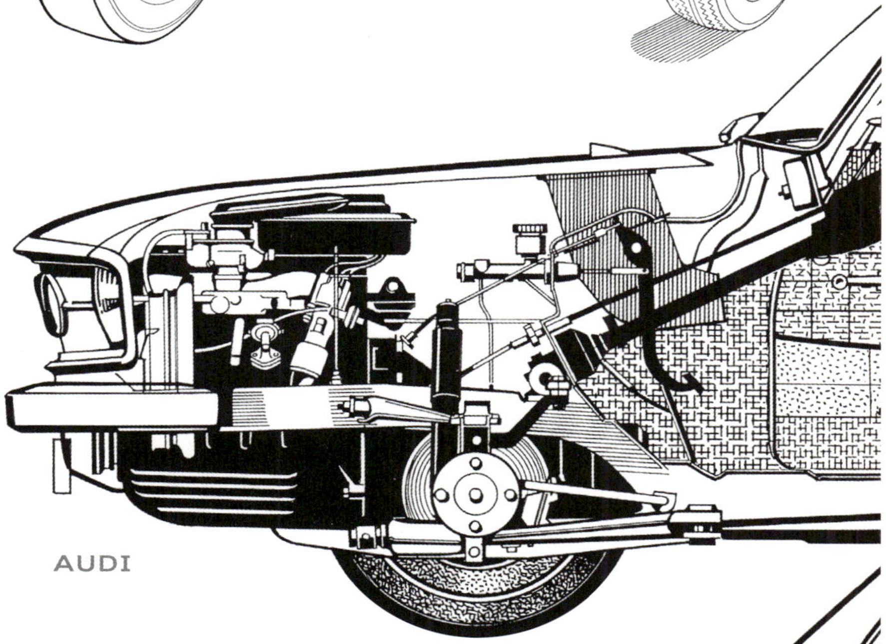

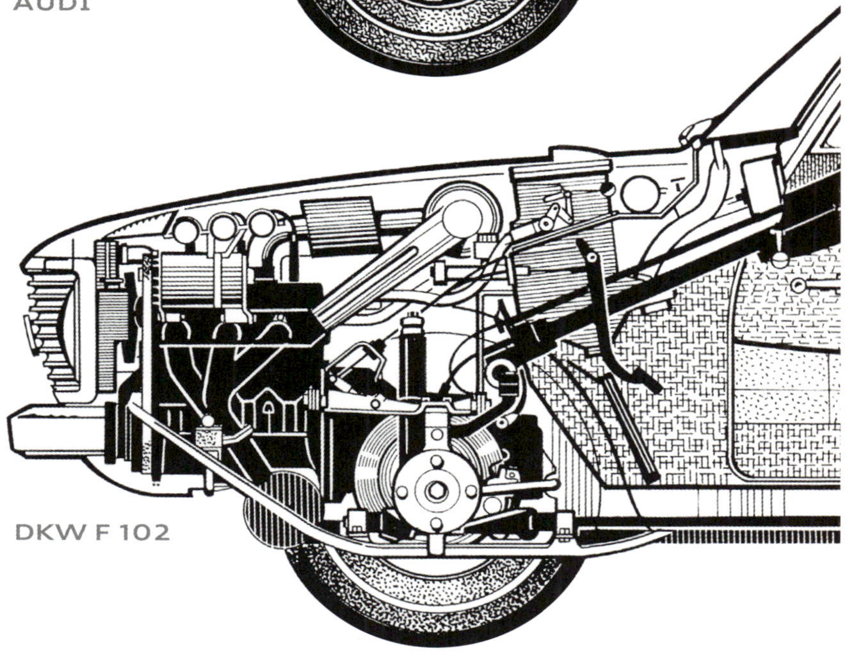

Gleichstand bei DKW F 102 und Audi, was die Konstruktion der vorderen Radaufhängungen und Anordnung der Scheibenbremsen anbelangt (oben).

Im Audi ist der Motor wie im DKW-Vorgänger deutlich vor der Vorderachse positioniert – die beiden Silhouetten verdeutlichen den Volumenunterschied, gleichdeutend mit starker Gewichtsdifferenz (rechts).

Mitteldruck beim Verbrennungsmotor – das ist damit gemeint, so wird er berechnet

Im Zusammenhang mit einem Verbrennungsmotor handelt es sich beim sogenannten Mitteldruck um den durchschnittlichen Arbeitsdruck in kg/cm², der während des Kolbenwegs auf die Kolbenfläche einwirkt. Es handelt sich also um einen rechnerischen Durchschnittswert, herrscht doch am oberen Totpunkt des Kolbenweges ein höherer, am unteren Totpunkt hingegen ein niedrigerer Druck-Wert als besagter Mitteldruck.

Der Mitteldruck-Wert ist ein Indiz für die Leistungsfähigkeit eines Motors: je höher, umso höher die Leistung. Der Füllungsgrad, das Verdichtungsverhältnis und der Ablauf der Verbrennung sind ausschlaggebend für die Höhe des Mitteldrucks, wobei die Motorentechniker zwischen dem indizierten und dem effektiven Mitteldruck unterscheiden – Ersterer (Kürzel p_{mi}) bezeichnet den von den Gasen unmittelbar auf den Kolbenboden ausgeübten Mitteldruck, Zweiterer (Kürzel p_{me}) den effektiven Mitteldruck nach Abzug der Reibleistung.

Berechnet wird der Mitteldruck bei Viertaktmotoren durch Heranziehung der Nennleistung (Ne) in PS, des Hubraums (V_h) in Liter und der Drehzahl (n). Die entsprechende Formel lautet:

$$p_{me} = 900 \frac{Ne}{V_h \times n} \text{ kg/cm}^2$$

Die bei Audi anfangs gebräuchliche Bezeichnung „Mitteldruck-Motor“ für den in den Grundzügen bei Mercedes-Benz konstruierten Vierzylinder sollte auf einen überdurchschnittlich hohen Mitteldruck hinweisen und damit auf einen besonders hohen thermischen Wirkungsgrad – nicht weniger falsch, aber im Hinblick auf die Verhältnisse in den Brennräumen für Laien verständlicher wäre womöglich die Bezeichnung „Hochdruck-Motor“ gewesen …

[14] Quellen: DKW F 102-Testbericht in *auto motor und sport* 20/1964 vom 3. Oktober 1964 und Audi-Testbericht in *auto motor und sport* 23/1965 vom 13. November 1965.
[15] VDA = Verband der Automobilindustrie mit Sitz in Berlin.
[16] ohne Nebenaggregate.

Probe aufs Exempel im Mercedes-Versuch: Der testhalber in den Ford 17M (oben) implantierte Mitteldruckmotor verbrauchte fast einen Liter pro 100 km weniger als der Vierzylinder des Ford.

Zeigte sich im Dauertest um 0,3 Liter/100 km sparsamer als der Audi: der mit 67 PS nur wenig schwächere Fiat 1500 (oben rechts).

Bot bei voller Ausnutzung der 72 PS-Leistung keine Verbrauchs-Sensation – Audi 1967 im harten 50.000 Kilometer-Dauertest: zwölf Liter pro 100 km (rechts).

Mitte der 1960er Jahre Maßstab in Sachen Leistung, Aerodynamik, Temperament und Benzinverbrauch: Alfa Romeo Giulia TI und Super.

Audi-Mitteldruckmotor: nicht nur eitel Sonnenschein

Tatsächlich erzielten die Auto Union-Techniker bei ihrem „Mitteldruckmotor" über den gesamten Drehzahlbereich einen, so Gert Hack 1965 in seiner Analyse, „außerordentlich günstigen" spezifischen Kraftstoffverbrauch. In der Realität des Alltagsgebrauchs relativierte sich das Konsumgebaren des aufwändig auf besonders niedrigen Verbrauch hin konzipierten Vierzylinders jedoch. So zeigte sich in Tests des Stuttgarter Motor-Magazins *auto motor und sport*, zum Beispiel in der Ausgabe 1/1966 vom 8. Januar 1966, „dass der Verbrauch des Audi niedrig, aber nicht sensationell niedrig ist".

Im Vergleich mit Konkurrenten von Ford, Glas, Opel und VW brachte es beispielsweise der gegenüber dem Audi aerodynamisch günstigere Ford 17M (V4-Motor mit 1,7 Liter Hubraum und 70 PS) auf ähnliche Werte – Gleichstand zum Beispiel bei Stadtfahrt mit jeweils 11,3 Liter/100 km, 10,35 L/100 km zu 10,5 L/100 km zugunsten des Audi bei Überlandfahrt. Allerdings erzählt Test-Autor Reinhard Seiffert im selben Artikel auch von einem interessanten Experiment bei Daimler-Benz während der Entwicklung des Audi-Motors. So habe man dort „den Audi-Motor in einen Ford 17M eingebaut. Das Resultat: der Audi-Motor verbrauchte etwa 0,8 Liter/100 km weniger als der V-förmige Konkurrent".

Aufschlussreich den „Mitteldruck"-Verbrauch betreffend erwies sich auch das Langzeit-Resultat des *auto motor und sport*-Dauertestes (Ausgabe 8/1967 vom 15. April 1967): Hier genehmigte sich der 1966er Audi über eine Distanz von 55.675 Kilometer durchschnittlich 12,04 Liter/100 km. Das sind 0,3 Liter mehr als im Dauertest ein mit 67 PS nur wenig schwächerer Fiat 1500 verbrauchte, deren vom Chevrolet Corvair inspirierten Karosserieform gleichfalls eine eher suboptimale Windschlüpfigkeit aufweist. Die aerodynamisch sehr günstige Giulia Super von Alfa Romeo wiederum, knapp 100 PS stark und rund 180 km/h schnell, genehmigte sich über die 50.000 Kilometer-Tortur gerade mal 1,4 Liter pro 100 Kilometer mehr als der immerhin 25 PS schwächere Ingolstädter – Autor Seifferts Erklärung: „... macht sich der verbrauchsmindernde Einfluß der hohen Verdichtung hauptsächlich im unteren und mittleren Drehzahlbereich bemerkbar; bei vollem Ausdrehen des Motors werden dagegen die Füllung und damit der thermische Wirkungsgrad schlechter." Seiffert weiter in seiner Analyse: „Bei zurückhaltender Fahrweise lassen sich sehr niedrige Verbrauchswerte erzielen, während der Audi bei voller Leistungsausnutzung ebensoviel verbraucht wie andere Wagen seiner Klasse." Rückschluss: Die Stuttgarter Redakteure pflegten die Leistung ihres Audi-Dauertestwagens bei Dienstfahrten offensichtlich voll auszunutzen ...

Auch das britische Fachblatt *Motor* kam im Mai 1966 zu der Erkenntnis, dass es mit dem Benzinspar-Potential des Audi-Vierzylinder nicht allzu weit her sei: „Bei langsamen Geschwindigkeiten", so die Insulaner, „liegt der Benzinverbrauch für einen 1,7 Liter-Motor günstig, aber die Verbrauchskurve steigt steil an, sobald die Geschwindigkeit wächst, und dann werden Vergleiche zwischen dem Audi und anderen, konventioneller motorisierten Autos dieser Klasse bedeutungslos." Dennoch waren die *Motor*-Redakteure von der Ingolstädter Limousine ausgesprochen angetan – O-Ton: „Ein Teil scheint so gut zu sein wie das andere, und alles zusammen ergibt einfach ein durch und durch gutes Auto ..."

Kaum Verbrauchsvorteile also für den Mitteldruckmotor, und während dessen weiterer Karriere zeigte sich noch in anderer Hinsicht, dass die theoretischen Erwartungen an das neuartige Verfahren und die praktischen Resultate der Hochverdichtung nicht 1:1 übereinstimmten. Wurde der wegen der hohen Verbrennungsdrücke relativ raue und laute Motorlauf von Audi-Fahrern noch billigend in Kauf genommen, so gaben gelegentliche Motorschäden in Kundenhand doch Anlass zum Überdenken der spektakulären Hochdruck-Technologie. Zwar sprach das Werk, so *auto motor und sport* im bereits zitierten 50.000 Kilometer-Dauertest des Audi, von „einer ungewöhnlich geringen Reklamationsquote", doch diese positive Einschätzung orientierte sich womöglich am Gedenken an die eher negativen Erfahrungen mit dem Zweitaktmotor des Vorgängers F 102. „Bei dem", verrieten die Stuttgarter Motor-Journalisten, „erreichten uns relativ oft Hilferufe von Lesern."

Jedenfalls schienen sich die Audi-Gasströme während des Ansaugens nicht immer an die vorgesehene Verwirbelung zu halten, was dann unter extremen Betriebsbedingungen Klopfen und Klingeln erzeugte, einhergehend mit Anschmelzungen der Kolbenböden. Audi-intern wurden diese Kolben wegen ihres typischen Aussehens sarkastisch „Blumenkohlkolben" genannt. Und diese Beschädigungen nährten mehr und mehr den Verdacht einer Fehlkonstruktion. Dipl.-Ing. Bernhard Büchner[17], als einer der Zweitakt-Veteranen der Auto Union den Viertaktern allerdings aus Überzeugung nicht allzu wohl gesonnen, urteilte über den Mitteldruckmotor Anfang des 21. Jahrhunderts denn auch ausgesprochen rigoros – und gnadenlos: „Das Konzept war ein Flop."

[17] **Dipl.-Ing. Bernhard Büchner** (*28. Dezember 1916, † 21. März 2007).

Diese Meinung teilte bereits gut 30 Jahre zuvor der Fachbuch-Autor Dieter Korp (Reihe *Jetzt helfe ich mir selbst*, Motorbuch Verlag, Stuttgart). In seinem Rückblick „Meilensteine der sechziger Jahre", veröffentlicht in *auto motor und sport* 26/1969, beurteilte er den Audi-Mitteldruckmotor „als konstruktive Sackgasse". Seine Kraftstoff-Ansprüche seien zu hoch, die nötige Frischgas-Turbulenz stünden höheren Drehzahlen im Wege, sein Gewicht sei unnötig hoch.

Derartige Nachteile dämmerten offensichtlich mehr und mehr auch den Audi-Motorentechnikern. Aus dieser Einsicht heraus reduzierten sie die Verdichtung ihres einst einmaligen Vierzylinders Schritt für Schritt, zunächst durch eine größere Vertiefung

Audi bewarb 1967 die erzwungene Reduzierung der Verdichtung als Umstellung auf Normalbenzin und somit als Dienst am Kunden (links).

Kam 1968 gleich zum Start nicht hochverdichtet, sondern mit 9,1:1 konventionell komprimiert: Basismodell Audi 60 mit weniger Hubraum und 55 statt 72 PS. (unten)

Nach dem Audi 60 vom Februar 1968 zweiter Audi mit spezieller Typ-Bezeichnung: der wie der 60 niedrig verdichtete, im Dezember 1968 gestartete Audi 75 (links).

Was für der DKW F 102 nur als Prototyp entstand (siehe Seite 33) wurde für den Audi von über 27.000 Käufer bestellte Realität: der dreitürige Audi Variant.

der Mulden in den typischen Mitteldruck-Kolben (siehe auch „Der Audi 100 erster Generation ...“ ab Seite 72). Zudem glätteten sie in den Ansaugkanälen die nun obsoleten Drall-verursachenden Passagen, die das Klingeln und Klopfen durch Wärmenester ursprünglich verhindern sollten. Die weniger umständliche Gemisch-Zufuhr bedeutete eine deutliche Entdrosselung des Motors, gleicht doch in der überarbeiteten Maschine die Zufuhr mit frischem Gemisch nicht länger einem Hindernislauf. Dadurch wurde die sogenannte Füllung der Brennräume auch oberhalb von 4.000/min verbessert und die Drehfreude des Motors deutlich erhöht, dies unter Beibehaltung der ursprünglichen Nennleistungs-Werksangabe.

So sank die Verdichtung des 72 PS-Motors im September 1967 auf 9,1:1. Allerdings hatte die konstruktive Änderung dem „Ur-Audi“ nicht die erhofften Vorteile beschert – im Gegenteil: Er hatte deutlich an Temperament verloren und zudem an Trinklust zugelegt. Zum Beleg seien ein weiteres Mal mehrere Messwerte der damals führenden Fachzeitschrift heran gezogen: Beschleunigte der ursprüngliche hochverdichtete 72 PS-Motor den Audi 72 im *auto motor und sport*-Vergleichstest der Ausgabe 26/1966 noch in nur 13,9 Sekunden aus dem Stand bis 100 km/h, so nahm sich der Niedrigverdichter ein Jahr später, gleichfalls in *auto motor und sport* (Ausgabe 26/1967), für diese Prüfung 16,3 Sekunden Zeit. Auch die Resultate der Elastizitäts- und Höchstgeschwindigkeits-Messungen entlarvten die im Verbrennungs-Konzept überarbeitete Maschine als Verlierer: Wurde im vierten Gang von 40 bis 100 km/h beschleunigt, lauteten die Resultate 18,3 Sekunden für die Ur-Version und 22,0 Sekunden für das niedriger verdichtete Modell.

Höchstgeschwindigkeiten? 155,0 km/h mit Verdichtung 11,2:1, 143,0 km/h mit 9,1:1. Vor diesem Hintergrund erscheint die Beibehaltung des von der Auto Union ausgewiesenen Nennleistungs-Wertes, also 72 PS, eher zweifelhaft. Entschädigung für das deutlich müdere Gebaren des „entschärften“ Mitteldruckmotors bot auch der Treibstoff-Verbrauch nicht – ganz im Gegenteil: Hier lautete das Verhältnis 11,9 L/100 km (Verdichtung 11,2:1) zu 13,7 L/100 km (Verdichtung 9,1:1), wobei der geringere Anspruch des überarbeiteten Motors an die Treibstoff-Qualität – Normal statt zuvor Super – ein nur bescheidener Trost ist.

Audi-Karriere am Anfang: weniger Verdichtung, mehr Erfolg

Auch das im Februar 1968 eingeführte Basismodell Audi 60 mit um zehn Millimeter reduziertem Hub und folglich 1,5 statt 1,7 Liter Hubraum komprimiert das Gemisch in den Brennräumen im Verhältnis 9,1:1, wodurch dem Käufer 55 PS bei nur 4.750/min zur Verfügung standen, eine deutliche Drosselung, zu der auch ein engeres Ansaugrohr beiträgt. Dieses Modell sollte sich zur beliebtesten Variante der ursprünglichen, in der Modellplanung noch etwas konfusen Audi-Generation entwickeln: 216.988 Käufer entschieden sich bis Juli 1972 für eine zwei- oder viertürige Audi 60-Limousine. Das Niedrigverdichtungs-Trio von Audi wurde im Dezember 1968 um den Typ 75 ergänzt, der mit 75 PS bei 5.000/min aus 1,7 Liter Hubraum sowohl den „Ur-Audi“ (72 PS), als auch das mit 11,0:1 noch hochverdichtete Interims-Modell 80 der Jahre 1966 bis 1968 (80 PS bei 5.000/min) ersetzte. Audi-Limousinen des mittleren Leistungsniveaus, also die Varianten 72, 75 und 80, fanden hingegen im Zeitraum September 1965 bis Juli 1972 122.579 überwiegend zufriedene Käufer.

Extra ausgewiesen sind in der Audi-Produktionsstatistik die dreitürigen Kombi-Exemplare namens Variant, lieferbar für die Modelle 60, 72, 75 und 80: In der Angebotszeit Mai 1966 bis Juli 1972 war deren vergrößertes Gepäckraum-Volumen 27.492 Käufer gegenüber der zweitürigen Basis einen Aufpreis von rund 600 DM wert, während vier Limousinen-Türen bei allen Modellen 300 DM kosteten. Solche Absatzzahlen sprechen für sich: Dank des Audi hatte die Auto Union plötzlich wieder eine Zukunft, ihre Bänder waren derart ausgelastet, dass für ein durchaus angedachtes und protoypisch sogar verwirklichtes Cabriolet die Kapazitäten fehlten – es hätte der ersten Audi-Generation sicherlich damals wie heute enormen Reiz verliehen ... Betuchte Cabrio-Freunde mit Audi-Ambition hatten immerhin die Möglichkeit, den Kölner Karosseriebauer Karl Deutsch mit der Öffnung einer zweitürigen Limousine zu beauftragen. Der Neupreis und die Umbaukosten, nämlich 3.910 DM, addierten sich zu 11.700 DM (Basis 80L) bzw. 12.300 DM (Basis Super 90).

Entstand leider nur als Studie, hätte das Audi-Programm der 1960er Jahre jedoch reizvoll abgerundet: Das Audi Cabriolet scheiterte jedoch wegen Auslastung an zu knappen Kapazitäten.

Die Idee einer bloßen Werkbank für VW, ursprüngliche Motivation für die Übernahme durch den Wolfsburger Konzern anno 1965, hatte sich jedenfalls erledigt. Die Kurven von Produktion und Export der Ingolstädter Hausgewächse zeigten bereits im ersten Jahr der VW-Ära nach oben – 1966er Produktion 98.551 gegenüber 82.957 anno 1965, 1966er Exportanteil 40 Prozent gegenüber 20 Prozent im Vorjahr. Das ist zweifellos das Verdienst des Ex-Mercedes-Technikers Ludwig Kraus und seiner auf ihn eingeschworenen, mit ihm nach Ingolstadt emigrierten Mitarbeiter. Es sollte jedoch auch das Verdienst eines Mannes sein, der am 10. Juni 1965 den bisherigen Auto Union-Vorstandsvorsitzenden Dr. Werner Henze ablöste.

Dieser von Heinrich Nordhoff zu Audi entsandte Rudolf Leiding (siehe auch Seiten 18/19) tat gleich nach seinem Antritt, was in Unternehmen bei Wechseln an der Spitze üblicherweise gefürchtet wird: Er räumte auf. Im Vergleich zu ihm, so wurde im Volkswagen-Konzern kolportiert, sei Max Merkel[18] ein Funktionär der Caritas. So beschrieb *Der Spiegel* in seiner Ausgabe 45/1966 vom 30. Oktober 1966 den neuen Wind, der nun in den Ingolstädter Werkhallen wehte: „Ein Photograph musste ihn auf seiner Inspektionsrunde durch den Betrieb begleiten. Am nächsten Morgen präsentierte Leiding den Abteilungsleitern und Meistern die im Bild festgehaltenen Beanstandungen." Auch die Arbeiterschaft musste sich offensichtlich umstellen – *Der Spiegel*: „Wer zu spät kam, wurde von den Pförtnern notiert und gemeldet. Am ersten Tag hatten 274 Mitarbeiter das Werkstor nach Arbeitsbeginn passiert, am zweiten nur noch 101, am dritten kamen alle pünktlich."

Da nach Leidings Meinung bei der Auto Union „zu langsam und zu umständlich" produziert wurde, straffte er die Arbeitsvorgänge und erhöhte den Takt – *Der Spiegel*: „Führungskräfte, denen das Tempo zu schnell war, mussten sich nach einem anderen Job umsehen ..." Wichtige Mitarbeiter wurden bis zu drei Monate nach Wolfsburg geschickt, um sich dort in rationeller Arbeitsweise zu üben. Allen am Band machte Leiding klar, so *Der Spiegel*, dass „die Zeit, da *Bild* an der Werkbank gelesen werden durfte", vorbei sei. Es ginge schließlich darum, Arbeitsplätze zu erhalten. Die Knute zeigte Wirkung: Wurden in Ingolstadt noch 1965 arbeitstäglich 218 Audi-Fahrzeuge gefertigt und 261 Volkswagen montiert, so stiegen diese Zahlen 1966 auf 281 bzw. 351[19].

Leidings Radikalkur ermöglichte einerseits eine rasche Gesundung des oberbayerischen Unternehmens: Nach Verlusten der Auto Union GmbH in den Jahren 1964 von 3.155.885 DM und 1965 von 3.098.718 DM konnte die VW-Tochter auf Grund des Gewinnabführungs-Vertrages mit der Volkswagenwerk AG bereits 1966 erstmals einen stattlichen Betrag nach Wolfsburg überweisen, nämlich exakt 2.212.045,02 DM[20]. Andererseits kam die wachsende Effizienz der Ingolstädter auch der bereits auf Seite 69 angerissenen Ausweitung des Typenprogramms um die Modelle Variant (ab Mai 1966), Typ 80 (ab September 1966), Super 90 (ab Dezember 1966) zugute – und damit einer Ausweitung des möglichen Interessentenkreises für Audi-Automobile.

Speziell mit Letzterem zeigte Audi erstmals eine Tendenz weg von der braven Bürgerlichkeit, hin zur offensiven Sportlichkeit. Im Super 90-Prospekt verwiesen die Texter folglich stolz auf die im Schriftgrad hervor gehobene Höchstgeschwindigkeit von 160 km/h und eine 0 bis 100 km/h-Beschleunigung in nur 12,2 Sekunden – fast schon aggressiver O-Ton im kleiner Gedruckten: „An der Ampel immer einer der ersten." Dass dieser Audi dieselbe Typbezeichnung trägt, wie ein bis 1963 offeriertes Porsche 356-Modell, tat ein Übriges, um diesem Audi im Käuferpublikum (und bei jugendlichen Auto-Vernarrten wie einst dem Autor dieser Chronik – siehe Seite 13) einen Sonderstatus zu verleihen.

Mit dem Super 90 kam jenes frühe Modell ins Spiel, das zwar in der Stückzahl mit 49.794 Exemplaren eine Randerscheinung blieb, jedoch Motortechnologisch die Brücke in eine rosige Audi-Zukunft asphaltierte. Schließlich wechselte dessen um 1,5 Millimeter auf knapp 1,8 Liter aufgebohrter Vierzylinder knapp zwei Jahre später in das 1968 lancierte Erfolgsmodell, den ersten Audi 100. Ein weiteres Mal, nun um weitere 2,5 Millimeter auf knapp 1,9 Liter aufgebohrt und in der Leistung nochmals gestärkt, beschleunigt der einst von Mercedes-Benz-Technikern erdachte und in Ingolstadt zur Serienreife entwickelte Vierzylinder auch dessen Spitzenvariante, den Anfang der Premium Klasse von Audi. Das war das 100 Coupé S, und das steht im Mittelpunkt dieser Audi-Typenchronik.

Im Detail kommt der Super 90-Vierzylinder deshalb im Folgekapitel „Der Audi 100 erster Generation ..." zu Ehren – und dabei zur ausführlichen Beschreibung.

[18] Der gebürtige Wiener Max Merkel, in den 1960er und 1970er Jahren Fußball-Trainer u.a. von Borussia Dortmund und dem 1. FC. Nürnberg, war bei den Spielern wegen seiner Härte und seines rüden Auftretens gefürchtet.
[19] Quelle: Auto Union Geschäftsbericht 1966 vom 28. März 1967.
[20] Quellen: Geschäftsberichte der Auto Union GmbH der Jahre 1964, 1965 und 1966.

Brücken-Modell mit exzellentem Ruf: Der Audi Super 90 bescherte der jungen Ingolstädter Marke ein erstes Leistungs-Image, sein 1,8-Liter lieferte die Basis für den Erfolgswagen Audi 100.

Der Audi 100 erster Generation

Mercedes-Benz /8, von 1968 bis 1976 direkter Konkurrent des Audi 100, der die Stuttgarter /8-Benzinvarianten mit Vierzylindermotoren im Absatz ausbremste.

Das Audi 100 Coupé S steht im Mittelpunkt dieser Chronik. Gleichwohl bedarf natürlich auch dessen Basis, die 100 Limousine, der genaueren Betrachtung. Das gilt sowohl technologisch, weil die Modellentwicklung bei Coupé und Limousine naturgemäß parallel verlief, als auch und vor allem kommerziell. Schließlich ging das Erfolgsmodell Audi 100 als Resultat eines folgenschweren Strategiefehlers in die deutsche Automobilgeschichte ein – dies zu Lasten der Daimler-Benz AG.

Wie bereits im Vorkapitel beschrieben, trieb ein Mercedes-Motor die ersten Nachkriegs-Audi an. Von Mercedes abgestellte Techniker hoben in Zusammenarbeit mit DKW-Veteranen ab Mitte der 1960er Jahre den „Ur-Audi" und seine Nachfolger aus der Taufe – ein Technologie- und Personal-Transfer mit Folgen. Denn schon die erste Ingolstädter Neukonstruktion ohne DKW-Wurzeln, der 1968 lancierte Typ 100, wilderte mit erstaunlichem Erfolg auf einem Territorium, das Mercedes-Benz zuvor konkurrenzlos beherrscht hatte. Dies galt zwar zunächst lediglich für die Kategorie Otto-motorisierter Vierzylinder-Limousinen der gehobenen Mittelklasse. Doch in diesem speziellen Segment, das zeigt ein Vergleich der Produktions- und Absatzzahlen, rangierte Audi auf Anhieb in einer Liga mit der Stern-Konkurrenz, dem einstigen Mutter-Konzern – mehr noch: In diesem deutschen Kunden wichtigen Teilbereich der Mittelklasse überflügelte Audi sogar auf Anhieb Mercedes.

Fake Facts?

Keineswegs: Die Gegenüberstellung der entsprechenden Absatzzahlen von Audi und Mercedes-Benz ab Ende der 1960er Jahre bis Mitte der 1970er Jahre, somit in den jeweiligen Produktionsspannen des ersten Audi 100 und dessen Stuttgarter Konkurrenten, der Mercedes /8-Reihe, sprechen eine deutliche Sprache. Beide Limousinen starteten im Jahr 1968 – der Stuttgarter bereits im Januar des Jahres, der Ingolstädter hingegen erst im November. Ersterer wurde bis Ende 1976 und somit knapp neun Jahre lang gebaut. Zweiterer fand seine Ablösung bereits im August 1976, womit der Typ 100 erster Generation (intern C1) gut siebeneinhalb Jahre das Audi-Schaufenster zierte.

Eine Undercover-Entwicklung wird zum Erfolgsmodell

Provokante Fragestellung des *mot*-Redakteurs Dr. Paul Simsa: Audi 100 als erwägenswerte Alternative zur etablierten, jedoch teureren Konkurrenz von Mercedes-Benz?

Neben nicht weniger als elf /8-Versionen mit Sechszylinder-Ottomotoren sowie Vier- und Fünfzylinder-Dieselmotoren offerierte Mercedes in dieser Zeit drei direkte Audi 100-Konkurrenten mit Vierzylinder-Ottomotoren: nämlich den 200 mit zwei Liter Hubraum, den 2,2 Liter großen 220 und den 230/4 mit 2,3 Liter Hubraum. Die jeweiligen Nennleistungen: 95 PS (70 kW), 105 PS (77 kW) und 110 PS (81 kW). Audi hielt in der Motorengröße etwas bescheidener mit 1,6, 1,8 und 1,9 Liter Hubraum dagegen, bot dafür jedoch fünf Leistungsstufen von 80 PS (59 kW; bis 1971), 85 PS (63 kW; ab 1971), 90 PS (66 kW; bis 1971), 100 PS (74 kW) und 112 PS (82 kW; ab 1971).

Die Statistik ist eindeutig: Mercedes-Benz setzte von der /8-Reihe insgesamt 505.282 Vierzylinder-Modelle 200, 220 sowie 230/4 ab. In Ingolstadt verließen indessen nicht weniger als 827.474 Exemplare der ersten 100-Baureihe das Band ... Noch eindrucksvoller fällt der Vierzylinder-Vergleich der durchschnittlichen Jahres-Produktionszahlen aus. Hier übertraf Audi den Stuttgarter Geburtshelfer mit circa 110.000 zu rund 55.000 Exemplaren sogar um das Doppelte. Es sei wohl ein Fehler von Mercedes-Benz gewesen, den einst so erfolgreichen Stuttgarter Basistyp 180 nicht weiter zu führen, unkten folglich Fachjournalisten, darunter *mot Auto-Kritik*-Chefredakteur Dr. Paul Simsa, angesichts dieses eindeutigen Verhältnisses. „Der große Audi“, so Dr. Simsa als Resultat seines ersten 100-Testes in Ausgabe 8/1969, „füllt nahezu perfekt die Lücke, die 1962 mit dem Auslaufen des Mercedes-Modells 180/190 entstanden und nicht mehr geschlossen worden war.“ Ein zusätzliches Simsa-Fazit sorgte in Stuttgart-Untertürkheim sicher für Stirnrunzeln: „Im heutigen Konkurrenzvergleich“, so der ehemalige U-Boot-Fahrer, „steht der Audi 100 LS im Gesamtgegenwert nicht unter, sondern neben dem Mercedes 200.“

„Erspart der Audi den Mercedes?“ legte das Stuttgarter Motor-Magazin auf dem Titel der Ausgabe 16/1969 provokant nach und bot im Heft einen umfangreichen Vergleich des Audi 100 LS mit dem Mercedes-Benz 200. Zwar verkniff sich der Testautor, einmal mehr Dr. Paul Simsa, eine eindeutige Antwort auf die Titel-Frage. Immerhin kam er zum Schluss, dass der Audi aussähe wie ein Mercedes ohne Mercedes-Kühler und dabei beträchtlich billiger sei. Die Ausstattung des Audi sei gleichwohl nicht schlechter als beim Mercedes, ja dabei „sogar gepflegter in Stil und Material“. Dr. Simsas Resümee: Der Audi 100 sei als Neuschöpfung „ausdrücklich an Mercedes-Maßstäben orientiert, aber zu normalen Preisen und (mit Mercedes-Computer-Methode) auf rationelles Leichtgewicht hin entwickelt.“ Der 100-Motor, so der damalige *mot*-Chefredakteur, sei „von Mercedes konstruiert, von Audi weiterentwickelt“, die 100-Karosserie gliche dem Mercedes.

In die selbe Kerbe hieb rund zwei Jahre später die Kölner *Auto Zeitung* in ihrer Ausgabe 14/1971 mit ihrem Test eines Audi 100 LS Automatic: „Der heimliche Mercedes“ titelte das Motor-Magazin und sah zwischen Ingolstadt und Stuttgart nicht allein Verwandtschafts-Verhältnisse charakterlicher Natur, sondern auch im Design-Stil der geprüften zweitürigen 100-Version. Der großzügig mit Zubehör ausgestattete Testwagen überraschte den Autor Clauspeter Becker zwar mit einem „unverhofft hohen Ladenpreis“ von fast 14.000 DM. „Mit seinen zwei Türen“, so Becker, „bietet dieses Auto dafür aber auch einen Hauch von Daimlers SE-Coupé.“

Hatten die bei Mercedes Verantwortlichen da nicht spätestens mit Erscheinen des Audi 100, also Ende der 1960er Jahre, Gründe, den Auto Union-Verkauf an die Volkswagen AG zu bedauern? Edouard Seidler, Chefredakteur des französischen Magazins *L'Equipe* und gelegentlicher *auto motor und sport*-Korrespondent, stellte 1969 exakt diese Frage dem damaligen Vorstandssprecher der Daimler-Benz AG, Dr. Joachim Zahn. Dessen Antwort, veröffentlicht in Ausgabe 23/1969 vom 8. November 1969 des Stuttgarter Motor-Magazins: „Wir haben keinen Grund dazu. Wir hatten damals beschlossen, uns auf jene Bereiche zu konzentrieren, in denen wir bereits stark waren, das heißt auf den Mercedes-Benz-Personenwagen und auf die Nutzfahrzeuge. Dieser Entschluß hat sich während der letzten Jahre als sehr weise erwiesen. Außerdem konnte Daimler-Benz, indem es die Auto Union an VW abtrat, Gelder flüssig machen, die uns wiederum ermöglichten, den eigenen Produktionsapparat ... schneller weiterzuentwickeln.“

Seidlers ahnungsvoller Schlusskommentar zu Zahns Statement: „Die Auto Union hätte es Mercedes ermöglicht, die Modellreihe nach unten abzurunden. Mittlerweile runden die Audi das Volkswagenprogramm nach oben ab. Die Zukunft wird zeigen, ob Auto Union ein guter oder ein schlechter Tip war ...“ Ein Trend zeichnete sich jedenfalls bereits in der bundesrepublikanischen Zulassungsstatistik des ersten Halbjahres 1973 ab. Damals überflügelte Audi erstmals Mercedes-Benz bei den Neuwagen-Zulassungen, als die Ingolstädter VW-Tochter in Westdeutschland 121.862 Pkw absetzen konnte – ein Plus im Vergleich zum Vorjahres-Halbjahr von 55,8 Prozent und ein Plus im Vergleich zum Mercedes-Absatz von 35,2 Prozent ... Rund 50 Jahre später überholte Audi 2022 den Stuttgarter Rivalen anlässlich einer von YouGov[1] (jährlich) durchgeführten Ranking-Umfrage („YouGov Auto Rankings“), bei der es um die beliebteste Automarke der Deutschen ging. Erstmals setzten deutsche Bürger im Alter über 18 Jahren nicht Mercedes-Benz auf Platz 1, sondern Audi ... Und diesen Spitzenplatz sicherte sich Audi auch 2023.

[1] YouGov ist ein im Jahr 2000 in London gegründetes, börsennotiertes britisches Daten- und Analysen-Unternehmen, das nach eigener Aussage über eines der weltweit größten Marktforschungs-Netzwerke der Welt verfügt und international vertreten ist. Die YouGov Deutschland GmbH hat ihren Sitz in Köln (https://yougov.de). In der Umfrage zur beliebtesten deutschen Automarke ging es um Qualität, Preis/Leistung, Kunden-Zufriedenheit und Arbeitgeber-Image.

Kein Grund zur Reue - Mercedes-Vorstand Dr. Joachim Zahn hielt 1969 den Beschluss, die Auto Union abzustoßen, für „weise“.

Einen „Hauch von Daimlers SE-Coupé“ spürte *Autozeitung*-Redakteur Claus-Peter Becker im zweitürigen, knapp 14.000 DM teuren Audi 100 Automatic.

auto TEST

Der heimliche Mercedes: Audi 100 Automatic

…ko…tet etwas mehr, einen automatischen …di …u fahren. Er ist 1200 Mark teurer. …hnt sich die recht hohe Mehrausgabe?

…as …aimler-Benz begann, … pfle… das Volkswagenwerk … Di… Entwicklung des Audi zum …eimlichen Mercedes. Unte…irkheimer, vorüberge- … Her… in Ingolstadt, hatten …er Be…hrung der Auto Union Zwe…akter zum Viertakter der …inführung verkaufs- …ktive… Modellreihen dazu Grun…stein gelegt. Die spä- Hau…erren aus Wolfsburg …ten …it der ihnen bestens …auten Modellpflege die be- …ene …twicklung zu schön- Blüte bringen. Denn ganz …sicht…h hat kein Fahrzeug …W-K…nzerns in den letzten …n so …iel von der systema- …en …erfeinerung profitiert …er A…di 100.

… bes…ders prägnantes Bei- dafü… sind die Automatik- …elle …ser Baureihe. Das …natisc… Getriebe des Audi …it hy…odynamischem Dreh- …entwa…dler und Dreigang- …ten-G…triebe stammt gewis- …aßen …s einer VW-Stiftung. …en we…entlichen Teilen ent- …t die …udi-Automatik jenem …ebe, …s schon seit Jahren … VW-…odellen 1600 und 411 … Die…st tut. Diese bis zu Einfü…ung zehn Jahre lang …illen …ereifte Konstruktion … kurz…hand auch dem Audi …ngepa…t. Der Umzug vom …nheck ins Vorderteil war …sogar …urch eine technische …andtsc…aft begünstigt. Denn in beiden Fällen ist ja die prinzipielle Anordnung der Aggregate Motor, Getriebe und Achsantrieb gleich.

Die Verbindung der niedersächsischen Automatik mit dem bayrischen Motor erweist sich in der Praxis als Neigungsehe oder zumindest als perfekte Leistung der Entwicklungsabteilung. Keiner der VW-Motoren findet in diesem Getriebe einen so harmonischen Partner.

Beim Audi 100 LS ist die Kombination von Motor und Getriebe eine Sache, die ganz einfach paßt. Hier hat der Fahrer nie den Eindruck, daß er die Bequemlichkeit des automatischen Getriebes mit spürbar abgeschlaffter Fahrleistung bezahlen muß. Der Automatik-Audi befördert vital und verblüffend perfekt. Ein solches Lob vermögen die automatischen Volkswagen nicht zu ernten und die meisten anderen Automatik-Wagen dieser Hubraumklasse auch nicht. Der Audi 100 LS beweist: Ein Fahren ohne Schalten läßt sich auch ohne Hubraum in amerikanischen Dimensionen erfreulich gestalten.

Ein Teil dieser Perfektion basiert auch auf den grundsätzlich guten Eigenschaften der VW-Automatik. Die Gangwechsel erfolgen weich und flink. Der Motor dreht bei kick-down in den beiden unteren Stufen bis zur effektiven Höchstdrehzahl. Und auch das Zurückschalten beim Beschleunigen erfolgt ohne Fehl und Tadel. Einerseits verharrt das Getriebe unter solchen Voraussetzungen nicht stur im großen Gang, andererseits werden die Wechsel auch nicht in hektischer Folge vollzogen.

Überdies aber leistet die Automatik ihre saubere Arbeit ohne große Wandler-Unterstützung. Schon bei knapp 2000 U/min ist die Festbremsdrehzahl (siehe Seite 38) erreicht. Die Drehmoment-Verstärkung wird also nur im Anfahrbereich benutzt. Und das hilft Benzin sparen.

Wichtige Daten ganz knapp zusammengefaßt

Hubraum: 1760 ccm
Maximale Leistung: 100 PS
Drehmoment: 15,3 mkg
Normverbrauch: 8,9 l/100 km
Testverbrauch: 15,3 l/100 km
Spitze: 164 km/h
0 bis 100 km/h = 14,4 sec
Sitzplätze: 4 bis 5
Türen: 2 oder 4 auf Wunsch
Kraftstoff: Super
Preis: 12 090,– DM

Pluspunkte

Trotz Automatik nicht träge, guter Fahrkomfort, sehr sicherer Geradeauslauf und problemlose Fahreigenschaften. Ausgeprägte Modelltreue

Minuspunkte

Starke Preis-Eskalation beim Zukauf attraktiver Extras. Kein Minderpreis für zwei Türen. Halogenlicht nicht serienmäßig

41

Gab noch unter der Herrschaft von Mercedes-Benz bei der Auto Union sein Debüt mit Zweitaktmotor: der DKW F 102, Letzter seiner motorkonzeptionellen Art (oben).

Wechselte 1963 von Stuttgart-Untertürkheim als Technikchef nach Ingolstadt – mit einer Motoren-Konstruktion im Gepäck (oben rechts).

Noch unter Mercedes-Regie: Schwanengesang des Zweitakt-DKW

Ranking-Spitzenplätze für den einstigen Übernahme-Kandidaten – deshalb: Blicken wir zurück in die Audi-Vergangenheit, in die 60er Jahre des 20. Jahrhunderts. Betrachten wir das damalige Audi-Modell der Zukunft mit der Nummer 100 und starten wir – wie im Vorkapitel versprochen – mit dem Herz eines jeden Automobils, mit dem Motor. In der Tat war der Audi-Vierzylinder zu einer Zeit in Stuttgart-Untertürkheim konstruiert worden, als Mercedes-Benz bei der Auto Union noch das Sagen hatte. Die bei Mercedes maßgebliche Viertakt-Fraktion gedachte nämlich, den so DKW-typischen Zweitakter in den Ruhestand zu versetzen, was zunächst am beharrlichen Widerstand der Ingolstädter Auto Union-Zweitaktriege scheiterte. So gab auch der letzte und im Vergleich zu seinen Vorgängern hochmoderne DKW, der Typ F 102, noch unter Mercedes-Regie im August 1963 als Zweitakter sein Debüt.

Wie im Vorkapitel auf Seite 58 dargestellt, hatten sich zu diesem Zeitpunkt die Mannschaften von Auto Union und Mercedes-Benz bereits entfremdet. Zur Festigung des Stuttgarter Einflusses bei der Auto Union berief Mercedes-Benz deshalb noch 1963 einen bewährten Ingenieur als Technischen Direktor nach Ingolstadt. Im Gepäck hatte dieser Dipl.-Ing. Ludwig Kraus (siehe auch Seite 53) einen Viertakt-Vierzylinder, an dessen Konstruktion er bereits in Untertürkheim beteiligt war. Jedoch handelte es sich dabei trotz des leistungsfördernden Querstromzylinderkopfes[2] aus Leichtmetall nicht etwa um eine sportliche Hochleistungs-Maschine – eher im Gegenteil. Mit anfangs 72 PS bei 5.000/min aus knapp 1,7 Liter Hubraum lieferte der erste Audi in Sachen Nennleistung und Nenndrehzahl lediglich Durchschnittliches. Allerdings bot dieses Triebwerk dennoch gute Voraussetzungen für künftige Leistungssteigerungen.

Einen ersten Eindruck von diesem Potential dokumentierte ab dem Dezember 1966 das Spitzenmodell der ersten Audi-Generation, der Super 90 mit 90 PS bei 5.200/min. Nun fand der Mercedes-motorisierte Audi auch bei leistungsorientierten Interessenten – und Dynamik-orientierten Automobil-Publikationen – Beachtung. „Er liegt in Beschleunigung und Höchstgeschwindigkeit etwa gleich mit dem BMW 2000“, verglich ihn *auto motor und sport*-Chef Reinhard Seiffert in Ausgabe 6/1967 mit der einstigen Maßeinheit deutscher Sportlimousinen, „und der ist gewiss kein temperamentloses Auto.“ Die entsprechenden Werte, nämlich über 160 km/h Höchstgeschwindig-

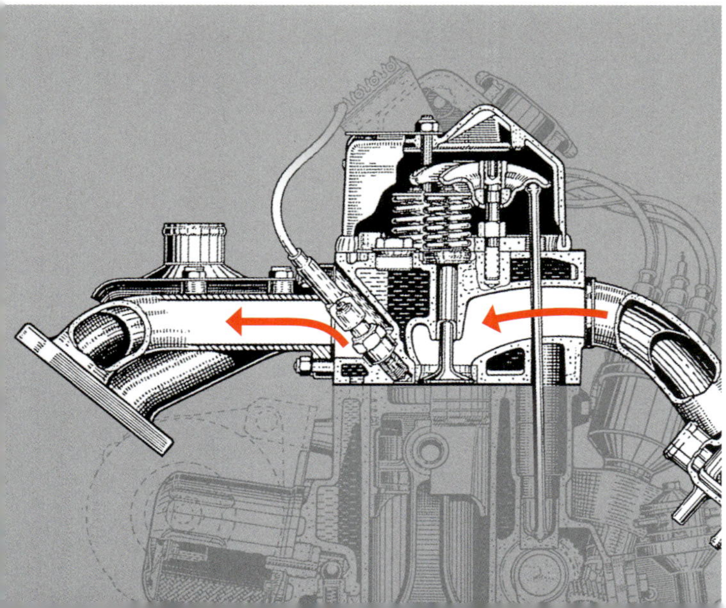

keit und eine Beschleunigung von 0 auf 100 km/h in nur 11,8 Sekunden, seien Werte, so Seiffert, „die auch bei den heutigen hohen Leistungsansprüchen für einen Wagen dieser Preisklasse noch ungewöhnlich sind“.

Insbesondere das Super 90-Temperament beeindruckte zeitgenössische Tester – etwa den Redakteur der längst verblichenen, einst in Frankfurt am Main verlegten *Motor Rundschau* (Ausgabe 14/1967), Joachim Fischer. Der verglich den Super 90 mit den zeitgenössischen Sportskanonen, BMW 1600-2 und Alfa Romeo Giulia TI, und kam zum Schluss, dass diese beiden „trotz höherem Preis keineswegs mehr an Sportlichkeit zu bieten“ hätten – „im Gegenteil!“ Audi stimmte in einer 1967er Werbeanzeige in den Leistungs-Chor ein und nannte den Super 90 allen Ernstes „Startprotz“. Die nachgereichte Begründung: „In 12,2 Sekunden von 0 auf 100 km/h.“ Das Ingolstädter Spitzenmodell sei zudem ein „Erfolgsmanager“, habe er doch vieles mit seinem Fahrer gemeinsam: nämlich „Erfolg“. Zusammengefasst, so Audi in halbfetten Lettern, sei der Super 90 deshalb ein „Konkurrenzschreck“.

[2] Querstromzylinderkopf: Einlass (Vergaser) und Auslass (Auspuffkrümmer) liegen im Zylinderkopf gegenüber, was einem zügigen Gaswechsel und damit im Vergleich zum Gegenstromzylinderkopf (Ein- und Auslass an derselben Seite) einer höheren Leistungsentfaltung dient.

Bildreihe links, Seite 76:

Querstrom-Zylinderkopf, Krönung des Viertakt-Vierzylinders für den ersten Audi: Ein- und Auslass sitzen im Brennraum gegenüber.

BMW 1600-2: Die Münchner Sportlimousine galt ab 1966 als Maßstab für Temperament und Handlichkeit.

Alfa Romeo Giulia TI: Die Mailänder Sportlimousine begeisterte als viersitzige Sportwagen-Alternative ab 1962 Familienväter.

Audi Super 90: von der Werbung als Alleskönner gepriesen, im Vergleichstest mit BMW und Alfa Romeo als gleichwertige preisgünstigere Alternative beurteilt.

Porsche 912 mit 90 PS: beim Beschleunigen bis 120 km/h keine Chance gegen die spurtstarke Sportlimousine Audi Super 90.

Beim Vergleichen darf im Übrigen ein Seitenblick Richtung Sportwagen-Ikone der 1960er Jahre nicht fehlen. Diese heißt Porsche 912, leistet wie der Audi 90 PS, gleicht diesem im Leergewicht mit rund einer Tonne – und ist dennoch der oberbayerischen Limousine beim Beschleunigen über einen weiten Geschwindigkeitsbereich unterlegen. Werte gefällig? Hier sind sie, jeweils Audi versus Porsche[3]: 0 bis 40 km/h 2,3 versus 3,2 Sekunden, 0 bis 100 km/h 11,8 versus 13,5 Sekunden, 0 bis 120 km/h 17,6 versus 18,6 Sekunden. Gleichstand mit rund 23 Sekunden zeigt die Uhr erst bei der heutigen Richtgeschwindigkeit von 130 km/h, und natürlich enteilt der mit einer windschlüpfigeren Karosserie und kleineren Stirnfläche versehene Zweisitzer aus Zuffenhausen dem Viersitzer aus Ingolstadt ab 140 km/h …

Thema mit Variationen: Mulden-Gestaltung im Mitteldruck-Motor

Was den sogenannten „Mitteldruck-Motor" des „Ur-Audi" ausgezeichnet hatte, nämlich sein mit 11,2:1 extrem hohes Verdichtungsverhältnis, behielt das Super 90-Triebwerk als Technologie-Merkmal bei – allerdings in leicht gemilderter Ausprägung von nun lediglich 10,6:1, die sich durch die im Durchmesser um 1,5 Millimeter erweiterten Zylinder sowie durch geänderte Kolben-Mulden ergibt. Besaßen die ursprünglichen Audi 72-Kolben – siehe auch Seite 64 – für die Verwendung von Super-Treibstoff zentral angeordnete

- Mulden mit einem Durchmesser von 51 Millimetern,
- senkrechte Muldenwände und ein
- Mulden-Volumen von 28,5 cm³,

so wurden im Super 90-Motor Kolben geänderter Bauweise mit diesen Maßen verbaut:

- Muldendurchmesser auf Kolbenboden-Niveau 63,45 mm,
- Muldenwände mit 33° Neigung zwecks Muldendurchmesser-Verjüngung Richtung Muldenboden,
- Mulden-Volumen 35,1 cm³.

Den Begriff „Mitteldruck-Motor", der zu Beginn der Audi-Karriere für Schlagzeilen gesorgt hatte, verwendete Audi für diese Motorvariante nicht länger. Er schien den in Ingolstadt Technik-Verantwortlichen nicht länger angebracht – zumal etwas hektisches Variieren und Ändern von Kolbenformen auf einst wachsende Unsicherheiten schließen lassen, was die tatsächlichen Qualitäten der ursprünglich gefeierten „Mitteldruck"-Bauweise anbelangt.

Einige sehr trockene Beispiele mögen diese Theorie belegen. So fanden die „Ur-Kolben" des ersten Nachkriegs-Audi, wie oben beschrieben, lediglich bis Motornummer. 8920021870 Verwendung, um ab Motornummer. 8920021871 (zugehörige Fahrgestellnummer. 6842013267, produziert im Februar 1966) für die Motor-Versionen 72 und 80 PS durch Kolben mit signifikant geänderten Mulden ersetzt zu werden. Deren Merkmale:

- Muldendurchmesser 58,5 mm,
- schräge Muldenwände (Winkel 20°),
- Mulden-Volumen 31 cm³.

Neuerliche Änderungen griffen bei den 72/80-Motoren für Superbenzin ab Motornummer 8920090675 (5. Januar 1968). Die Daten:

- Muldendurchmesser 62,2 mm,
- Muldenwandwinkel 33°,
- Muldenvolumen 25 cm³.

Ab 72 PS-Motornummer 8920080001 (18. August 1967), nun für Normalbenzin, wurde das

- Muldenvolumen deutlich auf 35,1 cm³ erhöht,
- Muldendurchmesser am Kolbenboden nun 65,5 mm,
- Muldenwandwinkel unverändert mit 33°.

Bleiben noch die Kolben der schwächsten (und im Markt erfolgreichsten) Version des Ur-Audi, nämlich jene des Typs 60 mit für den deutschen Markt[4] 55 PS (40 kW). Bei denen wurde nicht nur der Kolbenbolzen verlegt – Abstand zum unteren Kolbenrand 24, statt 29 mm, auch die Ausgestaltung des Brennraumes unterscheidet sich von den Kolben-Varianten der 72 PS-, 75 PS- und 80 PS-Versionen – wobei sie allerdings dem der Super 90-Version ähnelt: Mulden-Durchmesser 63,45 mm, Muldenwandwinkel 33°, Mulden-Volumen 28 cm³.

Zurück zum Motor des Audi Super 90, der im Hubraum und Leistungsgebaren vorwegnahm, was seinen Nachfolger Audi 100 so temperamentvoll machen sollte. Dieser 1,8-Liter bot also gegenüber dem „Ur-Audi" 18 PS Mehrleistung – und das trotz niedrigerer Verdichtung? Die markante Steigerung der PS-Zahl resultiert zu einem kleinen Teil aus dem gegenüber den Basismodellen mittels Aufbohrens um 1,5 auf 81,5 Millimeter etwas vergrößerten Hubraum: 1.760 statt 1.696 cm³ vermerkt das Super 90-Datenblatt. Hauptgrund für das 25prozentige Leistungs-Plus ist jedoch eine Entdrosselung sowohl an der Ansaugseite, als auch abgasseitig.

Statt eines Solex-Einfachvergasers (anfangs vom Typ 38 PDSI-1, ab 1/66 34 PDSIT-1, ab 3/66 35 PD-SIT-5) der schwächeren Varianten tut im Super 90 ein Solex-Registervergaser des Typs 32/32 DIDTA Dienst.

[3] alle Werte sind den entsprechenden *auto motor und sport*-Tests entnommen (Porsche 912 in Ausgabe 16/1965, Audi Super 90 in Ausgabe 6/1967).

[4] Für einige Export-Märkte, etwa die Schweiz, lieferte Audi den Typ 60 ab Frühjahr 1968 mit 65 PS (48 kW), erzielt durch das größere Ansaugrohr und den Vergaser der 72 PS-Version. Die Beschränkung auf 55 PS in Deutschland hatte Versicherungs-Gründe (Leistungs-Klasse bis 55 PS).

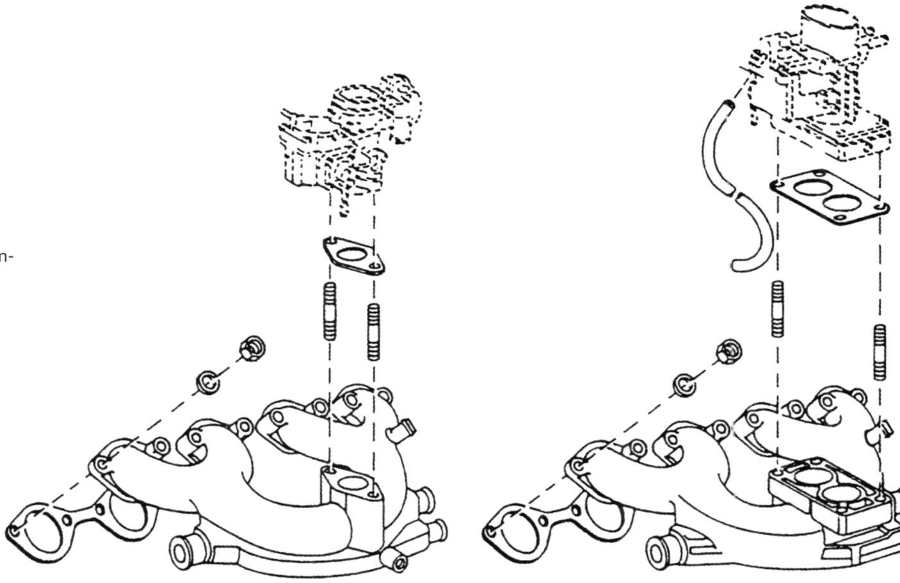

Kolbenmulden-Änderungsreigen in den ersten Baujahren des Audi-Mitteldruckmotors: Die Verdichtung sank mit jeder Mulden-Modifikation von über 11:1 bis zu 9:1 (unten).

Ansaugkrümmer-Varianten, unterschiedlich für den Solex-Einfachvergaser 34 bzw. 35 PDSIT der 60-, 72-, 75- und 80 PS-Modelle (zur Rechten links) …

… und für den Register-Fallstromvergaser 32/32 DIDTA der Topversion Super 90 mit 90 PS.

I) Triebwerksteile prüfen und messen

Kolben

4. Serienmäßig sind Kolben lt. Abb. 110 in den Audi 72/80 (Superbenzin) ab 1. Fahrzeug bis Motor-Nr. 8920 021 870 eingebaut. Diese Kolben werden nicht mehr geführt. Im Reparaturfalle müssen neue Kolben satzweise (also in jedem Falle 4 Stück) eingebaut werden, und zwar Vollschaftkolben
80,00 ⌀ Teile-Nr. 8920 410 51 07 000
80,25 ⌀ Teile-Nr. 8920 410 51 15 000
80,50 ⌀ Teile-Nr. 8920 410 51 16 000
81,00 ⌀ Teile-Nr. 8920 410 51 17 000

5. Ab Motor-Nr. 8920 021 871 sind serienmäßig Kolben lt. Abb. 111 in Fahrzeug Audi 72/80 PS Superbenzin verbaut worden. Der Verbrennungsraum dieser Kolben hat eine 20° schräge Seitenfläche. Diese Kolben werden ebenfalls nicht mehr geführt. Im Reparaturfalle gilt das im Punkt 4 Gesagte.

Hinweis:
Ab ET-Lager stehen jedoch für die Kolben lt. Abb. 110 und 111 Ersatzkolbenringe zur Verfügung. Diese Ringe haben folgende Stärken:

	Ringstärke	Nuthöhe im Kolben
Ring „a" – oben =	$1{,}5\,^{-0{,}010}_{-0{,}022}$ mm	$1{,}5\,^{+0{,}09}_{+0{,}07}$ mm
Ring „b" – Mitte =	$1{,}5\,^{-0{,}010}_{-0{,}022}$ mm	$1{,}5\,^{+0{,}06}_{+0{,}04}$ mm
Ring „c" – unten =	$5{,}0\,^{-0{,}010}_{-0{,}022}$ mm	$5{,}0\,^{+0{,}03}_{+0{,}01}$ mm

Darauf ist besonders zu achten, da die Kolbenringe für „Vollschaftkolben" andere Stärken haben, und zwar:

	Ringstärke	Nuthöhe im Kolben
Ring „a" – oben =	$2{,}0\,^{-0{,}010}_{-0{,}022}$ mm	$2{,}0\,^{+0{,}06}_{+0{,}04}$ mm
Ring „b" – Mitte =	$2{,}5\,^{-0{,}010}_{-0{,}022}$ mm	$2{,}5\,^{+0{,}06}_{+0{,}04}$ mm
Ring „c" – unten =	$5{,}0\,^{-0{,}010}_{-0{,}022}$ mm	$5{,}0\,^{+0{,}03}_{+0{,}04}$ mm

6. Ab Motor-Nr. 8920 090 675 bzw. ab folgenden Fahrgestell-Nummern *
6842 059 991
6843 049 965
6834 007 299
hat für den Audi 72/80 (Superbenzin) der in Abb. 112 gezeigte Vollschaftkolben serienmäßig eingesetzt, und zwar:
80,00 ⌀ Teile-Nr. 8920 410 51 07 000
80,25 ⌀ Teile-Nr. 8920 410 51 15 000
80,50 ⌀ Teile-Nr. 8920 410 51 16 000
81,00 ⌀ Teile-Nr. 8920 410 51 17 000

Diese Kolben können im Reparaturfalle in alle Audi 72/80 (Superbenzin) – also ab ersten Motor – eingebaut werden.

*gemischt verbaut von Fg.-Nr. 6842 029 017 bis 032 578
6843 020 924 bis 023 942
6834 001 005 bis 002 128

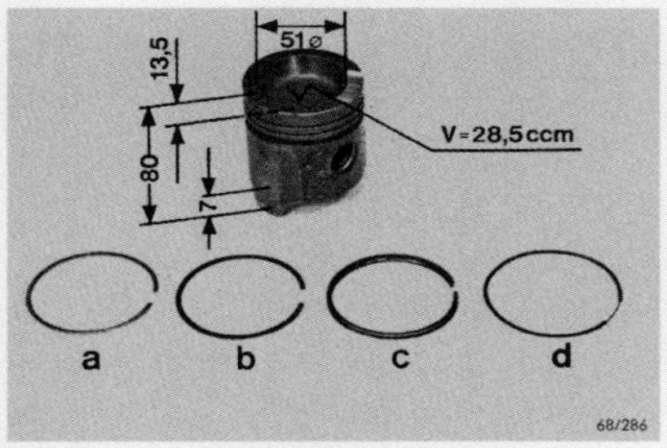

Abb. 110 a = Rechteckring Nr. 1 oben
b = Rechteckring Nr. 2 Mitte
c = Ölabstreifring unten
d = Druckfeder für Ölabstreifring
V = 28,5 ccm

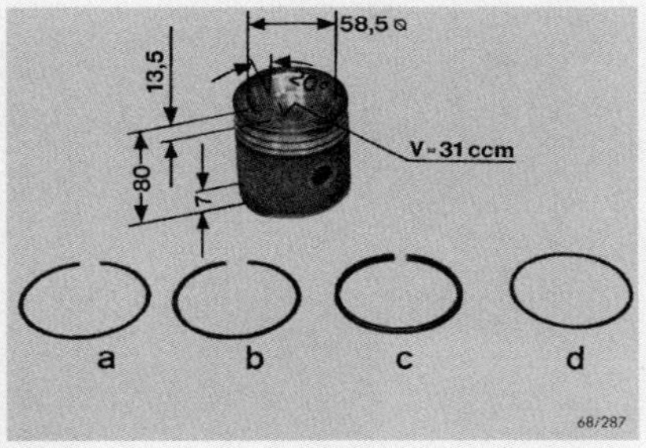

Abb. 111

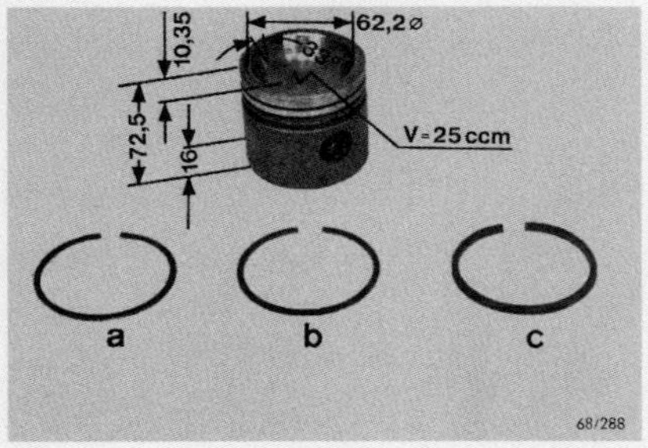

Abb. 112

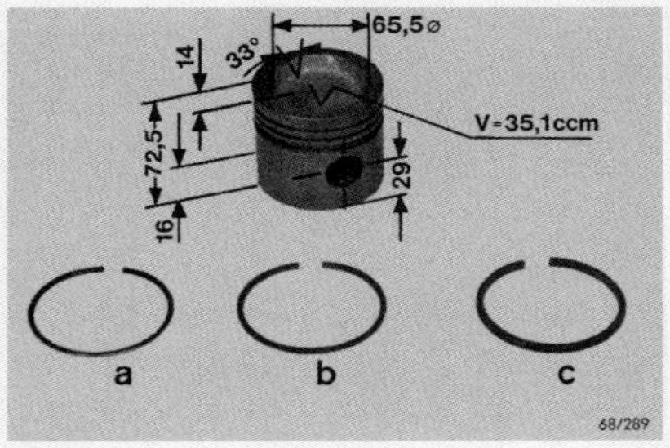

Abb. 113

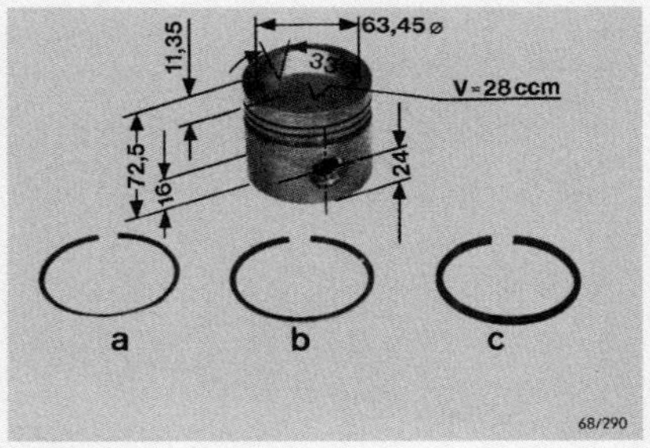

Abb. 114

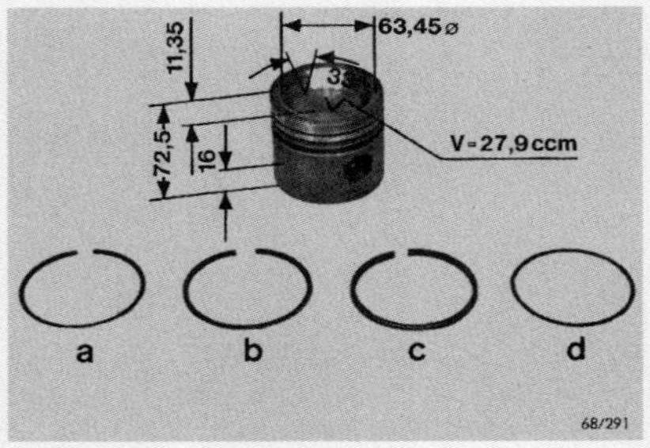

Abb. 115 a = Rechteckring Nr. 1 oben
b = Rechteckring Nr. 2 Mitte
c = Dachfasenölring Nr. 3 unten
d = Schlauchfeder

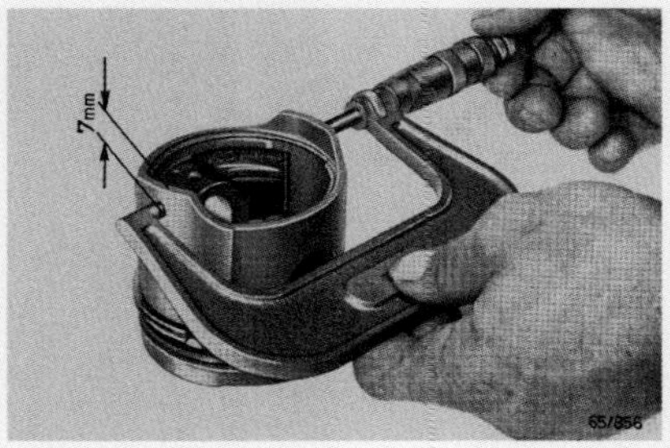

Abb. 116

Audi 72 PS-Normalkraftstoff-Motoren werden serienmäßig ab Motor-Nr. 8920 080 001 bzw. ab folgenden Fg.-Nr.
6842 052 843
6843 043 688
6834 006 201
eingebaut.

7. Die Kolben für den Audi 72 PS Normalbenzin-Motor (Abb. 113) unterscheiden sich von Kolben für 72/80 PS Superbenzin-Motoren durch Änderung des Verbrennungsraumes – siehe Abb. 112/113.
Bei Ersatzteile-Bestellung ist darauf zu achten; Bestell-Nummern der Kolben für 72 PS Normalkraftstoff sind:
80,00 ⌀ Teile-Nr. 8920 410 51 08 000
80,25 ⌀ Teile-Nr. 8920 410 51 13 000
80,50 ⌀ Teile-Nr. 8920 410 51 19 000
81,00 ⌀ Teile-Nr. 8920 410 51 20 000

Audi 55/60 PS-Normalkraftstoff-Motoren ab Motor-Nr. 8910 000 001 werden in Fahrzeuge ab Fg.-Nr. 6842 063 937 bzw. 6843 053 464 eingebaut.

8. Die Kolben für den Audi 55/60 PS-Normalkraftstoff-Motor (Abb. 114) unterscheiden sich von den Kolben für 72 PS-Normalkraftstoff-Motor durch Änderung des Verbrennungsraumes und durch Verlegung der Bohrung für den Kolbenbolzen – siehe Abb. 113/114.
Die Bestell-Nummern für 55/60 PS-Kolben sind:
80,00 ⌀ Teile-Nr. 8910 410 51 00 000
80,25 ⌀ Teile-Nr. 8910 410 51 01 000
80,50 ⌀ Teile-Nr. 8910 410 51 02 000
81,00 ⌀ Teile-Nr. 8910 410 51 03 000

9. In den Audi Super 90-Motor werden ab 1. Fahrzeug Vollschaftkolben lt. Abb. 115 verbaut, und zwar:
81,50 ⌀ Teile-Nr. 8921 410 51 00 000
81,75 ⌀ Teile-Nr. 8921 410 51 01 000
82,00 ⌀ Teile-Nr. 8921 410 51 02 000
82,50 ⌀ Teile-Nr. 8921 410 51 03 000

Zur Beachtung:
Für den Typ Audi Super 90-Motor sind unbedingt Dachfasenölring und Schlauchfeder zu verwenden.

Ausgabe VII. 1968

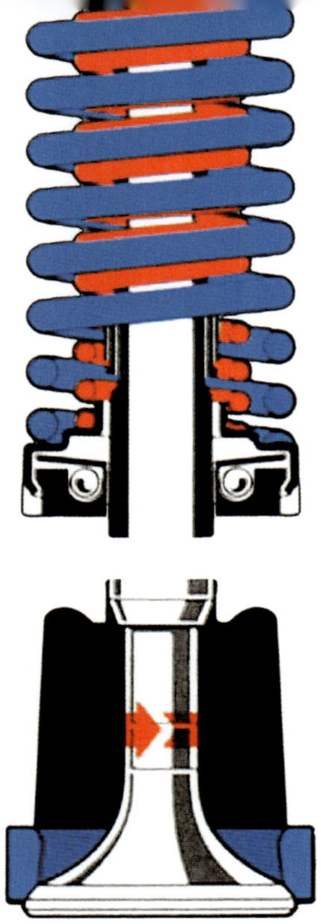

Ein modifizierter, widerstandsärmerer Ansauggeräuschdämpfer und ein etwas weniger verwinkelter Ansaugkrümmer erleichtern dem zweistufigen Gemisch-Produzenten das Luftholen. Zwecks zügigeren Ausatmens gönnten Ludwig Kraus' Motorentechniker um Franz Hauk dem Vierzylinder eine geänderte Auspuffanlage mit weniger Gegendruck, auf dass die Entsorgung der Abgase möglichst zügig erfolge. Auch das schon bei der 72 PS-Version recht aufwändige Auspuffkrümmer-System mit zwei Doppelrohrkrümmern für die Zylinder 1 und 3 sowie 2 und 4 schien den Entwicklern für die 90 PS-Variante nicht adäquat. Es erfuhr deshalb Modifikationen und erhielt, damit einher gehend, eine separate Teilenummer (8921 452 01 00 000).

Schein-Paradoxon: weniger Verdichtung und mehr Leistung im Super 90

Dieses intensivierte Rein und Raus vor und nach dem Verbrennungsvorgang bewirkt im Super 90-Motor eine optimierte Füllung. Mit der extrem hohen Verdichtung von 11,2:1 des 72 PS-Motors würde der leistungsgesteigerte Mitteldruck-Motor womöglich trotz der systemtypischen Maßnahme zur Gemisch-Verwirbelung (siehe Seite 62) klingeln – „daher die scheinbar paradoxe Tatsache", so die Analyse des *auto motor und sport*-Redakteurs Seiffert im Test, „daß die Auto Union die Leistung erhöht und die Verdichtung gesenkt hat." Allerdings beließ es die Hauk-Truppe beim stärksten Stück des Jahres 1966 nicht bei geänderten Kolben und beschleunigten Gaswecheln. Mit Rücksicht auf die höhere Beanspruchung erfuhr der Super 90-Zylinderkopf (Gussnummer 8920 405 01 **07** statt 04 bei den minderen Varianten) Verstärkungen, zusätzliche Hohlräume erweiterten den Kühlwasserkreislauf. Die Auslass-Ventile erhielten sogenannte Rotocaps, die dafür sorgen, dass die Auslass-Pforten bei jedem Öffnungshub zwecks Minderung von Verschleiß und Ablagerungen auf dem Ventilteller ein wenig gedreht werden. Zugleich wurden die inneren Ventilfedern und die Stößelstangen des Ventiltriebs zwecks Erhöhung des konfliktfreien Drehvermögens verstärkt.

Außer der deutlich erhöhten Nennleistung ergaben die Super 90-Maßnahmen gegenüber der 1,7 Liter-Basis auch ein willkommenes Drehmoment-Plus um immerhin gut 15 Prozent. Dabei erklimmt der gestärkte Vierzylinder seinen Drehmoment-Gipfel von 15 mkp (147 Nm) bei der nur mäßigen Drehzahl von 3.000/min. Die Beschreibung der Folge dieser Leistungs-Charakteristik sei einmal mehr dem Zeitzeugen Seiffert von *auto motor und sport*, einst Leitmedium der Motorjournaille, überlassen: „Der vorherrschende Eindruck beim Fahren", so der damalige Redaktionsleiter, „ist nicht die hohe Leistung selbst, sondern die gleichmäßige Kraftentfaltung bei allen Drehzahlen."

Er bot somit viele Qualitäten, dieser zuvor in Stuttgart-Untertürkheim konzipierte Vierzylinder, und die prädestinierten ihn zusammen mit dem bewährten Vierganggetriebe geradezu als Antrieb für das neue Audi-Spitzenmodell, das sich zugleich zum künftigen Erfolgsgaranten des VW-Konzerns mausern sollte – und das erst in letzter Minute unter Audi-Flagge: Um ein Haar wäre der große Audi ein großer Volkswagen geworden, hätte statt der vier Ringe lediglich einen Ring am Kühlergrill getragen – Ring-Inhalt: zwei Buchstaben, nämlich „V" und „W".

Doch der Reihe nach: Wie bereits im Kapitel „Der erste Nachkriegs-Audi ..." ab Seite 50 erzählt, hatte Heinrich Nordhoff mit der Auto Union-Übernahme lediglich die Ausweitung der Produktionskapazitäten für Volkswagen im Sinn, nicht aber eine künftige Zweimarken-Strategie. Demzufolge unterband er in Ingolstadt jegliche Kosten verursachenden Aktivitäten abseits der Produktionslinien. Das betraf beispielsweise

Sorgen für weniger Verschleiß: Rotocaps drehen die Ventile bei jeder Öffnung und vermindern dadurch schädliche Ablagerungen an den Ventiltellern.

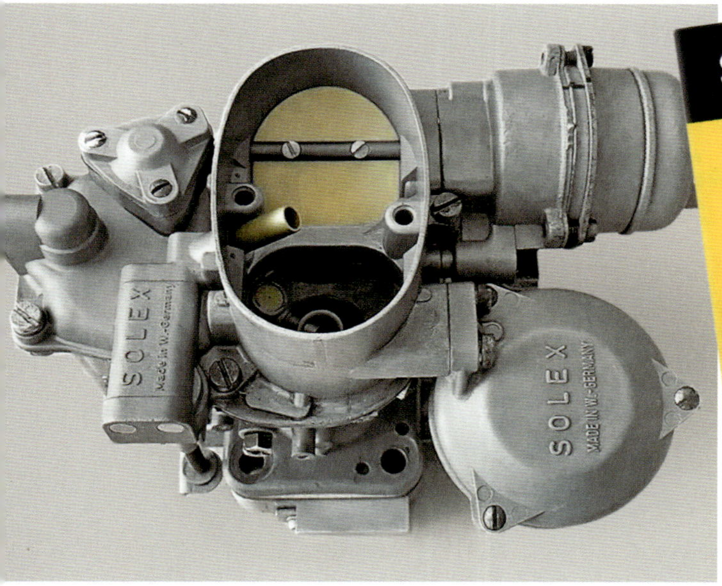

Solex-Registervergaser 32/32 DIDTA: mitverantwortlich für die erhöhte Leistung des 1,8 Liter-Vierzylinders im Super 90.

Solex-Einfachvergaser 35 PDSIT-5, Gemischfabrikant der Audi-Modelle 60 bis 80 – und ab 1968 auch der 100-Varianten 100 und 100 S.

den traditionsreichen Auto Union-Motorsport genauso, wie Neuentwicklungs-Aktivitäten. „Gleich nach dem Verkauf an VW", erinnerte sich Ludwig Kraus im März 1995 im Gespräch mit den Motorjournalisten Christian Steiger und Thomas Wirth[5], „bekam ich ein Schreiben aus Wolfsburg: In Zukunft sollen bei Audi keine neuen Typen mehr entwickelt werden."

Auto Union-Technikchef Ludwig Kraus hielt sich freilich nicht an den Nordhoff-Ukas und entwickelte zusammen mit Vertrauten heimlich weiter an seinem „Zukunftsmodell" – Kraus im bereits einmal zitierten *auto motor und sport*-Interview von 1972 (siehe auch Seite 57): „... entweder wird's ein Erfolg oder wir fliegen raus, war unsere Überlegung – sagten wir uns einfach: Wir bauen ein Auto, an dem wir – ich und meine Mitarbeiter – Freude haben könnten. ... Im wesentlichen hörten wir auf eigene Regungen als Kunden und Autoliebhaber."

Damit ist die Audi 100-Entstehungsgeschichte eine bemerkenswerte Parallele zur Entwicklung des ähnlich erfolgreichen quattro-Systems, das ein gutes Jahrzehnt später in Ingolstadt gleichfalls undercover, also ohne Plazet der in Wolfsburg Verantwortlichen, entstand. Seinen Traumwagen hatte Kraus bereits ab 1963, noch zu Zeiten, da Mercedes-Benz bei der Auto Union Regie führte, angedacht. Anlässlich des Jubiläums „25 Jahre Audi 100" listete ein Redakteur der Audi-Presseabteilung im November 1993 diese Forderungen des Kraus'schen Lastenheftes: „Das Auto sollte wirtschaftlich, außergewöhnlich leicht und in der Form ansprechend sein. Außerdem sollte für fünf Personen ein großzügiges Platzangebot verfügbar sein und selbstverständlich sollte eine solche Neuentwicklung in der oberen Mittelklasse auch mit dem von Audi favorisierten, besonders fahrsicheren Frontantrieb ausgestattet werden."

Wurde in letzter Minute verhindert: Übernahme des Ingolstädter Gewächses Audi 100 als „Großer VW" mit VW-Logo am Bug an Stelle der vier Auto Union-Ringe – siehe dazu Details auf Seite 97.

[5] Quelle: *Audi 1965–1975*, Christian Steiger/Thomas Wirth, Heel Verlag, Königswinter, ISBN 3-89365-445-3.

Leichtbau-Ideologie als gemeinsames Ideal: Lotus von Colin Chapman in England …

… und Rennwagen von Ludwig Kraus für Mercedes-Benz in Deutschland.

Audi 100-Spezialität: Leichtbau als Konstruktionsprinzip

„Außergewöhnlich leicht“ – mit dieser Forderung war der Audi-Cheftechniker wie auch sein Gesinnungsgenosse Colin Chapman in England der Zeit voraus. Wie bei dem Briten so hatte auch bei Kraus das ausgeprägte Leichtbau-Denken eine ideologische Wurzel – und die erwuchs aus Aktivitäten als Rennwagen-Konstrukteur, der eine bei Lotus, der andere bei Mercedes-Benz. Wenn es um Rennsiege geht, wird die Gewichtsreduzierung bekanntlich gleichrangig zur Leistungserhöhung idealisiert. Auch effizientes Arbeiten unter Extrembedingungen lehrt der Motorsport. „Wer einmal unter dem Zeitdruck des Rennbetriebs gearbeitet hat“, so Ludwig Kraus, „der ist geprägt.“ Im Rennwagenbau, verriet Kraus im *auto motor und sport*-Interview 1972 mit einem Seitenhieb auf die üblichen Gepflogenheiten in der Autoindustrie, habe er gelernt, „die Sache in den Vordergrund zu stellen.“ Das wiederum geschähe idealerweise in

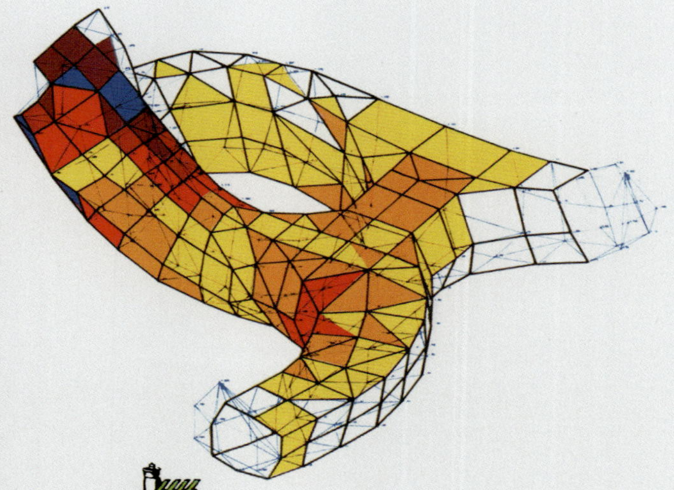

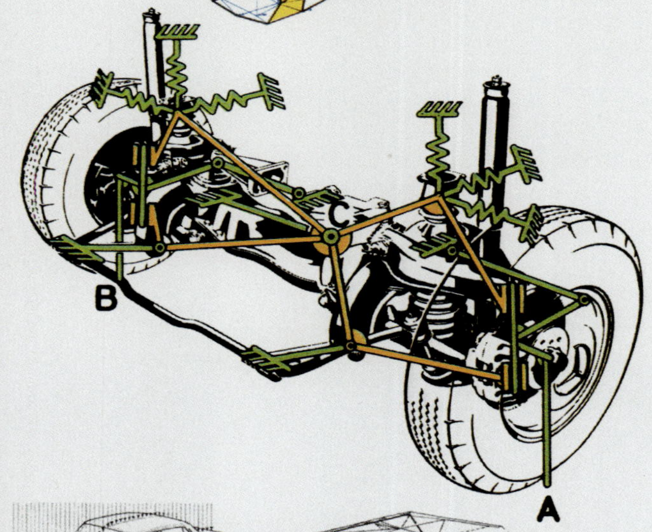

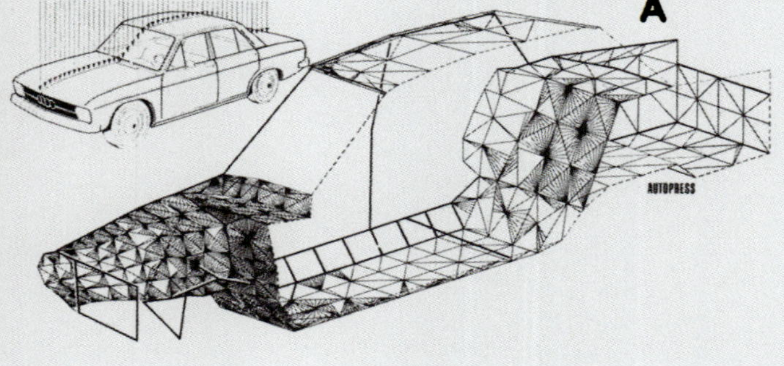

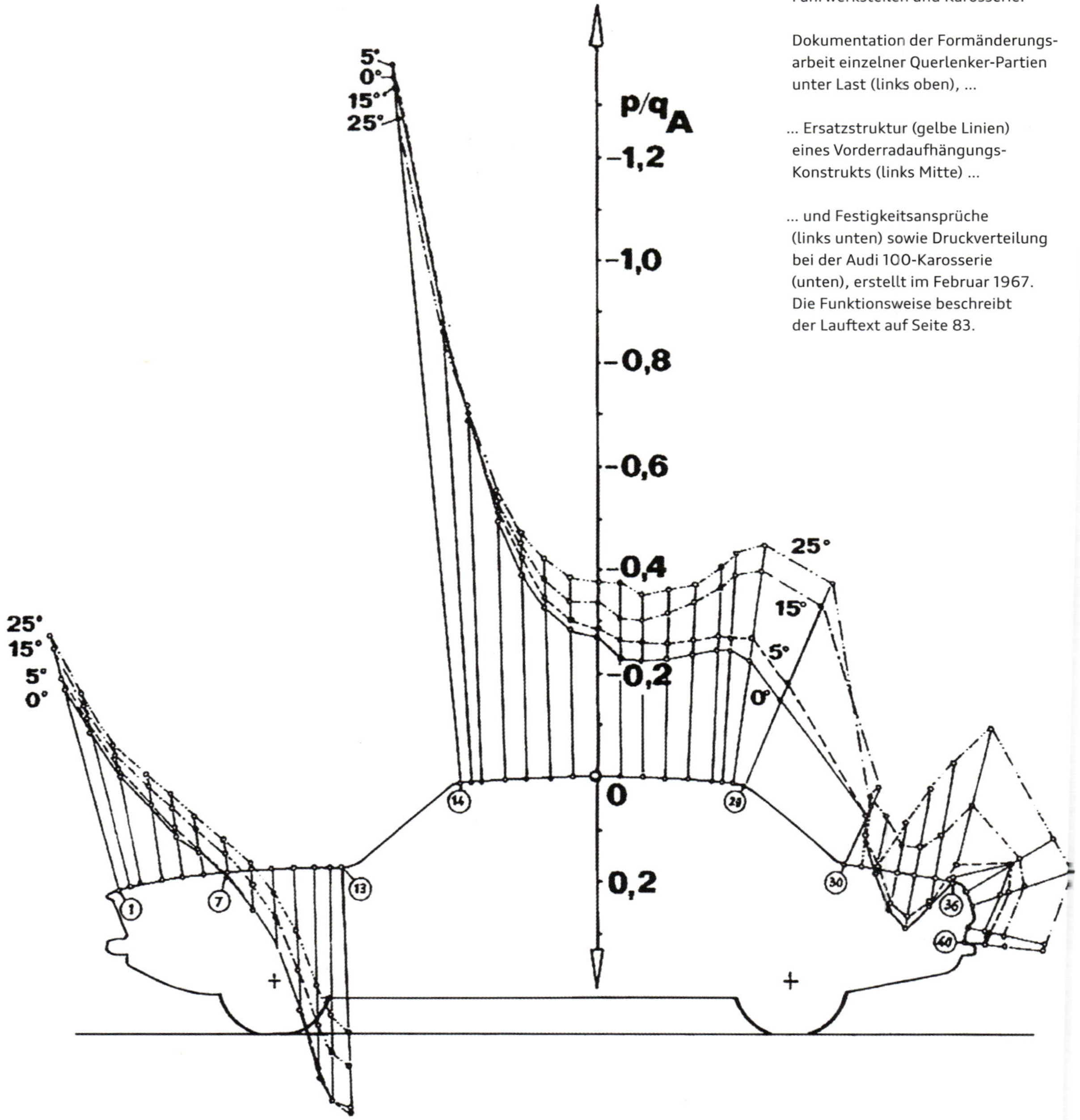

Erstmalige Verwendung im deutschen Pkw-Bau: Nutzung des Systems finiter Elemente bei der Audi 100-Konstruktion von Fahrwerksteilen und Karosserie:

Dokumentation der Formänderungsarbeit einzelner Querlenker-Partien unter Last (links oben), …

… Ersatzstruktur (gelbe Linien) eines Vorderradaufhängungs-Konstrukts (links Mitte) …

… und Festigkeitsansprüche (links unten) sowie Druckverteilung bei der Audi 100-Karosserie (unten), erstellt im Februar 1967. Die Funktionsweise beschreibt der Lauftext auf Seite 83.

einem möglichst kleinen Team – Kraus: „Je größer der Kreis wird, um so wirrer werden die Diskussionen." Da traf es sich gut, dass einstige Mitarbeiter seiner Rennwagen-Abteilung zusammen mit ihm vom Neckar an die Donau wechselten. Mercedes-Erbe war neben dem Mitteldruck-Motor und besagter Leichtbau-Expertise die Nutzung des Systems finiter Elemente – Kraus im bereits einmal zitierten Interview von 1995: „Meines Wissens zum ersten Mal im deutschen Serien-Pkw-Bau."

Finite Elemente? Dabei handelt es sich um eine in den 1950er Jahren ursprünglich im amerikanischen Flugzeugbau entwickelte Berechnungstechnik für Festigkeits- und Verformungs-Untersuchungen an Festkörpern. Werkzeuge dafür waren damalige Digitalisierungsgeräte, bestehend aus einem Messtisch mit Abtaststift sowie einem Bildschirm mit angeschlossenem Kartenlocher – im Prinzip ein früher Computer. Ein sogenannter Plotter, also ein elektronisches Zeichengerät, diente der Visualisierung, Kontrolle und Dokumentation der Ergebnisse. Um 1960 übernahm Daimler-Benz diese sogenannte Elasto-Statik-Element-Methode – kurz ESEM – für den Fahrzeugbau.

Mit ESEM können sowohl Motor-Teile, etwa Kipphebel, Fahrwerks-Teile, zum Beispiel Schräglenker, aber auch Karosserie-Teile und komplette Karosserien in ihrem Verformungsverhalten unter Last visualisiert, berechnet und nötigenfalls korrigiert werden. Das wiederum hilft dabei, Materialstärken ohne Festigkeitsverluste auf das absolut notwendige Mindestmaß zu reduzieren, gleichbedeutend mit der Einsparung von unnötigem Ballast – und dem Entfall von vielen Monaten der „Trial & Error"-Versuche in der zuvor üblichen Dramaturgie von Fahrzeug-Entwicklungen.

Bei der ESEM wird ein Körper in einzelne zwei- oder dreidimensionale Teilbereiche, die finiten Elemente, unterteilt (siehe die beiden Beispiele eines Querlenkers und einer kompletten Karosserie auf der vorherigen Seite links). Das Verhalten dieser Kleinteile lässt sich bei Belastungen und Verwindungen einfacher analysieren, als bei einem komplexeren Gesamtkörper. Im Falle des ersten (viertürigen) Audi 100 erzielten Kraus & Co nach Werksangabe ein Leergewicht von lediglich 1.045 Kilogramm – nur rund 20 Kilogramm mehr als beim ersten, deutlich kompakteren Nachkriegs-Audi des Debütjahres 1965. Der direkte Vorgänger Super 90 ist als Viertürer gar 20 Kilogramm schwerer.

Im Wortsinn erschwerend hatte sich bei den Leichtbau-Ambitionen der Audi 100-Väter im Übrigen die Bürde der zu übernehmenden Motorenkonstruktion ausgewirkt. Wie im Kapitel „Der erste Nachkriegs-Audi ..." dargestellt, sind deren Materialstärken wegen der hohen Verdichtung an Diesel-Usancen orientiert mit dem Resultat eines besonders hohen Motorgewichtes. Tatsächlich stand der Audi 100-Motor mit laut Audi nicht weniger als 154 Kilogramm[6] unter den Vierzylindern seiner Ära weit oben in der Gewichts-Skala. Zum Vergleich: Der Vierzylinder EA 827 des späteren Audi 80/VW Passat bringt gerade mal 87 Kilogramm auf die Waage. Zur weiteren Einordnung der Leichtbau-Sensation Audi 100: Ein im Radstand 17,5 Zentimeter kürzerer VW 411-Viertürer ist trotz seines besonders leichtgewichtigen Magnesium/Aluminium-Motors mit 1.100 Kilogramm Leergewicht ausgewiesen, ein BMW 2000 der späten 1960er Jahre wiegt 1.170 Kilogramm, ein Peugeot 504 beachtliche 1.230 Kilogramm und ein Mercedes 200/8 gar 1.360 Kilogramm.

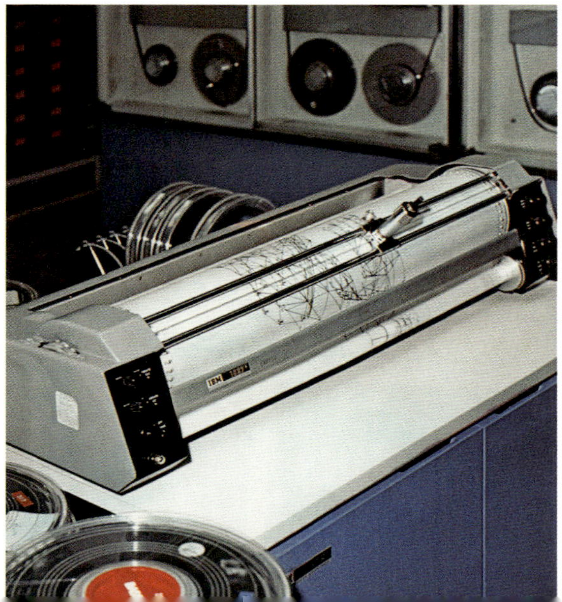

ESEM-Hardware: der Plotter, ein elektronisches Zeichengerät zur Ergebnis-Visualisierung – siehe die damit erstellte Grafik auf Seite 82 links.

Bringen deutlich mehr Gewicht auf die Waage, als der unter Nutzung des Systems finiter Elemente konstruierte Leichtbau-Audi 100: BMW 2000 (plus 125 kg) ...

... Peugeot 504 (plus 185 kg)...

... und Mercedes-Benz 200/8 mit 315 Kilogramm Mehrgewicht.

[6] incl. Nebenaggegate.

Schein und Wirklichkeit: Während der Citroën DS mit $c_w = 0,37$ in der Windschlüpfigkeit etwa dem ersten Audi 100 (C1) entspricht, …

… unterliegt der optisch rasante Jaguar E-Type der eher brav daher rollenden Audi 100-Limousine aerodynamisch deutlich: $c_w = 0,4$.

Audi 100-Designprinzipien: Gefälligkeit und Windschlüpfigkeit

„In der Form ansprechend“ und „dezent modern, aber nicht modisch“ – das bedeutete für Ludwig Kraus und seine Helfer zweierlei: zunächst einmal ein Design im bewährten, sachlichen Stil jenes Herstellers, der das Denken der jungen Audi-Mannschaft in vielerlei Hinsicht prägte, nämlich Mercedes-Benz. Ludwig Kraus pflegte diese Verwandtschaft keineswegs zu dementieren. Im bereits zitierten Interview des Jahres 1995 (siehe Seite 81) erzählte er den Gesprächspartnern Steiger/Wirth eine entsprechende Anekdote. So habe ihm anlässlich der 100-Präsentation bei der IAA in Frankfurt ein Mercedes-Mitarbeiter die stilistische Nähe zu Mercedes vorgeworfen. Kraus’ damalige Antwort: „Glauben Sie, daß ich nach 26 Jahren bei Mercedes alles vergesse, was ich gelernt habe, und was anderes mache, obwohl es Blödsinn ist?“

Mercedes-Look also zum einen – und zum zweiten? Bei dieser Forderung kam einmal mehr der ehemalige Rennwagen-Konstrukteur Kraus ins Spiel: Die Form des neuen Audi hatte aerodynamisch möglichst günstig zu sein. So entstand in Ingolstadt „aus dem Gefühl heraus“ (O-Ton Kraus) eine Linienführung, die später im Windkanal von Volkswagen mit dem Ende der 1960er Jahre bestechenden c_w-Wert von nur 0,369[7] aufwarten sollte. Auch hier seien zur Einschätzung Vergleichs-Werte von fünf Modellen angegeben, die optisch eigentlich deutlich windschlüpfiger erscheinen als der Audi 100, nämlich der Citroën DS 19 (1958), der Jaguar E-Type (1963), der NSU Ro 80 (1967), der Porsche 911 des Modelljahres 1970 und der für Rennzwecke konzipierte Porsche 904 GTS. Marginal besser als die Audi Limousine sind mit c_w = 0,355 bzw. 0,36 lediglich der Ro 80 und der 911, die DS entspricht mit c_w = 0,37 etwa dem Audi, der Renn-Porsche 904 ist mit c_w = 0,380 etwas, der E-Type mit c_w = 0,4 gar deutlich schlechter. Jedenfalls verwies *auto motor und sport* im 100-Vorstellungstext (Ausgabe 25/1968 vom 7. Dezember 1968) auf einen Kommentar von Audi-Technikchef Ludwig Kraus, nachdem der 100 „mit dem gleichen 90 PS-Motor ... etwas schneller“ sei „als der bisherige Super 90“. Dessen c_w-Wert liegt bei 0,400.

Audi 100-Entwicklungsziele: aktive und passive Sicherheit

Leichtbau und gute Aerodynamik waren dem Perfektionisten Kraus freilich nicht genug. Seine Mercedes-Vergangenheit resultierte überdies in intensiven Arbeiten zugunsten einer bestmöglichen passiven Sicherheit – trotz des angewandten Leichtbaus. Der Sindelfinger Sicherheits-Papst Béla Barényi hatte offensichtlich auch auf die Ferne großen Einfluss auf seine nach Oberbayern emigrierten Ex-Kollegen. Die aus Stuttgart importierte Elasto-Statik-Element-Methode war gerade beim Streben nach einer möglichst hohen passiven Sicherheit von großem Nutzen, erlaubte sie doch die zeitsparende Berechnung einer besonders steifen Rohkarosserie – dies ohne exzessiven Materialaufwand.

In Sachen günstige Aerodynamik übertraf unter den Limousinen lediglich der Audi/NSU-Stallgefährte NSU Ro 80 den Audi 100.

Im Windkanal erzielte die Wankel-Legende einen für die 1960er Jahre sehr guten Luftwiderstands-Beiwert von c_w = 0,355.

[7] Messungen im Windkanal von Mercedes-Benz ergaben später für den Audi 100 LS einen etwas schlechteren Luftwiderstands-Beiwert, nämlich c_w = 0,397, während der große Citroën in seiner späteren DS21-Version und der NSU Ro 80 bei den Stuttgartern lediglich auf c_w = 0,40 bzw. c_w = 0,366 kamen – siehe auch Seite 115. (Quelle für diese, von den Mercedes-Werten abweichenden Daten: *auto motor und sport* 5/1967, „Frische Luft für den Luftwiderstand?“ von Dieter Korp.) Auch für den Renn-Porsche 904 GTS fand der Autor einen weiteren, deutlich schlechteren c_w-Wert, den Porsche selbst im November 1988 im hauseigenen Windkanal mit 0,406 ermittelte.

In Sachen Windschlüpfigkeit der Porsche-Tradition verpflichtet: 911 – mit c_w = 0,36 etwas besser als der Audi 100 und der Konkurrenz von Jaguar weit überlegen.

Gilt als wichtigster Begründer der passiven Sicherheit im Automobilbau und hielt auf diesem Gebiet viele Patente: Konstrukteur Béla Barényi (1907–1997).

Safety first: Bei der Karosserieentwicklung für den Audi 100 hatte die passive Sicherheit sehr hohen Stellenwert: …

… beispielhaft sich verformende Knautschzonen sind das in Crashtests verifizierte Resultat.

So wird das Drehmoment des Vorbaus über die Radhäuser und den Wasserkasten auf die vorderen Türpfosten (A-Säulen) abgestützt, bei Frontalcrashs eine solide Voraussetzung für ein kontrolliertes energieabsorbierendes Knautschen. Im Vorderwagen bilden lehrbuchmäßig S-förmig gestaltete und mit Sollknickstellen versehene Hauptlängsträger eine energieabsorbierende Knautschzone. In Quer- und Längsrichtung in den Boden der Heckpartie eingepresste Sicken sorgen für ein vorgegebenes Knautschmuster bei einem Heckaufprall.

Zur möglichst hohen Formsteifheit des Fahrgastraums tragen im Stirnwandbereich verstärkte Hauptlängsträger bei, die nach außen an knick- und biegesteife Außenschwellen anschließen. Kombiniert ist das Sicherheits-Konstrukt des Audi 100 mit einem aus verlängerter Hutablage und Dachrahmen gebildeten Querträger, während sehr kräftig dimensionierte und relativ hohe Türschwellen eine übermäßige Verformung der Fahrgastzelle bei einem Seitenaufprall verhindern sollen.

Besonders kräftig dimensionierte Türschwellen ermöglichten den Verzicht auf einen Querträger zwischen den B-Säulen, ohne Nachteile für den Insassenschutz bei einer Seiten-Kollision. Nachteilig ist das Fehlen des Querträgers lediglich, wenn sich Karosseriebauer an einem Cabrio auf 100-Basis versuchen – etwa Deutsch in Köln oder Crayford in England (siehe auch Seite 87). Wenn das stabilisierende Blechdach der Flex zum Opfer fiel, kommt es zu starken Verwindungen der Bodengruppe. Von Vorteil ist der fehlende Querträger wiederum für das Beheizen des Rücksitzbereiches: So konnte der Heizkanal ohne Umweg und ungehindert Richtung Fond geführt werden.

Bei derartigen Vorsorgen gegen Unbill von vorn und von der Seite verwundert es, dass im Heck der 58 Liter-Benzintank für einen Crashfall relativ ungünstig angeordnet wurde: nämlich unterhalb des Kofferraumbodens, hinter der Hinterachse. Ist diese vulnerable Unterbringung einer brennbaren Flüssigkeit bei Auffahrunfällen schon bei der 100 Limousine ein unübersehbarer Risikofaktor, so bedeutet beim 100 Coupé S der verkürzte hintere Überhang ein nochmals erhöhtes Risiko, schrumpfte doch dadurch auch die verfügbare Knautschzone hinter dem Treibstoff-Reservoir. Zu allem Übel ist die mit einem abschließbaren Edelstahltankdeckel versehene 100-Benzineinfüllöffnung ungeschützt in den rechten hinteren Kotflügel eingelassen, wo sie geradezu chronisch zum Sabbern neigt.

Insassenschutz beim Frontalcrash: Die steife 100-Fahrgastzelle ist noch intakt, die Türen ließen sich öffnen.

Ein Rammstoß von hinten verformt zwar das Kofferabteil, doch die Fahrgastzelle blieb bei diesem Heck-Crashtest fast unversehrt.

Entspricht nicht heutigem Sicherheitsstandard: Der unterhalb des Kofferraums montierte Tank…

…soll sich bei einem harten Stoß von hinten aus seiner Halterung lösen und nach unten aus dem Knautschbereich fallen.

Angesichts des Bemühens der Kraus'schen Mannschaft um ein Höchstmaß an passiver Sicherheit verwundern diese Details zunächst einmal. Freilich war den Ingolstädter Entwicklern die Problematik durchaus bewusst, begegneten sie ihr doch mit einer aus heutiger Sicht eher merkwürdigen Tank-Konstellation. So befestigten sie das Benzingefäß derart, dass es bei einem harten Stoß von hinten nach unten zu Boden und damit aus dem direkten Knautschbereich heraus fällt. Entsprechende Crashtests – siehe die Fotos rechts auf dieser Seite – dienten der Praktikabilität dieses ungewöhnlichen Verfahrens. Allerdings wäre es sicher vorteilhafter gewesen, den Tank besser geschützt und hochkant an Stelle des Reserverads zu platzieren und das Reserverad leichter erreichbar in französischer Manier unterhalb des Kofferraums. Erst beim späteren Kraus-Modell, dem Typ 50, wurde der Tank sicherheitshalber nach vorn, in den bei Crashs weniger gefährdeten Bereich vor die Hinterachse gerückt …

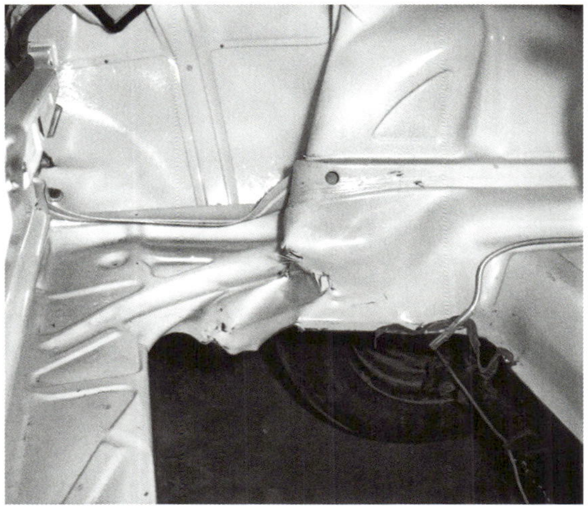

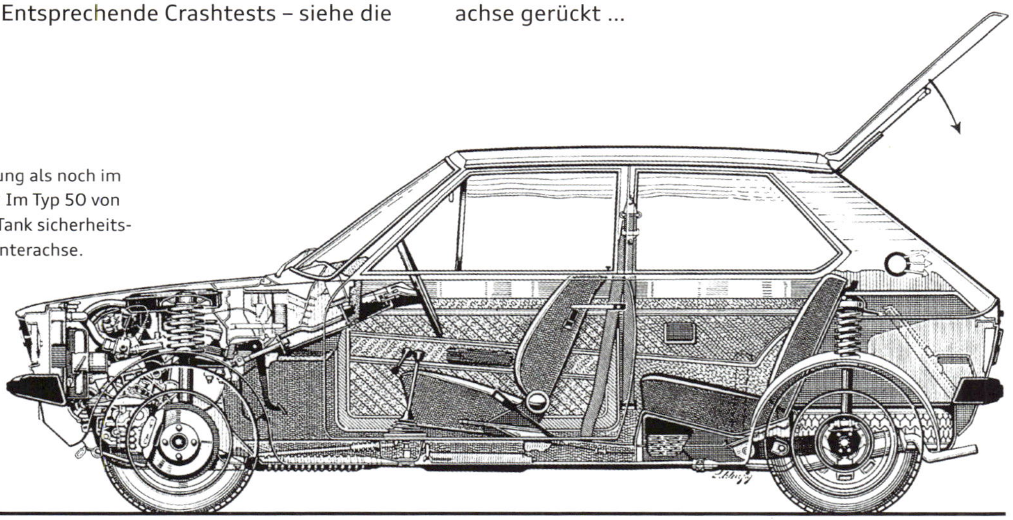

Bessere Tanklösung als noch im ersten Audi 100: Im Typ 50 von 1974 rückte der Tank sicherheitshalber vor die Hinterachse.

Wegen des in der 100 Limousine fehlenden Querträgers zwischen den B-Säulen führt der Cabrio-Umbau – etwa von Crayford in England – zu Aufbau-Verwindungen.

Neigte bei der 100 Limousine, wie auch beim 100 Coupé S chronisch zum Sabbern: Benzineinfüllöffnung im rechten hinteren Kotflügel.

Unter Gesichtspunkten der passiven Sicherheit gestaltet: Audi 100-Armaturenbrett, verformbar in Kopfaufschlagbereichen, …

… mit abgewinkelter Lenkspindel in der Sicherheitslenksäule und gepolsterten Lenkradspeichen.

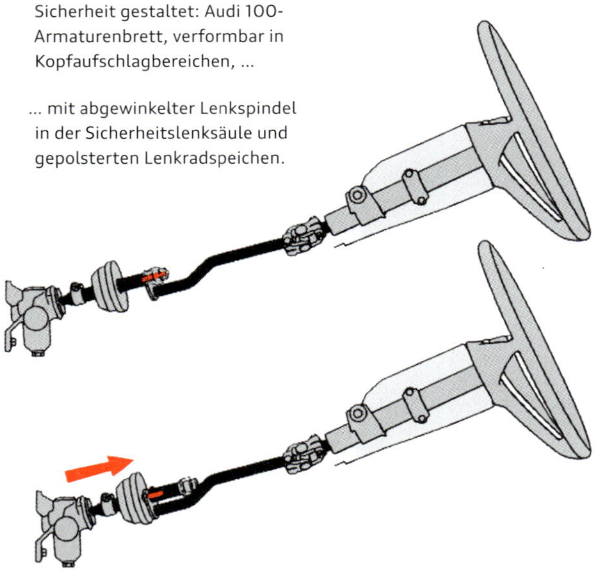

Außer diesem Patzer gibt es an der passiven Sicherheit der ersten 100-Generation nichts zu bekritteln, zumal alle Anfang der 1970er Jahre bereits allgemeingültigen und bewährten Sicherheits-Elementen bei der 100-Entwicklung Berücksichtigung fanden. Dazu zählen beispielsweise:

- verformbare Armaturenbrett-Partien in den Kopfaufschlagbereichen,
- die abgewinkelte Lenkspindel und nachgiebige Lenksäulenbefestigung sowie das sehr breit gepolsterte Dreispeichen-Lenkrad;
- extrem stark konstruierte Türen, Pfosten, Scharniere und Schlösser, die bei einem Aufprall nicht von selbst öffnen – aber auch bei Verformung noch von Hand zu öffnen sind,
- in statischen Versuchen ermittelte Verankerungspunkte in der Karosserie für die Sicherheitsgurte.

Im Rahmen der 100-Modellpflege sollten weitere Maßnahmen zum Zwecke einer gesteigerten passiven Sicherheit hinzukommen – Details beschreibt das Kapitel „Gutes noch besser machen …“ ab Seite 170.

Audi 100-Motorisierung: bereits Bewährtes mit Verbesserungen

Waren insbesondere Leichtbau und Karosserieform des Audi 100 im Vergleich zu seinen Vorgängern (die in den Varianten 60 und 75 bis 1972 noch parallel zum 100 produziert wurden) attraktive Neuerungen, so wurde der einstige „Mitteldruck“-Motor des „Ur-Audi“ zusammen mit dessen Vierganggetriebe doch noch einige Jahre im ersten Audi 100 sozusagen aufgetragen – wenngleich die Schwächen des einst Aufsehen erregenden Vierzylinders mittlerweile zumindest hausintern erkannt worden waren.

Diese in der Konstruktion begründeten Fehler galt es zu eliminieren. Einer, der damit betraut wurde, war Dr. Walter Zander[8], der erst im Mai 1968 zu Audi gestoßen war – ein knappes halbes Jahr vor Produktionsstart des Typs 100. Gut 38 Jahre später berichtete Dr. Zander am 28. November 2006 anlässlich eines Audi-Kolloquiums in Ingolstadt, mit welchen Problemen er sich dabei auseinander zu setzen hatte. Es waren Schwächen in einem Ausmaß, die im Hinblick auf die grandiose Karriere des ersten Nachkriegs-Audi überraschen – und die im Nachhinein den 2007 verstorbenen Zweitakt-Verfechter Dipl.-Ing. Bernhard Büchner bestätigten, der den „Mitteldruck“-Motor rigoros als „Flop“ bezeichnete (siehe auch das Kapitel „Der erste Nachkriegs-Audi …“, ab Seite 50).

Dr. Zanders Vortrag sei deshalb hier ausschnittsweise wiedergegeben: „Dieser Motor hatte schwerwiegende Probleme. Die hohe Verdichtung, ermöglicht durch Drall in der Ladung, funktionierte nur in einem sehr schmalen Drehzahlband. Um den Motor fahrbar zu machen, musste die Verdichtung Schritt für Schritt gesenkt werden, der Drall und damit die Drosselung konnten reduziert werden, die Anfälligkeit zum Klingeln wurde auch geringer (Kolbenschäden).“

Schritt für Schritt weniger Kompression? Das waren die von Dr. Zander angedeuteten Schritte, ausgehend vom Verdichtungs-Wert 11,2:1 des „Ur-Audi“ von 1965:

- 1966 – Audi 80 mit 80 PS (59 kW) bei 5.000/min, **Verdichtung 11,0:1**,
- 1966 – Audi Super 90 mit 90 PS (66 kW) bei 5.200/min, **Verdichtung 10,6:1**,
- 1967 – Audi 72 mit 72 PS (53 kW) bei 5.000/min, **Verdichtung 9,1:1**,
- 1968 – Audi 60 mit 55 PS (40 kW) bei 4.750/min, Audi 75 mit 75 PS (55 kW) bei 5.000/min und Audi 100 mit 80 PS (59 kW), **Verdichtung jeweils 9,1:1** für Normabenzin.

„Das zweite Problem", so Dr. Zander in seinem Kolloquiums-Beitrag 2006, „war der Start. Durch die (drallbedingten) voluminösen Saugkanäle (siehe Seite 62) war auf der Einlassseite kein Platz mehr für die Zündkerzen. Sie wurden auf die Auslassseite gelegt. Durch den geneigten Einbau des Motors lagen sie nun auf der Unterseite. Das Saugrohr wurde aus Gründen der Einbauhöhe eng an den Motor herangerückt, so dass der Saugrohrboden tiefer lag als der Einlass. In diesem Bereich konnte sich flüssiger Kraftstoff sammeln, der dann beim Start in den Brennraum schwappte und die Zündkerzen abdeckte. Damit war ein Start nicht mehr möglich. Zur Abhilfe wurde einfach ein kleines Loch an der tiefsten Stelle in das Saugrohr gebohrt; so konnte flüssiger Kraftstoff einfach nach außen ablaufen. Das wäre heute nicht mehr denkbar, da durch den in die Umgebung verdampfenden Kraftstoff natürlich die Kohlewasserstoff-Emissionen unzulässig erhöht würden."

Audi 100-Endprodukt: Resultat aus Problemanalyse und Schwächen-Tilgung

Doch damit nicht genug der konstruktiven Schwächen – Dr. Zander zählte vor dem Ingolstädter Auditorium weitere Malaisen auf: „Das dritte Problem, das der Motor hatte, war das Saugrohr selber, das sogenannte Hirschgeweih, ein aus Rohrbögen zusammengesetztes Gebilde, das sich unmittelbar vor dem Einlass auf die Zylinder 1 und 2 bzw. 3 und 4 teilte. Mit dieser Ausbildung, das weiß man heute, wird eine schlechte Gemischverteilung erreicht. Bei hohen Lasten, kleinen Drehzahlen werden die inneren Zylinder 2 und 3 fett, die äußeren Zylinder dagegen mager, bei hohen Drehzahlen kehrt sich das Bild genau um."

Ein Wunder, dass es der Audi-Motorenmannschaft gelang, all diese Nachteile des ursprünglichen Mitteldruck-Motors bis zur 100-Einführung zumindest zu mildern oder gar zu tilgen. Hilfreich war dabei der im Typ 100 vergrößerte Motorraum. Der erlaubte es, Kompromisse zu vermeiden, die der voluminösere Viertakt-Vierzylinder des F 103 im ursprünglich für den kompakteren Zweitakt-Dreizylinder konzipierten F 102-Motorraum erzwangen. Abgasanlage und speziell das im F 103 unglücklich gestaltete und angeordnete Saugrohr wurden stark modifiziert, dies in Folge theoretischer Betrachtungen und umfangreicher Versuche – Dr. Zander: „Das führte letztlich zu dem Ergebnis, dass das optimale Saugrohr punktsymmetrisch ist; wir nannten es Spinnensaugrohr."

Die ungünstige Positionierung der Zündkerzen, nämlich an der Abgasseite, konnte aus Kostengründen nicht geändert werden – ein solches tiefgreifendes Revirement hätte eine Neukonstruktion des Zylinderkopfes erfordert. So blieb es bei der Anordnung im Schatten des um 40° geneigten Motorblocks. Weitere Änderungen betrafen jedoch den kompletten Ventiltrieb. So erlaubte eine geänderte Kipphebelübersetzung einen größeren Ventilhub. Hohle und damit leichtere Stößelstangen und stärkere Ventilfedern steigerten die Drehzahlfestigkeit bis über 6.400/min (wenngleich Audi in offiziellen Datenblättern die Drehzahlgrenze sicherheitshalber bei 5.800/min festlegte).

Auch das Kühlsystem erfuhr diverse Modifikationen. Zwar blieb es bei der Kühler- und Kühlventilator-Position zur Linken des Vierzylinders statt an dessen Stirnseite, also so, wie bei den vom DKW F 102 abgeleiteten Vorgängern. Doch zugunsten einer besseren Kühlleistung wurde die Wasserpumpe von der Motor-Flanke an dessen Stirnseite verlegt. Moderate Positions-Verschiebungen der Kühlaggregate sorgten für kürzere Schlauchleitungen, dies sowohl im Sinne einer gesteigerten Motorkühlung als auch für eine bessere Heizleistung als zuvor. Ergänzt wird die völlig neu konstruierte Heizung durch die Möglichkeit einer Direktbelüftung hohen Luftdurchsatzes: Bei einer Geschwindigkeit von 100 km/h beträgt das dem Innenraum zugeführte Luftvolumen immerhin 10 Kubikmeter pro Minute. Fortschritt auch bei der Saugrohr-Vorwärmung: Die profitiert in der kalten Jahreszeit davon, dass die erhitzte Flüssigkeit der Innenraumheizung bei ihrem Rückweg durch den Wassermantel des Saugrohrs fließt und dieses erwärmt.

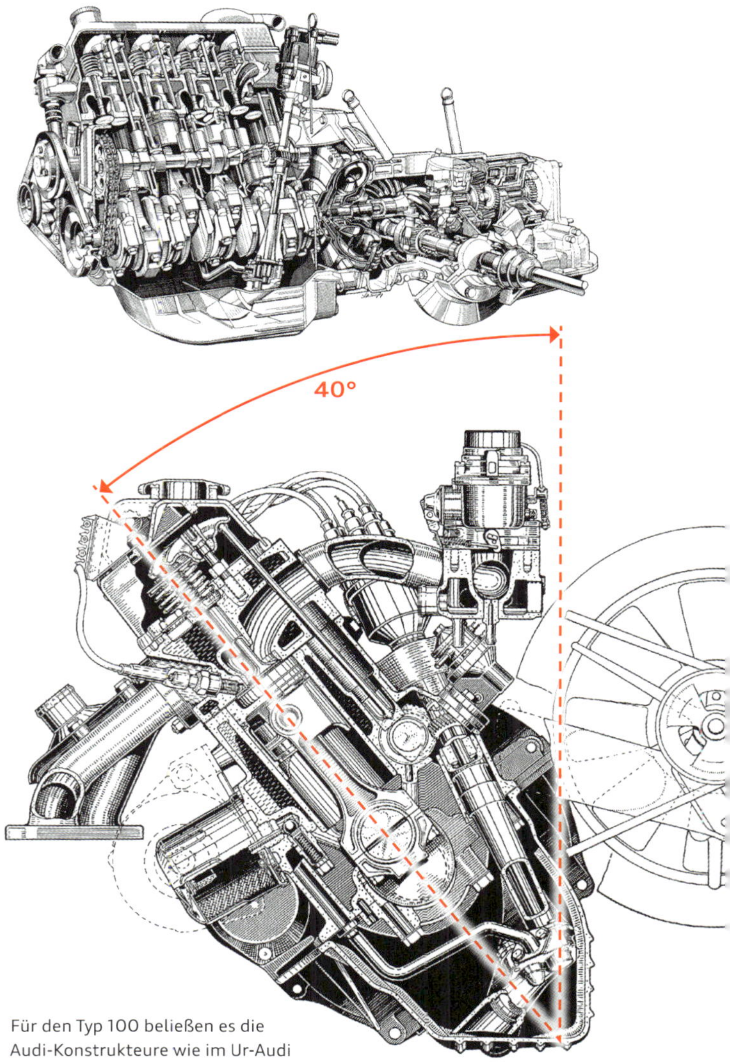

Für den Typ 100 beließen es die Audi-Konstrukteure wie im Ur-Audi bei der 40 Grad-Neigung des Vierzylinders, um mit dadurch reduzierter Bauhöhe eine möglichst flache Motorhaube zu ermöglichen.

Problemfall des ursprünglichen Mitteldruckmotors: die hirschgeweihartigen Ansaugrohre.

[8] **Dr. Walter Zander** (siehe Datenschutz-Anmerkung im Anhang auf Seite 256)

Audi 100-Produktionsstart: Stand der Dinge eines Shooting Stars

1969, also noch vor dem Start des abermals auch motorisch modifizierten 100 Coupé S, listete eine Publikation[9] der Audi-Technikabteilung den Status quo der für den neuen Typ 100 überarbeiteten Motorvarianten – 80 PS (59 kW) bei 5.000/min im Audi 100, 90 PS (66 kW) bei 5.500/min im 100 S und 100 PS (74 kW) bei 5.500/min im 100 LS – wie folgt:

Bauart
Der Motor des Audi 100 ist ein 4-Zylinder-Viertakt-Vergasermotor in Reihenbauweise. Er ist zur Erreichung einer geringen Bauhöhe um 40° nach links geneigt eingebaut. Die Befestigung von Motor und Getriebe in der selbsttragenden Karosserie erfolgt über am Zylinderkurbelgehäuse angeschraubte Motorträger und Stützlager am Getriebe. Zur Dämpfung der Motorschwingungen sind Gummielemente zwischengebaut.

Zylinderkurbelgehäuse
Alle drei Motorvarianten des Audi 100 besitzen das gleiche, aus hochwertigem Gußeisen hergestellte Zylinderkurbelgehäuse. Zur Lagerung der Kurbelwelle sind fünf Graugußlagerdeckel aufgeschraubt, die mit dem Zylinderkurbelgehäuse gemeinsam bearbeitet werden. Der Ersatz eines einzelnen Lagerdeckels ist daher nicht möglich. Für das Nacharbeiten der Zylinderbohrung und der Kurbelwellenlager sind drei Reparaturstufen vorgesehen. ...

Kurbelwelle
In alle Audi 100-Motoren ist die gleiche Kurbelwelle eingebaut. Sie ist aus Vergütungsstahl CK 45 geschmiedet. Die Welle ist im Zylinderkurbelgehäuse 5fach gelagert und besitzt zur Erreichung höchster Laufruhe acht angeschmiedete Gegengewichte. Alle Lagerstellen sind induktiv gehärtet, geschliffen und im Übergang zu den Kurbelwangen mit einem exakten Radius im Rollverfahren verfestigt. Das mittlere Lager übernimmt die axiale Führung der Welle im Zylinderkurbelgehäuse. Das Schwungrad mit Verzahnung für den Anlasser wird durch sechs Schrauben an der Kurbelwelle befestigt und gegen Verdrehen gesichert. Das Kettenrad für den Antrieb der Nockenwelle ist am vorderen Ende der Welle aufgesteckt und durch eine Scheibenfeder gesichert. Die Abdichtung der Kurbelwelle im Motor erfolgt durch Wellendichtringe.

Pleuelstange
Die Pleuelstangen sind aus Vergütungsstahl mit I-förmigem Schaftquerschnitt geschmiedet und für alle Audi 100-Motoren gleich. Sie sind auf der Kurbelwelle mit auswechselbaren Dreistofflagern gelagert und besitzen Stahlbüchsen mit Bleibronze-Laufschicht für die Aufnahme der Kolbenbolzen.

Kolben
Die Kolben des 90- und 100 PS-Motors sind gleich[10], die des 80 PS-Motors[11] besitzen eine größere Mulde und bewirken dadurch die für Normalkraftstoff erforderliche niedrigere Verdichtung. Alle Kolben sind Vollschaftkolben aus Leichtmetall mit Stahleinlagen zur Verringerung der Wärmedehnung. Sie tragen zwei Verdichtungsringe und einen Ölabstreifring. Zwischen Ölabstreifring und Kolben befindet sich eine Schlauchfeder.

Zylinderkopf
Der Zylinderkopf aller Audi 100-Motoren ist gleich. Er ist aus Leichtmetallguß und dient zur Aufnahme der hängend angeordneten Ventile und ihrer Betätigungselemente. Ventilführungen und Ventilsitzringe sind eingeschrumpft. Am Zylinderkopf sind der Ansaug- und Auspuffkrümmer angeschraubt.

Steuerung
Alle Audi 100-Motoren besitzen die gleichen Steuerungsteile. Die Nockenwelle ist hochliegend im Zylinderkurbelgehäuse in Weißmetall-Lagerbuchsen dreifach gelagert. Sie wird von der Kurbelwelle über eine laufruhige Doppel-Rollenkette angetrieben, die durch einen hydraulischen Kettenspanner gespannt wird. Die Steuerung der Ventile erfolgt von Nocken über Stößel, Stößelstangen und Kipphebel. Zur Einstellung des Ventilspiels tragen die Kipphebelbefestigungsschrauben selbstsichernde Einstellmuttern. Die Ventile[12] sind aus hochwertigem Werkstoff, die Auslaßventile sind außerdem mit einem besonders warmfesten Chrom-Nickelstahl gepanzert. Die Ventilfedern der Auslaßventile liegen auf Ventildrehvorrichtungen (Rotocap) auf, die die Auslaßventile bei ihrem Bewegungsablauf dauernd drehen und die Ventilsitze für einen guten Wärmeübergang sauber halten.

Ölkreislauf
Die Motorschmierung ist eine Druckumlaufschmierung. Das Öl wird aus der Ölwanne über ein Sieb angesaugt und von der Zahnradpumpe, über eine Drucköleitung zum Hauptstromölfilter Gefördert und von dort gereinigt in den Hauptölkanal im Zylinderkurbelgehäuse gedrückt. Von hier aus gelangt das Öl durch Bohrungen zu den Lager- und Schmierstellen der Kurbel- und Nockenwelle. Die Pleuellagerbuchsen werden durch Schleuderöl geschmiert, ebenso die Lagerstellen der Kipphebel, für die im Raum der Zylinderkopfhaube eine Düse Öl verspritzt.

Kühlung
Die Audi 100-Motoren werden durch Wasser gekühlt. Eine an der Stirnseite des Motors angeschraubte Kreiselpumpe drückt das Kühlwasser durch das Zylinderkurbelgehäuse und den Zylinderkopf zu dem Kühlwasserregler (Thermostat). Von hier aus wird das Kühlwasser bei warmem Motor in den oberen Wasserkasten des Kühlers gefördert, aus dessen unteren Wasserkasten die Pumpe das abgekühlte Wasser saugt. Bei kaltem Motor wird das Wasser vom Thermostat aus über eine Kurzschlußleitung direkt wieder zur Wasserpumpe geleitet. An der Rückseite des Zylinderkopfs ist ein Verteiler angeschraubt, von dem aus der Wärmetauscher der Heizung, die Saugrohrleitung und die Bi-Metall-Feder der Startautomatik mit Heißwasser versorgt werden.

Zündanlage
Die Zündanlage arbeitet als Batteriezündung mit einer Zündspule und einem Zündverteiler mit selbsttätiger Zündzeitpunktverstellung durch Fliehgewichte und Saugrohrunterdruck. Der 90- und 100 PS-Motor besitzen den gleichen, der 80 PS-Motor jedoch einen für den Motorbetrieb mit Normalkraftstoff geeigneten Zündverteiler. Die Batteriespannung von 12 Volt wird durch die Zündspule auf die erforderliche Zündspannung von ca. 16.000 bis 20.000 Volt umgeformt und durch den Zündverteiler jeder der vier Zündkerzen in der richtigen Reihenfolge und genau im Zündzeitpunkt zugeleitet. Der Antrieb des Zündverteilers erfolgt über Schraubenräder von der Nockenwelle aus.

[9] internes Arbeitspapier der Auto Union-Entwicklungsabteilung von 1969.
[10] Mulden-Durchmesser 63 mm, Mulden-Volumen 29 cm³, Verdichtung 10,2:1;
[11] Mulden-Durchmesser 67,9 mm, Mulden-Volumen 36 cm³, Verdichtung 9,1:1.
[12] Ventilteller-Durchmesser: Einlass 38 mm, Auslass 33 mm, Ventilsitzwinkel jeweils 90°+30'.

Frühe Werbe-Anzeigen für den neuen Audi 100: spezieller Hinweis auf den Viertaktmotor zur Abgrenzung von der DKW-Vergangenheit im Zweiertakt.

Anbauteile
Bis auf Vergaser, Saugrohr und Luftfilter besitzen alle Audi 100-Motoren die gleichen Anbauteile, wie Kraftstoffpumpe, Ölfilter, Thermostat usw., 80- und 90 PS-Motoren besitzen den gleichen Einfachvergaser mit dem dazugehörigen Saugrohr und Luftfilter; beim 80 PS-Motor ist jedoch eine Leerlaufdüse mit elektromagnetischem Abschaltventil eingebaut. Der 100 PS-Motor ist mit einem mechanisch gesteuerten Zweistufenvergaser mit dazugehörigem Saugrohr und einem Luftfilter mit größerem Ansaugquerschnitt ausgerüstet.

Bliebe nachzutragen, dass es sich bei den Fallstrom-Einfachvergasern der beiden schwächeren Motorvarianten um einen Solex 35 PDSIT-5 mit Startautomatik handelt, während im 100 PS-LS anfangs ein Solex-Registervergaser des Typs 32/32 TDID verbaut wurde, bereits im Oktober 1969 abgelöst durch den geringfügig voluminöseren Typ 32/35 TDID.

Audi 100-Traditionspflege: Antrieb vorn, Torsions-Kurbelachse hinten

Nicht allein äußerlich unterschied sich also der 1968 neue Audi 100 von seinen kompakteren Vorgängern deutlich, sondern in vielerlei Hinsicht auch technisch – es handele sich um den ersten Allround-Audi, vermerkte *auto motor und sport* in der bereits einmal zitierten 100-Vorstellung Ende 1968 (Ausgabe 25/1968), also um „ein Fahrzeug ohne Bestandteile aus der alten DKW-Ära“. Da DKW im Publikum als Synonym für das nicht länger gesellschaftsfähige Zweitakt-Verfahren galt, wies die Auto Union in 100-Anzeigen eigens darauf hin, dass im Audi 100 ein Viertakt-Motor zum Einsatz käme – ganz so, als ob diese Technologie eine Besonderheit wäre. Aus dieser geächteten DKW-Vergangenheit wurden gleichwohl zwei traditionelle Technik-Elemente in die Audi-Gegenwart übernommen: den Frontantrieb, der in der Mittelklasse der 1960er Jahre noch eher die Ausnahme war, und die starre Hinterachse mit Torsionsfederung.

Die Entscheidung pro Frontantrieb beschrieb Dr.-Ing. Franz Behles, 1963 im Mercedes-Benz-Auftrag zur Auto Union gewechselt (siehe auch Seite 60), in einem Aufsatz für die *Automobiltechnische Zeitschrift (ATZ)*, Ausgaben 10 und 11/1981, mit diesen Worten: „Daimler-Benz, seit 1958 Hauptgesellschafter der Auto Union GmbH, betrieb seit 1960 selbst Frontantriebsstudien. Mit Hilfe von in Ingolstadt ausgeliehenen Konstrukteuren entstanden 1962 zwei Prototypen eines unteren Mittelklassewagens. Als der Leiter der Vorentwicklung, L. Kraus, Ende 1963 nach Ingolstadt wechselte, um dort die Entwicklungsleitung zu übernehmen, brachte er das von Nallinger angeregte Frontantriebskonzept mit Reihenvierzylinder mit.“

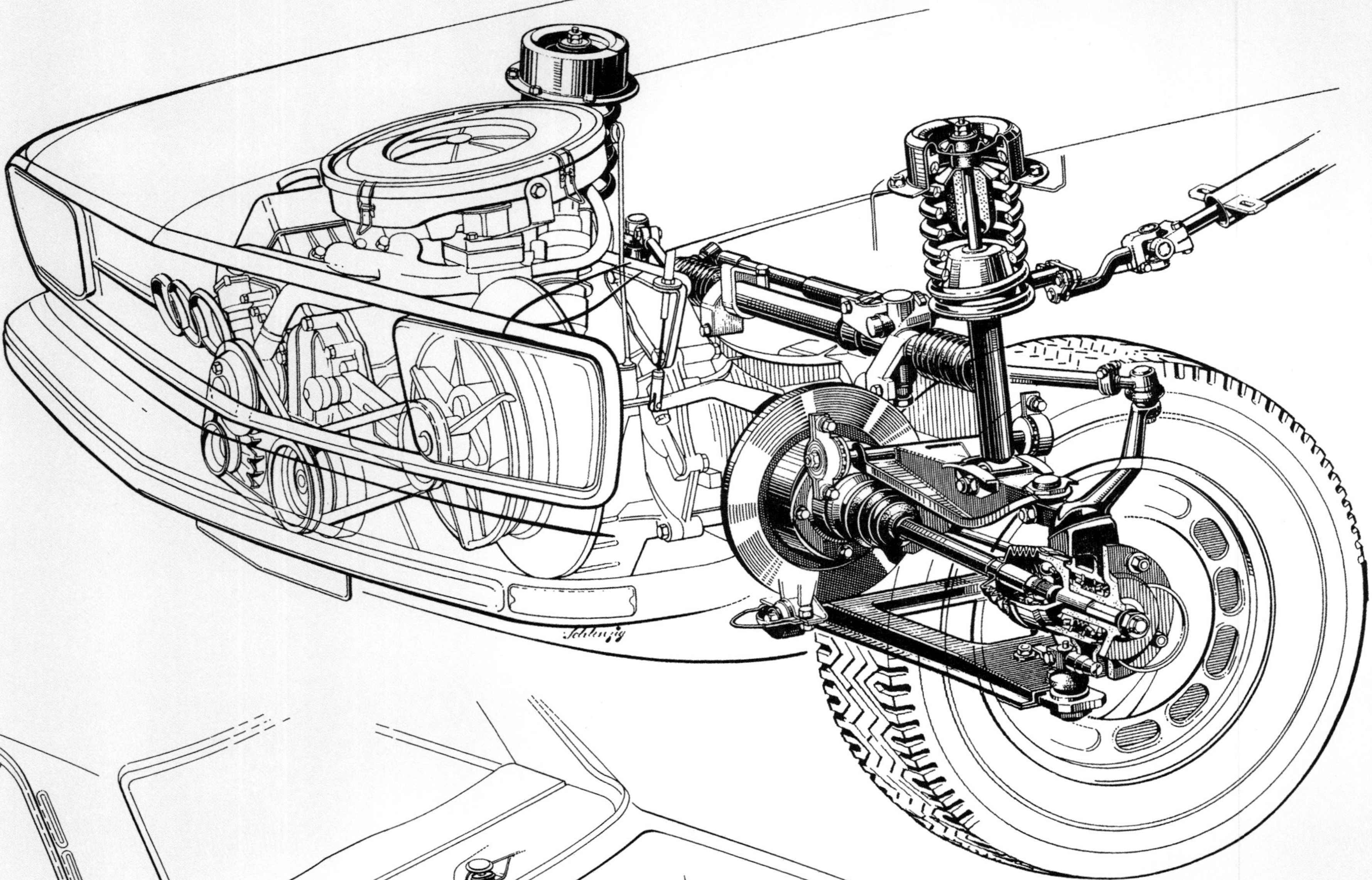

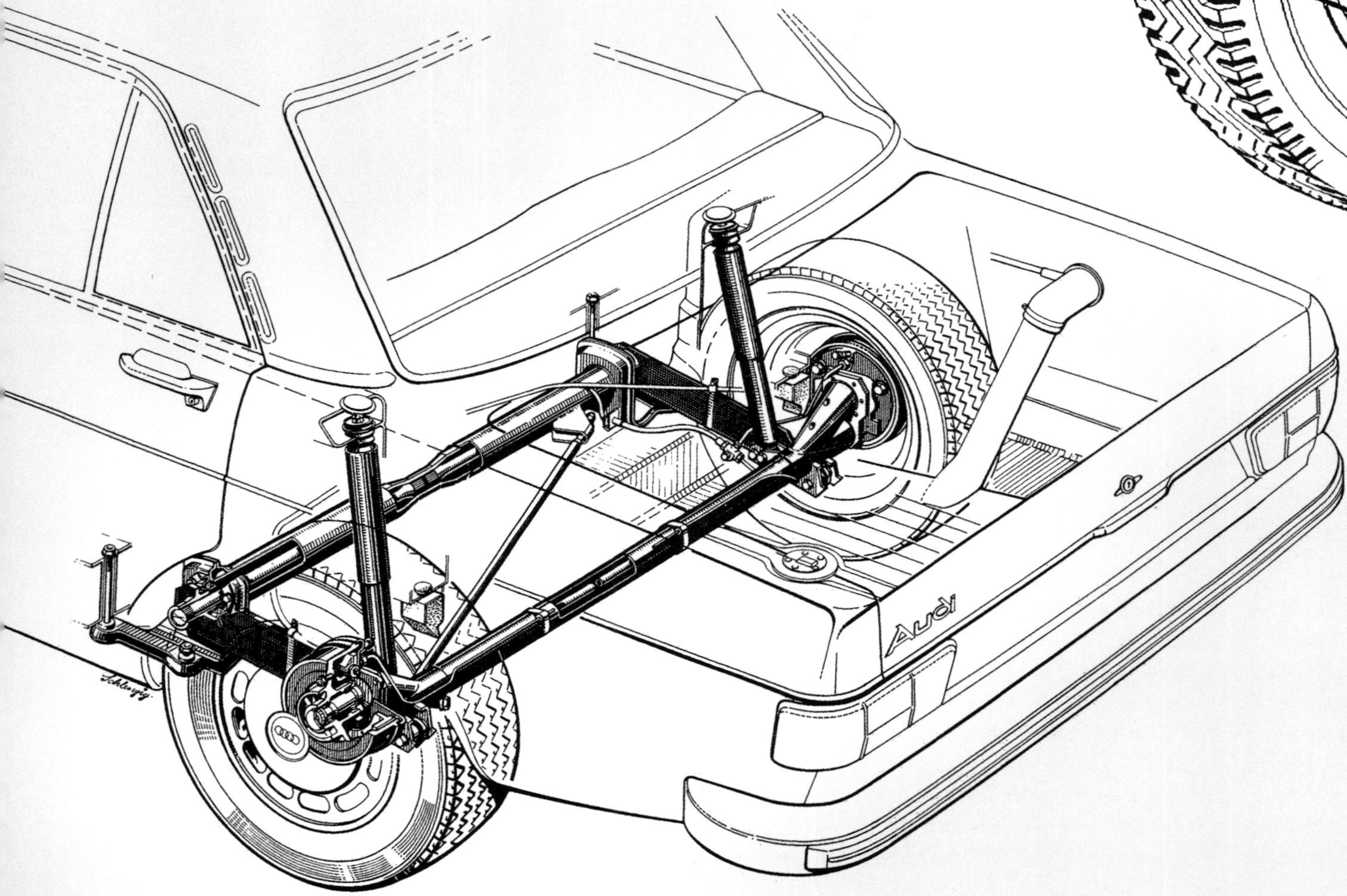

Abkehr von der Auto Union-Tradition: Vorderradaufhängungen mit Dreiecksquerlenkern und Schraubenfedern statt längsliegenden Drehstäben (oben) …

… Auto Union-Traditionspflege im 100-Heck: Starrachse mit Kurbellängslenkern, querliegende Federstäben und Panhardstab.

Es gab freilich auch Sachzwänge, die für den Frontantrieb sprachen – und die beschrieb Ludwig Kraus in seinen 1972 mit *auto motor und sport* geführten Interview mit diesen Worten: „Daß ich mich bei Audi für das Beibehalten des Frontantriebs entschlossen habe, war aber auch eine wirtschaftliche Notwendigkeit. Wir mußten zu Beginn das Getriebe des F 102 mitverwenden oder hätten 18 bis 20 Millionen mehr zu investieren gehabt. Wir blieben dann auch beim Audi 100 bei Frontantrieb, weil in diesem Fall die Mehrinvestitionen schon auf rund 120 Millionen hinausgelaufen wären. Sie sehen, daß der Konstrukteur weitgehend den finanziellen Verhältnissen der Firma Rechnung tragen muß."

In Abkehr von bisherigen Auto Union-Bauprinzipien erfuhren die Aufhängungen der Vorderräder für den Typ 100 allerdings umfangreiche Änderungen. Dr. Behles in seinem ATZ-Aufsatz: „Für die Vorderradaufhängung standen eine McPherson- und eine Doppelquerlenkerausführung zur Wahl. Da mit Ersterer die gewünschten Federwege nicht erreicht werden konnten, wurde die Doppelquerlenkerachse gewählt." Folglich übernehmen die Federung statt der in den Vormodellen verwendeten längsliegenden Drehstabfedern auf den oberen Querlenkern montierte Federbeine, die sich oben gegen das Radhaus abstützen. Die zweiten Dreiecks-Querlenker wurden unterhalb der mit doppelten Rzeppa-Gelenken gewappneten Antriebswellen angeordnet. Wie die oberen Lenker sind sie längselastisch gelagert. Ein Querstabilisator ergänzt an der Front das aufwändige 100-Fahrwerk.

Verzögert wird vorn mit Scheibenbremsen, wie beim Vorgänger sowohl im Scheibendurchmesser 280 Millimeter groß, als auch statt außen in den Rädern direkt innen am Differential positioniert. Diese Anordnung reduziert das Gewicht ungefederter Maßen und dient somit dem Schluckvermögen der Vorderradfederung. Die beiden Bremskreise wirken einerseits auf alle vier Räder, bei Ausfall des Hauptkreises lediglich auf die Vorderräder.

Traditionspflege betrieb die Kraus-Mannschaft in Fahrwerksbelangen im Heck ihres Neulings: Wie beim ersten Nachkriegs-Audi (und beim DKW F 102) rotieren die von Antriebskräften befreiten Hinterräder an einer Starrachse. Einzelradaufhängungen wurden zwar erwogen, fielen jedoch im Versuch durch – Dr.-Ing. Behles in seinem bereits mehrfach zitierten *ATZ*-Artikel: „Vor der Entscheidung für eine neue Hinterachse wurden Vergleichsversuche mit einer Schräglenkerachse durchgeführt. Dabei bewies die leichte Torsionsfeder-Starrachse wegen konstanter Spur und gleichbleibenden Radsturzes ihre Überlegenheit hinsichtlich Geradeauslauf und Wedeln." Wegen ihrer Kurbellängslenker zur Achs-Führung bezeichneten die Auto Union-Techniker ihre solcherart bewährte Konstruktion „Torsions-Kurbelachse". Für deren exakte Führung sorgt zudem auch noch ein Querlenker (Panhardstab). Der Torsionsstabilisator wohnt im Achsrohr, querliegende Drehstabfedern parieren in Zusammenarbeit mit Teleskopstoßdämpfern Fahrbahnunebenheiten.

Dirigiert wird der 100er wie seine Vorgänger mittels einer Zahnstangenlenkung, die den Konstrukteur im Vergleich zu konkurrierenden Lenksystemen, etwa der Schnecken- und Gemmerlenkung, mit ihrer geringen Lenkelastizität erfreut. Diese Eigenschaft ist bei Frontantriebs-typischen Lastwechselreaktionen in Kurven, also einem Eindrehen beim Gaslupfen in die Kurve, von Vorteil. In einem Beitrag für die *Automobiltechnische Zeitschrift (ATZ)*, Ausgabe 1/1969, verweist Ludwig Kraus im Übrigen auf „Kosten- und Gewichtsvorteile" der Zahnstangenlenkung. „Gegen zu schnellen Lenkungsrücklauf", so der Audi-Technikchef, „werden die stärkeren Typen Audi 100 S und 100 LS mit einem Lenkungsdämpfer ausgerüstet."

Audi 100-Lenkung: progressive Übersetzung je nach Lenkeinschlag

Als zweite Frontantriebs-Problematik gilt der systembedingte, vergleichsweise große Wendekreis, aufgrund des wegen der Antriebswellen-Mimik beschränkteren Einschlagwinkels der Vorderräder. Tatsächlich setzt der Audi 100 auf diesem Gebiet mit einem (nach Werksangabe) Wendekreisdurchmesser von 11,5 Metern keine Bestmarke. Dieses Maß unterschreitet beispielsweise die Stuttgarter Konkurrenz (Mercedes /8) um einen halben Meter und die bayerische Wettbewerber (BMW 2000) gar um einen knappen Meter.

Gleichwohl bedeutet die 100-Lenkung gegenüber den Vorgängern einen spürbaren Fortschritt – dies Dank deren progressiven Übersetzung. Bei Geradeausfahrt ist sie 21,5 übersetzt, sie wird jedoch mit zunehmendem Lenkeinschlag immer direkter (und naturgemäß auch schwergängiger) bis zu einem Übersetzungs-Endwert von 14,4. Ludwig Kraus in seinem bereits zitierten 1969er *ATZ*-Beitrag: „Diese Auslegung ergibt kleine Lenkkräfte in Mittellage ohne den Nachteil der üblichen indirekten Lenkung, nämlich das viele Kurbeln bei starkem Einschlag." Die Zahl der Lenkradumdrehungen von Anschlag zu Anschlag konnte so gegenüber dem Super 90 von deren vier auf 3,88 reduziert werden. Das entspricht knapp der Umdrehungszahl des sehr handlichen 100-Konkurrenten BMW 2000, während der Mercedes 200/8 mit einem Wert 4,6 (ohne optionale Servounterstützung) deutlich unhandlicher geriet.

Audi 100-Merkmale: progressiv übersetzte Zahnstangenlenkung, direkt am Differential positionierte Bremsscheiben, doppelte Dreieckslenker, Schraubenfedern.

Verwandtschaftsverhältnis: Armaturenanordnung von Audi 100 (oben) und Mercedes W 108 (darunter), ...

... hölzerne Intarsien hier wie da, doch das modernere Lenkrad bietet die Ingolstädter Limousine.

Er musste als Erster von der heimlichen Innovation der Kraus-Truppe überzeugt werden: Rudolf Leiding, seit 1965 Vorsitzender der Auto Union-Geschäftsführung.

Das Interieur des ersten Audi 100 gestalteten seine Schöpfer ausgesprochen attraktiv, was ihnen allseits lobende Kommentare in der Fachpresse bescherte. „Die Innenausstattung ... bietet eine freundliche Wohnlichkeit", befand etwa *auto motor und sport* im ersten ausführlichen Test (Ausgabe 8/1969 vom 12. April 1969), und: „Ein ‚kleiner Mercedes' könnte kaum besser sein."

Tatsächlich gemahnt beispielsweise das Armaturenbrett des Audi 100 in Form und Aufteilung an die Lösung, wie sie 1965 im Mercedes 250 S/SE der Reihe W 108 realisiert wurde und so ähnlich auch in der /8-Reihe aus Stuttgart zum Einsatz kam. So sitzen zwei direkt vor dem Fahrer positionierte, große Rundinstrumente hier wie da erhaben unter einer in die Armaturenbrett-Abdeckung integrierten, hohen Hutze, zwei kleine Rundinstrumente nehmen den Raum dazwischen ein. Moderner geriet den Ingolstädtern allerdings das sehr elegante, dreispeichige Lenkrad, das im Vergleich zum mit einem anachronistischen, verchromten Hupring gewappneten Stuttgarter Volant zumindest optisch einer neuen Zeit zu entstammen scheint.

Die vielfach erwähnte „Freundlichkeit" des Innenraums bezieht der Audi durch eine im Vergleich zur Stuttgarter Konkurrenz deutlich mutigere Farbwahl der Sitzbezugsstoffe und Türverkleidungen. Wo im Mercedes schwarz oder bestenfalls ein etwas kränkelndes Beige dominiert, bietet Audi kräftige Grün- und Senf-Töne, gerne auch Marineblau, Bernstein und Weinrot – aus heutiger Sicht womöglich nicht immer geschmackssicher, damals jedoch en vogue. Bequeme, guten Seitenhalt bietende Sessel mit Federkern-Unterbau und sympathische Velours-Sitzbezüge mit robusten, abriebfesten Skai-Randpartien runden das Bild eines ausgesprochen appetitlichen 100-Interieurs ab.

Audi 100-Konzept: diplomatisches Geschick zur Durchsetzung der Idee

„Appetitlich" – dieses Prädikat sollte für die neue Limousine schon nach der ersten offiziellen Audi 100-Vorstellung Ende 1968, mehr noch nach der Publikums-Premiere anlässlich des Genfer Autosalons im Frühjahr 1969 und schließlich in Tests internationaler Magazine die Runde machen. Und ganz offensichtlich diente diese Eigenschaft auch Volkswagen-konzernintern dazu, die Wogen ob der Kraus'schen Entwicklungs-Impertinenz zu glätten. Als Erstes galt es für Kraus und seine Ingolstädter „Untergrund-Kämpfer", den VW-Abgesandten an der Spitze der Auto Union für das Projekt einzunehmen. Dieser Rudolf Leiding, so die im Nachhinein gern erzählte Anekdote, blickte irgendwann im Jahr 1967 zufällig hinter einen merkwürdigen Vorhang in der sogenannten Stilhalle (siehe auch das Kapitel „Knappe Order des Chefs Ludwig Kraus ..." ab Seite 104), der damals noch provisorischen Designabteilung der Auto Union.

Schöner wohnen – und fahren: Das appetitliche Interieur des neuen Audi 100 entzückte als Kontrastprogramm zum Mercedes-Stil Journalisten wie Kaufwillige.

Noch nicht auf der IAA

in Frankfurt wird dieses neue Auto zu sehen sein, dem man mit etwas Glück auf einsamen Landstraßen rund um Ingolstadt begegnen kann. Es handelt sich dabei um einen Prototyp der Auto Union, von dem sich im Augenblick jedoch noch nicht sagen läßt, ob er den bisherigen Audi ablösen oder das bestehende Programm ergänzen soll. Der Dachaufbau ähnelt unverkennbar dem Mercedes 250, so daß die Vermutung naheliegt, daß die Weichen für die Entwicklung dieses Wagens schon gestellt wurden, als die Auto Union noch zur Daimler-Benz AG gehörte. Die Frontpartie des Audi-Prototyps erinnert an den Rover 2000, allerdings werden die Doppelscheinwerfer in der endgültigen Ausführung vermutlich durch die Rechteckscheinwerfer des bisherigen Audi ersetzt werden.

FOTO: KORSCH

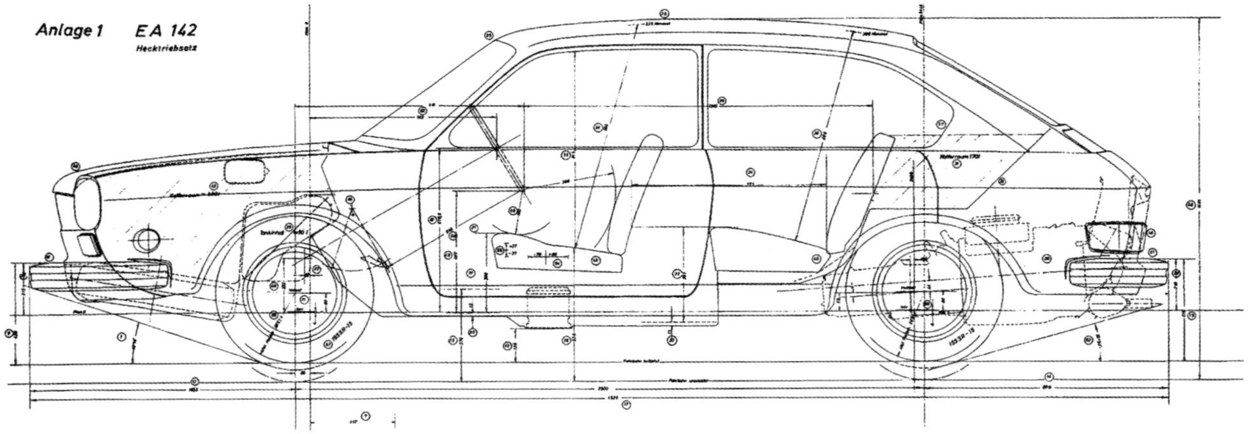

Frühzeitig auf Straßen rund um Ingolstadt entdeckt und von *auto motor und sport* aufgedeckt: Prototyp derjenigen Limousine, die im Folgejahr als Audi 100 ihre Premiere feiern sollte (oben).

Stand bei der Audi 100-Enthüllung in Wolfsburg bereits in den Startlöchern: der gleichfalls in der Mittelklasse angesiedelte VW 411.

Was er dort zu sehen bekam, habe bei ihm wohl ambivalente Gefühle ausgelöst: einerseits Zorn, da dieses hier heimlich aufbewahrte Automobil die Inkarnation des Ungehorsams gegenüber der Wolfsburger Mutter repräsentierte; Begeisterung, weil diese Designstudie dem bewährten Automobil- und Marktkenner Leiding wie eine Offenbarung erscheinen musste.

Hatte Rudolf Leiding wirklich keine Ahnung, was ihm die Kraus-Truppe da vorenthalten hatte?

Das ist eher unwahrscheinlich. Schließlich war der F 104 Mitte 1967 dem statischen Zustand größter Geheimhaltung entwachsen. Vielmehr drehte ein kaum getarnter 100-Prototyp auf Landstraßen rund um Ingolstadt bereits erste Erprobungsrunden, wobei ihn ein Erlkönig-Jäger im August 1967 auf Celluloid bahnte. Das entsprechende Motiv veröffentlichte *auto motor und sport* in Ausgabe 18/1967 vom 2. September 1967 unter der Überschrift „Noch nicht auf der IAA". Es handele sich, so das Motor-Blatt, um einen Prototyp der Auto Union, „von dem sich im Augenblick jedoch noch nicht sagen läßt, ob er den bisherigen Audi ablösen oder das bestehende Programm ergänzen soll".

So gestaltete sich die Leiding'sche Rüge für seinen Untergebenen Kraus eher milde. Mehr noch: Der Audi-Chef übernahm es mit einigem Herzklopfen, Wolfsburg in Person des dortigen Alleinherrschers Heinrich Nordhoff in die Ingolstädter Errungenschaft einzuweihen. Das diplomatische Geschick Leidings muss beträchtlich gewesen sein, galt es doch ein Produkt zu avisieren, das in Folge einer Befehlsverweigerung entstanden war – und das letztlich in direkter Konkurrenz stand zu einem Wolfsburger Mittelklassewagen, der bereits in den Startlöchern stand: der VW 411[13]. Tatsächlich gelang es Leiding, Nordhoff nach Ingolstadt zu lotsen – der Berg reiste zum Propheten.

Zur Ingolstädter Folklore gehört auch eine von Carl Horst Hahn[14], dem VW-Veteranen, gerne erzählte Szene aus dem Jahr 1967. Sie handelt an dem Abend, als Nordhoff hinter besagtem Vorhang das 1:1-Plastilinmodell des Kraus'schen Traumwagens in Augenschein nahm. Hahn: „Sowohl Leiding, als auch Kraus behielten sicherheitshalber ihre Mäntel an" – als erwarteten sie ihre sofortige Entsorgung. Tatsächlich ging Leiding, so Kraus im schon einmal zitierten Interview mit den Journalisten Steiger und Wirth (siehe auch Seite 81), davon aus, dass er und sein

Technikchef am nächsten Morgen „auf jeden Fall betrunken sein werden. Entweder, weil wir rausfliegen – oder weil wir Glück haben!“

Das Glück war den beiden hold. Nordhoffs Kommentar brach in Ingolstadt das Eis: „Ein schönes Auto. Ein sehr schönes Auto.“ Doch auf das Glück folgte, wenn auch nur vorübergehend, Ernüchterung. Zum einen bestanden die VW-Verantwortlichen darauf, den Neuen bereits für Ende 1968 marktreif zu machen – was die Pläne des Duos Leiding/Kraus, die eine längere Entwicklungszeit für sinnvoll erachteten, durchkreuzte. Und dann passierte auch noch, was Carl Horst Hahn als Zeitzeuge Anfang des 21. Jahrhunderts in seiner Auto-Biographie erinnerte: „1967, am Tag der endgültigen Abnahme des Audi 100 durch den VW-Vorstand, wurde an dem Wagen zum Schluss der Präsentation das Audi-Emblem der vier Ringe durch das VW-Zeichen ersetzt. Diese Umtaufung hätte den Todesstoß für die DKW-Händlerorganisation und damit das Ende von Audi bedeuten können. Ingolstadt wäre damit endgültig zum Werk 7 von VW geworden.“

Der in Ingolstadt entwickelte F 104, also der Audi 100, vermarktet als Volkswagen? Insbesondere VW-Marketing und -Händlerschaft verwiesen auf die Vermarktungs- und Absatz-Vorteile einer 100-Karriere unter der VW-Flagge. Doch dazu ist es dann doch nicht gekommen – Hahn: „... gelang es mir, buchstäblich in letzter Sekunde, Kurt Lotz[15] doch noch für meine Mehrmarken-Strategie zu gewinnen und die Exekution von Audi zu verhindern.“ Kurt Lotz? Der ehemalige Vorsitzende des Elektrokonzerns BBC war kurz zuvor von Nordhoff als dessen Stellvertreter nach Wolfsburg gelotst worden, nach Nordhoffs überraschendem Tod wenig später rückte Lotz 1968 als dessen Nachfolger auf. Hahn weiter über seinen aus seiner Sicht unterschätzten Vorgänger[16]: „Es ist das nie gewürdigte – noch irgendwo auch nur erwähnte – Verdienst von Kurt Lotz, ..., dass der F 104 unter dem Markennamen Audi als Audi 100 überhaupt das Licht der Öffentlichkeit erblickte ...“

Kurz Lotz-Strategie: Konkurrenz kreiert Ideen und belebt das Geschäft

Tatsächlich erkannte Lotz (neben Hahn) das Potential konkurrierender Marken und damit parallel arbeitender Entwicklungsabteilungen für die Zukunft des Volkswagen-Konzerns. In einem Interview mit dem französischen Journalisten Edouard Seidler, am 12. April 1969 in *auto motor und sport* (Ausgabe 8/1969) veröffentlicht, bekannte er sich zu einer entsprechenden Strategie, die in Kreisen der Wolfsburger VW 411-Väter sicher keine Begeisterung auslöste: „Mein grundsätzlicher Wunsch war eine interne Konkurrenz in meinem Betrieb, die parallel zum Volkswagenwerk arbeiten soll. Die Auto Union“, so der einstige Hobby-Motorradrennfahrer Lotz, „war eine Basis für eine solche zweite Abteilung, aber wir hatten dazu auch eine Firma wie NSU nötig, um uns schneller ausdehnen zu können. ...“

Für gute Ideen sollte freilich der Ideenlieferant bezahlen, nicht etwa der Ideen-Profiteur. Pikantes Detail der Integration von Auto Union (und NSU) in den VW-Konzern: Obwohl Audi damals drauf und dran war, VW mittels ingeniöser Hausgeburten (zuerst der Typ 100 und 1972 der Typ 80) den Turnaround zu bescheren, mussten sich Audi und NSU verpflichten, im Rahmen eines Know-How-Vertrages jährlich siebenstellige DM-Beträge an VW zu überweisen, um die VW-Versuchs- und Fertigungstechnik nutzen zu können.

Jedenfalls positionierte sich der VW-Chef im Vorfeld des 26. April 1969 eindeutig. An diesem Tag sollten in Neckarsulm die NSU-Aktionäre über die Fusion der NSU Motorenwerke AG mit der Auto Union GmbH zur Audi NSU Auto Union AG abstimmen. Das Votum bedeutete auch das Aus des bereits im Vorfeld gefeierten NSU K 70 – vorläufig jedenfalls. Lotz: „Es wäre unwirtschaftlich gewesen, den K 70 unmittelbar nach dem Zusammenschluß von VW mit NSU zu produzieren. Der K 70 würde wie ein echter Konkurrent zum Audi 100 erscheinen. Wir werden also zunächst nur den Audi 100 produzieren.“

[13] Dieses erste VW-Modell mit selbsttragender Karosserie feierte sein Debüt im August 1968 mit 68 PS starkem 1,7 Liter-Boxermotor – also in direkter Konkurrenz zum Audi 100-Basismodell.
[14] Hahn in seiner Erinnerung *Meine Jahre mit Volkswagen*, Signum Verlag.
[15] **Kurt Lotz** (*18. September 1912, † 9. März 2005) startete seine Berufslaufbahn 1946 mit einer kaufmännischen Lehre bei Brown Boveri und Cie. (BBC), studierte Betriebswirtschaft und brachte es bis zum Vorstandsvorsitzenden der BBC; weitere Stationen: Juni 1967 stellvertretender Vorstandsvorsitzender der Volkswagenwerk AG, 1968 VW-Vorstandsvorsitzender, 1971 Rücktritt bei VW, anschließend mehrere Aufsichtsrats-Mandate.
[16] Auf Lotz folgte 1971 Rudolf Leiding als VW-Vorstandsvorsitzender, 1975 gefolgt von Toni Schmücker, ehe Carl Horst Hahn 1982 die Führung des Wolfsburger Konzerns übernahm.

Ließ sich von Carl Horst Hahn davon überzeugen, den F 104 als Audi zu lancieren – und nicht als Volkswagen: Kurt Lotz, 1967 Stellvertreter Heinrich Nordhoffs.

Kurz vor dem Froduktionsstart von Kurz Lotz gestoppt: Der NSU K 70 hätte dem Audi 100 und dem VW 411 Konkurrenz gemacht.

Als NSU erst ad acta gelegt, 1970 als Volkswagen dann doch in Serienfertigung gegangen: der Audi 100-Konkurrent K 70.

K 70-Enthusiasten, die zwischen den Zeilen zu lesen verstanden, elektrisierte das Wörtchen „zunächst“ – und auch ein Lotz'scher Folgesatz gab der Neckarsulmer Gefolgschaft Grund zur Hoffnung: „Alles ist in Zukunft möglich, selbst ein VW, der auf dieser Basis entsteht.“

Tatsächlich wurde er schließlich ein Volkswagen. Ende 1970 feierte der VW K 70 seine Premiere. Dank Hahn/Lotz blieb ein ähnliches Schicksal dem F 104 der Auto Union erspart: Er wurde ein Audi statt eines Volkswagen, eine stattliche Limousine mit vier ineinander geflochtenen Ringen am Kühlergrill statt eines solitären Rings mit zwei Buchstaben darin. Und dieses weit überwiegend als adrett empfundene Automobil, ab Ende 1968 viertürig lieferbar und ab dem Juni 1970 auch zweitürig, bekam schon kurz nach seinem Debüt und im Laufe seiner Karriere einige Preise verliehen. Der Audi 100 habe zwar wegen seiner konventionellen Konzeption „kaum eine Chance, je zum ‚Auto des Jahres‘ gekürt zu werden“, vermutete *auto motor und sport*-Techniker Gert Hack im ersten ausführlichen Test (Ausgabe 8/1969 vom 12. April 1969). Auch damit gliche er den Autos von Mercedes-Benz. Dennoch habe er „das Zeug zu einem Erfolgsauto“. Gleichwohl – so ganz ohne Lorbeeren blieb er nicht, der Star aus Ingolstadt: hier ein kleiner Ausschnitt ohne Anspruch auf Vollständigkeit:

- 1969 und 1970: Sieger der *Hobby*-Leserwahl „Hobby-Auto-Oscar“ in der Mittelklasse (siehe auch Seite 127);
- 1971: Sieger der *stern*-Leserwahl „Goldener Stern“ in der oberen Mittelklasse;
- 1972: „Silberner Pokal für Eleganz“ der Automobilausstellung in Barcelona;
- 1973: Titel „Auto des Jahres“ des US-Fachblattes *Motor Trend*;
- 1975: Titel „Beste Familien-Limousine“ des US-Fachblatts *Road & Track*.

Wie sehr der erste Audi 100 den Nerv der Zeit traf, belegt das Ergebnis einer Aktion des deutschen Wirtschaftsmagazins *Capital* aus dem Jahr 1969. Dessen Redaktion bot ihren Lesern in Ausgabe 3/1969 die Möglichkeit, für sich das jeweils individuell perfekt geeignete Automobil herauszufinden. Werkzeug dafür war ein vielseitiger Fragebogen mit nicht weniger als 36 Fragen-Komplexen, den Dieter Korp, der renommierte Motor-Journalist, entwickelt hatte. Die Auswertung der eingesandten 7.172 Fragebogen mit insgesamt 258.192 Anforderungen an Autos übernahm ein Elektronenrechner des Siemens-Rechenzentrums in Frankfurt.

Das Ergebnis, veröffentlicht in *Capital*-Ausgabe 7/1969: Audi nahm mit 17,63 Prozent aller berücksichtigten Marken (vor Ford mit 13,4 Prozent) den ersten Platz in der Erfüllung von Käufer-Ansprüchen ein. Der Audi 100 vereinte dabei die meisten Anforderungen der *Capital*-Leser auf sich und wurde damit vom Computer am häufigsten als Empfehlung ausgespuckt. Dass es offensichtlich zumindest im Hinblick auf die typische *Capital*-Leserschaft weise war, den F 104 als Audi statt als Volkswagen zu vermarkten, zeigt eine weitere aufschlussreiche Rangfolge der Fragebogen-Ergebnisse: Auf die Frage nach der höchsten Marken-Sympathie belegte VW eines der Schlusslichter – zusammen mit DAF, Goggomobil, Honda und Wartburg ...

Audi 100-Erfolgsgeschichte: ein Renner in Deutschland – und international

Da wundert es nicht, dass der Typ 100 sowohl national als auch international das Audi-Renommee förderte und im In- und Ausland für einen Absatzschub sorgte. Im November 1970 entstanden täglich bereits 710 Audi 100, davon 610 in Ingolstadt und 100 in Wolfsburg. Fünf Monate später wurde die Wolfsburger 100-Produktion zu NSU nach Neckarsulm verlagert, dies mit dem Ziel, dort täglich 500 bis 600 Exemplare zu produzieren – zusätzlich zur Ingolstadt-Fertigung, wohlgemerkt. Bereits im Februar 1971 war Audi mit einer Tagesproduktion (aller Modellvarianten) von 1.320 Wagen an der Kapazitätsgrenze des Unternehmens angelangt – deshalb mussten im April und Mai des Jahres vier Sonderschichten eingelegt werden. Laut KBA[17]-Statistik explodierte die Zahl der Audi-Zulassungen 1969 gegenüber 1968 allein in Westdeutschland geradezu – Dank des Typs 100 von 44.680 auf 81.092 Exemplare. Bayern-Konkurrent BMW, 1968 mit 68.923 hierzulande zugelassenen Exemplaren noch deutlich vor Audi rangierend, hatte 1969 mit 77.348 Zulassungen erstmals das Nachsehen.

Die ursprüngliche Leiding/Kraus-Produktionsprognose, „etwa 300.000 Audi 100“, wurde bereits 1972 übertroffen, im Januar 1973 rollte der 500.000te Audi 100 aus der Werkhalle. Bände sprechen da die kompletten Audi-Produktionszahlen der ersten Jahre nach der Einführung des Typs 100: Diese stiegen von 70.943 anno 1968 auf 165.181 im Folgejahr; 1972 waren es bereits 240.631, und 1973 explodierten die Audi-Zahlen wegen des 1972 eingeführten, zweiten Ingolstädter „Rettungswagen“ namens Audi 80 geradezu auf 397.913 Einheiten (alle Zahlen sind den Audi-Geschäftsberichten der Jahre 1968 bis 1974 entnommen). Was den Erfolg des Typs 100 ausmachte, das brachte das Fachblatt *auto motor und sport* in seiner IAA-Ausgabe von 1969 (Ausgabe 19/69) auf den Punkt – besser gesagt, auf die Punkte: „... die geschickte Verbindung altdeutschen Qualitätsbewußtseins mit moderner Fahrwerkstechnik, einem Hauch von Mercedes-Form und einem Schuß VW-Fertigungsperfektion.“

mot-Leser Dr. H.H. in M.[18] war einer der ersten und von vielen, bei denen diese Kombination zur 100-Kaufentscheidung führte. In Ausgabe 12/1969 des Stuttgarter Motor-Blattes kam er auf den Leserbrief-Seiten mit dieser Eloge zu Wort: „Man könnte den Audi 100 kaum anders wünschen. Als früherer Isabella TS-Fahrer ... suchte ich schon lange nach einen ‚guten Stück‘, aus gleichem Geiste geboren: sportlich in der Leistung, komfortabel im Fahrgefühl, präzise und sicher im Straßenkontakt. ... Ich kann nur empfehlen, diesem Wagen Vertrauen zu schenken. Wenn man ihn erst hat, fühlt man sich glücklich damit.“

[17] KBA = Kraftfahrt-Bundesamt in Flensburg
[18] *mot* pflegte bereits Jahrzehnte vor der aktuellen Datenschutz-Hysterie Leserbrief-Schreiber zu anonymisieren.

Audi-Produktionsstatus ab 1971: Fertigung des Erfolgswagens Audi 100 nicht nur in Ingolstadt und sogar bei VW in Wolfsburg, sondern auch – zusammen mit dem NSU Ro 80 – bei NSU im Werk Neckarsulm.

Geschichts-Unterricht für potentielle amerikanische Audi-Kunden: Die Werbung belehrt über die historischen Audi-Wurzeln – sogar älter als Ford …

Einige Jahre später war Edward K. Chase aus Bridgeton, New Jersey derselben Meinung wie Dr. H.H.: „If you like your present car, don't drive an Audi", empfahl der US-Amerikaner in einem Leserbrief an *Road & Track*, veröffentlicht in Ausgabe 5/1976, „you'll never be satisfied with your present car again!"[19]

Die beiden begeisterten Herren waren nur zwei von nicht weniger als 827.474 Audi 100 Käufern der ersten, bis August 1976 gebauten Audi 100-Generation, darunter 30.686 Coupé S, faszinierender Mittelpunkt dieser Chronik und Objekt der nachfolgenden Kapitel. Tatsächlich wurde der 100 auch in den USA ein Verkaufserfolg – womöglich auch deshalb, weil die dort von der Porsche Audi Division[20] engagierte Werbeagentur (Doyle, Dane & Bernbach) das Ingolstädter Defizit-Thema Image aktiv anging – zum einen historisch, zum andern technologisch betrachtet. So wurde in der *Road & Track*-Ausgabe vom Oktober 1972 eine Farbanzeige mit der Überschrift „Before there was a Model T there was an Audi." platziert. Hauptmotiv: ein Horch von 1904, „which was what an Audi was called before it was called an Audi". Und: Die US-Legende Ford T sei ja schließlich erst 1908 vorgestellt worden.

Technologisch hakten die Audi-Werber in der Dezember-Ausgabe des selben Motorblattes zur Lobpreisung des 1973er Jahrgangs nach. Dieses Automobil, so die Anzeige kühn, habe das selbe Lenksystem wie die Ferrari-Rennwagen, das selbe Kofferraum-Volumen wie der Lincoln Continental Mark IV, das selbe Zündsystem wie der Porsche 911, etwa die selbe Kopf- und Beinfreiheit wie der Rolls-Royce Silver Shadow, eine Vorderradaufhängung wie der Aston Martin, Frontantrieb wie der Cadillac Eldorado, den selben Kundendienst wie ein Volkswagen und ein luxuriöses Interieur wie ein Mercedes-Benz 280 SE.

[19] „Wenn Du Dein aktuelles Automobil magst, fahre keinen Audi zur Probe – Du wirst nie wieder mit Deinem aktuellen Auto zufrieden sein!"

[20] Die VW-Tochter Porsche Audi Division vertrieb in den USA sowohl Porsche, als auch Audi. Das erklärt auch die Kriegsbemalung der legendären Porsche 917 Turbo bei der CanAm-Meisterschaft: Sie siegten unter Porsche Audi-Flagge ...

Audi-Werbung auf den 1972/73 mit George Follmer und Mark Donohue weit überlegenen Porsche 917 Turbo des Penske-Teams in der CanAm-Meisterschaft (oben).

„Eine Menge Auto für's Geld": Der Audi 100, so die amerikanischen Werbepoeten, böte von allem nur das Beste.

Audi und Mercedes-Benz – dieses auch in Deutschland vielfach gepflegte Gleichnis hatte es in der Tat auch den Amerikanern angetan. Dabei erlaubten es in den USA liberalere Werbe-Gesetze, dieses Thema in hauseigenen Anzeigen ganz offiziell aufzugreifen – etwa in *Road & Track*, Ausgabe August 1972. Hier wurden zwei in opulenten Rottönen gehaltene Limousinen-Innenräume abgebildet, beide sehr luxuriös und komfortabel in der Anmutung. Es handelt sich dabei um das Interieur eines Audi 100 LS und dasjenige eines Mercedes 280 SE. Unter den Abbildungen provozieren in großen Lettern zwei Fragen:

„Which one is the 9.500 $ Mercedes?
Which one is the 3.900 $ Audi?"

Die Auflösung steht im Lauftext darunter – sachliches Anzeigen-Fazit zur Audi-Wertigkeit, am unteren Anzeigenrand platziert: „It's a lot of cars for the money."

Es blieb in den USA freilich nicht beim Audi-Selbstlob. Auch unabhängige Medien schätzten die Limousine aus Bavaria. *Road & Track*, eine der führenden amerikanischen Automobil-Zeitschriften und – Nomen est Omen – eher sportlichen Autos zugetan, beurteilte den Audi 100 anlässlich eines Vergleichstestes gegen Peugeot, Saab und Volvo in Ausgabe 11/1972 mit diesen Worten: „... the Audi mechanical layout produces an exceptionally efficient automobile ..." Das hätten bereits auch die US-Käufer realisiert – *Road & Track*: „... Americans have taken to it to the tune of over 20.000 sales per year." Vergleichstest-Ergebnis: „The Audi was our overall winner ... Three of our four drivers rated the Audi best; one gave the Saab the nod."

Auch der US-amerikanische Magazin-Konkurrent *Car & Driver* schätzte die bayerische Limousine und begründete die Zuneigung in einem großen Vergleichstest[21] der Ausgabe Januar 1973 mit diesen Worten: „... the Audi was ultimately ranked over the other imports because it has a kind of sporting quality that enthusiastic drivers find attractive. In fact, probably the ultimate compliment that can be paid to the Audi is that it doesn't handle like the front-wheel-drive car it is." Und weiter heißt es im *C&D*-Text: „It also feels very powerful ... the Audi's low-speed acceleration is outstanding for an import with automatic transmission. Even a V-8 Mercedes feels sluggish compared to the Audi ..."

Tatsächlich profilierte sich der Audi 100 auch in den US-amerikanischen Zulassungszahlen als Gewinner. Von 1970 zu 1971 gelang der Porsche/Audi-Verkaufsorganisation für Audi ein Sprung von 7.708 auf 21.281 Zulassungen. BMW (1970/1971: 14.574/ 19.826) wurde damit von Audi in den USA erstmals überholt. Und auch Mercedes-Benz ließ womöglich wegen des Ingolstädter Stars Federn: Die Stuttgarter mussten einen Rückgang der US-Verkaufszahlen von 35.085 auf 29.108 hinnehmen ... Dabei war es keineswegs der Kraus'sche Plan, dass Audi sich mit BMW und Mercedes-Benz anzulegen habe – Kraus im *auto motor und sport*-Interview 1972: „Wir ... wollen nicht bewußt mit Daimler-Benz und BMW in deren Bereich konkurrieren. Wir haben noch nicht das Image dieser Firmen. Wir wollten schon mit dem Audi 100 zwischen den Massenautos von Opel und Ford sowie den Mercedes 200 und 220 sowie den BMW 1800 und 2000 liegen und sind dann doch ... etwas höher gerutscht. ..."

Gebaut worden waren diese allseits gerühmten Verkaufsrenner wegen der großen Nachfrage nicht nur in Ingolstadt, sondern zum Teil auch in Neckarsulm – und, wie auf Seite 99 bereits angedeutet, sogar in Wolfsburg. Dort halfen 1970 und bis Ende Februar 1971 immerhin 24.645 produzierte Audi 100, in den Werkhallen am Mittelland-Kanal die damalige VW-Absatzflaute zumindest teilweise zu kompensieren. Diesen Erfolg verdankt der 100 nicht zuletzt einer Vielzahl individuell auf unterschiedliche Absatzmärkte zugeschnittenen 100-Varianten. Deren Merkmale und Unterschiede entschlüsselt die detaillierte Übersicht im Anhang ab Seite 232 – hier geht es im nächsten Kapitel hingegen um ein weniger trockenes Thema: „Machen wir aus dem Audi 100 ein Coupé ..."

[21] *Car & Driver* verglich den Audi 100 mit diesen Konkurrenten: Ford Maverick, Peugeot 504, Saab 99 LE, Volvo 144 und Pontiac Ventura.

Der Typ 100, ob als Limousine oder als Coupé S, bestellte der Marke Audi international das Feld: im angelsächsischen Raum genauso, wie in Asien.

Hätten Sie´s gewußt?
Freche Audi-Werbung in den USA mit einem Vergleich der luxuriösen Interieurs von Audi 100 und Mercedes S-Klasse.

Which one is the $9,500 Mercedes? Which one is the $3,900 Audi?

The interior on the top is the incomparable Mercedes-Benz 280SE.

The one on the bottom is the Audi 100LS.

You'll have to admit there's an uncanny resemblance.

Take the seats, for example. Both cars have seats that were designed by orthopedic surgeons. So they're not only exceedingly comfortable, but they also help prevent fatigue.

Both cars also have plush carpeting and a wooden dashboard. As well as a remarkable ventilation system that completely changes the air every 30 seconds at 45 mph.

The $9,500† Mercedes 280SE isn't the only great car the Audi has something in common with.

The Audi has independent front suspension like the Aston Martin. And front-wheel drive like the Cadillac Eldorado.

It's got the same type of steering system as the Ferrari 512 racing car, the same trunk space as the Lincoln Continental Mark IV and just about the same headroom and legroom as the Rolls-Royce Silver Shadow.

In today's economy, it's refreshing to find a car manufacturer that gives you a lot more car for your money.

(Or, should we say, a lot more cars.)

The $3,900* Audi®
It's a lot of cars for the money.

*Suggested retail price East Coast P.O.E. $3,855 (West Coast P.O.E. slightly higher). Other Audi models start at $3,085. Leatherette upholstery optional, at extra cost.
†East Coast P.O.E. $9,503 Mercedes-Benz 280SE. Local taxes and other dealer delivery charges, if any, additional. Porsche Audi: a division of Volkswagen.

Knappe Order des Chefs Ludwig Kraus

Er war der Shooting Star der späten 1960er Jahre. „Deutschlands bestes neues Stück“ schwärmte die in Stuttgart erscheinende Automobil-Zeitschrift *mot AUTO-KRITIK* auf dem Titel der Ausgabe 8/1969. Das überschwängliche Lob galt dem im November des Vorjahres vorgestellten Audi 100, auf den das Vorkapitel im Detail einging. *mot*-Testautor Dr. Paul Simsa bezeichnete die Ingolstädter Limousine als „Volltreffer“ und sah in ihr gar einen Nachfolger für die legendäre Isabella von Borgward, deren Karriere 1962 im Nachgang zur Borgward-Insolvenz abrupt und allseits betrauert ein Ende gefunden hatte.

Ob Audi-Technikchef Dipl.-Ing. Ludwig Kraus, dessen selbstbewusstes Handeln und glückliche Hand den Typ 100 ermöglicht hatte, genauso dachte wie Dr. Simsa, wird wohl ein Geheimnis bleiben. Doch wie einst Carl F.W. Borgward entschied er noch vor dem Verkaufsstart der Limousine: „Machen wir aus dem Audi 100 ein Coupé ...!“ Kraus, so die gern erzählte Audi-Legende, wollte als Dienstwagen statt einer Limousine lieber ein Coupé. Und da er nun einmal diesen Wunsch hegte, ging er davon aus, dass es wohl auch Audi-Kunden mit derartigen Ambitionen geben müsse. Nach diesem Muster, dem Hören auf eigene Wunschvorstellungen, hatten er und seine Getreuen schließlich auch die so erfolgreiche 100 Limousine entwickelt. Somit sei seines Erachtens durchaus ein Markt für ein Audi Coupé gegeben.

Volltreffer aus Ingolstadt: Der 1968 neue Audi 100 begeisterte die Fachwelt und bewies in Tests Qualitäten – auch im Motor-Blatt *mot* aus Stuttgart.

„Machen wir aus dem Audi 100 ein Coupé ...!“

Der Auftrag zum 100 Coupé ging Anfang 1968 zunächst an den damaligen Leiter der Audi-Designabteilung, Rupert Neuner[1], der 1963 zusammen mit Ludwig Kraus von Mercedes zur Auto Union gewechselt war. Wenig später kam auch ein junger Designer, Jahrgang 1940, ins Spiel, der gerade erst, im Frühjahr 1968, von Köln nach Ingolstadt, von Ford zu Audi gestoßen war. Dieser Hartmut Warkuß (siehe Kasten nächste Seite) hatte bei der rheinländischen Dependance der amerikanischen Ford-Werke vermisst, was er heute noch „Design-Qualität“ nennt. Deshalb bewarb er sich nach zwei Jahren US-Stilistik neuerlich bei Mercedes-Benz, wo er 1964, also vor seinen Ford-Jahren, den Berufsweg eines Designers eingeschlagen hatte. Dort, im Mercedes-Karosseriewerk Sindelfingen, durfte er damals Qualitäts-Design erleben und erlernen. Dort machte er die Bekanntschaft mit den Design-Größen Paul Bracq und Bruno Sacco, die für ihn, den Berufsanfänger, zu Vorbildern wurden. Das, so Warkuß, „war für mich ein wichtiger, einflussreicher erster Schritt“, zumal es im Sindelfinger Karosseriebau nicht nur um Form ging, sondern gleichermaßen um Konstruktion – ein segensreicher Doppelpass im Sinne eines guten Produktes. Sicherheitshalber schickte Warkuß jedoch auch Bewerbungen nach Wolfsburg zu Volkswagen – und nach Ingolstadt zu Audi.

Mercedes meldete umgehend Interesse, doch der Gehalts-Wunsch des Jungdesigners und das Salär-Angebot der sparsamen Schwaben differierten, so Warkuß, „beträchtlich“. Als Bonus stellte ihm die Mercedes-Personalabteilung immerhin die landschaftlich reizvolle Gegend rund um Stuttgart, den Schwarzwald und den Bodensee, in Aussicht und somit eine gesteigerte „Lebensqualität“. So nannte man das in Zeiten, als der Begriff der „work-life-balance“ noch eine weitgehend unbekannte Fremdfloskel war.

Auch Audi lud schon kurz nach seiner Anfrage zum Gespräch, dies unter Missachtung der nicht nur in der Automobil-Industrie üblichen, hierarchischen Gepflogenheiten. Den Kontakt nahm nämlich statt eines Personalabteilungs-Bürokraten der Audi-Chefingenieur Ludwig Kraus höchstselbst auf. Einzig bei VW, wo Mitte 1968 gerade der im Design eher gewöhnungsbedürftige Typ 411 auf der Startrampe stand, ließ man sich viel Zeit mit einer Rückmeldung.

Designer Hartmut Warkuß: „Bei Audi könnte man was bewirken“

Warkuß, damals 27 Jahre alt, entschied sich letztlich für Audi – zumal Kraus nach einigem Zögern auf seine finanziellen Vorstellungen einging. Er hatte sich bei seinen Stuttgarter Ex-Kollegen über den jungen Mann erkundigt – und deren Urteil fiel offensichtlich vorteilhaft aus. Allerdings: Die Finanzen waren für den jungen Familienvater zwar wichtig, sie bedeuteten jedoch nicht den Hauptgrund zugunsten der Oberbayern. „Eine wesentliche Motivation für mich, zu Audi zu gehen, war der Gedanke, da könnte man was bewirken“, beschrieb er im Frühjahr 2023 rückblickend seine ungewöhnliche, jedoch durchaus selbstbewusste Entscheidung. Audi statt Mercedes-Benz – diese Präferenz stieß damals bei Kollegen sicher auf Verwunderung, galt doch das Stuttgarter Traditions-Unternehmen einst als Maß der Auto-Dinge.

[1] **Rupert Neuner** (*6. November 1915, † 4. Dezember 1996) arbeitete nach dem Zweiten Weltkrieg als zunächst freier Werbegrafiker und wechselte im März 1960 zu Daimler-Benz in Sindelfingen als Formgestalter; 1963 Wechsel zur Auto Union, dort von 1964 bis Mitte 1968 Leiter der Abteilung Formgestaltung.

Waren für den Jungdesigner Hartmut Warkuß einst Vorbilder: der Franzose Paul Bracq, verantwortlich für das Design des Mercedes 600 und 230 SL ...

... und der Italiener Bruno Sacco, von 1975 bis 1999 verantwortlich für das Mercedes-Design.

Kam wie sein Chef Ludwig Kraus 1963 von Mercedes-Benz und leitete bei der Auto Union GmbH ab 1964 die Abteilung für Formgestaltung: Rupert Neuner.

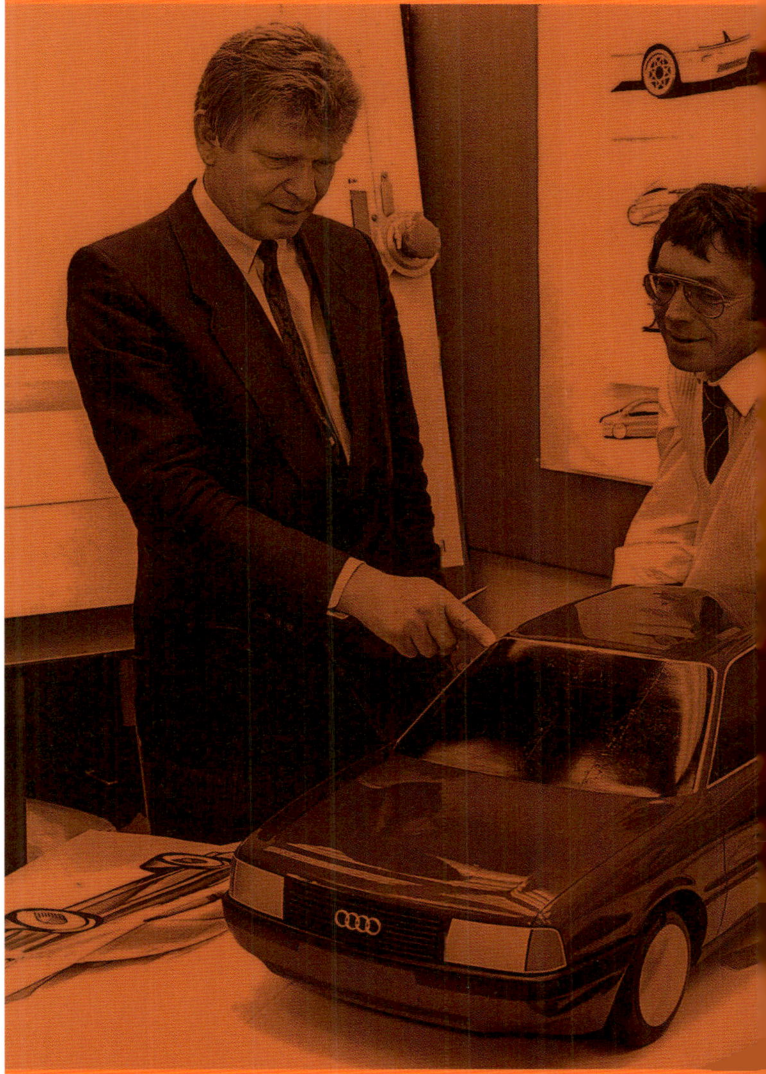

Hartmut Warkuß

Hartmut Warkuß (*8. Juni 1940; links im Bild) erlernte ursprünglich den Beruf des Graveurs und erwarb in der Abendschule ein Design-Diplom. 1964 startete Warkuß seine Designer-Karriere bei Mercedes-Benz, wechselte 1966 zu Ford und 1968 zu Audi. 1976 übernahm Warkuß unter Technik-Vorstand Dr. Ferdinand Piëch die Leitung der Audi-Designabteilung. Zusammen mit Piëch ging er 1993 zu Volkswagen. Passat B5 (1996), Golf IV (1997), Lupo (1998) und Phaeton (2001) entstanden hier unter seiner Regie. 2003 wechselte Warkuß in den Ruhestand.

Und Audi? Warkuß: „Audi war eine Firma, die im Grunde erst im Entstehen war. Diese Marke gab's ja 1968 erst seit drei Jahren ..." Im Nachhinein betrachtet, muss dem jungen Warkuß gehörige Weitsicht bescheinigt werden, ein Gespür für Chancen, das ihn später zum Chefdesigner des gesamten VW-Konzerns befördern sollte. Denn Audi entwickelte sich in den folgenden Jahren zum Magneten für progressiv eingestellte Auto-Manager mit Visionen, darunter Porsche-Enkel Dr. Ferdinand Piëch, der 1972 nach kurzer Selbstständigkeit zu Audi stieß und dort ab 1975 als Technik-Vorstand fungierte, oder Dr. Fritz Indra, der bei Alpina in Buchloe den damals fortschrittlichsten Turbo-Motor[2] konzipiert hatte und heute ein entschiedener Gegner der Elektromobilität ist. „Audi ist heute die attraktivste Firma für einen Techniker", begründete Dr. Indra 1978 seinen Wechsel von Buchloe nach Ingolstadt als Leiter der dortigen Motorenentwicklung, „sie hat ein klares Zukunftskonzept und ist für mich richtungsweisend ..."

Zehn Jahre zuvor, beim Start von Hartmut Warkuß bei Audi, herrschte dort noch Aufbruch-Stimmung, und dieser Situation entsprechend fand der Ford-Emigrant in Ingolstadt nicht etwa ein kopfstarkes, bestens ausgestattetes Designcenter vor, wie er zuvor in Köln ein Teil davon war. „Als ich zu Audi kam, im Frühjahr 1968, da wurde Design in einer Hinterkammer der sogenannten „Friedenskaserne" gemacht, in einem besseren Schuppen. Alles in allem, also inklusiv der Modelleure, waren wir statt einer Hundertschaft wie bei Ford nur gut ein Dutzend Leute in der Abteilung." Die „Friedenskaserne": Das war ein im 19. Jahrhundert außerhalb der Ingolstädter Stadtmauern errichtetes, trutziges Gebäude, das ursprünglich der Unterbringung von zwei Infanteriebataillonen gedient hatte. Gegen einen monatlichen Mietzins von (anfangs) monatlich 7.352 DM an das Land Bayern diente das ehemalige Militär-Gebäude seit Anfang der 1950er Jahre der Auto Union, damals noch zur DKW-Ära, als Büro- und Lager-Komplex. Außer der Design-Abteilung residierten hier die Versuchs- und Konstruktions-Abteilungen, aber auch die Auto Union-Personalabteilung, die Zentralplanung und Bildstelle, außerdem die Geschäftsleitung und – von den Mitarbeitern als noch wichtiger empfunden – eine Kantine.

An der Audi 100-Limousine – sie sollte auf VW-Drängen hin (siehe Seite 97) etwas überhastet bereits Ende November 1968 ihr Debüt geben – war bei Warkuß' Audi-Premiere in der Kaserne freilich nichts mehr zu tun. Warkuß schreibt deren Design seinem damaligen Chef und Abteilungsleiter Rupert Neuner zu, den er als „Künstler, so eine Art Bildhauer" wahrnahm und charakterisiert.

[2] BMW Alpina 530 Turbo/630 Turbo mit 300 PS (200 kW) starkem Dreiliter-Sechszylinder.

„Audi ist für mich richtungsweisend" – so begründete Motorenspezialist Dr. Fritz Indra 1978 seinen Einstieg bei Audi.

Meisterwerke des Dr. Fritz Indra: Alpina B7 Turbo, Anfang der 1980er Jahre mit 260 km/h schnellste Limousine der Welt ...

Beförderte Audi in den 1970er Jahren in die internationale Premier League der Automobil-Hersteller: Dr. Ferdinand Piëch.

... und ihr Sechszylinder-Turbomotor mit 300 bis 330 PS aus 3,5 Liter Hubraum und mit verstellbarem Ladedruck.

Einst Unterkunft zweier Infanteriebataillone, ab Anfang der 1950er Jahre von der Auto Union GmbH genutzt – mit „Hinterkammer“ für den Designbereich: Friedenskaserne in Ingolstadt.

Auto Union-Konstruktionssaal – in der Designabteilung nebenan gab es beim Antritt von Harmut Warkuß „nur gut ein Dutzend Mitarbeiter statt einer Hundertschaft“...

Mercedes SL-Kühlergrill, etwa des 230 SL, als Kraus'sches Ideal für die Gestaltung der Audi 100-Frontgestaltung …

… und entsprechend dieser Vorgabe des Chefs entwickelte Design-Alternativen für den künftigen 100-Kühlergrill.

Allerdings führte diesem Feingeist vermutlich Ludwig Kraus sehr energisch die Zeichenhand. Dies geschah zwar nicht praktisch, aber doch mit exakten theoretischen Vorgaben, geprägt von eindeutigen Kraus'schen Idealen. Warkuß: „Kraus war sehr oft im Design präsent. Auch später, zu meiner Zeit, hat er zwar sehr viel ins Design reingeredet, ließ uns aber machen. Was den ersten Audi 100 anbelangt, so vermute ich, dass Kraus einen kleinen Mercedes haben wollte. Für ihn war Mercedes das Gelbe vom Ei …" Folglich ist sich Warkuß heute sicher, dass die Form des ersten Audi 100 stark von Mercedes-Formen beeinflusst worden war, der Kühlergrill in SL-Art, die generelle

100 Coupé-Studie auf der Drehscheibe der sogenannten Stil-Halle der Auto Union: Anschauungs-Objekt zur kritischen Betrachtung.

Linienführung und so manches Detail an Mercedes-Limousinen orientiert. Diese Design-Verwandtschaft sollte nach dem 100-Debüt in Publikationen immer wieder thematisiert werden.

Dass die Wünsche des Chefs tatsächlich Gehör und Umsetzung fanden, dafür seien zur Bestätigung motorjournalistische Zeitzeugen zitiert, zum Beispiel *mot*-Tester Dr. Paul Simsa in Ausgabe 8/1969: „Der Audi 100 ist genau in die Lücke hineingebaut, die Mercedes gelassen hat, als der 180 aufgegeben wurde." Auch Reinhard Seiffert, damals stellvertretender Chefredakteur von *auto motor und sport*, fiel die Duplizität ins Auge, sähen doch „Heck und Türen sehr nach Mercedes aus". In Ingolstadt, so Seiffert in der Audi 100-Vorstellung, Ausgabe 25/1968, höre man „solche Vergleiche mit den Untertürkheimer Renommier-Autos recht gerne". Schließlich postulierte *auto motor und sport*-Tester Gert Hack im ersten 100-Test (Ausgabe 8/1969): „In seiner Formgebung erinnert der Audi 100 unverkennbar an das zurückhaltende und dezente Mercedes-Styling ..."

Coupé-Designkonzept: „etwas kürzerer Radstand, niedrigeres Dach"

Nun also sollte der aus dem Stand erfolgreichen und allerorts gefeierten Limousine ein Coupé hinzugesellt werden – Warkuß: „... etwas kürzerer Radstand, niedrigeres Dach." Offensichtlich hatte Ludwig Kraus für diese Variante ausnahmsweise keinen Mercedes im Hinterkopf, sondern ein weit exotischeres Modell, dessen Form es sich anzunähern galt. „Er hatte so eine Vorstellung, sozusagen eine ‚Wolke' im Hinterkopf, und die hieß Monteverdi", erinnerte sich Warkuß schmunzelnd über 50 Jahre später, um nach einer Gedanken-Pause einzuräumen „ich selber wusste gar nicht, was das für ein Auto ist ..."

So machte sich der Jungdesigner also flugs an die Recherche, stieß dabei auf besagten, von der italienischen Carrozzeria Fissore eingekleideten Monteverdi High Speed 375S aus der Schweiz, womöglich auch auf den italienischen Maserati Ghibli, disegno Giorgetto Giugiaro, das von Bertone gestaltete Fiat Dino Coupé, den britischen Aston Martin DB S aus der Feder von William Towns und den von Pietro Frua gezeichneten AC 428. Sie alle repräsentierten typische Luxussportwagen jener Ära, und – Duplizität der Ereignisse – alle waren fast wie abgesprochen um 1967 präsentiert worden. Alle zeigen unisono ein Profil, das bei besonders edlen Coupés jener Epoche en vogue war, deshalb vielfach imitiert auch von Herstellern minderer Exklusivität (siehe auch das Kapitel „Coupé-Trend der 1950er bis 1980er Jahre ..." ab Seite 20).

Diese zeitlosen Boliden bestechen mit ihrer monumentalen Präsenz. Sie rollen geduckt und rasant daher, mit langer Frontpartie, flach angewinkelter Windschutzscheibe, mit oftmals verspielt gezeichneten Seiten-Glasflächen – und mit einer hinten bis zur Gürtellinie elegant und fließend abwärts geführten Dachpartie. Der Volksmund fand für dieses sehr typische, von Buick und Cadillac erstmals Ende der 1940er Jahre eingeführte, hohe Geschwindigkeit suggerierende Heckdesign den Begriff „Fastback".

„Wolke" im Kraus'schen Hinterkopf als Vorbild für die 100-Coupé-version: Monteverdi High Speed 375 von Fissore, gebaut ab 1969.

Fastback-Coupé von Bertone für Fiat: Dino 2,0 ab 1966 und Dino 2.4 (Foto) ab 1969 mit 160 bzw. 180 PS in Serienfertigung.

Schneller Rücken aus England: Aston Martin V8 von 1972, Nachfolger des formal gleichartigen DBS von 1967.

Italienische Kostümierung für einen britischen Donnerbolzen: AC 428 mit Siebenliter-V8 und Karosserie von Frua.

Fastback-Trendsetter der End-40er Jahre: Cadillac Series 62 Sedanette von 1949 (Foto) und Buick Special Sedanette aus dem Jahr 1948.

Vollendetes Werk – fast jedenfalls:
Die Designstudie des Audi 100 Coupé S diente lediglich Anschauungszwecken und war noch nicht fahrfähig.

IN-M 013

Hatten in den 1960er Jahren in der Auto Union-Designabteilung das Sagen: Jupp Dienst (oben) und Rupert Neuner – 1968 unfreundlicher Empfang für den Neuling Hartmut Warkuß ...

Solchen Kriterien sollte also das künftige Audi Coupé nach Kraus' Willen entsprechen, und daran arbeiteten einige etablierte Design-Audianer, Jupp Dienst und Rupert Neuner, bereits, als der Ford-Import Warkuß hinzugesellt wurde – dies in der „Friedenskaserne" durchaus nicht zum reinen Amusement der Ingolstädter Altgedienten. Warkuß: „Als ich zum ersten Mal in diese Designhalle reinkam, da stand da der Vorbau eines Audi 100 im Original und hinten dran ein Riesen-Plastilinklotz. Daneben standen einige Designer, die schabten am Dach und glätteten hier und da. Zu mir sagten die: „Hauen Sie direkt wieder ab!" Warkuß ließ sich von dieser unfreundlichen Begrüßung freilich nicht entmutigen und übernahm selbstbewusst das Zepter, zumal ihm Kraus Rückendeckung gab – und sich sein direkter Vorgesetzter, Rupert Neuner, das zeigte sich bald, nicht des uneingeschränkten Vertrauens von Kraus erfreute.

„Von diesem jungen Audi Designer muss selbst der designkritische Entwicklungsleiter Kraus hohen Respekt gehabt haben," vermutet Prof. Dr. Othmar Wickenheiser in seinem Standardwerk *Audi Design, zwischen Evolution und Revolution*[3], „sonst hätte er die Sache selbst in die Hand genommen oder den von ihm geschätzten Stardesigner Giorgetto Giugiaro mit dem Entwurf beauftragt." Warkuß erinnerte sich über ein halbes Jahrhundert später: „Die Situation für mich war die, dass ich selber kein Konzept hatte. Ich wusste nicht mal, was die da vorhatten ... was die Aufgabe war. Bis man mir sagte, ‚das muss ein Coupé werden'..."

Der Wechsel von Ford zu Audi, das sollte sich Warkuß schnell offenbaren, glich dem Wechsel in eine zurückliegende Gestaltungs-Epoche – Warkuß 2023: „Man hat damals bei Audi ja nicht wie bei Ford, meinem vorherigen Arbeitgeber, mit Tapes gearbeitet, das heißt auf einer großen vertikalen Fläche mit Klebebändern als ersten Schritt eine Fahrzeug-Silhouette dargestellt. Bei Audi hatten die gar keine Tapes." Tapes? Das sind (meist) schwarze, sechs Millimeter breite, elastische Klebestreifen von der Rolle. Diese Streifen werden von den Designern mit den gewünschten Rundungen auf weißes Papier geklebt, um einer Idee Gestalt zu geben.

[3] **Prof. Dr. Othmar Wickenheiser**: *Audi Design, zwischen Evolution und Revolution*; Edition Audi Tradition, Delius Klasing Verlag (ISBN 978-3-7688-3751-4).

Design-Methodik: zunächst im Maßstab 1:5, dann erst 1:1

Schattierungseffekte werden mit Bändern verschiedener Breiten dargestellt. Warkuß weiter: „Ich hatte von Ford eine große Kiste, gefüllt mit Tapes, mitgebracht und damit auf einer großen Wand eine Silhouette in 1:1 hingetapt. Man musste ja eine Vorstellung davon bekommen, wo man hin modellieren will. Daraus hat sich dann die Form entwickelt." Im nächsten Schritt fertigte das Design-Team der Tape-Silhouette entsprechende Modelle im Maßstab 1:5 für erste Messungen und Formverfeinerungen. Danach entstand ein 1:1-Modell, das es erlaubte, Formen und Proportionen im finalen Format zu beurteilen. Denn was im Mini-Format gut aussehen mag, das zeigt oftmals in Originalgröße Schwächen.

Seine besonders sportliche Wirkung bezieht das 100 Coupé S im Vergleich zur 100 Limousine durch

- die vergrößerte und um vier Grad flacher geneigte Windschutzscheibe (Neigungswinkel 38 statt 42 Grad bei der Limousine, serienmäßig aus Verbundglas statt aus Einscheiben-Sicherheitsglas),
- die um 73 Millimeter geringere Fahrzeug-Höhe,
- den um 115 Millimeter kürzeren Radstand,
- den um 92 Millimeter kürzeren hinteren Überhang (bei identischem vorderem Überhang) und
- die um rund 200 Millimeter kürzere Karosserie.

Diese im Sportwagen-Design bewährten Maßnahmen lassen den sportlichen Audi derart bullig und dynamisch erscheinen, dass *auto motor und sport*-Mann Reinhard Seiffert im ersten Coupé-Test (Ausgabe 2/1971) bewundernd postulierte, sie ließen den Audi „von vorn und von hinten wie einen Ferrari aussehen". Abgesehen von der positiven Wirkung auf renommierte Motorjournalisten hatte die Formen-Dynamisierung des Audi 100 auch einen positiven aerodynamischen Effekt: Das Maß für die Windschlüpfigkeit eines Automobils, der sogenannte c_w-Wert, sank beim Coupé im Vergleich zur Limousine um 0,031 auf den im zeitgenössischen Vergleich sehr guten Wert $c_w = 0{,}366$ (siehe Kasten nächste Seite). Damit erfüllte der sportliche Audi eine Vorgabe von Ludwig Kraus, der 1995 im Interview mit den Journalisten Christian Steiger und Thomas Wirth „einen besseren c_w-Wert als bei der Limousine" als eine seiner damaligen Forderungen für das Coupé-Design nannte.

An diese Order konnte sich Designer Hartmut Warkuß 2023 freilich nicht erinnern: „Ich kann nur sagen, dass wir uns damals um Aerodynamik wenige Gedanken gemacht haben, dass wir also zufällig einen so günstigen Wert erreicht haben. Besser als Citroën DS21 – das überrascht mich!" Allerdings bringt das Coupé trotz der deutlich reduzierten Radstands- und Längenmaße nach Werksangaben mit 1.100 Kilogramm 50 Kilogramm mehr auf die Waage, als die weniger kompakte 100 Limousine in LS-Version – Folge der technologisch und in Sachen Komfort angereicherten Ausstattung.

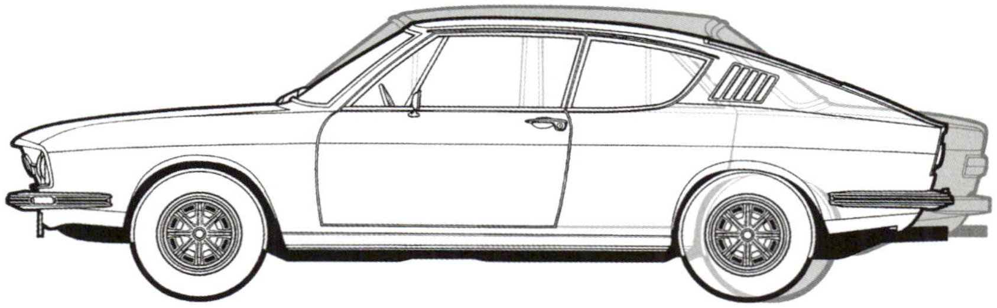

Der Vergleich der Silhouetten von 100 Limousine und Coupé verdeutlicht die Design-Mittel zur optischen Dynamisierung der sportlicheren Variante.

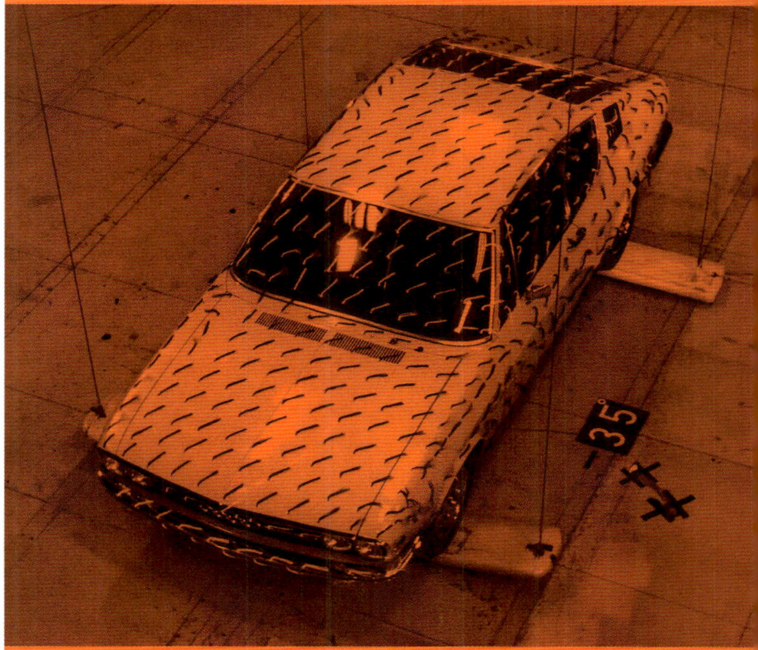

Audi 100 Coupé S im Windkanal: erzielte laut Designer Hartmut Warkuß „zufällig" einen sehr guten Luftwiderstandsbeiwert.

Das Maß für die Windschlüpfigkeit

Die c_w-Werte 0,366 für das 100 Coupé S, 0,397 für die Limousine 100 LS, aber auch die folgenden Vergleichs-Werte wurden nach Angaben der Datenquelle *Motor Klassik* (Ausgabe 3/1987, Titelstory zur Geschichte der Aerodynamik) und des einst für die Versuche Verantwortlichen im Untertürkheimer Windkanal von Daimler-Benz ermittelt. In den 1970er und 1980er Jahren pflegte das Stuttgarter Unternehmen Konkurrenz-Modelle grundsätzlich auf ihre aerodynamischen Qualitäten zu untersuchen. Beide Audi 100-Werte erwiesen sich im zeitgenössischen Vergleich als exzellent:

BMW 520i	c_w = 0,426
Citroën DS 21	c_w = 0,400
Citroën-Angabe	c_w = 0,290
Ford Granada	c_w = 0,438
Mercedes-Benz W 114	c_w = 0,441
NSU Ro 80	c_w = 0,366
NSU Ro 80-Prototyp im VW-Windkanal	c_w = 0,355
Opel Rekord	c_w = 0,459
Peugeot 504	c_w = 0,450
Volkswagen 1600 TL	c_w = 0,435
Volkswagen 411	c_w = 0,449

„Audi-Sport“ zur IAA

Schneller Rücken für die Limousine 100

Ingolstadt (daz) — Nachdem Auto Union mit einem neuen Audi 100 ein großer Wurf geglückt ist, soll zur IAA gleich der sportliche Bruder folgen. In Ingolstadt wird aus der großen 100er-Karosserie ein flaches Coupé mit Fließheck und stärkerem Motor geschneidert. Damit will Auto Union auf dem Markt der preiswerten Sportwagen mitmischen. Der „Audi Sport“, wie er bislang genannt wird, ist ein 2 + 2-Sitzer und verspricht mit dem Fahrwerk und Motor des „großen Audi“ spritzige Fahrleistungen.

Der 1,8-Liter-Motor soll allerdings einige Pferde mehr erhalten. Mit einem Sportauspuff, sorgfältig abgestimmten Ansaugkanälen und schärferer Nockenwelle soll der 100-PS-Motor auf etwa 115 Pferde kommen, die der abgeflachten und leichteren Karosserie zu einer Spitzengeschwindigkeit von gut 180 km/h verhelfen sollen. Während das Werk beim Audi 100 LS die Beschleunigung von 0—100 km/h mit 11,9 sec. angibt, wird der „Audi Sport“ etwa bei 10 Sekunden liegen und damit vielen sportlichen Kollegen auf der Straße die Auspuffrohre zeigen.

Vor allem die Innenausstattung wird sich vom Serien-Audi erheblich unterscheiden. Sportsitze, Mittelschaltung und Instrumentenkonsole prägen den Charakter des sportlichen Bayern. Auto Union steigt mit diesem Wagen in den Kreis der Erfolgs-Wagen Ford Capri und Opel GT ein und wird auch dem bevorstehenden Volks-(VW-)Porsche Konkurrenz machen. Der Preis wird bei etwa 12 000 DM liegen.

Audi Sport heißt die schnelle Version zum Typ 100. Zur Internationalen Automobilausstellung in Frankfurt soll der Sportwagen aus Ingolstadt vorgestellt werden.

Erster Entwurf für das neue Audi-Coupé. Deutlich ist am Heck die „Cola-Linie“ mit den hochgezogenen Kotflügeln zu sehen.

Die „Cola-Linie“ wurde in Detroit erfunden (Foto rechts). Hunderte von US-Modellen bekamen diese Heckform. Der Sport-Audi (links) zum Glück nicht.

Beinahe wäre das Audi-Coupé ein Cola-Auto geworden

Der flotteste aller Audis, das Sport-Coupé, das Anfang 1970 in Produktion geht, wäre fast ein „Amerikaner“ geworden. Die Karosserie-Stilisten, die ein möglichst einfach zu bauendes Auto zeichnen sollten, liebäugelten bei ihren Entwürfen mit dem unschönen „Hüftschwung“ am Heck des Wagens. Die Amerikaner haben den hochgezogenen Heck-Kotflügel erfunden, weil er angeblich sexy ist. Er ist als „Cola-Linie“ in die Geschichte der Automode eingegangen. Tatsächlich hat dieses Stilelement Ähnlichkeit mit einer Limonadenflasche. Mit der „Cola-Linie“ setzte sich Ford vor 2 Jahren beim Typ 17 M/20 M in die Brennesseln. Der Hüftschwung dieser Autos gefiel dem deutschen Publikum nicht. In Ingolstadt besann man sich noch eines Besseren, bevor das Coupé auf das Fließband kam. Man stilisierte die Seitenfront des Schräghecks nach europäischer Art. Ein kurzer Aufschwung unter dem hinteren Fenster geht in eine glatte Linie über. Das schwülstige Heck wurde verworfen. Kein Schade für den sportlichen Audi.

In Zeitschriften publizierte Spekulationen im Vorfeld der Audi 100 Coupé S-Premiere: Details, teils korrekt, teils falsch, über das künftige Ingolstädter Spitzenmodell.

Rund 55 Jahre nach der Formgebung des Audi 100 Coupé S relativierte Hartmut Warkuß im Gespräch mit dem Autor sein damaliges Tun mit dieser eher bescheidenen Einschätzung: „Das war ja eine gängige Form, in der Art, wie man sich damals eben ein Coupé vorgestellt hat. Es war nichts wirklich Neues, nur eben auf den Audi 100 hin gezimmert.“ Ein gutes halbes Jahrhundert zuvor hatte jemand bei Audi entweder gezielt als vorgezogene PR oder bloß wichtigtuerisch Coupé-Zeichnungen und -Details an Sensations-Journalisten durchgestochen. So zeigte die gerade erst in Köln lancierte *Deutsche Auto Zeitung (DAZ)* unter dem Slogan „Audi Sport zur IAA“ in ihrer allerersten, noch im Tageszeitungs-Stil publizierten Ausgabe vom 10. April 1969 die Coupé-Skizze einer Schräg-von-vorn-Ansicht. Im Text ist von „115 PS“ und „spritzigen Fahrleistungen“ die Rede – und: „Der Preis wird bei etwa 12.000 DM liegen.“

Zeitgleich war offensichtlich *Bild am Sonntag (BamS)* über die Audi-Pläne informiert worden und hatte fast wörtlich gleichlautend berichtet. *mot*-Chefredakteur Dr. Paul Simsa veröffentlichte in seiner Ausgabe 8/1969 vom 19. April 1969 einen Ausriss der Meldung und schrieb dazu unüberhörbar vergrätzt: „Fließheck mit Buckel-Gürtellinie, das ist nicht originell, entspricht aber den Interessen des amerikanischen Marktes, wo diesem ‚Audi Sport‘ eine Rolle zwischen VW und Porsche zugedacht ist.“ Des Weiteren irrte der Stuttgarter Schriftleiter allerdings genauso wie seine Kölner und Berliner Kollegen: Der Radstand des Coupés und dessen Hubraum

Audi 100 Coupé S: seitliche Fensterlinie mit keckem rückwärtigem Aufwärtsschwung – auch in diesem Detail Monteverdi als prägendes Muster?

wurden keineswegs von der Limousine übernommen, und der Preis (Simsa-Prognose übereinstimmend mit den *DAZ*- und *BamS*-Meinungen und wohl so aus Ingolstadt „durchgesickert“: „12.000 DM“) sollte nicht zu halten sein ...

Wie auch immer: Dass stilistische Elemente der Vorbild-Vorgabe Monteverdi für das Audi Coupé übernommen wurden, ist am Resultat unverkennbar – etwa in Gestalt des kecken Aufwärtsschwungs der hinteren Seitenfenster, des kantigen Dachabschlusses am Heck auf Höhe der Gürtellinie oder an der Aufteilung und Gestaltung des vertikalen, vertieften Heckblechs oberhalb der Stoßstange. Ähnlich dem Monteverdi-Heck ist die Rückleuchten/Kennzeichen-Mulde des Audi oberhalb und seitlich durch eine daumenbreite Blechrahmenkontur begrenzt.

Auch die Größen-Relation von Heckscheiben- und Gepäckraumdeckel-Flächen ähnelt der des Schweizer Vorbilds. Das ergibt einerseits eine optische Rasanz, resultiert jedoch andererseits hier wie da in dem funktionalen Nachteil einer aus Fahrerwarte nicht optimalen Rücksicht. Dieser Umstand sorgte für einen der wenigen Kritikpunkte in Coupé-Berichten: „Nur nach hinten sieht man schlecht“, maulte der Test-Redakteur der in Frankfurt erscheinenden *Motor Rundschau* in Ausgabe 1/1970, „... wenn es ans rückwärtsrangieren geht, ist der Spaß zu Ende.“ Es war eben die Zeit, da ein aus Fahrerwarte unübersichtliches Automobil noch die Ausnahme war, statt wie heute die Regel. Und so war dieses Manko dem Motor-Journalisten in seinem Testfazit auch ein wenig Essig in der ihm ansonsten wohl mundenden Suppe wert: „Bis auf das mißlungene Heckfenster hat uns das neue Audi Coupé sehr gut gefallen ...“

In der Tat: Auch bei diesem Coupé wird Schönheit im Vergleich zum Limousinen-Pendant durch diesen und jenen Praxis-Nachteil erkauft ... Allerdings: Wenn Coupé-Besitzer auf Reisen gehen, müssen sie sich in Sachen Gepäck kaum weniger einschränken, als Limousinen-Liebhaber: Der Coupé-Kofferraum unter dem Schrägheck fasst nach Werksangaben rund 530 dm^3, gerade mal etwa 60 dm^3 weniger als im Limousinen-Heck geboten wird (siehe auch die unabhängigen Volumen-Messungen von *auto motor und sport* auf Seite 147). Einzig bei der Größe der Koffer sollten Coupé-Freunde vorausschauend packen: Die Gepäckraumluke unter der Heckklappe, die zum Öffnen innen an der B-Säule der Fahrerseite per Bowdenzug unterhalb der Schlossfalle entriegelt wird, geriet deutlich enger als bei den beiden Limousinen-Varianten. Misst die Kofferraumöffnung bei der Limousine an der engsten Stelle im Schlossträger-Bereich immerhin 123 x 60 Zentimeter, so entspricht die trapezförmige Öffnung im Coupé mit 117/112 x 37 Zentimeter fast schon dem Schlitz eines XXL-Briefkastens.

Wie schon bei der 100 Limousine ließ es sich Ludwig Kraus nicht nehmen, regelmäßig den Fortschritt seiner Designer zu kontrollieren – Warkuß: „Er kam alle zwei Tage ins Designstudio, hat geschaut, hat hier und da etwas rumgemosert. Aber er hat nie fordernd korrigiert. Das war sehr angenehm.“ Und in welchem Zeitraum entstand das Audi Coupé im Designstudio? Günther Wiechmann von der in Köln erscheinenden *Auto Zeitung* hatte da eine Vermutung: „... die Umwandlung vom Audi 100 zum Coupé“, so der Journalist aus der Karnevals-Hochburg im Coupé-Test seiner Ausgabe 4/1971, „habe die Styling-Abteilung höchstens eine Woche Überstunden gekostet“.

100 Coupé S-Kofferraum: nur wenig knapperes Volumen als bei der Limousine, jedoch deutlich verkleinerte Gepäckraum-Luke.

Ähnlichkeit unübersehbar: Die Fastback-Gestaltung des Coupés aus Ingolstadt gleicht mit niedriger Heckscheibe, Kofferraumklappe mit Abrisskante und sogar in der Heckleuchten-Gestaltung dem Vorbild Monteverdi High Speed 375, dessen Aufbau ab 1968 Fissore fertigte.

Entwicklungsschritte im Coupé-Design: von Anfang an mit Fastback-Heck, doch zunächst mit gerader Gürtellinie.

Im nächsten Schritt bereits der endgültigen Form angenähert, jedoch noch mit Cola-Flaschen-schwung über den Hinterrädern.

Das Studio-Exemplar zeigt die finale Gestaltung der hinteren Kotflügel-Linie: mit kantigem, dadurch prägnanten Knick.

US-Modetendenz bei der Gürtel-linien-Gestaltung: bauchige Rundung oberhalb der Hinterräder, in der Form an eine Cola-Flasche angelehnt – Beispiel: Chevrolet Corvair, so ab 1965 gefertigt.

Warkuß-Meilenstein:
„Das 100 Coupé war meine erste Schüssel …“

Solcher Laien-Einschätzung widerspricht Hartmut Warkuß allerdings: „Ich schätze mal, dass wir das Auto in einem halben Jahr fertig hatten“ – auch das ist freilich im modernen Design-Business eine erstaunlich kurze Zeitspanne. Doch nicht wegen dieser Rekord-Entwicklungszeit hat der Audi 100 Coupé S in der Warkuß'schen Karriere einen besonderen Stellenwert: „Das war meine erste „Schüssel“, erinnerte er sich Anfang 2023 im Gespräch mit dem Autor, „die ich gemacht habe …“. Der sportliche Audi war also Warkuß' erster Gesamtentwurf, denn zuvor war der Jungdesigner, sei es bei Mercedes-Benz oder Ford, lediglich mit Entwürfen für Teil-Elemente eines Ganzen betraut worden.

Der Weg zu dieser „Schüssel“ mag zwar relativ kurz gewesen sein, doch er war keineswegs ein ebener. Besonders die Flankenpartie oberhalb der hinteren Radausschnitte bereitete den Designern gehörige Kopfschmerzen – Warkuß: „Da haben wir lange probiert und immer wieder geändert. Wir waren uns nicht sicher: Sollten wir den Kotflügelschwung weich und rundlich gestalten, oder mit mehr Härte, kantiger – Letzteres wurde schließlich umgesetzt.“ An Stelle der damals modischen, aus den USA importierten femininen „Cokebottle“-Rundung setzte Warkuß letztlich einen kantigen und damit prägnanten Knick, der sich vom hinteren Seitenfenster elegant zum Heck schwingt. Jenes Seitenfenster wiederum erhielt als hinteren Abschluss einen beherzten, bogenförmigen Schwung nach oben Richtung Dach-Kante – Motto: Ein bisschen Monteverdi muss sein …!

Auch die Gestaltung der sich dem hinteren Seitenfenster anschließenden breiten C-Säule bedurfte des Experimentierens. „Oberhalb der Gürtellinie“, so Warkuß gut fünf Jahrzehnte später, „musste hier irgendetwas geschehen, brauchte es irgendein Element, sei es ein Kühlschlitz, oder was auch immer. Wenn es da eine derart große Blechfläche gibt, vom Radausschnitt bis zur Dachlinie, dann muss da etwas geschehen, damit das strukturiert und optisch etwas gemildert wird.“ Als Ergebnis solcher Überlegungen platzierten die Designer zwecks Unterbrechung der opulenten Blechflächen hinter den Seitenfenstern ein relativ großes, durch schräg gestellte Rippen dynamisch gegliedertes, trapezförmiges Lüftungsgitter. Was der Optik dienlich, das hatte letztlich auch praktischen Nutzen: nämlich als Entlüftungs-Gitter für den Innenraum.

Die komplette Heckpartie des 100 Coupés unterscheidet sich mit ihrem Fastback-Dachabschluss und der weit um die Karosserieecken herumreichenden, mit Hartgummi bewehrten Stoßstange signifikant vom Stufenheck der Limousine. Die komplette Frontpartie wurde indessen von der Limousine übernommen – annähernd jedenfalls. Denn Kraus wünschte sich auch an der Front eine eindeutige Identifikations-Möglichkeit für das exklusive und teuerste Modell der 100-Reihe. Dabei wünschte Kraus nicht nur, sondern gab auch eine konkrete Anweisung.

Gliedert dynamisch die große Blechfläche der C-Säule: dekoratives, trapezförmiges und verchromtes Lüftungsgitter mit schräg gestellten Rippen.

Ausdrücklicher Wunsch von Audi-Technikchef Ludwig Kraus: Doppelscheinwerfer als prägendes Element der Coupé-Frontansicht.

Improvisation im Audi-Designstudio: runde Doppelscheinwerfer an Stelle der von Audi 1965 eingeführten Rechteckleuchten.

„Der Kraus hat eindrücklich gesagt, macht mir Doppelscheinwerfer", erinnert sich Warkuß, „und gebt die Umsetzung dem Neuen!" Gemeint war er, der Ford-Migrant, während seiner Ford-Jahre geschult im US-amerikanisch, sehr modisch geprägten Design. Denn Doppelscheinwerfer schwappten wie annähernd zeitlich parallel auch Heckflossen bereits Ende der 1950er Jahre von jenseits des großen Teiches herüber nach Europa. Anfang der 1960er Jahre folgte, gleichfalls von General Motors initiiert, der weiche Hüftschwung der sogenannten Cokebottle-Linie.

Beide Stilmerkmale, Doppelscheinwerfer und die Buckellinie oberhalb des hinteren Radausschnittes, waren somit auch in Deutschland Mode-Vorgaben Ende der 1960er Jahre – dies vor allem als Design-Merkmal des Besonderen einer Modellreihe. Mit Hilfe von vier Frontleuchten schmückte deshalb Ford 1969 sein Spitzenmodell 26M, Capri 2600 RS und 3000 GXL folgten vorn gleichartig illuminiert Anfang der 1970er Jahre. Selbst Traditionalist Volkswagen, Modischem eher abhold, setzte auf die beiden Doppelleuchten, als es galt, die missglückte Front des Mittelklasse-Modells 411 für das Modelljahr 1969 ein wenig gefälliger zu gestalten. Somit sah also auch Audi-Technikchef Kraus in Doppelscheinwerfern eine Möglichkeit, die eigentlich von der 100 Limousine übernommene Frontpartie seines Coupés zu individualisieren, und Designer Warkuß tat, wie ihm geheißen – dies, obwohl runde Scheinwerfer designhistorisch betrachtet eigentlich einen Rückschritt bedeuteten.

Tatsächlich hatte ja ausgerechnet Audi Mitte der 1960er Jahre mit dem Übergang von den runden „Augen" des DKW F 102 auf die rechteckigen Leuchten des ersten Audi Design-Geschichte geschrieben. So würdigt der bereits einmal zitierte Professor Dr. Othmar Wickenheiser, Anfang der 1990er Jahre bei Audi zuständig für das Exterieur-Design und seit 1996 Professor für Transportation Design an der Hochschule in München, dieses signifikante Merkmal des ersten Audi. Die „mutig liegenden Leuchtenquader" des Audi hätten „... dem funktionalen Gestaltungsanspruch als völlig neuartige Lichtträger ... ein unverwechselbares technisches Profil gegeben". Dieses für eine Limousine neuartige Design-Element sei „dann auch sukzessive von der gesamten deutschen Automobilindustrie nachempfunden" worden. Wickenheiser weiter: „Den Anfang machte BMW 1966 mit dem 2000. Im Jahr darauf zog Ford mit dem 15M nach, gefolgt von Opel bei den Modellen Rekord und Commodore."

Vier Doppelscheinwerfer auf dem Audi-Werbefoto: zwei Mal am 100 Coupé S, jeweils ein Mal in Brillenform an den beiden Models.

Doppelscheinwerfer machen um 1970 auch in Deutschland Furore: als Stilmittel zur Kennzeichnung des Capri-Topmodells 2600 RS von Ford …

… oder 1969 zur Attraktivierung der etwas missglückten Frontpartie des Volkswagen 411.

Technisch mit 112 PS und im Frontdesign mit Doppelscheinwerfern mit dem Coupé S identisch: Top-Limousine 100 GL, Premiere 1971.

Coupé-Doppelscheinwerfer: verbesserte Sicht, höheres Überholprestige

Immerhin sorgte der Ersatz der einst revolutionären Rechteckscheinwerfer des Audi 100 durch ein Vieraugen-Gesicht im Stil des ersten 100-Prototyps von 1967 (siehe auch Seite 96) für eine besonders prägnante Frontpartie des Coupés – und bei Nacht für deutlich verbesserte Sichtverhältnisse: Serienmäßig erfreut das Coupé nämlich mit leuchtstarken Halogen-Scheinwerfern, für die Fachpublizisten voll des Lobes waren. Damit einher ging – durchaus erwünscht – ein höheres Überholprestige, eine hervorzuhebende Qualität, die in den quirligen 1970er Jahren noch nicht der Political Correctness und den allseits erhobenen Zeigefingern der Verkehrs-Moralisten zum Opfer gefallen war. Kein Wunder deshalb, dass nach der speziellen Leuchten-Optik alsbald auch in Kreisen der 100 Limousinen-Käufer Nachfrage entstand – die das Audi-Marketing bereits ab dem Dezember 1970 befriedigte: Aufpreis 260 DM.

Neben den geänderten Leuchtorganen sorgt die gegenüber der Limousine modifizierte Stoßstange für eine leicht veränderte Anmutung der Frontpartie: Analog zum rückwärtigen Stoßschutz ist sie bis knapp

Coupé S-Radkappe zum Debüt: umstrittenes Sternen-Motiv.

Alurad-Premiere für den Audi 100: Alufont-Rad von 1970.

Leichtmetall von Ronal ab 1972: Radkappe als Design-Vorbild.

Spätzünder: Die Werks-Alus kamen erst im letzten Coupé-Jahr.

Konventionelles Stahlrad-Design: ab Modell '75 serienmäßig.

vor die vorderen Radausschnitte um die Karosserie-Ecken herumgeführt. Bei der Limousine enden die verchromten Blechprofile hingegen etwa mittig des vorderen Überhangs – zum Vergleich die beiden Frontansichten auf dieser Seite. Auf eine weitergehende Modifikation der Frontpartie, etwa eine signifikante Umgestaltung des Kühlergitter-Formats, der Form oder des Zierleisten-Bildes, musste aus Sachzwängen verzichtet werden – Hartmut Warkuß: „Wir hatten ja noch nicht, wie heute, das Spritzguss-Verfahren, dass eine beliebige Gestaltung zulässt."

Improvisation war offensichtlich das Gebot der damaligen Stunde – Warkuß: „Da wurde dann eben aus verschiedenen Gittern was hingezimmert ..." „Wie hingezimmert" – so kommentierten und kommentieren bis heute selbst Audi Coupé-Enthusiasten das ursprüngliche Design der Coupé-typischen Radkappen mit ihren acht verchromten Blechstegen und rechteckigen, chromgeränderten Lüftungs-Durchbrüchen, eine etwas provinzielle Formgebung im Baumarkt-Stil, in der sensiblere Naturen einen Bruch mit der geglückten Gesamterscheinung des Ingolstädter Coupés sehen.

Darauf angesprochen, schmunzelt Coupé-Designer Warkuß: „Nun ja ... wir hatten damals anfangs eben noch nicht die Möglichkeit, Alugussfelgen vorzusehen ..." Solche im Druckguss gefertigte Leichtgewichte lieferte im Debütjahr des 100 Coupé S für die 100 Reihe von Audi lediglich der Schweizer Hersteller Alufont[4]. Im Format 5,5 x 14 und einem Preis von 150 DM wogen sie, ganzlackiert und mit abgedrehtem Flansch versehen, pro Stück 4,3 Kilogramm. Ursprünglich waren die Räder für den VW Käfer konzipiert worden, die Änderung gegenüber der VW-Version betraf lediglich den beim Audi unterschiedlichen Lochkreis. Vor diesem Hintergrund erklärt sich, dass ein Schweizer Käfer-Spezialist die Alufont-Teile vertrieb, nämlich die Firma Auto Hegglin in CH-8706 Meilen.

Etwas später, nämlich 1972, erbarmte sich auch das Leichtmetallwerk Karl Wirth, Produzent der einst gut beleumundeten Ronal-Räder, der Coupé-Besitzer mit gesteigertem Ästhetik-Bedarf in den Radhäusern. Das achtspeichige Ronal-Aluminiumrad orientierte sich im Format an den serienmäßigen Stahlrädern und misst folglich im Umfang 14 Zoll, in der Breite fünf Zoll – gute Voraussetzung für die TÜV-Zulassung, die ein entsprechendes Gutachten garantierte. Pro Ronal-Leichtmetallfelge waren 189 DM zu entrichten. Zu diesem Preis gab es außer dem Rad einen passenden Nabendeckel mit den vier Auto Union-Ringen, was die (in Ingolstadt gut 50 Jahre später leider nicht verifizierbare) Akzeptanz des Rads durch die Audi NSU AG wahrscheinlich macht.

Als nachträgliche Rüstmöglichkeit mit dezidiertem Werkssegen kamen Aluräder im Format 5,5 x 14 H2 mit neun Speichen (Original-Best.-Nr. 803601025B) erst ab dem Modelljahr 1976 in den offiziellen Handel, lieferbar zwar über Audi-Händler, jedoch ohne entsprechende Listung in den werksoffiziellen Optionen-Preislisten und somit auch nicht ab Werk statt der Stahl-Alternative zu ordern. Lieferant der Leichtgewichte war Volkswagen, und für damalige Verhältnisse kosteten sie ein kleines Vermögen: Stückpreis 275 DM. Kein Wunder, dass sie kaum einmal bestellt wurden und heute unter Coupé-Enthusiasten zu den begehrtesten Accessoires des Modells zählen.

Weniger auffällige, weil herkömmlicher gestaltete Raddeckel mit gleich drei ringförmig angeordnete Audi-Schriftzüge ersetzten im Übrigen die ursprünglichen Kappen ab Modelljahr 1975 (somit ab Oktober 1974) zusammen mit der modifizierten vorderen Achsgeometrie. Auf die soll im Kapitel „Gutes noch besser machen – oder kostengünstiger: Modellpflege-Maßnahmen innen, außen und unten" ab Seite 170 noch detaillierter eingegangen werden. Da auch der vordere rechte Kotflügel weit vorn unterhalb der Blechsicke einen verchromten Audi-Schriftzug trägt, bleibt dem Betrachter der rechten Coupé-Silhouette der Hersteller des prächtigen Wagens nicht verborgen, wird er doch hier nicht weniger als sieben Mal – sechs Mal auf den beiden Raddeckeln, ein Mal am Karosserie-Blech – darauf hingewiesen.

[4] Alufont® ist ein geschützter Begriff für eine spezielle Aluminium-Legierung der Firma Rheinfelden Alloys. Die Firma existiert noch heute als Hersteller komplexer Aluminiumguss-Teile, produziert jedoch nicht länger Aluminiumräder.

Frontstoßstangen mit Variationen: Die Coupé-Version reicht fast bis zum Radausschnitt und trägt auch in der Verlängerung Gummi, ...

... während die Limousinen-Version in den Eckbereichen kürzer dimensioniert ist und der schützenden Gummiauflage entbehrt.

Reichlich Lametta an den Top-Versionen LS und GL der Audi 100 Limousine: Chromleiste unterhalb der Türgriffe, an den Schwellen und an den Radausschnitten.

Kam zur Audi 100-Anfangszeit nicht in Frage: Serienfertigung eines 100 Cabrios, wie von Karmann in zwei Exemplaren gebaut.

Kostspielige Möglichkeit für die Frischluftfreunde unter den Audi 100-Freunden: Cabrio-Aufschnitt Crayford in England.

Beidseitig gönnten die Designer (und Erbsenzähler der Abteilung Buchhaltung) dem Coupé lediglich eine Chromleiste zwischen den Radausschnitten unterhalb der Türausschnitte, während die üppigere Chrompracht der 100 LS- und GL-Limousinen dem Coupé vorenthalten blieb. Schlecht steht dem damals teuersten Audi der Verzicht auf die Chromblenden an den Radausschnitten und die von vorn bis hinten auf Höhe der Blechsicke geführte Chromleiste keineswegs – allenfalls „Bling-bling“-Enthusiasten dürften die Sparsamkeit auf dem Niveau des preisgünstigsten 100-Modells bemäkeln. Weniger ist, wenn es um Seriosität und Eleganz geht, eben nicht selten mehr.

Auch als es darum ging, parallel zur Limousine die Frontpartie in klassischer Facelift-Manier für das Modelljahr 1974 ein wenig zu modifizieren, blieb es in Bezug auf das Coupé S beim Verzicht auf ausufernden Glitzerschmuck, eher im Gegenteil. So erhielt die Schwellenpartie unterhalb der Chromleiste zwischen den Radausschnitten gar mattschwarzen statt hochglänzenden Wagenfarben-Lack, was den etwas pummeligen Coupé-Unterbau für's Auge etwas graziler, weil vermeintlich flacher erscheinen lässt.

Im Gespräch mit Designer Harmut Warkuß wird deutlich, dass in den Anfangsjahren der Marke Audi bei der Entwicklung von Modellen, Modell-Varianten und auch im Design äußerster Sparzwang herrschte – was angesichts der herausragenden Qualitäten der frühen Audi-Produkte, technologisch wie im Design, umso mehr Respekt einflößt. So stand etwa ein durchaus denkbares Cabriolet auf Basis des Coupé S, wie es Karmann anlässlich der IAA in Frankfurt 1969 auf Basis der zweitürigen 100-Limousine zeigte (und insgesamt nur zweimal baute), überhaupt nicht zur Debatte – Warkuß: „Audi befand sich ja damals noch völlig am Anfang. Da war man gut damit beschäftigt, neue Fahrzeuge für ein breiteres Publikum auf die Straße zu bringen, um von DKW, vom Image dieser Marke, weg zu kommen.“

Cabrio-Fans unter den Audi-Freunden mussten folglich nach Köln-Braunsfeld zur Karosseriefirma Karl Deutsch GmbH pilgern – was immerhin fünf Automobilisten mit kombinierten Audi/Cabrio-Vorlieben und einem verfügbaren Budget von rund 14.500 DM taten. Sie zählten damit zu den letzten Deutsch-Kunden überhaupt: Im Dezember 1971 beendeten wirtschaftliche Schwierigkeiten die Deutsch-Geschichte. Der in Kent/Großbritannien ansässige

Umbau-Spezialist Crayford Auto Developments war mit dieser Kombination kommerziell etwas erfolgreicher: Er amputierte ab 1974 immerhin neun zweitürigen und überwiegend rechtsgelenkten Audi 100 Limousinen gegen 1.408 Pfund Gebühr das Blechdach zugunsten einer aus Deutschland importierten Mohair-Stoffkapuze. Für ein geöffnetes 100-Komplettfahrzeug berechnete Crayford damals 4.267 Pfund, umgerechnet rund 19.200 DM, entsprechend gut 50 Prozent Frischluft-Aufschlag …

100 Zweitürer-Limousine: attraktive Alternative zum 100 Coupé S

Allerdings zeigt sich so ein Audi-Aufschnitt mangels ingeniöser Verstärkungsmaßnahmen der Bodengruppe als wenig verwindungssteif – zumindest dann, wenn die Flex in England angeworfen wurde. Nicht zuletzt die bei der Limousine fehlende Querversteifung der Bodengruppe im Bereich der B-Säulen (siehe auch Seite 86) sorgte nach dem Wegfall des stabilisierenden Blechdaches für eine unerwünschte Elastizität des Gehäuses, der eigentlich mit clever positionierten Verstärkungen zu begegnen wäre. Doch „weit her kann es mit den Stabilisierungsmaßnahmen nach Absägen von Dach und Türrahmen nicht gewesen sein“, vermutete jedenfalls Martin Puthz im Fahrbericht eines Crayford-Cabrios in *Auto Bild Klassik*, Ausgabe 8/2023, „von außen sichtbar sind zwei auf die Schweller gebratene Vierkantrohre; da das Cabrio 161 Kilo leichter ist als eine früher gewogene 100-GL-Limousine, war's das wohl auch schon.“ Puthz' entsprechende Artikel-Überschrift: „Der Zitteraal“.

Den Qualitätsanforderungen eines Ludwig Kraus hätten derartige Eigenschaften sicher nicht entsprochen, weshalb die Realisierung eines Werkscabrios auf der kurzen Coupé-Bodengruppe beträchtliche zusätzliche Konstruktionskosten erzeugt hätte. Kein Wunder deshalb, dass technische Sachzwänge und das sehr knappe Entwicklungs-Budget auch ein gleichfalls aus den USA überliefertes Design-Merkmal verhinderte, das einst den klassischen DKW-Coupés, aber auch den Coupés von Mercedes-Benz, BMW und Ford, zu besonderer Grazie verholfen hatte. Gemeint sind die rahmenlosen Seitenfenster, die sich ohne die Optik störende B-Säulen voll versenken lassen – eine Lösung, die eine Design-Skizze vom Januar 1968 aufweist. Warkuß: „Das wäre nicht so einfach gewesen und hätte eines großen Aufwandes bedurft. Wir mussten ja die Türinnenbleche für das Coupé von der zweitürigen Limousine übernehmen …“ Tatsächlich sind die breiten Coupé-Türen mit Ausnahme der Scheiben und der aufgeschraubten Aluminium-Fensterrahmen die gleichen wie bei dem 100 Zweitürer.

Diese zweitürige Limousine mit ihren schräg nach hinten gepfeilten B-Säulen und der schnörkellosen Dachpartie sollte sich im Übrigen in optischer Hinsicht als durchaus attraktive Alternative zum Coupé S profilieren.

Entstand (leider) nur auf dem Zeichenbrett der Audi-Designer: Coupé-Version mit voll versenkbaren Seitenscheiben.

Ingolstädter Gleichteile-Politik: Aus Kostengründen mussten die Audi-Designer für das Coupé die Türblätter der zweitürigen Limousine übernehmen (links).

Hausinterne Konkurrenz für das Fastback-Coupé S: die zweitürige 100 Stufenheck-Limousine mit dynamisch schräg gestellten Seitenfenster-Pfosten (rechts).

Dr. Paul Simsa, Chefredakteur des Fachblattes *mot*, kommentierte diese Konkurrenz in Ausgabe 3/1970 vom 7. Februar mit diesen Worten: „Im Vergleich zum Viertürer sieht sie aus wie ein Coupé, das ist ein optischer Effekt der schrägen Seitenfensterpfosten und schlanken Fensterrahmen, auch noch etwas flacheres Dach als beim Viertürer." Knapp 23.000 Leser des Technik-Magazins *Hobby* goutierten die Zweitürer-Limousine der 100-Baureihe ebenfalls und kürten sie 1969 zum „Auto des Jahres 1969" in der Gruppe B (Mittelklasse)[5] – *Hobby*-Kommentar: „Als der zweitürige Audi 100 auf der IAA 1969 vorgestellt wurde, da waren sich Besucher und Presse einig darüber, daß dieses Auto die Rasse eines Coupés besitzt. ..."Auch *auto motor und sport* stellte in der Vorschau auf den 100 Coupé S-Test in Ausgabe 1/1971 die Frage „War der neue Audi-Sproß überflüssig, da es doch mit dem zweitürigen Audi bereits ein Coupé-ähnliches Auto gibt, ...?

Ist diese Duplizität der Wahrnehmung von zweitüriger Limousine und Coupé S ein Zufall? „Das", erinnerte sich Coupé-Designer Warkuß gut 50 Jahre später sehr ehrlich und mit Schmunzeln, „war so wirklich nicht gewollt. Das war eher ein Versehen ..." Nicht auszuschließen, dass die zweitürige 100 Limousine mit ihrer anerkannten Eleganz und dem üppigeren Platzangebot den Coupé-Absatz kannibalisierte. Zwar zog sie an der Verkaufsfront gegenüber dem Viertürer deutlich den Kürzeren – zumal die beiden Extra-Pforten für die Rücksitze anfangs (bis Dezember 1971[6]) keinen Aufpreis erforderten. So lautet das Limousinen-Absatzverhältnis der ersten 100-Generation 680.991 Viertürer zu 115.796 Zweitürer. Doch im Vergleich zum (anfangs) allerdings auch knapp 23 Prozent teureren[7] Coupé S, das lediglich 30.687 Käufer fand, zeigte sich die zweitürige Limousine fast vier Mal so erfolgreich.

Allerdings profitierte die Limousine auch von ihrem breiteren Motoren-Spektrum mit einer Leistungs-Spanne von 80 bis 112 PS und von der größeren Ausstattungs-Vielfalt der 100-Varianten Basis, S, LS und GL. Leistungsorientierte Investoren, die zwischen den gleichstarken Top-Modellen 100 GL mit zwei Türen und Coupé S wählen konnten, entschieden sich eher für das Coupé: Hier kamen auf einen Limousinen-Käufer knapp 2,5 Coupé-Liebhaber. Unter Youngtimer-Enthusiasten hat die zweitürige 100-Limousine den ihr gebührenden Stellenwert bislang (noch) nicht erreicht: Während es an (mittlerweile recht kostspieligen und mehr oder weniger aufwändig restaurierten) Coupé S (etwa im Online-Portal *mobile.de*) nicht mangelt, zählt diese spezielle Limousinen-Version, das „Versehen", zu den Top-Raritäten der Audi-Frühzeit. So waren zu einem zufällig gewählten Zeitpunkt während der Coupé-Recherchen im Sommer 2025 auf der Internetplattform *mobile.de* zwar 13 Coupé S im Angebot, jedoch nur vier zweitürige Audi 100 der Generation C1.

Wie schon die 100 Limousine so erntete auch das 100 Coupé S in Fachzeitschriften überwiegend positive Kommentare die Eigenschaften betreffend – und insbesondere die Formgestaltung. „Die Ingolstädter ‚Pininfarinas'", kommentierte Heinz Kranz, Testredakteur des Stuttgarter Technik-Magazins *Hobby*, in Ausgabe 23/1969 vom 12. November 1969, „haben mit dem Audi 100 Coupé ganz sicher einen Volltreffer gelandet, von der rationellen Fertigung wie von der Form her." Außerdem: „Mutter VW darf weiterhin stolz auf die tüchtige Tochter sein!" In Ausgabe 11/1971 bedachte das Motorsport-Blatt *sport auto* den neuen Audi mit Vorschuss-Lorbeeren sowohl in Sachen Design, als auch wegen der zu erwartenden Fahrleistungen: „Dieses im Styling wohl harmonisch bestgelungene Coupé deutscher Mache wird mit seinen 115 PS 185 km/h laufen ..."

[5] veröffentlicht in *Hobby*-Ausgabe 6/1970:
In seiner Klasse verwies der Audi mit 65.654 Leser-Punkten den BMW 2000 (28.750 Punkte) und den Mercedes 200 (24.147 Punkte) sehr deutlich auf die Plätze.

hobby-Leser wählten:

Das Auto des Jahres

Der hobby-Auto-Oscar ist mehr als ein reiner Schönheitspreis. Automobile sind Dinge, die sich aus sich selbst heraus bewegen. Darum ist deren Schönheit nicht nur statisch, sondern überwiegend dynamisch zu verstehen. Wenn also Jahr für Jahr über 20 000 hobby-Leser ihre Stimmen für die schönsten Autos Europas abgeben, so sehen sie die Autos nicht hinter der Glasscheibe ei nes Ausstellungsraume sondern als Mechan men, die ein motorisch

Zweitürige 100-Limousine: Nach Meinung der Hobby-Leser mit der „Rasse eines Coupés“ – und folglich „Auto des Jahres“ 1969.

Eleganz-Duplizität von Coupé S und zweitüriger Limousine: nach Meinung von Audi-Designer Hartmut Warkuß „ein Versehen“.

[6] Viertürer-Aufpreis in der ersten Anzeigen-Ankündigung der Zweitürer-Version (März 1969): 300 DM, reduziert im August 1969 auf 200 DM; ab April 1970 ohne Aufpreis; ab Januar 1972: Aufpreis 350 DM, ab Juni 1973: 375 DM, ab Januar 1975: 440 DM, ab August 1975: 485 DM, ab März 1976: 540 DM.

[7] 100 GL Zweitürer/100 Coupé S: 11.720 DM/14.400 DM (beispielhafte Vergleichsbasis: Preise vom Dezember 1971; gegen Ende der 100 C1-Bauzeit reduzierte sich der Preisabstand der beiden Zweitürer bis 1976 auf nurmehr 18 Prozent).

Reinhard Seiffert wiederum schloss seinen ausführlichen Coupé-Test in *auto motor und sport*-Ausgabe 2/1971 mit diesen Worten ab: „Die Ingolstädter Autobauer … haben zwar die Coupé-Masche gestrickt – aber mit dem besten Garn, das zu haben war." Kein Wunder, dass der Testwagen auch in der Öffentlichkeit viel beachtet wurde, nachdem er in der Stuttgarter Leuschnerstraße, Sitz der Redaktion, abgeliefert worden war. „Ein rotes Audi 100 Coupé findet die Bewunderung vornehmlich weiblicher Betrachter", berichtete das Motorblatt vorab im sogenannten „Test-Tagebuch" der Ausgabe 26/1970, und kam zum Schluss, der elegante Wagen könne zum „Favorit arrivierter Karmann-Fahrerinnen werden".

Herbert Völker, Chefredakteur der in Wien erscheinenden *auto revue*, war in Ausgabe 8/1971 gleichfalls sehr angetan von der Ingolstädter Schönheit: „… aus der hübschen Limousine ist ein aufregend schöner sportlicher Wagen geworden." Und Lob des Österreichers galt auch Hartmut Warkuß, freilich ohne dessen Namen zu nennen: „… obwohl die Linie ihre deutschen Väter hartnäckig verleugnet – beste italienische Arbeit, würde man sagen – waren nur Styling-Männer aus dem Hause Audi daran beteiligt." Ein Problem, für das der formschöne Spitzen-Audi die Lösung sein könnte, sprach Völker gleichwohl an: „Das Coupé ist auffallend, gewiß, es wird begafft und die Leute sind bei näherem Hinschauen enttäuscht, daß es ‚nur' ein Audi ist, denn der Limousine fehlt es noch immer an Image, trotz aller blendenden Kritiken, die sie seit ihrer Geburt hatte. Schon daraus allein könnte dieses Coupé seine Daseinsberechtigung ableiten: als Flaggschiff für ein neues (der Realität entsprechendes) Audi-Image."

1969 bewies eine Leser-Befragung des Frankfurter Auto-Magazins *Motor-Rundschau* anlässlich der Internationalen Automobilausstellung (IAA[8]), dass der Spitzen-Audi nicht nur bei Fachjournalisten bestens ankam. Auf die Frage „Welches Auto gefiel Ihnen auf der IAA am besten?" setzten 10,4 % der Einsender das damals neue Audi Coupé unter knapp 60 Kandidaten – darunter der revolutionäre Wankel-Sportwagen C 111 von Mercedes-Benz – auf Platz 1[9]. Die Wahl-Begründungen druckte die *Motor-Rundschau* gleichfalls ab – ein Auszug: „Tolle Form", „klare Linienführung", „für mich das eleganteste deutsche Coupé", „alles was ich mir von einem Coupé wünsche, die formschöne Karosserie, den leistungsstarken Motor, die sichere Straßenlage und das übernommene, vielfach bewährte Konzept", „wo gibt es sonst ein so schickes Coupé?"

Stolz waren die Redakteure der Audi NSU-internen Postille *Aktuelle Umschau – interne Nachrichten für unsere Geschäftsfreunde* Nr. 9/1969 überdies darüber, dass sich unter den ersten sieben genannten Favoriten nicht weniger als vier „Hausgewächse" platzieren konnten: außer dem 100 Coupé S der Audi 100 (als Limousine) mit 6.5 Prozent auf Platz 3, der NSU Ro 80 mit 5,2 Prozent auf Platz 5 und der NSU TTS mit 4,8 Prozent auf Platz 6.

Zumindest in dieser Leserwahl hatte der Audi seinen hausinternen Image-Konkurrenten – siehe zu dieser Rivalität auch Seite 17 – klar geschlagen …

[8] Die Internationale Automobil-Ausstellung wurde in Frankfurt am Main ausgerichtet.

[9] Die Leserwahl-Ergebnisse wurden in Ausgabe 23/1969 der *Motor Rundschau* veröffentlicht. Platz 2 belegte der Fiat 128, Platz 4 der VW-Porsche 914 und der BMW 2800 CS landete auf Platz 7.

In Sachen Attraktivität des neuen Audi 100 Coupé S gab es 1971 keine zwei Meinungen: Die Nummer 1 unter den Motorblättern Deutschlands lobte das Coupé-Design genauso …

… wie das führende Enthusiasten-Magazin Österreichs, die in Wien erscheinende *auto revue*.

Neues Audi Coupé 1969 auf der IAA in Frankfurt/Main: Briefing der Audi-Hostessen (oben) und danach von Besuchern umlagert …

… und in der Frankfurter *Motor-Rundschau* als Besucher-Favorit der Messe gekürt – der „klaren Linienführung“ wegen.

Ein Coupé-Interieur für's Wohlbehagen

Audi Coupé-Interieur: im Stil an Mercedes-Benz orientiert, jedoch durch freundliche Farbgestaltung weniger düster.

Wie die komplette Frontpartie so kann auch das Interieur des Audi 100 Coupé S die Abstammung von der ersten Audi 100-Generation, intern C1, nicht verleugnen. Da freilich schon die Limousine von ausgesprochenen „Car Guys“ konzipiert und gestaltet worden war, bietet auch der in den 1970er Jahren teuerste Audi ein betont funktionelles, ergonomisch wohldurchdachtes Cockpit – einmal mehr ist die Mercedes-Vergangenheit des maßgeblichen Audi-Entwicklungspersonals im 100-Interieur unverkennbar. Allerdings war es den Ingolstädter Gestaltern gelungen, bereits ihre bürgerlichen Limousinen-Innenräume deutlich wohnlicher zu garnieren, als dies mit Rücksicht auf die Taxifahrer-Kundschaft lange Zeit Stuttgarter bzw. Sindelfinger Brauch war. „Der Ausstattungsstil ist bei Audi wie bei Mercedes seriös“, beschrieb *mot*-Chefredakteur Dr. Paul Simsa in Ausgabe 16/1969 das Interieur-ideologische Verwandtschaftsverhältnis, „jedoch wirkt der Audi-Innenraum durch geschickte Materialwahl mit freundlichen Farben bei weitem nicht so düster wie der Mercedes-Innenraum.“

Ihrem Coupé S gönnten die Audi-Innenarchitekten zudem noch ein wenig „Sahne“ in Form von echtem Nussbaumholz-Furnier zum Zwecke gesteigerter, 1960er Jahre-typischer Wohnkultur. Noch orientierten sich die Innenraumgestalter der Auto-Industrie bei sportlich getrimmten Modellen an der Materialien bürgerlicher Schrankwände statt wie im 21. Jahrhundert an Klavierlack- oder Carbon-Intarsien. Das österreichische Magazin *Austro Motor*, Ausgabe 4/1972, sah in diesem hölzernen Stil folglich Nostalgie im Spiel, nämlich „einen Hauch der ehemaligen Sportwagen-Romantik“.

Luxuriöses Ambiente statt spartanischer Sportlichkeit

Waren auch bei dieser speziellen Klassiker-Zutat Stuttgarter Bräuche maßgebend für die Ingolstädter Stuttgart-Migranten? Das ist keineswegs auszuschließen – schließlich schmückten die Ex-Kollegen von Mercedes-Benz ihre Top-Modelle im Armaturenbereich gerne mit diversen Holz-Applikationen, teils – wie bei Rolls-Royce in England – gar in aufwändiger Schreinerarbeit gefertigt. Selbst Porsche garnierte das Armaturenbrett früher Elfer mit Teakholz – wenngleich als Imitat. Und auch das im Charakter und Leistungsvermögen dem Audi Coupé stark ähnelnde BMW 2000 C/CS Coupé bezog sein Luxusambiente nicht zuletzt aus üppigen Edelholz-Täfelungen an Armaturenbrett, Lenkrad und Mittelkonsole. Im Audi Coupé bildet das fein gemaserte Naturmaterial sowohl den Hintergrund der vier hoch im Blickfeld des Fahrers angeordneten Hauptinstrumente, als auch eine breite Streifen-Zierde entlang des Armaturenbretts und an den Türtafeln.

Das sieht im Zusammenspiel mit zweifarbigen Skai-Verkleidungen der Türtafeln sehr edel aus – und fühlt sich auch sehr wertig an. Unterteilt sind die Türverkleidungen gleich mehrfach: Oberhalb der Holzstreifen und am unteren Tür-Rand fungieren schwarze Skai-Blenden als jeweilige Abschlüsse der Türtafeln, mittig bilden zwei Chromstreifen den Rahmen für mehrere horizontale Abnäher im unterfütterten, lederartigen Kunststoffmaterial. Hier dominiert die Farbgebung der Sitzbezüge – serienmäßig Velours oder optional Skai, Aufpreis je nach Modelljahr 100 bis 109 DM – und des Velours-Teppichmaterials, mit dem der komplette Wagenboden und die Wände im vorderen Fußraum ausgeschlagen sind. Die Frontsessel wurden in den Flankenbereichen gegenüber den Limousinen-Varianten zwecks besseren Seitenhalts in Kurven etwas mehr aufgepolstert und verfügen wie auch die Fondsitzbank über klassische Federkern-Unterbauten.

Auch in diesem Detail kommt die „Stuttgarter Schule" zur Geltung, wiesen doch die Sitz-Konstrukteure von Mercedes-Benz gerne darauf hin, dass Stahlfedern im Gestühl den Vorteil temperaturunabhängiger Federungsmanieren bieten. Das Festigkeitsverhalten von Schaumstoff-Unterbauten variiere hingegen: Sie seien je nach Umgebungstemperatur weicher oder härter, was für einen gleichmäßigen Sitzkomfort nach Sindelfinger Ergonomen-Meinung nicht erwünscht sei. Allerdings fanden die Federkerne nicht überall

Holzblenden im Armaturenbrett-Bereich waren in den 1960er Jahren Oberklasse-Attribute mit Luxus-Appeal, sei es in der Mercedes S-Klasse ...

... oder bei Rolls-Royce, wo etwa für das Modell Silver Shadow eine ganze Armada talentierter Kunstschreiner ans Werk ging.

Hölzerner Schmuck war vor einem guten halben Jahrhundert auch bei Sportcoupés „in": Beispiele sind der Porsche 911 von 1963 ...

... und die Coupé-Varianten C/CS des BMW 2000 von 1965, direkte Konkurrenten des Audi 100 Coupés.

den Beifall der Fachjournalisten – die in den Jahren 1962 bis 1983 erschienene *Deutsche Automobil Revue* beklagte in ihrer Ausgabe 5/1970 mangelnden Sitzkomfort im Audi Coupé S, einem Vorserienwagen, und bedauerte, „dass es die Auto Union leider wieder nicht übers Herz gebracht hat, sich vom Drahtfederkern loszusagen“.

Bei Audi stießen solche Kritiken durchaus auf Resonanz, wenngleich nicht in Bezug auf den Typ 100. Erst für den kleinen Audi 50 setzten die Ingolstädter ab 1974 trotz im Vergleich zu Stahlfederkernen höheren Kosten auf Polyurethan-Schaumteile unterschiedlicher Festigkeit und Steifigkeit, eingebettet in blecherne Sitzwannen. Aus entsprechenden Untersuchungen hatte sich nämlich ergeben, dass Schaumstoff ein den Stahlfedern überlegenes Schwingungs- und Dämpfungsgebaren böte – dass sich die Schaumstoffe im Laufe der Nutzungsjahre durch Alterung im Wortsinn „verkrümeln“ sollten, war da noch nicht abzusehen …

Wohlfühl-Ambiente: Nussbaumholz-Blenden an Türen und Armaturenbrett, Velours-Sitzbezüge und Teppichauskleidungen im Cockpit des neuen Audi 100 Coupé S.

Coupé-Gestühl: gegenüber der Limousinen-Version an den Flanken mehr aufgepolstert, Unterbau mit Drahtfederkern.

Coupé-Rücksitze: Im Vergleich zur Limousine knapper dimensioniert und in Serienversion ohne klappbare Mittelarmlehne.

„Für eine neue Sportfahrer-Klasse“: Das Cockpit des 100 Coupé S erfreut den Piloten mit einer Mischung aus Luxus und funktioneller Sportlichkeit.

In der 100 Limousine eine Aufpreis-Option, serienmäßig im Coupé S: Nackenstützen für mehr Komfort und Sicherheit.

In der Topversion GL der 100 Limousine serienmäßig und auch im Coupé-Prototyp präsent, in der Coupé S-Serienfertigung jedoch getilgt: die klappbare Mittelarmlehne im Fond.

Zurück zur Sitzanlage des 100 Coupé S: Die bot an den Vordersitzen serienmäßig Nackenstützen, bei den 100 Limousinen ein Aufpreis-Extras (plus 75 DM). Auch Liegesitzbeschläge, in den Limousinen im Coupé-Debütjahr eine 100 DM-Option, sind im Coupé S Serienstandard. Eine ausklappbare Mittelarmlehne im Fond wie beispielsweise in der Topversion GL der Audi 100 Limousinen sorgte allerdings nur in Vorserien-Coupés für gesteigertes Wohlbefinden der dortigen Fahrgäste – mit Anlauf der Serienfertigung fiel das Komfort-Extra unverständlicherweise dem Rotstift zum Opfer.

Coupé S-Interieur: feine Anmutung und praktischer Nutzen

Neben der feinen Anmutung kommt auch der praktische Nutzen nicht zu kurz: Verantwortlich dafür sind an den beiden Türen stützgerecht positionierte, schwarze Armlehnen mit ausgeformten Zuziehmulden und davor integrierten Schräghandgriffen. Zusätzliche Haltegriffe am Dachhimmel oberhalb der Seitenfenster, „Angst-Griffe“ genannt, dienen der Beruhigung eventueller Mitreisender im Panikmodus. Feste Ablagekästen am unteren vorderen Türtafelrand nehmen es im Format mit dem zeitgenössischen analogen Navi auf: einem voluminösen Straßen-Atlas. Die Türöffner sind sehr handlich vor den Armlehnen und unterhalb der Schräghandgriffe angeordnet, bedürfen jedoch zum Auffinden eines Hinweises an Gelegenheits-Passagiere. Naturgemäß ist – in der Ära des 100 Coupé S europaweit noch überwiegende Gepflogenheit – händische Kurbelarbeit vonnöten, sollen die Türfenster komplett versenkt werden. Die Leichtgängigkeit und Präzision der manuellen Fensterheber war einst ein Qualitäts-Kriterium – bei Audi gab es in dieser Hinsicht keinen Grund zur Klage.

Die Türdreiecksfenster sind – wie leider auch die hinteren Seitenfenster – fest montiert, also nicht zwecks forcierter Belüftung ausstellbar. Wie damals üblich, begründete auch Audi dieses Manko mit dem dadurch gesteigerten Diebstahlschutz: Zierliche Öffnungs-Riegel der Flügelfensterchen, so die von der Praxis bestätigte Theorie, pflegen ungebetenen Eindringlichen nur wenig entgegen zu setzen. Die Funktion der Belüftung übernehmen stattdessen ausgesprochen wirksam rechteckige, verstellbare Lüftungsgitter an den äußeren Rändern des Armaturenbretts. Zusätzliche, nicht verstellbare Lüftungsschlitze oberhalb der Lüftungsgitter zielen zwecks Defrostung direkt auf die Seitenscheiben.

Ohnehin hatten die Audi-Ingenieure der Klimatisierung ihres Typs 100 gesteigerte Aufmerksamkeit gewidmet – dies womöglich in Erinnerung an häufig geübte Kritik am Heizungs- und Lüftungs-Komfort der kleineren Audi-Typen. So sorgt beispielsweise am Übergang vom Armaturenbrett zur Windschutzscheibe ein Entfrosterkanal mit nicht weniger als sieben, breiten Schlitzen für ein besonders zügiges Enteisen der vorderen Sichtluke. Doch auch zum Zwecke des Wohlbefindens der Insassen betrieb Audi einen gehörigen Aufwand bei der Entwicklung einer von Grund auf neu überdachten Heizungs- und Lüftungs-Anlage, für die in Ingolstadt Dr.-Ing. Karl Bauer[1] verantwortlich zeichnete.

In der einst im schwäbischen Esslingen unter Schriftleiter Professor Dr.-Ing. Werner Rixmann erschienenen *Automobiltechnischen Zeitschrift (ATZ)* Nr. 71 vom Januar 1969 beschrieb Dr. Bauer sein Tun in wissenschaftlicher Akribie – auszugsweise mit seinen Worten wiedergegeben sei hier lediglich die Funktionsweise der 100-Klimatisierung: „Die im Audi 100 verwirklichte Anordnung (Anm.d.Autors: der Heizungs- und Lüftungsanlage) versucht, den aufgezeigten physiologischen Gegebenheiten des Menschen[2] in optimaler Weise Rechnung zu tragen. Die gesamte Anordnung der Sommerbelüftung besteht aus vier voneinander unabhängig regulierbaren, nur staudruckbeaufschlagten Frischluftdüsen. Die Strahlrichtung der äußeren Düsen ist durch schwenkbare Luftteile nach Wunsch zur Seitenscheibenentfeuchtung oder zur Windabkühlung des Menschen einzustellen. Die beiden anderen Düsen, die sich über fast die gesamte Schalttafelbreite erstrecken, gestatten bewußt nur eine Impulsregulierung und sind starr auf den bekleideten Rumpf der Insassen auf den vorderen Sitzen gerichtet. Hände und Ärmelöffnungen des Fahrers liegen außerhalb des Frischluftstrahles.

... Zusätzlich zu dieser Sommerbelüftung kann die auf „kalt“ gestellte Frischluftheizung mittels Staudruck und Gebläse unabhängig von den oben beschriebenen vier Düsen frische Kaltluft ...über Entfrosterkanal und Fußraumdüsen in die Kabine drücken. In diesem Fall beträgt der Luftdurchsatz der gesamten Anlage bei 100 km/h Fahrgeschwindigkeit 10 m³/min. Das ist ein in dieser Wagengröße bisher nicht erreichter Wert.“

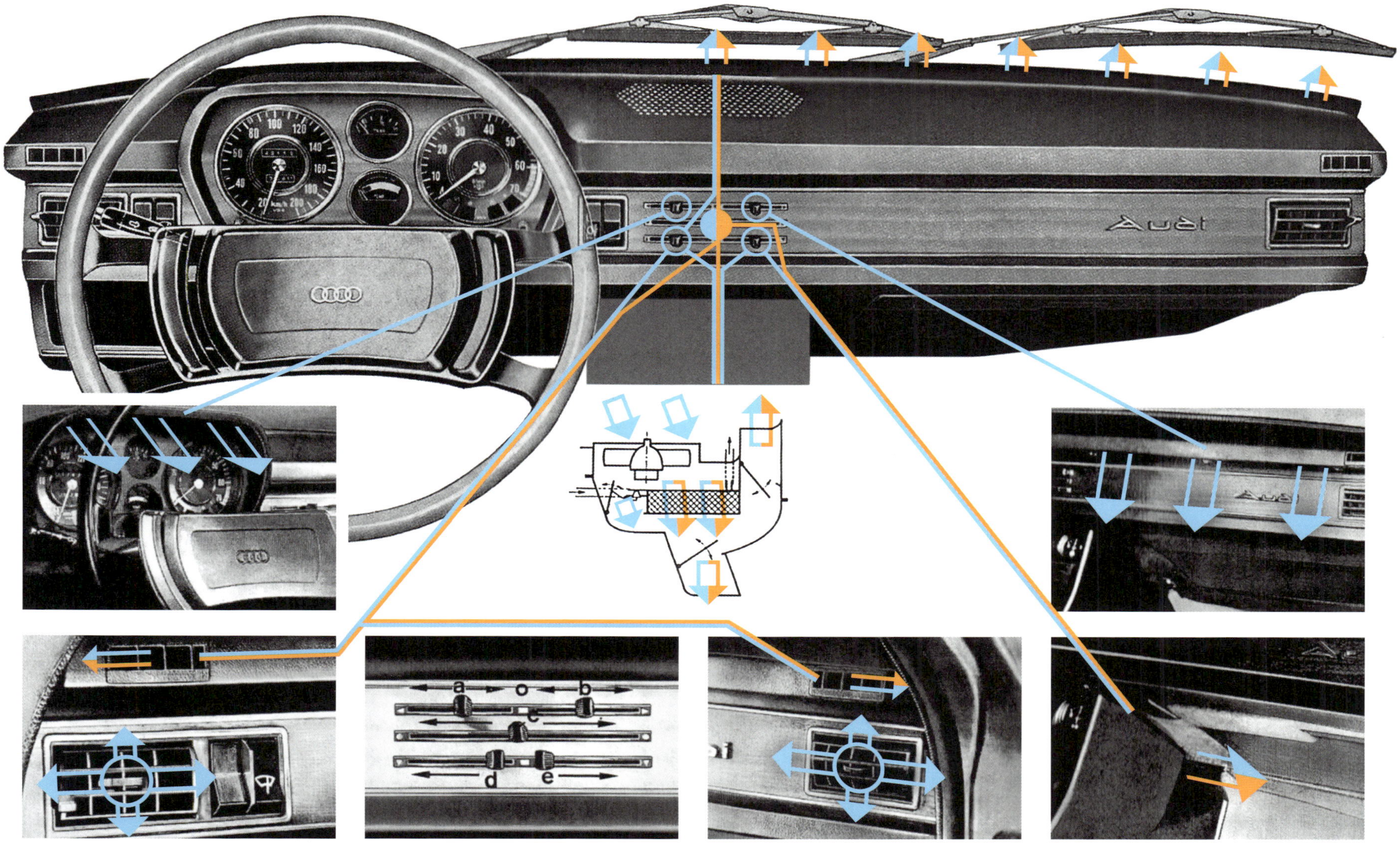

Ambitionierte Heiz- und Belüftungsanlage in allen Audi 100-Varianten: viele teils verstellbare Luftausströmer, vielfältige Einstell-Möglichkeiten.

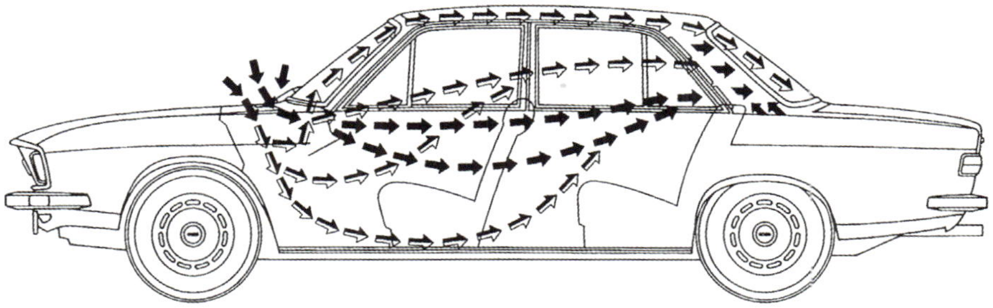

Luftdurchsatz der 100 Heiz- und Lüftungsanlage im zeitgenössischen Vergleich konkurrenzlos: 10 m³/min bei Tempo 100.

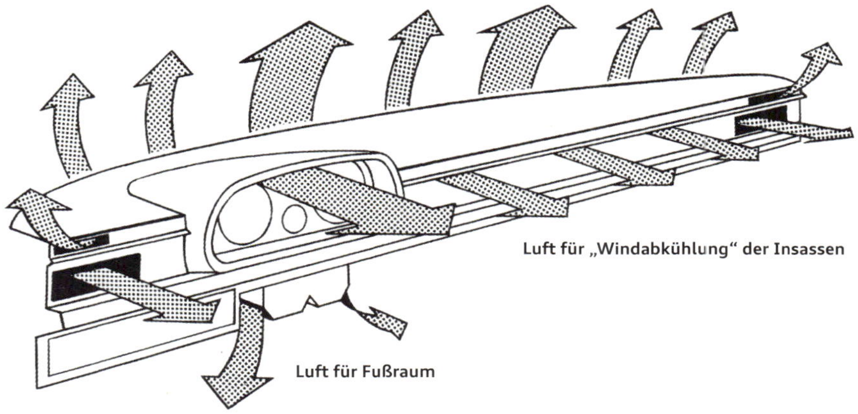

[1] **Dr.-Ing. Karl Bauer** (*1934, † 18. Dezember 2013) startete 1953 nach dem Abitur eine Ausbildung als Betriebsschlosser und studierte von 1955 bis 1960 an der TH München, Abschluss als Diplom-Ingenieur. 1960 trat Bauer bei der Auto Union GmbH ein, promovierte 1968, um danach bis zum Eintritt in den Ruhestand (1992) bei Audi NSU bzw. der Audi AG zu wirken, in den 1970er Jahren als Leiter der Konstruktion von Vorentwicklungen, zuletzt als Leiter der Karosserieentwicklung.

[2] Dr.-Ing. Karl Bauers Untersuchungen ergaben, dass eine als angenehm empfundene und dauernd erträgliche Windabkühlung ein bestimmtes Geschwindigkeitsprofil der Frischluft vor dem Auftreffen auf den Menschen erfordert. So dürften Kopf, Hals, Hände und Handgelenke nur mit geringer Luftgeschwindigkeit umströmt werden, um „Zug“ und Unterkühlung zu vermeiden. Die Brust wiederum sollte mit hoher Luftgeschwindigkeit angeströmt werden, um den Wärme- und oder Kühledurchgang durch die Kleidung zu erhöhen. Im Bereich der Oberschenkel bis zu den Füßen wiederum müsse die Luftgeschwindigkeit auf kleine Werte reduziert werden.

Audi 100-Qualitäten: exzellente Belüftung und wirksame Heizung

Tatsächlich entsprach die 100-Praxis in Sachen Belüftung ganz offensichtlich der Bauer'schen Theorie: „... ist der Audi 100“, urteilte etwa das Fachblatt *auto motor und sport* im Vergleich der Klassenkonkurrenz (Ausgabe 26/1970), „mit einem enormen Luftdurchsatz durch den Innenraum (wirksame Zwangsentlüftung) vorbildlich.“ Das war Grund genug, der Ingolstädter Limousine in der Bewertung der Lüftung die Maximal-Punktzahl, nämlich deren 10, zuzuteilen ... Das Lob galt zwar der 100 S Limousine, darf jedoch für das identisch klimatisierte Coupé übernommen werden, das zudem schon serienmäßig mit einer heizbaren Heckscheibe aufwartet, für die Käufer der 100 Limousine einen Extra-Obolus von 110 DM zu entrichten hatten. Auch das 100-Heizvermögen bot Testern von Fachzeitschriften Anlass zur Lobpreisung: „schnelles Einsetzen nach dem Kaltstart“, beschrieb *mot* im umfangreichen 100 LS-Test, Ausgabe 8/1969, den Ingolstädter Wärmehaushalt, „in Fahrt wenig Nachregulieren notwendig.“

Noch größer war die Begeisterung des Autors Dr. Paul Simsa über die geniale Bauer'sche Lüftungs-Konzeption – O-Töne im Simsa-typischen Stichwort-Duktus: „Direktbelüftungsschlitze unsichtbar im Randwulst des Kombiinstruments und vor dem Beifahrer, sehr wirksame und gut regulierbare Belüftung ohne Zugluft.“ Und: „Man kann stundenlang mit

Audi 100 Coupé S: auch bei schneller Fahrt geringe Windgeräusche im Cockpit Dank gut anliegender Aluminium-Rahmen der Tür-Seitenfenster.

Liefern ein großes Wischfeld und liegen in Ruhestellung im Beifahrerbereich der flachen Windschutzscheibe: Scheibenwischer mit verchromten Armen.

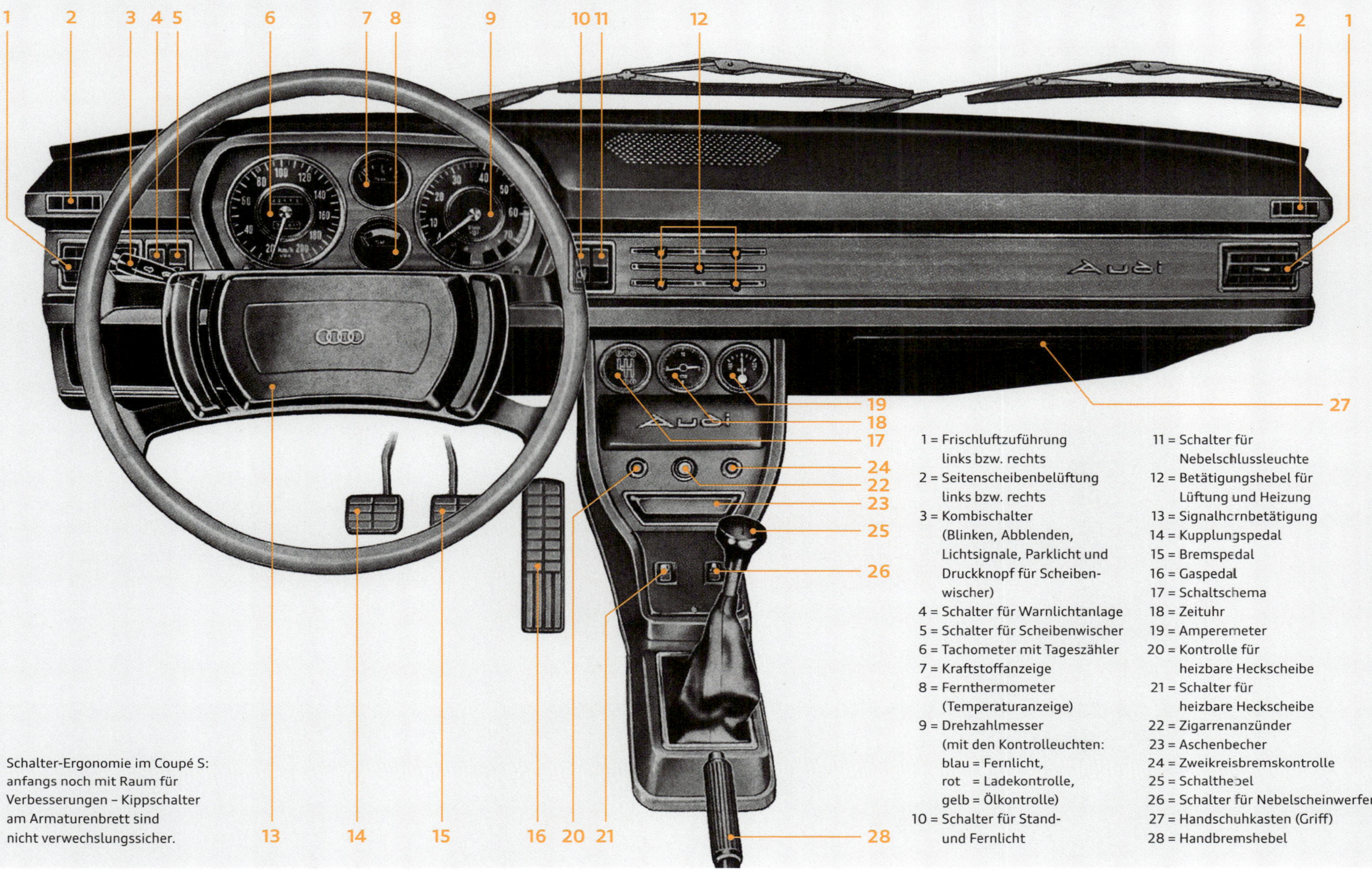

Schalter-Ergonomie im Coupé S: anfangs noch mit Raum für Verbesserungen – Kippschalter am Armaturenbrett sind nicht verwechslungssicher.

1 = Frischluftzuführung links bzw. rechts
2 = Seitenscheibenbelüftung links bzw. rechts
3 = Kombischalter (Blinken, Abblenden, Lichtsignale, Parklicht und Druckknopf für Scheibenwischer)
4 = Schalter für Warnlichtanlage
5 = Schalter für Scheibenwischer
6 = Tachometer mit Tageszähler
7 = Kraftstoffanzeige
8 = Fernthermometer (Temperaturanzeige)
9 = Drehzahlmesser (mit den Kontrolleuchten: blau = Fernlicht, rot = Ladekontrolle, gelb = Ölkontrolle)
10 = Schalter für Stand- und Fernlicht
11 = Schalter für Nebelschlussleuchte
12 = Betätigungshebel für Lüftung und Heizung
13 = Signalhornbetätigung
14 = Kupplungspedal
15 = Bremspedal
16 = Gaspedal
17 = Schaltschema
18 = Zeituhr
19 = Amperemeter
20 = Kontrolle für heizbare Heckscheibe
21 = Schalter für heizbare Heckscheibe
22 = Zigarrenanzünder
23 = Aschenbecher
24 = Zweikreisbremskontrolle
25 = Schalthebel
26 = Schalter für Nebelscheinwerfer
27 = Handschuhkasten (Griff)
28 = Handbremshebel

geschlossenen Fenstern fahren …“ Da Audi-Designer Hartmut Warkuß notgedrungen auf rahmenlose Seitenscheiben verzichtete (siehe auch Seite 125), werden Coupé-Passagiere Dank der mit biegefesten, gut anliegenden Aluminium-Rahmen versehenen Flankenverglasung auch nicht übermäßig von akustischen Fahrtwind-Auswirkungen tangiert: „Die Windgeräusche bei schnellem Fahren“, stellte *auto motor und sport* im Coupé-Test (Ausgabe 2/1971) fest, „halten sich in normalen Grenzen, so daß hohe Autobahnschnitte ohne Geräuschbelästigung erreicht werden können.“ Konkurrenten mit rahmenlosen Seitenscheiben, wie sie etwa bei den damaligen Coupé-Versionen des Opel Rekord und Commodore Verwendung fanden, wurde ein solches Lob nicht zuteil. Speziell im oberen Geschwindigkeitsbereich zieht es derartige Konstrukte nach außen, weg von den Gummidichtungen, mit der Folge heftigen Rauschens.

Für freie Sicht und für körperliches Wohlbefinden ist also gesorgt im Audi 100, ob Limousine oder Coupé S. Vermisst wird in der Ingolstädter Kommandozentrale kaum etwas – allerdings ließ die Betätigung der Beleuchtung und der Scheibenwischer zu Beginn der Coupé-Serie ergonomisch zu wünschen übrig.

Eingeschaltet werden beide Elektrik-Komponenten nämlich mit Kippschaltern am Armaturenbrett, was zu deren Aktivieren ein Vorbeugen und Sondieren des Fahrers erfordert. Dadurch wiederum muss der Blick für einen Moment von der Fahrbahn abgewendet werden. Beide Kippschalter haben je zwei Stufen: für Standlicht und Abblend/Fernlicht der eine, für langsames und schnelles Wischen der andere. Dass der Schalter für die Warnblinkanlage eng neben den gleichartig geformten Initiator der Scheibenwischer gerückt wurde, birgt im Eifer des Gefechtes zudem die Gefahr einer Verwechslung.

Auf- und Abblenden wiederum übernimmt ein links der Lenksäule angebrachter Kombi-Lenkstockschalter, der zugleich der Betätigung der Blinkleuchten dient. Über einen Druckknopf am Schalterkopf lässt sich zudem ein Schwall Scheibenwaschwasser auslösen, dem automatisch einige Scheibenwischer-Zuckungen folgen. Da zur Rechten der Lenksäule in den Limousinen der serienmäßige Lenkradschalthebel Raum einnimmt, ist diese Funktionsebene für einen sinnvollen zweiten Kombischalter auch im Coupé tabu – vorerst jedenfalls. Im Laufe der 100-Modellkarriere rüsteten die Audi-Ergonomen sowohl die Limousinen, als auch das Coupé praxisgerechter auf zwei Kombistockschalter links und rechts der Lenksäule um – siehe Details dazu im Kapitel zur Modellpflege ab Seite 185.

Coupé S-Interieur im Prototypen-Stadium: mattsilberne Blenden statt Holzfurnier, gelochte Prallplatte mit „GT“-Abzeichen am Lenkrad, besonders stark aufgepolsterte Sitzflanken.

Audi 100 Coupé-Studie: sportlichere Details statt Luxus-Ambiente

Besonders engagierte Sportfahrer hätten sich womöglich statt des betont luxuriösen, geradezu kuscheligen Innenraum-Ambientes eine sportivere, ergo sachlichere Kabinen-Anmutung gewünscht – so ähnlich, wie sie es eine frühe, auf dieser Seite dokumentierte Coupé-Studie aufwies (und wie das Interieur noch in ersten Infos für die Fachpresse dargestellt wurde). Im klassischen GT-Stil trägt dieser Prototyp am Armaturenbrett mattsilberne Blenden mit Aluminium-Anmutung; und das mit den beiden horizontalen Doppelspeichen im Grunddesign dem Vierspeichenvolant eines Porsche 911 nicht unähnliche Lenkrad zeigte mittig einen forschen „GT“-Schriftzug.

Dass es den Designern ursprünglich sehr ernst war mit der Sportlichkeit, belegen nicht nur einige Design-Skizzen mit dem verräterischen Titel „Audi Sport“. Weitere Indizien sind

- der analog zum Tachometer großformatige und serienmäßige Drehzahlmesser statt der optionalen, zwischen den beiden Hauptinstrumenten angeordneten Kleinversion in der Limousine,
- die Mittelschaltung statt der in der Limousine (ursprünglich) verwendeten Lenkradschaltung und
- sichtbare Maßnahmen zur Gewichtseinsparung zum Beispiel bei der prototypischen Lenkradspeichen- und Naben-Prallplatte, der sechs auffällige unterschiedlich große, kreisrunde Durchbrüche als etwas gequälte Leichtbau-Mimikry das Gepräge geben.

Geschmackssicherer geriet freilich die spätere, vergleichsweise schlichtere Serien-Prallplatte mit zentral platzierten Auto Union-Ringen sowie links und rechts angeordneten, breiten und somit sehr griffgünstigen Hupen-Tasten.

Zugunsten einer individuell optimalen Fahrposition lässt sich das Coupé-Volant in der Höhe kippend um 40 Millimeter variieren. Alternativ standen zudem zwei Lenkrad-Durchmesser zur Wahl: mit 425 oder mit 380 Millimeter Umfang. Beide Möglichkeiten berücksichtigten offensichtlich auch Folgen des deutschen Wirtschaftswunders, die sich nicht selten im Gürtelbereich genussorientierter Wohlstandsbürger abzeichneten. Während in der Limousine die Lücke zwischen vorderer Sesselkante und unterem Lenkradkranz mit 152 Millimeter relativ bescheiden ausfiel, lässt sich dieser Abstand Dank des verstellbaren Volants im Coupé auf bis zu 178 Millimeter weiten – gegebenenfalls lediglich während des Einstiegs-Prozesses, da der Verstellhebel griffgünstig positioniert ist.

Die Mittelkonsole der frühen Coupé-Studie wiederum bot dem Piloten zwar nicht mehr für's Auge, als die spätere Serienversion, dafür ein wenig mehr zur Info: Statt lediglich eines (rund geränderten) Schaltschemas, eines gleichformatigen Ampèremeters und einer analogen Zeituhr wie in den ersten serienmäßigen Coupé-Jahrgängen kommt im Studien-Cockpit an Stelle der Gangpositions-Grafik ein durchaus nützliches Ölmanometer zum Einsatz, dies zusätzlich zu den beiden Elektrik- und Zeit-Kontrolleuren. Auch das Ampèremeter fiel zum Coupé-Jahrgang '72 den Ingolstädter Erbsenzählern zum Opfer, wodurch der fortan nur noch mit zwei Rundlingen ausgestattete Mittelkonsolen-Bereich etwas ärmlich anmutet, zumal zwischen den beiden kleinen Rund-Informanten ein relativ großer Leerraum auf das Defizit hinweist.

Nichts zu meckern gibt es indessen am in der Serienversion beibehaltenen Großformat der beiden Hauptinstrumente Tachometer und Drehzahlmesser mit ihren grünlich schimmernden, gut ablesbaren Ziffern auf schwarzen Ziffernblättern. Dabei zählt der Tacho in 20er-Schritten bis 200 km/h, der Tourenzähler in Zehnerschritten bis 7.000/min, die letzten 1.100 Umdrehungen/Minute mit roter Markierung als Synonym für den erhobenen Zeigefinger. Zwischen den beiden Hauptdarstellern sitzen zwei kleinere, übereinander angeordnete Instrumente zwecks Hinweises zur Kühlwasser-Temperatur und des Treibstoff-Reservoirs. Die Instrumenten-Einfassungen unterscheiden sich von den Limousinen in der Oberflächen-Beschaffenheit: Statt glitzernd verchromt sind sie im Coupé S funktionell und blendfrei mattschwarz gehalten.

Eine großzügigere serienmäßige Ausstattung schmückt das 100 Coupé S im Vergleich zur 100 Limousinen-Reihe, was dem bereits einmal zitierten *mot*-Redakteur Dr. Simsa in Ausgabe 26/1970 diese fast schon schwärmerische Hymne entlockte: „Audi hat dem Coupé kompromißlos eine Luxusausstattung gegeben ..." Einen Eindruck davon, was noch 1970 als „Luxusausstattung" galt, vermittelt diese Aufzählung der im 100 Coupé S der Modelljahrgänge '70 und '71 serienmäßigen Goodies, wobei schon damals als Selbstverständlichkeit gewertete Accessoires unerwähnt bleiben:

- vordere Liegesitze mit Kopfstützen
- kombinierte Flock-Velours-Skai-Polsterbezüge
- drei Haltgriffe am Dachhimmel (neben Haltegriffen an den Türen)
- Ablagekästen an den Türen
- höhenverstellbares Vierspeichen-Lenkrad
- Veloursteppich als Bodenbelag
- Beleuchtung für den Handschuhkasten und den Kofferraum
- drei Aschenbecher und beleuchteter Zigarettenanzünder
- echte Nussbaumholz-Blenden an Türen und am Armaturenbrett
- elektrische Scheibenwaschanlage mit zweistufigem Scheibenwischer und relaisgesteuerter Wisch-Wasch-Anlage
- elektrische Heckscheibenheizung
- stufenlos regulierbares Heiz- und Lüftungsgebläse
- Verbundglas-Windschutzscheibe
- Halogen-Doppelscheinwerfer
- Gummiauflagen an den Stoßstangen
- 2 Rückfahrscheinwerfer

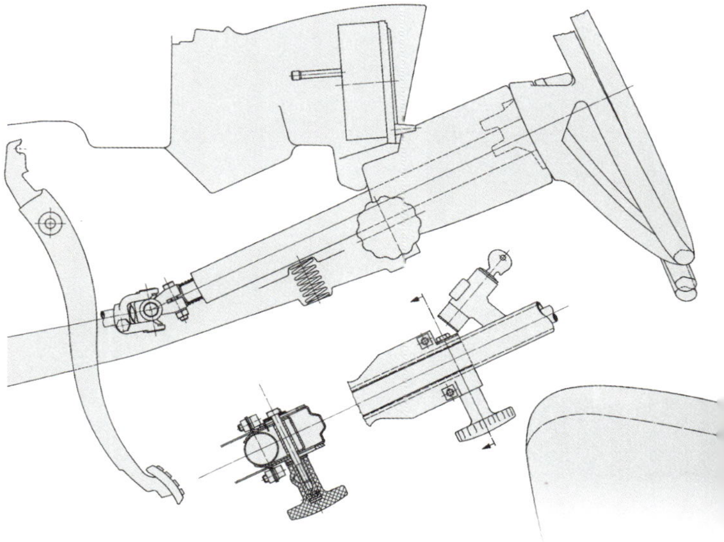

Vorsorgemaßnahme für unterschiedliche Fahrer-Maße und -Gewohnheiten: Das Coupé-Lenkrad lässt sich in der Höhe (und im Winkel) einstellen.

In Format und Anordnung vorbildlich: Tachometer und Drehzahlmesser jeweils im gut ablesbaren Großformat, Rahmen blendfrei schwarz statt glitzernd verchromt.

Anfangs noch stark begrenzte Auswahl an Optionen für den Audi 100 Coupé S: vordere Sicherheitsgurte für 85 DM gehörten zum Beispiel dazu, ...

... und „luftdurchlässige Vollskai-Polsterung“ statt Stoff-Sitzbezüge, Aufpreis: 100 DM.

Von Anfang an im Coupé-Grundpreis inbegriffen: die Höhenverstellung des Lenkrads um vier Zentimeter, Drehknauf zum Lösen und Fixieren der Lenksäule.

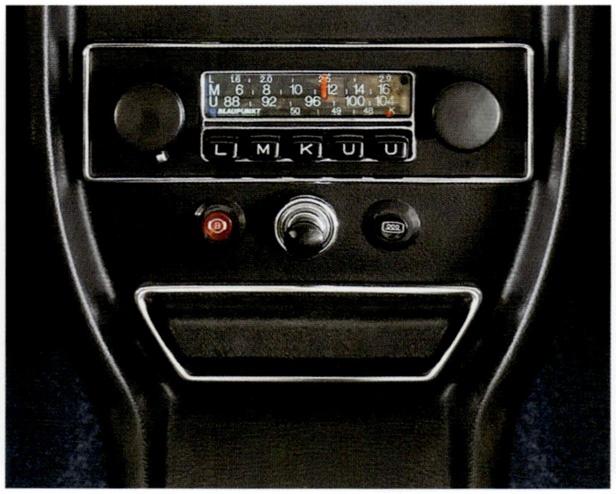

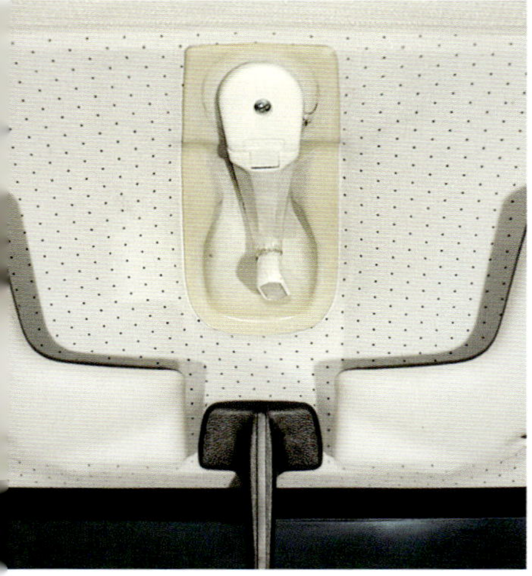

Bis zu 710 DM konnten Coupé-Käufer in verschiedene Radiomodelle von Blaupunkt investieren, Typbezeichnungen: Hannover, Ingolstadt, Neckarsulm ... (Mitte)

Das aus dem VW-Werk Kassel zugelieferte Automatikgetriebe repräsentierte ab Modelljahr ’72 mit 1.200 DM Aufpreis anfangs die teuerste Coupé-Zutat.

440 DM standen zusätzlich in der Coupé-Rechnung, wurde das Stahlkurbeldach mit vorn aufstellbarem Windleitblech geordert.

Die Aufpreis-Liste für die ersten Coupé-Jahrgänge geriet hingegen vergleichsweise kurz, dies vor allem im Vergleich zum im 21. Jahrhundert von den Automobil-Herstellern – insbesondere auch von Audi – gebotenen Optionen-Listen im annähernden Telefonbuch-Umfang:

- zwei Sonderlackierungs-Kategorien für 125 und 450 DM (siehe auch Seite 236 im Anhang, „Audi 100 Coupé S – Lackfarben und Lack/Polster-Kombinationen“)
- Skai-Polsterung für 100 DM
- vier verschiedene Radiotypen für 210 bis 710 DM
- 3-Punkt-Sicherheitsgurte vorn für 85 DM
- 3-Punkt-Sicherheitsgurte hinten für 110 DM
- Stahlkurbeldach für 440 DM
- 2 Halogen-Nebelscheinwerfer, 1 Nebelschlussleuchte und Wisch-Intervallschalter für 260 DM
- Versenkantenne für 25 DM
- Automatik-Antenne für 280 DM
- grün getönte Rundumverglasung für 325 DM

Die für die Limousine gegen Aufpreise offerierten, die Dachpartien schmückenden Optionen, nämlich eine Zweifarblackierung mit abgesetzter Kontrastlackierung oder gar der Kunststoff-Überzug für den Karosserieoberteil zur Erzielung eines Cabrio-Looks, blieben Coupé-Käufern allerdings Zeit der Produktionsdauer genauso vorenthalten, wie heute selbst bei Kleinwagen zur Grundausstattung zählende elektrische Fensterheber.

Preissteigerungen zum Coupé-Start: aus 12.500 DM wurden 14.400 DM

Der noch im Dezember 1969 kommunizierte Coupé-Grundpreis von recht attraktiven 12.500 DM ließ sich nach genauer Kalkulation offensichtlich nicht halten: Schon das Audi-Verkaufstaschenbuch 2/1970 nennt noch vage einen „Listenpreis ab Werk incl. Ust.“ von „ca. DM 13.000,–“. Als die ersten Händler nach den Werksferien Mitte September 1970 ihre seit dem 3. September des Jahres gebauten Vorführ-Coupés in Empfang nahmen, nannte Audi gar einen Grundpreis von 13.900 DM und avisierte den Lieferstart für Kunden „nicht vor Oktober, eher erst im November dieses Jahres“.

13.900 DM – das bedeuteten rund sieben Prozent mehr als zum Debüt anlässlich der IAA ’69 in Frankfurt avisiert. Im Vergleich zum viertürigen Audi 100 LS entsprach das einem Coupé-Aufschlag von rund 3.600 DM oder 35 %. Doch auch diese Kaufsumme hatte keinen langen Bestand. Schon Ende Oktober 1970 kommunizierte Audi neuerlich eine Preiserhöhung, dieses Mal gar um weitere 500 DM auf nunmehr 14.400 DM. Galt die 100 Limousine im Konkurrenz-Umfeld als besonders preisgünstig und damit ausgesprochen preiswert (siehe auch Seite 15 zum Thema „Index-Wertung“ des Fachblattes *auto motor und sport*), so rückte das Coupé ein gehöriges Maß nach oben in die Region einer vergleichsweise exklusiven Motorisierung.

Der ähnlich stark motorisierte Fiat 124 Coupé 1600 (1,6 Liter Hubraum, 110 PS) – siehe Seite 26 – kostete 1970 gerade mal 10.400 DM[3], noch unterboten von einem Ford Capri GT mit 2,3 Liter-Sechszylinder und 125 PS. Für den berechneten die Kölner einen Grundpreis von lediglich 9.505 DM[3]. Allerdings: Zu Premium-Coupés der Stuttgarter und Münchner Wettbewerber hielt Audi trotz des durchaus konkurrenzfähigen Produktes 100 Coupé S noch gehörigen Abstand. Mercedes-Benz forderte für sein preisgünstigstes Coupé-Modell (250 C) 1970 mindestens 18.430 DM[3], und BMW-Freunde hatten zum Produktionsende des bis 1970 offerierten 2000 CS immerhin 17.660 DM[3] zu entrichten. Auch der heimliche Konzern-Rivale von NSU namens Ro 80 übertraf das Coupé S als teuerstes Modell des VW-Konzerns 1970/71 noch um 2.100 DM.

Gleichwohl sah ein internes Argumentations-Papier der Ingolstädter Marketing-Abteilung das Audi Coupé nicht nur als „Familienwagen für sportliche Fahrer“, sondern auch als „Zweitwagen für gehobene Einkommensschichten“. Nicht alle potentiellen Interessenten mochten da angesichts des geforderten, recht stattlichen Coupé-Preises mitgehen. Als Audi NSU Marketing am Einführungstag des neuen Audi im Oktober 1970 eine Zielpublikum-Studie anfertigen ließ, kritisierten 23 Prozent der Befragten bereits die zunächst noch aufgerufenen 13.900 DM als zu hoch.

[3] alle Preisangaben vom Stand 1. September 1970.

Unterbot das neue Audi Coupé selbst mit Sechszylinder-Motor deutlich im Preis und kostete Anfang der 1970er Jahre weniger als 10.000 DM: Ford Capri.

Die Audi-Klassenrivalen Mercedes-Benz und BMW offerierten ihre Coupés für deutlich mehr Geld als Audi das 100 Coupé S: 250 C für über 18.000 DM …

… und BMW 2000 CS, wie der Audi mit vier Zylindern und vergleichbarer Motorleistung, von 120 PS für 17.660 DM.

Coupé-Methode beim Mercedes-Benz /8-Coupé: Lediglich der Dachaufsatz ist bei ansonsten unverändertem Karosseriekörper gekürzt und abgeflacht.

100 Coupé S-Türen: Türblätter von der zweitürigen Limousine, stärker geneigte A-Säulen, neu gestaltete Türfensterrahmen.

Mehr Sportwagen als Limousine: Die hohe 100-Schwellenpartie erschwert in Kombination mit dem im Vergleich zur Limousine niedrigeren Türausschnitt das Entern des Coupé-Gehäuses (re.).

Trost war den Audi-Vertriebler womöglich, dass 53 Prozent der Interviewten diese Summe zwar als hoch einstuften, sie aber als „noch vertretbar" empfanden. Womöglich zogen diese Coupé-Freunde ins Kalkül, dass es schon immer beträchtlich teurer war, einen besonderen Geschmack zu haben.

Das gilt im Übrigen auch für den Fall des Unfallreparatur-Falles: Als die Fahrzeug-Versicherungsbranche 1973 bei der Vollkaskoprämien-Dosierung von PS-Klassen auf die durchschnittlichen Schadenskosten und die Schadenshäufigkeit umstieg, da wurden den 100 Coupé-Besitzer im Vergleich zu ihren Limousinen-Kollegen stärker zur Kasse gebeten. Da Coupés bei Unfällen (Eigen-)Schäden von durchschnittlich 1.909 DM verursachten, Limousinen 100 GL jedoch nur 1.801 DM Reparaturkosten erzeugten, gelangten Coupé S-Besitzer – auch wegen häufigerer Schäden – in den Versicherungs-Tarif 22, offensichtlich weniger schadensanfällige GL-Fahrer fanden sich hingegen im etwas günstigeren Tarif 19 eingestuft.

Zur weiteren Einordnung: VW Sparkäfer-Besitzer profitierten mit Durchschnitts-Schäden von 961 DM und extrem geringer Schadenshäufigkeit vom günstigsten Tarif 10. NSU Ro 80-Freunde wiederum mussten mit Tarif 29 rechnen. Zwar verursachten sie mit durchschnittlich 1.945 DM nur wenig höhere Schadenskosten als Audi Coupé S-Besitzer, doch meldeten sie ihrer Versicherung angeblich deutlich häufiger einen entsprechenden Sachschaden.

Tarif-Spitzenreiter war beim Start des neuen Systems mit Maximal-Tarif 40 übrigens der Mercedes-Benz 600 mit einer durchschnittlichen Schadenssumme von 7.100 DM und einer relativ hohen Schadenshäufigkeit. Laut damaliger Versicherungs-Statistik meldeten nur die Fahrer des „Unfallhäufigkeits-Spitzenreiters" Alfa Romeo 1750/2000 Berlina (Tarif 35), des Jaguar E-Type (Tarif 40), des Porsche 911 (Tarif 36) und des VW-Porsche 914 (Tarif 36) mehr Vollkasko-Schäden, ohne freilich die exorbitante Schadenshöhe des Parade-Mercedes zu erreichen …

Coupé-Raumangebot: vorn ohne Makel, hinten enger, jedoch brauchbar

Der Wunsch nach gesteigerter Rasanz bedeutet im Falle 100 Coupé S somit einen höheren Preis und höhere Versicherungs-Kosten, stets jedoch auch eine notwendige Toleranz, was die Größe des Fahrzeug-Innenraumes anbelangt. Beim Audi 100 liegt die Ursache des Raum-Mankos nicht wie etwa beim konkurrierenden Mercedes /8-Coupé einzig in der verkürzten und abgeflachten – somit „coupierten" – Dachpartie. Grund dafür ist vor allem der gegenüber der Limousine um 115 Millimeter reduzierte Radstand und die um 51 Millimeter geringere Gesamthöhe des Fahrzeugs. Wie bei der Coupé-Konkurrenz ist der Höhenunterschied zur entsprechenden Limousine zum größeren Teil der niedrigeren Coupé-Dachpartie zuzuschreiben. Allerdings fiel auch die Bodenfreiheit (belastet) des Coupés im Vergleich zur Limousine um 15 Millimeter geringer aus (siehe auch Seite 168 im Fahrwerks-Kapitel).

Wie im Design-Kapitel angemerkt ist im Coupé die Windschutzscheibe flacher geneigt und zudem niedriger – mit entsprechenden Auswirkungen auf die daran anschließenden Karosseriepartien. So mussten die im flacheren Winkel stehenden A-Säulen neu konstruiert und die Türfensterrahmen neu gestaltet werden. Letztere fielen um rund 20 Millimeter niedriger aus, die Höhe der Türöffnung misst somit statt 900 Millimeter 880 Millimeter, die Türbreite entspricht jedoch mit 1.030 Millimeter der zweitürigen Limousine, von der die Portale bis auf Höhe der Gürtellinie abstammen.

Der Einstieg ins Coupé-Gehäuse leidet unter diesen Unterschieden mehr, als es die doch sehr geringen Maßdifferenzen vermuten lassen. Dabei behindern die relativ hohen Schwellenpartien wegen des niedrigeren Türausschnittes etwas mehr als in der Limousine: Man muss sich beim Einsteigen ein wenig mehr krümmen und beim Aussteigen deutlich mehr verwinden – in dieser Hinsicht ist das Coupé mehr Sportwagen als Limousine. Das hat auch mit der geänderten Positionierung der vorderen Sessel zu tun: Im Vergleich zur Limousine sind diese um etwa 30 Milli-

meter tiefer montiert, was beim Verlassen des Fahrzeugs mit mehr Anstrengung verbunden ist. Es gibt jedoch auch einen positiven Effekt der Tieferlegung: Die Kopffreiheit über den Vordersitzen unterscheidet sich im Coupé dadurch nur marginal vom entsprechenden Maß in der Limousine. Bei unbelasteten Sitzpolstern sind es gerade zehn Millimeter zuungunsten des Coupés.

Allerdings resultiert die stärker geneigte Windschutzscheibe spürbar in einem etwas geringeren Abstand des Fahrers von der oberen Kante der Frontverglasung, wodurch sich die vorn Sitzenden ein wenig beengter fühlen als in der Limousine. Die Übersichtlichkeit aus Fahrerwarte geriet jedoch durchaus zufriedenstellend. Das französische Motor-Magazin *l'auto-journal* vermaß in Ausgabe 13/1971 die toten Winkel der Coupé-Karosserie und kam auf diese Werte in Grad des blockierten Sichtfeldes: vorn links (A-Säule Fahrerseite) 5°, vorn rechts 4,5°, Mitte links (B-Säule Fahrerseite) 2,5°, Mitte rechts (B-Säule) 7°, hinten links (C-Säule Fahrerseite) 21°, hinten rechts (C-Säule) 20,5° – von der Rundumsicht von 360° sind im Audi 100 Coupé S damit 60,5° blockiert. Das sind trotz relativ breiter C-Säulen durchweg durchaus akzeptable Werte – vor allem im Vergleich zu aktuellen Modellen des 21. Jahrhunderts, in denen Parkpiepser und Kameras an Front und Heck für eine sichere Orientierung des Fahrers Grundvoraussetzungen sind.

Eine größere Leidensfähigkeit als der Fahrer und der Beifahrer müssen freilich Fondgäste mitbringen, die im Coupé eine Mitfahrgelegenheit erhalten – und das nicht allein wegen des erschwerten Zugangs durch die enge Lücke zwischen Vordersitz und B-Säule der Karosserie. Zwar entsprechen die Sitzbank- und Ellenbogenbreiten mit 1.350 bzw. 1.420 Millimeter den Maßen der Limousine. Andererseits wirkt sich hier die analog zur Radstands-Verkürzung um 100 Millimeter geschrumpfte Innenraumlänge (gemessen von der Armaturenbrett-Oberkante bis zur Oberkante des Rücksitzes) sehr deutlich aus: So bietet das Coupé hinten rund 100 Millimeter weniger Kniefreiheit – maximal sind es lediglich 250 statt recht üppiger 350 Limousinen-Millimeter, minimal bleibt gerade eine Handbreite zwischen Vordersitzlehne und vorderer Kante des Rücksitzes. Auch die Rücksitztiefe fiel im Coupé gegenüber der Limousine etwas bescheidener aus – das Minus beträgt hier immerhin 34 Millimeter.

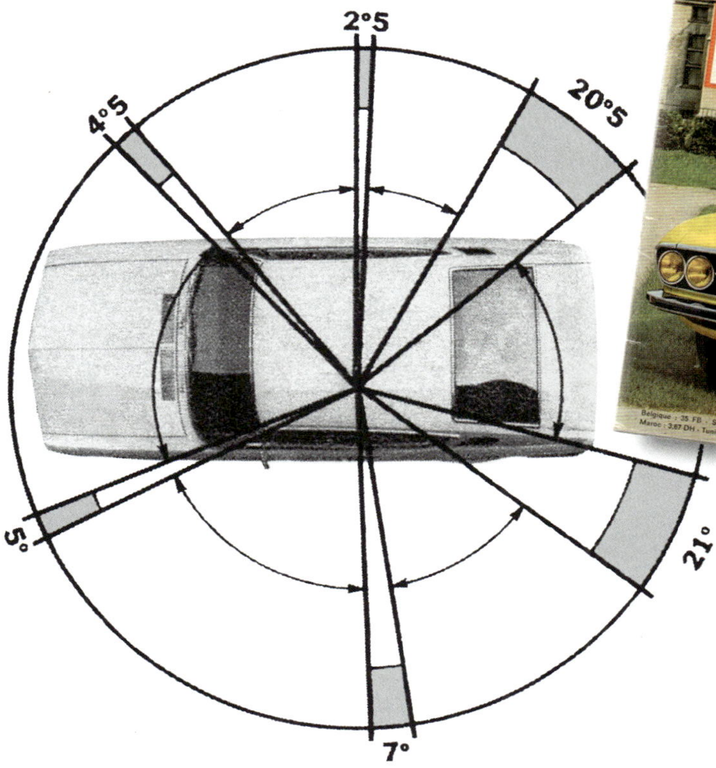

Rundumsicht im Audi Coupé nur vergleichsweise wenig eingeschränkt – Messungen des französischen Fachblatts *l'auto-journal* dokumentieren die toten Winkel.

Im Vergleich zur Limousine ist das hintere Coupé-Mobiliar nur eine Spur, nämlich um drei Millimeter tiefer gesetzt. Kein Wunder, dass wegen der über den Rücksitzen stärker abfallenden Dachpartie die Kopffreiheit im Coupé markant beschnitten ist: Das Minus im Vergleich zur Limousine beträgt (nach Werksangabe) immerhin 43 Millimeter, was es Fondpassagieren nahe legt, ihr Größenwachstum bei 1,70 Metern einzustellen, wollen sie im Audi Coupé eine kommode Sitzposition einnehmen können. Zudem ist die Fahrt auf den Coupé-Rücksitzen nur dann vergnüglich, wenn sich die vorn Sitzenden bei der Positionierung ihres Gestühls ein wenig bescheiden und dieses nicht in die letzte Raste nach hinten rücken. Englischsprachige Coupé-Informationen beschrieben die Platzverhältnisse im 100 Coupé S ein wenig verklausiert mit „2 + full size 2", dies wohl angelehnt an den ähnlichen Begriff für noch knapper geschnittene Viersitzer, für die – seit Einführung dieser Bezeichnung 1960 im Ferrari 250 GT 2 + 2 – die Zahlenkombination „2 + 2" gebräuchlich ist.

Coupé-Kofferraumformat: kein Grund zum Klagen

Wenn auch die Fondpassagiere im Audi Coupé ein wenig darben müssen, so brauchen sie sich doch bei der Menge des mitgeführten Gepäcks nicht übermäßig bescheiden: Der beim Klappenöffnen beleuchtete Coupé-Kofferraum geriet nur wenig kleiner und um 126 Millimeter kürzer als in den beiden Limousinen-Varianten. Das Kürzen des ansonsten unveränderten Kofferraumbodens der Limousine erfolgte dadurch, dass die Blechpartie hinten etwas nach oben gebogen wurde, um den kürzeren hinteren Karosserie-Überhang zu erzielen. Bei mit der Limousine identischer Kofferraumbreite des Coupés von maximal 1.500 Millimeter[4] geriet das Gepäckabteil wegen des höheren Heckbereiches des Fastbacks um 35 Millimeter höher.

auto motor und sport kam so im Test (Ausgabe 2/1971) nach Blatt-spezifischer Mess-Norm auf ein Kofferraum-Volumen des Coupés von 396 Liter[5], 44 Liter weniger als in der Limousine 100 LS (Ausgabe 8/1969). Eventuell mitgeführtes Werkzeug, die Erste Hilfe-Kiste und ein Ersatzkanister sind gut untergebracht: Derartige Utensilien können in stabilen, links und rechts hinter den Radhäusern montierten Kästen verstaut werden, wo sie, sofern gut verkeilt, auch bei erhöhten Fliehkräften keine Schäden anrichten. Gefährdet sind gleichwohl die Seitenwände des Coupé- (und Limousinen-)Kofferraums der ersten Audi 100-Reihe: Ihnen bietet keinerlei dämpfende Verkleidung Schutz vor Stößen hartkantigen Inventars – was im Heckbereich der Karosserie zu ungewöhnlichen, nämlich nach außen statt nach innen gerichteten Beulen führen kann.

Zudem bieten sowohl bei der 100 Limousine als auch beim Coupé S im hinteren Abteil zwei Stör-Faktoren Gründe zu Beanstandungen. So steht das Reserverad nach amerikanischem Vorbild und wie bereits im DKW F 102 und ersten Audi unnötigerweise weit entfernt von der hinteren Knautschzone an der Rückwand der Fondsitzbank. Das erschwert naturgemäß den Zugriff bei Reifenpannen – und das nachfolgende Verstauen des sicherlich verschmutzten und hüllenlosen Plattfuß-Pneus. Nicht nur die in Köln erscheinende *Auto Zeitung* rieb sich daran im Test (Ausgabe 4/1971): Das Ersatzrad sei derart weit außer Reichweite platziert, dass man beim Entnehmen „mit der Hose notgedrungen Stoßstange und Nummernschild putzt".

Ein weiterer Nachteil käme hinzu – *Auto Zeitung*-Redakteur Günther Wiechmann: „... wenn der Laderaum gar bepackt ist, muss er bei einer Reifenpanne stets gründlich entleert werden, damit der geplagte Not-Monteur an das Reserverad gelangen kann." Da Reifen-Malaisen üblicherweise unter widrigen Witterungsverhältnissen akut werden, wiegt die unglückliche Ersatzrad-Positionierung doppelt schwer. Während freilich die merkwürdige Ersatzrad-Position allenfalls unbequem ist, weil außerhalb einer günstigen Reichweite verortet, fungiert an der rechten Bordwand das in den Gepäckraum ragende Tankrohr als ärgerliches Hindernis. Es führt zum unterhalb der Ladefläche angeordneten 58 Liter-Treibstoffreservoir, wobei diese Anordnung als durchaus sicherheitsrelevanter Aspekt gewertet werden muss – siehe dazu auch ab Seite 85, „Audi 100-Entwicklungsziele: aktive und passive Sicherheit".

Diese Mängel wurden im Laufe der siebenjährigen Produktionsspanne des Audi 100 Coupé S nicht beseitigt – dessen Ausstattung erfuhr hingegen eine Vielzahl kleiner und größerer Modifikationen. Einige davon waren lediglich optischer Natur, andere dienten hingegen einer noch besseren Ergonomie und größeren Bedienfreundlichkeit – Details dazu beschreibt das Kapitel „Gutes noch besser machen ..." ab Seite 170.

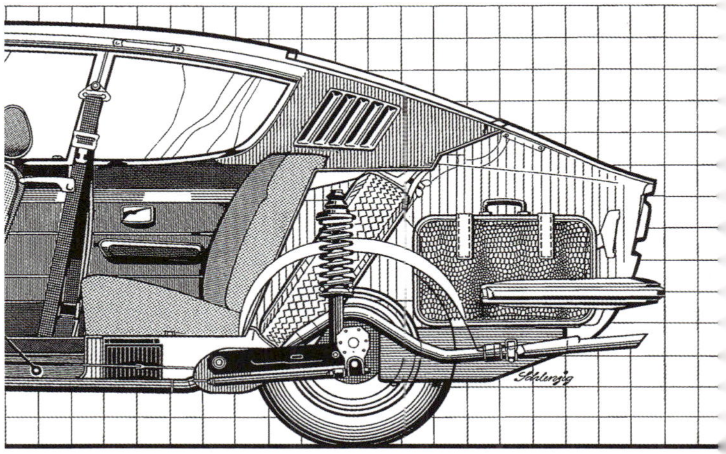

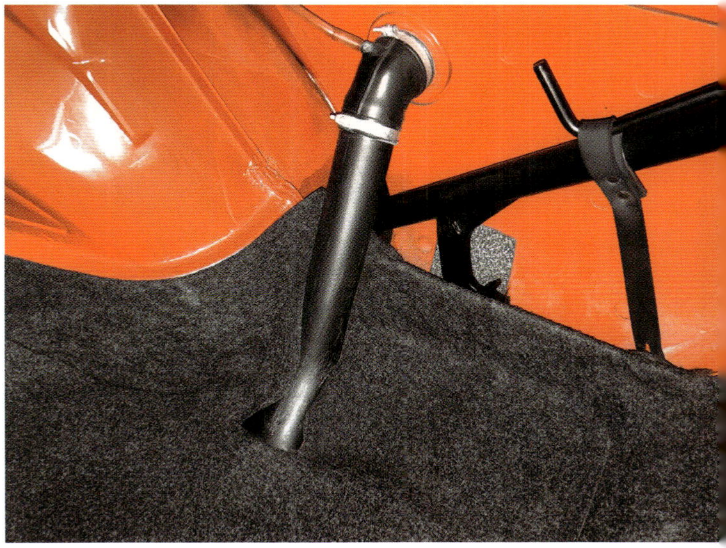

[4] gemessen hinter den Radkästen; Breite zwischen den Radkästen: 960 mm.
[5] Größere Volumen-Unterschiede zwischen Coupé und Limousine attestierte Audi den Kofferräumen hingegen in zeitgenössischen Prospekten (etwa in Ausgabe 8/75): 500 Liter für das Coupé, 650 Liter für die Limousine.
[6] abgebildet ist das Fondabteil des Coupé-Prototyps, erkennbar an der ausklappbaren Mittelarmlehne.

Wohnlich eingerichtet, jedoch im Vergleich zur 100 Limousine räumlich deutlich bescheidener dimensioniert: das Fondabteil im Audi 100 Coupé S[6] (links).

Unglückliche Positionierung des Ersatzrads im Coupé-Kofferraum, Benzintank unter der Ladefläche ...

... mit beim Beladen störendem Tankrohr an der rechten Bordwand. Bodenteppich aus Filzmaterial, Seitenwände unverkleidet.

Ein Vierzylinder für höhere Weihen

IAA 1969, Debüt des Audi 100 Coupé S: Wirtschaftsminister Karl Schiller (mit Brille) lauscht den Worten des VW-Chefs Kurt Lotz (zur Linken Schillers).

115 PS (85 kW) – ist diese Zahl ein Zufall oder zielte sie auf Neckarsulm? Mit 115 PS Nennleistung wartete beim Debüt des Audi 100 Coupé S auch dessen konzerninterner Image-Rivale auf, der seit 1967 angebotene NSU Ro 80. Wie im Kapitel „Erinnerungen des Autors …“ dargestellt, gab es Ende der 1960er Jahre offensichtlich ein durchaus stimulierendes Konkurrenzdenken zwischen den zur Einheit verschmolzenen VW-Töchtern NSU und Audi. Zwar verkaufte sich der vergleichsweise brave Audi 100 rund 22 Mal so oft wie der heute noch legendäre, weil äußerst progressive Wankel-NSU. Doch Image wird nicht in Absatzerfolgen gemessen – und auf diesem emotionalen Gebiet fiel der Ingolstädter Biedermann im Vergleich zu dem Neckarsulmer Revoluzzer sozusagen „hinten runter“.

Dabei war es vor allem der Audi 100, der dem Wolfsburger Konzern nach der Fusion der beiden Töchter zur Audi NSU Auto Union AG eine Produktions- und Verkaufs-Explosion bescherte. So lag der Umsatz der Doppelmarke 1969, im ersten Jahr nach der Fusion, mit 1,6 Milliarden DM um 34 Prozent über dem Vorjahresergebnis. Die Produktionssteigerungen der beiden Marken wiederum fielen deutlich asymmetrisch aus: Um zwar ordentliche 14 Prozent nahm NSU zu, um sehr viel stattlichere 72 Plus-Prozente gab hingegen Audi Vollgas, dies in erster Linie Dank des überragend erfolgreichen Typs 100. Lieferfristen von bis zu sechs Monaten waren die für das Unternehmen durchaus erfreuliche, für die Kunden hingegen oft ärgerliche Folge.

115 PS leistete er also, der neue Spitzen-Audi, den das Kölner Fachmagazin *Deutsche Auto Zeitung* mit einer Designskizze bereits im April 1969 angekündigt hatte und den Audi anlässlich der Frankfurter IAA im September des selben Jahres erstmals offiziell präsentierte – wenngleich mit dem Vorbehalt einer möglichen Lieferung frühestens Ende 1970. Eines der Mittel zur 15prozentigen Leistungssteigerung im Vergleich zur bis dato stärksten 100-Version war von Technik-Chef Ludwig Kraus noch zum Debüt der Limousine 1968 als nicht machbar erklärt worden:

Rückgriff auf Bewährtes – doch Bewährtes verfeinert

nämlich noch mehr Hubraum nach ursprünglich 1,7 Liter im ersten Nachkriegs-Audi und dann 1,8 Liter in der Limousinen-Version des Typs 100. Für mehr Bohrung als die in der Reihe 100/100 S/100 LS realisierten 81,5 Millimeter böte der Vierzylinder nicht genügend „Fleisch", mit diesem Maß sei die einstige Mercedes-Konstruktion deshalb ausgereizt. Wie durch ein Wunder fand sich dann doch noch eine konstruktive Möglichkeit, die auf eine Bohrungserweiterung um 2,5 auf 84 Millimeter hinauslief, die wiederum in nun 1,9 Liter Hubraum resultierte.

Eine dafür theoretisch denkbare Reduzierung der Zylinder-Wandstärken wurde allerdings bereits im Frühstadium der Rekonstruktion gemäß der früheren Kraus'schen Einschätzung verworfen, um die Robustheit des Triebwerks nicht zu gefährden. Reserven fanden sich jedoch im Bereich des Kühlwassermantels: Dessen Durchgangs-Querschnitte zwischen den Zylindern konnten – das ergaben intensive Versuche – ohne Nachteile in Sachen Wärmehaushalt verkleinert werden. Auch bedurfte das Gesamtvolumen des Kühlsystems – nämlich 7,5 Liter – gegenüber den hubraum- und leistungsschwächeren Varianten keiner Vergrößerung. Etwas engere Kühlkanäle zwischen den Zylindern erlaubten es im Zusammenspiel mit einer verbesserten Gusstechnik, in der Gießerei um 1,25 Millimeter vergrößerte Zylinder-Radien im Grauguss-Motorblock vorzusehen. Ergebnis: Der Hubraum konnte um 111 auf 1871 cm³ erhöht werden.

Coupé-1,9 Liter: drehfreudiger und noch durchzugskräftiger

War der 1,8-Liter der 100 Limousine noch ein Langhuber, so entstand für den Coupé-Vierzylinder durch die Bohrungs-Erweiterung auf 84 Millimeter bei einem Hub von 84,4 Millimeter ein nahezu quadratisches Hub/Bohrungs-Verhältnis, damit einhergehend eine verbesserte Drehfreude. Diesbezüglich hatten die Audi-Konstrukteure bereits den 1,8-Liter mit seinen hohlen und damit relativ leichten Stößelstangen und verstärkten Ventilfedern gut gerüstet. Allerdings wurden alle Teile der Ventilsteuerung im Vergleich zur Basismotorisierung des Typs 100 nochmals steifer und leichter gestaltet – dies unter Zuhilfenahme der elektronischen Berechnung von Materialstärken nach dem System finiter Elemente (siehe auch Seite 82). Folglich stieg die laut Coupé-Betriebsanleitung erlaubte Maximaldrehzahl im Vergleich zu den 1,8 Liter-Motoren der Limousinen um 400/min auf 6.200/min – sicherheitshalber beginnt der rote Bereich auf dem großen Coupé-Drehzahlmesser jedoch bereits bei knapp 6.000/min. Doch diese vorsichtigen Vorgaben bedeuteten noch keineswegs das letzte Wort: Hinter vorgehaltener Hand attestierten die Ingolstädter Motoren-Techniker ihrem 1,9-Liter eine Drehzahlfestigkeit bis knapp 6.800/min ...

Ein wenig nach oben im Drehzahl-Diagramm rutschte auch das maximale Drehmoment des 1,9-Liters: Es steht statt bei 3.200/min wie im 100 LS erst bei 4.000/min an, erreicht jedoch bei dieser Drehzahl mit 160 Nm gegenüber dem 100 PS-Motor ein Maximal-Plus von zehn Newtonmeter. Da jedoch das Drehmoment-Plateau der 115 PS-Maschine relativ breit geriet, offeriert diese im Vergleich zum 100 LS-Aggregat bereits bei circa 2.700/min und danach wieder bei circa 5.200/min dessen 150 Nm-Maximalmoment. Bei 3.200/min, dem Drehmoment-Gipfel des LS-Motors, liefert der 1,9-Liter des Coupés etwa sechs Newtonmeter mehr als der 1,8-Liter der Limousine. Kein Wunder, dass sich das Coupé S im Leistungsgebaren nicht nur spritziger gibt, sondern auch durchzugskräftiger als die zum Coupé-Debüt leistungsstärkste 100 Limousine.

„Erstaunlich gute Elastizität", urteilte im Coupé-Test das Auto-Magazin *mot* (Ausgabe 26/1970), „ruckfreies Beschleunigen aus 45 km/h im vierten Gang." Das Stuttgarter Schwesterblatt *auto motor*

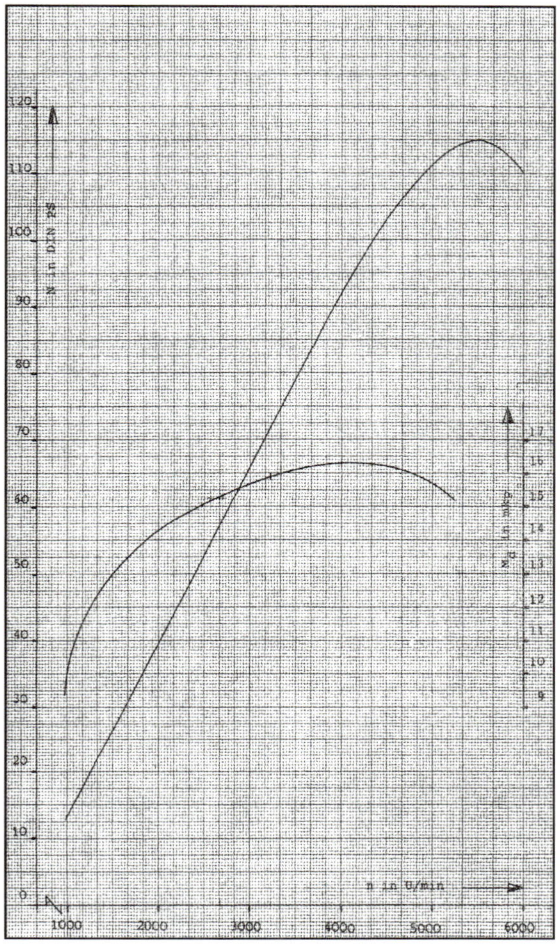

Vorzeigbar und einem zeitgenössischen Audi-Werbeslogan durchaus gerecht werdend: „Schönheit der Technik“ unter der Motorhaube des Audi 100 Coupé S mit 115 PS.

Aufwändige Vergaser-Batterie: zwei Solex-Registervergaser 32/35 TDID, gut für das Leistungsvermögen, Service problematisch.

Leistungs- und Drehmoment-Kurven des ursprünglichen 115 PS-Motors für das Coupé S von Audi: mindestens 150 Nm Drehmoment von 2.500 bis 5.500/min.

und sport pflichtete dem in Ausgabe 2/1971 bei: „… erfreulich ist die Elastizität im unteren Drehzahlbereich. Man kann, wenn es auf Beschleunigung nicht ankommt, im Bereich zwischen 1000 und 2000 U/min fahren, ohne daß der Motor zu ruckeln beginnt.“ Da aller guten Dinge drei zu sein pflegen, sei auch noch die Kölner Magazin-Konkurrenz zitiert – der Motor sei „enorm elastisch“ lobte die *Deutsche Auto Zeitung* in Ausgabe 4/1971, und reagiere „auf schaltfaules Fahren in Drehzahlbereichen um 2000 U/min nicht mit dem sonst üblichen Ruckeln.“ Da alle drei Testwagen unterschiedliche Lackfarben und Kennzeichen trugen, somit auch unterschiedliche Coupé-Exemplare repräsentierten, darf man wohl davon ausgehen, dass diese Qualität dem Serienstandard entsprach …

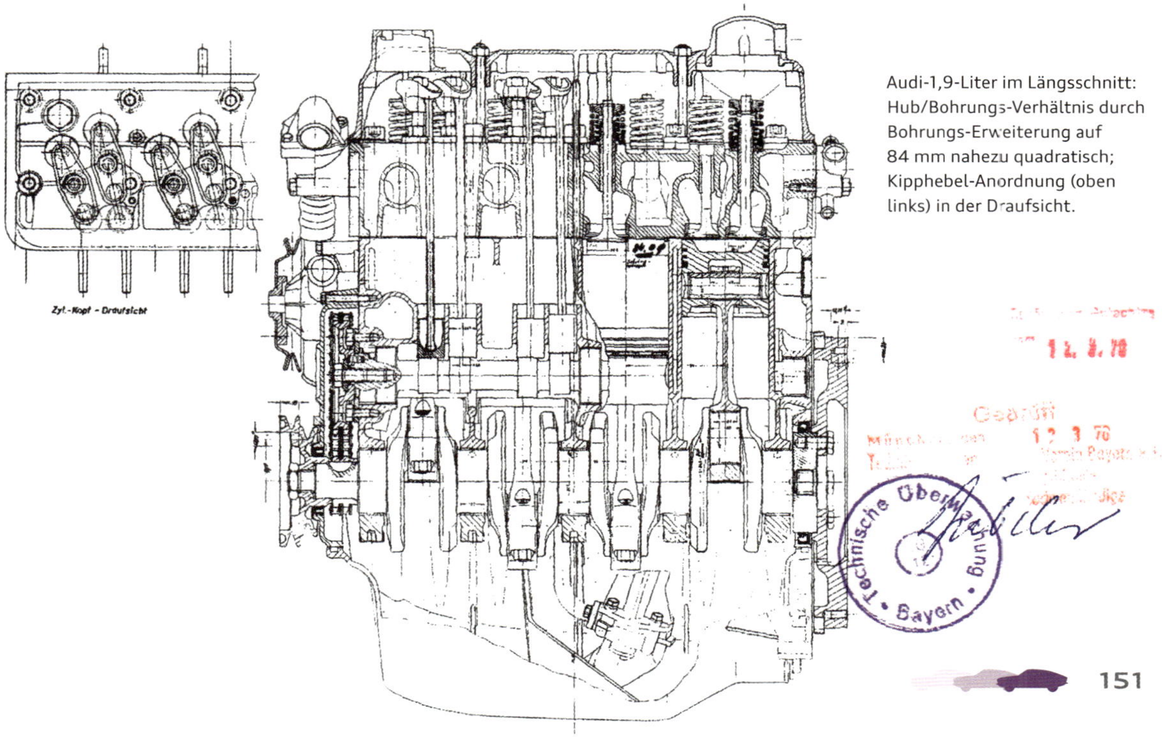

Audi-1,9-Liter im Längsschnitt: Hub/Bohrungs-Verhältnis durch Bohrungs-Erweiterung auf 84 mm nahezu quadratisch; Kipphebel-Anordnung (oben links) in der Draufsicht.

Für eine neue
Sportfahrer-Klasse:
IN-AC 78
AUDI NSU

Die Schönheit
der Technik.
Die sportliche Leistung.
Audi 100 Coupé S.
Für eine neue
Sportfahrer-Klasse.
In diesem 183 km/h schnellen Sport-Coupé steckt die elektronische Technologie des modernen Automobilbaus. In diesem überholsicheren, sportlich-luxuriös ausgestatteten Frontantrieb-Wagen mit der bewährten 112-PS-Maschine für den großen Spurt (in 10,2 auf 100) und der hohen Dauerspitze finden Sie den Komfort und die Fahrwerk-Sicherheit einer der modernsten Automobil-Konzeptionen.
AUDI NSU präsentiert hier ein Sport-Coupé, das die Leistung und Ausstattung eines Sportwagens mit dem Komfort einer großen Reiselimousine verbindet. Prüfen Sie diesen Wagen gründlich.
AUDI NSU
Vorsprung durch Technik.
Audi
Information:
Sport. Technik.
Komfort.
Schicken Sie diesen Informations-Scheck an
AUDI NSU AUTO UNION AG.,
Abt. W 6, 8070 Ingoldstadt.
Sie erhalten von uns eine ausführliche
Information über das Audi 100 Coupé S.
(Vergessen Sie bitte nicht Ihre Anschrift.)
D-1-8

Schalthebel an der rechten Seite der Lenksäule – diese Anordnung des Übersetzungs-Sortierers hatte Tradition bei der Auto Union, und das seit 1953. Damals kam der besonders Lenkrad-nahe Hebel im DKW Sonderklasse erstmals zum Einsatz an Stelle der zuvor DKW-typischen Krückstock-Schaltung, die – einem Pistolengriff nicht unähnlich – mittig aus dem Armaturenbrett ragt und bei den kleinen Citroën Nachahmer fand. Eine dezentrale Krückstock-Variante kam wiederum im Trabant zum Einsatz.

Lenkradschaltung statt Mittelschaltung – das kam in den 1950er Jahren aus den USA nach Europa und damit auch hierzulande groß in Mode, dies sogar bei der sportlichen Giulietta Berlina/ti von Alfa Romeo. Mode ja, doch auch eine Mode-Torheit? Nicht unbedingt – schließlich lässt sich eine gut eingestellte und deshalb präzise Lenkradschaltung nach etwas Übung mit ausgestreckten Fingern bedienen, ohne die rechte Hand vom Lenkrad zu nehmen. Das gleicht im Bewegungsablauf fast der Betätigung von Schaltwippen eines modernen DSG[1]-Getriebes, von Porsche mit der Bezeichnung PDK[2] in den 1980er Jahren im Rennsport eingeführtes sportliches Nonplusultra der Gangwechsel und heute in den meisten gehobenen Audi-Modellen Standardausstattung.

Vorläufer der Lenkradschaltung: die von DKW seit den 1930er Jahren kultivierte, mittig aus dem Armaturenbrett ragende Krückstockschaltung, Gangwechsel durch Zug und Drehung.

Von Citroën für die kleinen Modelle 2CV und Ami 6 (Foto) übernommen: mittige Krückstockschaltung im DKW-Stil.

Auf halbem Weg zur Lenkradschaltung: Trabant 601 mit zur Lenksäule hin gerückter Krückstockschaltung.

[1] DSG = Direktschaltgetriebe.
[2] PDK = Porsche-Doppelkupplungsgetriebe.

Knüppelschaltung statt Rührwerk an der Lenksäule

Vor rund 50 Jahren erwarb sich die Lenkradschaltung dennoch zumindest unter sportlich orientierten Automobil-Enthusiasten den Ruf des Biederen, Undynamischen – was wiederum der archaischen Mittelschaltung zu neuer Aktualität verhalf: Wer als engagierter Automobilist auf sich hielt, der wechselte die Gänge lieber mit einem mittig vor den Frontsitzen angeordneten Knüppel, sei dessen Statur kurz oder lang, gebogen oder – zum Beispiel bei amerikanischen „Muscle Cars“ der Chrysler Corporation – in Gestalt eines rustikalen Hackmesser-Griffes. Diese Anordnung macht beim konventionellen Antriebskonzept – Motor vorn, Getriebe dahinter, Antrieb über Kardanwelle an die Hinterräder – durchaus Sinn, lässt sich doch so ein kompliziertes Schaltgestänge vermeiden. Im Idealfall ragte der Schalthebel nämlich direkt aus dem Getriebe, was wiederum mangels entbehrlicher Umlenkungen der Schaltpräzision dienlich ist.

Anders sieht die Angelegenheit bei Frontantriebs-Automobilen aus: Ob das mehrgelenkige und -gliedrige Schaltgestänge auf die Mitte des vorderen Beinraums eines Automobils zielt, oder entlang der Lenksäule Richtung Steuerrad, ist letztlich unerheblich, weshalb in den 1950er und 1960er Jahren die weit überwiegende Mehrzahl der Frontantriebs-Produzenten der aktuellen Mode folgte, und die verlangte nun einmal nach Lenkradschaltungen. Auch Borgward, Ford, Opel und Mercedes-Benz, obwohl konventionell im Antriebskonzept, boten ihren Kunden das modische Accessoire – einzig Heckmotor-Fabrikanten lieferten unverdrossen Mittelschaltungen – der Umweg des Gestänges vom Heck nach vorn und dann nach schräg oben Richtung Volant wäre allzu kompliziert gewesen.

100 Coupé S: Abkehr von der Lenkradschaltungs-Tradition

Audi pflegte in ersten Modellen ab 1965 die DKW-Tradition der Lenkradschaltung – und das selbst dann noch, als mit dem Super 90 ein durchaus sportliches Automobil auf die Räder gestellt wurde. Erst ab dem Oktober 1969 konnte für den Super 90-Jahrgang ’70 eine Mittelschaltung geordert werden – so, wie auch im neuen Audi 100 als Option. Der Audi 100 Coupé S wiederum war der erste Audi, der gemäß seines sportlichen Naturells serienmäßig eine Mittelschaltung bot – und der eine Lenkradschaltung nicht einmal in der Optionen-Liste führte. Die Umstellung gelang den Ingolstädter Technikern offensichtlich perfekt, heimsten sie sich doch in Testberichten dafür durchweg Lob ein. „Die Gänge lassen sich exakt und ohne störendes Spiel einlegen“, urteilte etwa *auto motor und sport* im bereits mehrfach zitierten ersten Coupé-Test. „Schaltung präzise, Hebel griffgerecht“, pflichtete *mot* den Kollegen bei, einzig die Leichtgängigkeit sei verbesserungswürdig.

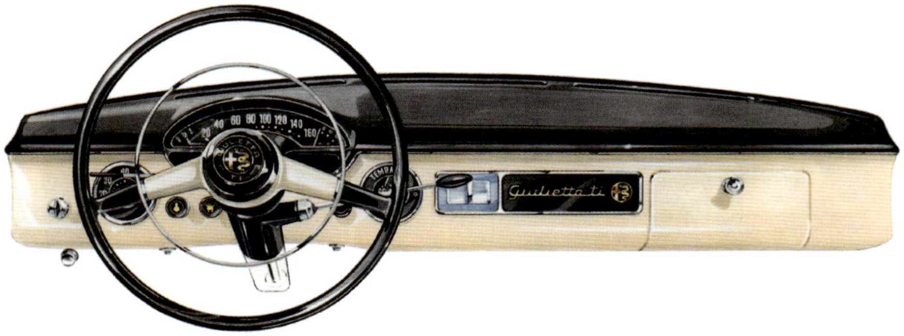

Modeerscheinung ab den 1950er Jahren: Lenkradschaltung bei Mercedes-Benz ab 1952 zunächst im 170 Sb, ab 1953 auch im 180/180D, Baureihe W 120 (Foto).

Peugeot startete seine Lenkradschaltungs-Geschichte bereits 1948 mit dem Typ 203 – der 504 von 1968 (Foto) blieb dabei.

Borgward wechselte 1959 im Hansa 1100 von der Krückstockschaltung zum Schalthebel an der Lenksäule.

In der DDR feierte die Lenkradschaltung 1955 im IFA F 9 Premiere, der erste Wartburg (Foto) übernahm das System 1956.

Selbst Sportwagen-Hersteller Alfa Romeo setzte auf Lenkradschaltungen – bereits ab 1950 im tipo 1900, später auch in der Giulietta (Foto).

Auch in Österreich war man von der Schaltbarkeit des Coupés angetan – die dort erscheinende *Auto Revue* lobte in Ausgabe 8/1971 den „angenehmen Schaltknüppel“, der sich „sehr leicht und exakt bedienen“ ließe. „Die Gangebenen sind deutlich angelegt“, attestierte auch das Motorsport-orientierte Stuttgarter Magazin *sport auto* in Ausgabe 2/1974 dem Audi, außerdem seien die Schaltwege kurz. Speziell sportliche Fahrer, stets bemüht, zur Vermeidung von Zeitverlusten die Gänge zügig zu wechseln, wissen derartige Getriebe-Qualitäten bekanntlich zu schätzen.

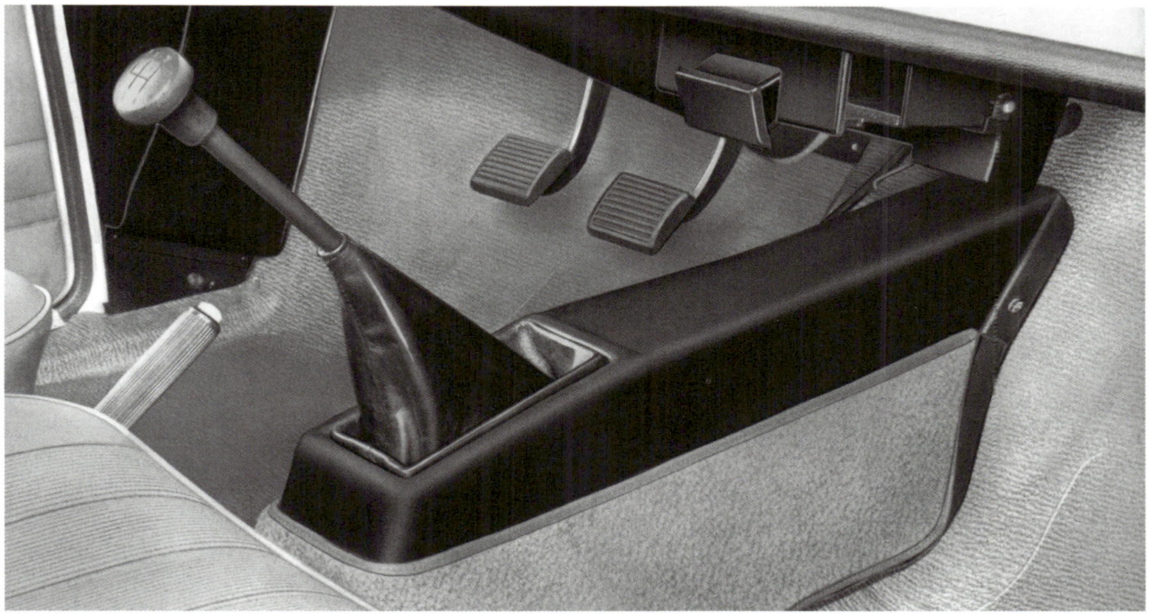

Seit 1953 verbaute die Auto Union Lenkradschaltungen, zuerst im in der F 91 Sonderklasse, letztlich auch im DKW F 102. Im Audi (Foto) wurde die Tradition fortgesetzt.

Erst ab dem Jahrgang 1970 offerierte Audi die sportlichere Mittelschaltung optional auch für die „kleinen“ Audi-Modelle an, Aufpreis: 110 DM.

Im 100 Coupé S von Anfang an serienmäßig und auch nicht zugunsten einer Lenkradschaltung abwählbar: „Knüppelschaltung“.

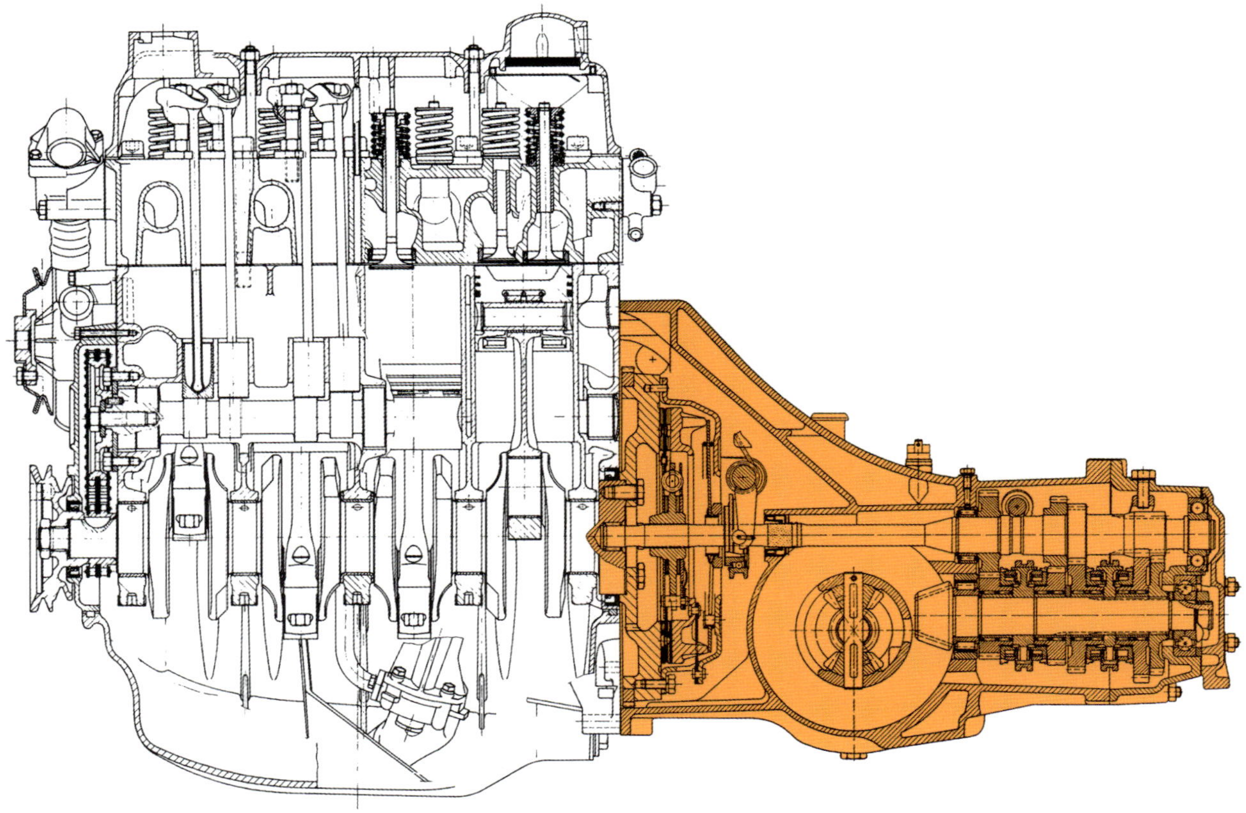

Von Volkswagen zugeliefert: sogenanntes Viergang-Blockgetriebe, bei dem das Wechselgetriebe und das Differential samt Steckachsen eine Antriebseinheit bilden.

Drehzahl/Geschwindigkeits-Diagramm aus dem Audi-Technik-Ressort für das 100 Coupé S: maximal 54, 94, 135 und 190 km/h bei Maximaldrehzahl 6.000/min (rechts).

Bei dem von der Volkswagenwerk AG der Ingolstädter Tochter aus dem Werk Kassel zugelieferten Viergang-getriebe sind das Wechselgetriebe und das Differential mit den Steckachsen für den Frontantrieb zu einer Antriebseinheit vereinigt – es handelt sich damit um ein sogenanntes Blockgetriebe. Eine Einscheiben-Membranfeder-Trockenkupplung ist für den Kraftschluss zuständig. Konzeptionell entspricht die Coupé-Kraftübertragung damit der Ausführung der verschiedenen 100 Limousinen-Versionen. Somit ist es wie deren Zahnräderwerke als ein sogenanntes Zweiwellengetriebe ausgelegt: Die Kraftübertragung erfolgt von der Hauptwelle mit den Festrädern direkt auf die Losräder der Antriebswelle. Kurze Schaltzeiten bei relativ geringen Schaltkräften ermöglicht die Porsche-Sperrsynchronisierung, als deren weiteren Vorteil der Konstrukteur deren relativ geringen Platzbedarf schätzt.

In der Hoffnung auf fortgeschrittenes technisches Verständnis in den Redaktionsstuben beschrieb die Audi-Presseabteilung das Viergang-Getriebe zum Debüt des Coupés in gepflegtem Ingenieurs-Deutsch mit diesen Worten: „Die Antriebswelle ist unmittelbar hinter dem Trieblingskopf durch ein Zylinderrollenlager und am Wellenende durch ein die Axialkräfte aufnehmendes Vierpunktlager gelagert. Sämtliche Fest- und Schalträder haben Schrägverzahnung. Zwischen dem Wechselgetriebe und der Kupplungsglockenwand ist das Ausgleichsgetriebe mit dem aufgeschraubten Tellerrad mittels zweier Kegelrollenlager gelagert. Ein positiver Achsversatz von 12 mm wurde wegen der dadurch erreichbaren Trieblingskopfvergrößerung gewählt. Abtriebswelle und Tellerrad sind spiralverzahnt und haben eine gleichbleibende Zahnhöhe (Klingelnberg AVAU-Palloid-Verzahnung). Über die außen im Getriebegehäuse bzw. im Differentialflansch nochmals abgelagerten Steckachsen erfolgt dann der Antrieb der Gelenkwellen."

Coupé-Kraftübertragung: längere Antriebsübersetzung

Konstruktiv und in den einzelnen Gang-Übersetzungen identisch mit dem Getriebe der 100 Limousinen unterscheidet sich das Coupé S-Getriebe lediglich in der (längeren) Antriebs-Übersetzung von 3,700 statt 3,888 (100 S mit 90 PS und 100 LS mit 100 PS) bzw. 4,111 (100 mit 80 PS). Diese geringfügige Änderung trug der Mehrleistung, dem höheren Drehmoment und der größeren Geschwindigkeitsspanne des Top-Modells Rechnung. Die Übersetzungen der einzelnen Gänge ergeben sich durch diese Zähne-Paarungen:

Gang	Übersetzungs-Verhältnis	Anzahl der Zähne	Gesamt-übersetzung
I	3,400	34 : 10	12,580
II	1,944	35 : 18	7,193
III	1,360	34 : 25	5,032
IV	0,966	29 : 30	3,574
R	3,100	31 : 10	11,470

Noch in der Allgemeinen Betriebs-Erlaubnis (ABE) vom 12. März 1970 ist übrigens von einer „Ausführung 2" die Rede, die den Rückschluss auf ursprüngliche erweiterte Coupé-Pläne zulässt: Neben der 115 PS-Version plante Audi nämlich auch eine mildere 100 PS-Variante des Coupés mit Einvergaser-Motor und ohne den Zusatz „S". Dieses Basis-Coupé sollte das kompaktere Fastback-Gehäuse mit der kompletten Technik der Limousine 100 LS kombinieren und wäre mit deren Motor und Antriebs-Übersetzung von 3,888 sowie der schmaleren 165er (statt 185/70er)-Bereifung gewappnet gewesen (siehe dazu auch das Fahrwerks-Kapitel ab Seite 162).

So weit sollte es freilich nicht kommen – aus Kapazitäts-Gründen beließ es Audi bei der S-Version. Wer sich hingegen ein 100 PS-Coupé wünschte, der musste wohl oder übel auf die zweitürige 100 Limousine zurückgreifen, die in der Linienführung durchaus Coupé-Reize bot (siehe auch Seite 126).

Auf bis dahin für Audi-Verhältnisse ungewöhnlich gute Fahrleistungen mussten Limousinen-Käufer jedoch vorerst verzichten – zum Jahrzehntwechsel in die 1970er Jahre bot lediglich das Coupé S standesgemäße S-Gangbereiche sowie damit einhergehendes Temperament und eine außerordentliche Höchstgeschwindigkeit. Wird der erste Gang bis zur in der Betriebsanleitung empfohlenen Höchstdrehzahl (6.200/min) ausgedreht, reicht dieser bis zu einer Schaltgeschwindigkeit von 55 km/h. Der dritte Gang wird bei 95 km/h fällig, der vierte Gang wiederum bei 137 km/h. Wer es besonders eilig hat, kann dem Vierzylinder allerdings auch weitere 500/min zumuten (siehe auch das Motoren-Kapitel ab Seite 148): Bei einer Schaltdrehzahl von 6.700/min, liegen in den Gängen 58 km/h (1. Gang), 102 km/h (2. Gang) und 146 km/h an.

Coupé-Fahrleistungen: Werksangaben in Tests meist erfüllt

Bei der in den meisten Tests ermittelten Höchstgeschwindigkeit von 184 bis 187 km/h bleibt der S-Motor mit knapp 6.000/min deutlich unter seinen Möglichkeiten. Die Vmax-Werksangabe von 185 km/h erreichten praktisch alle von Audi diversen Motorblättern zur Verfügung gestellten Testwagen. Nicht ganz so gut war es indessen mit der Erzielung des in Ingolstadt versprochenen Standardwertes für die Beschleunigung aus dem Stand bis 100 km/h bestellt: Statt „unter 10 Sekunden“ benötigten die meisten Fachjournalisten plus/minus 10,5 Sekunden, Schlusslicht war in dieser Hinsicht das französische *l'auto journal* mit 11,5 Sekunden, Bestwerte generierten hingegen die österreichische *Auto Revue* und das deutsche Magazin *Hobby* mit jeweils 9,8 Sekunden. Konnte das Audi Coupé mit derartigen Taten dem konzerninternen Image-Konkurrenten NSU Ro 80 Paroli zu bieten? Zumindest wenn es um die objektiven Fahrleistungen geht, war die Aufgabe erfüllt: Audi stellte vorläufig nicht nur das schnellste Serienautomobil im VW-Konzern, sondern auch das temperamentvollste. Wenn es um Höchstgeschwindigkeit ging, hatte der Neckarsulmer mit rund 180 km/h zwar nur knapp das Nachsehen, doch beim Beschleunigen deklassierte ihn das Audi Coupé geradezu: Beim Sprint bis 100 km/h verliert der Ro 80 rund drei Sekunden ... Doch wie war es um die Fahreigenschaften und damit um die Fahrwerks-Konstruktion bestellt? Die Antwort auf diese Frage ist Sache des Folgekapitels „Fahrsicherheit hat Priorität: Straßenlage top, Fahrkomfort erträglich“.

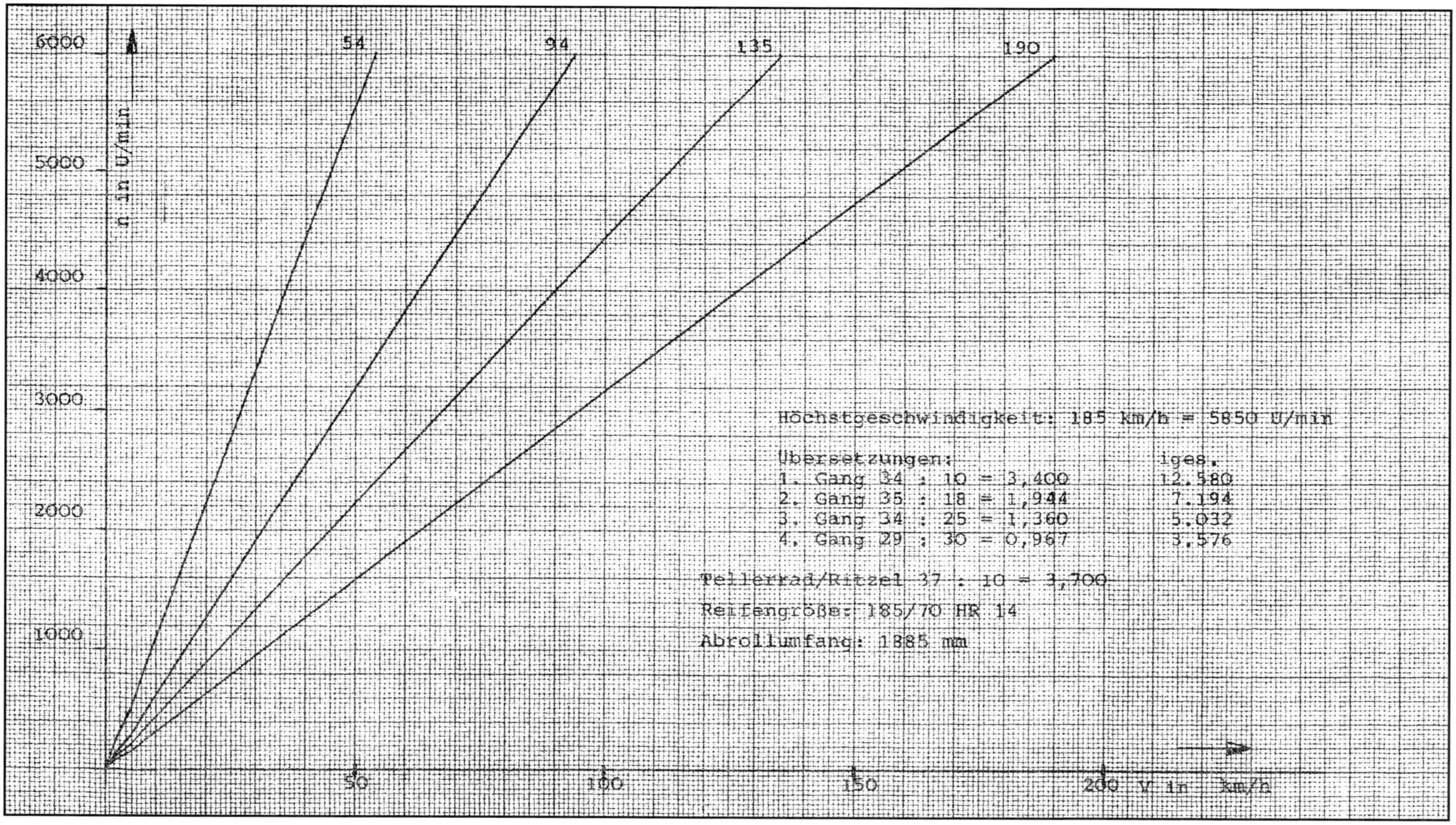

Fahrsicherheit hat Coupé-Priorität

Die Nordschleife des Nürburgrings, dort, wo einst Auto Union Grand Prix-Rennwagen gegen Mercedes-Konkurrenten antraten, diente als wesentliches Pflaster zur Erprobung des bislang sportlichsten Audi der noch jungen Marken-Geschichte. Das Audi 100 Coupé S sollte nicht nur dynamisch aussehen, er sollte sich auch so fahren. Es sollte, so die kleine Präsentations-Broschüre für die „Journalisten und Freunde des Hauses“ anlässlich der Premiere, „durch seine Leistung und sein sportliches Fahrverhalten den geforderten höheren Ansprüchen gerecht“ werden.

Die Coupé-Basis, der erfolgsverwöhnte Audi 100, bot dafür durchaus gute Voraussetzungen. Doch sein Fahrwerk – Details siehe das Kapitel „Der Audi 100 erster Generation: eine Undercover-Entwicklung wird zum Erfolgsmodell“ ab Seite 72 – bedurfte nach Ansicht seiner Macher der angemessenen Weiterentwicklung, um es „der höheren Fahrleistung sowie dem Charakter gerade dieses Audi-Modelles anzupassen“.

Diese „Weiterentwicklung“ betraf zunächst einmal diejenigen Regionen, in denen sich auf wenigen Quadratzentimetern die Straßenlage eines Automobils mitentscheidet: nämlich dort, wo die vier Reifen mit der Fahrbahn im Kontakt stehen. Rollt die 100 Limousine auf einem zeitgenössisch durchaus üblichen Reifenbreiten-Maß von 165 Millimetern im Serie 80 Höhen/Breiten-Format, aufgezogen auf 4,5 Zoll breiten Räder mit 14 Zoll Umfang, so gönnten die Ingolstädter Entwickler ihrem Glanzstück für damalige Verhältnisse sehr voluminöse Gummis. Das Format 185/70 HR 14 entsprach in der 185 Millimeter-Breite und dem 70er Höhen/Breiten-Verhältnis den Sohlen eines Porsche 911 E oder 911 S, der Basis-Elfer 911 T begnügte sich gar mit 165er-Gummis. Auch mit dem Audi vergleichbare Coupés von BMW und Mercedes rollten etwas bescheidener auf 175 Millimeter breiten Reifen. Kombiniert sind die HR-Reifen des Ingolstädter Prachtwagens mit fünf Zoll breiten Rädern.

Straßenlage top, Fahrkomfort „mit Abstrichen“

Sichtbar feister – und spürbar griffiger: Die serienmäßige Coupé-Bereifung übertrifft das Limousinen-Format in der Breite mit 185/70 um 20 Millimeter.

IN-AL 87

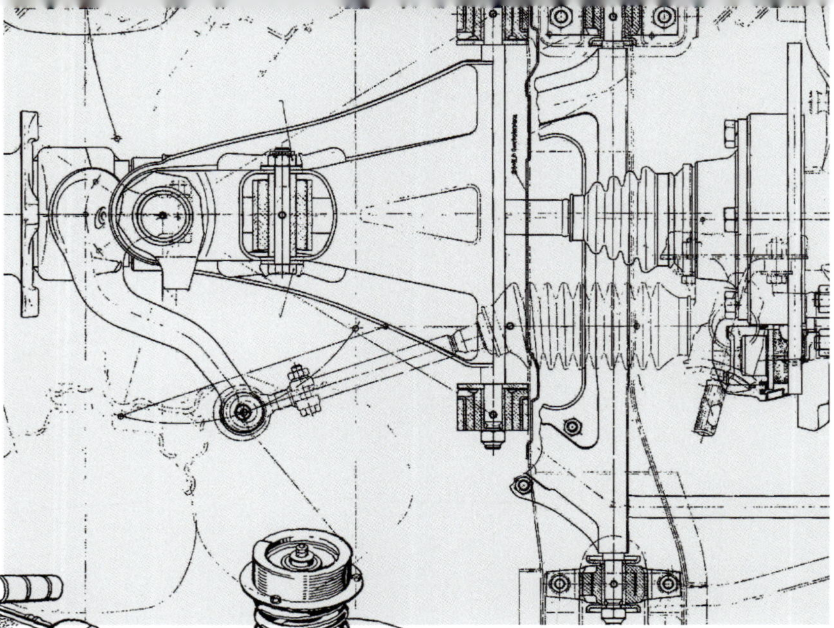

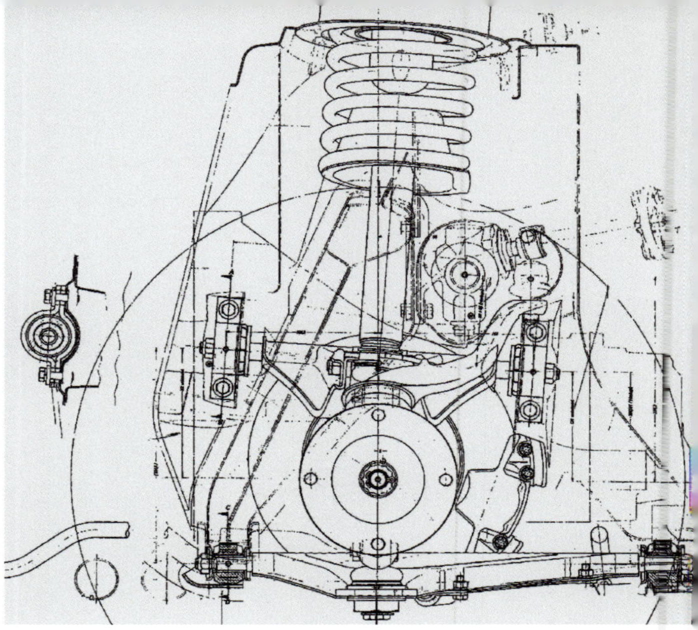

Konstruktiv mit der 100 Limousine identisch: Die Vorderräder des Coupé S werden durch zwei Dreiecksquerlenker geführt, und durch Schraubenfedern gefedert (unten); Drauf- und Seitenansichten (rechts) gehen ins Detail.

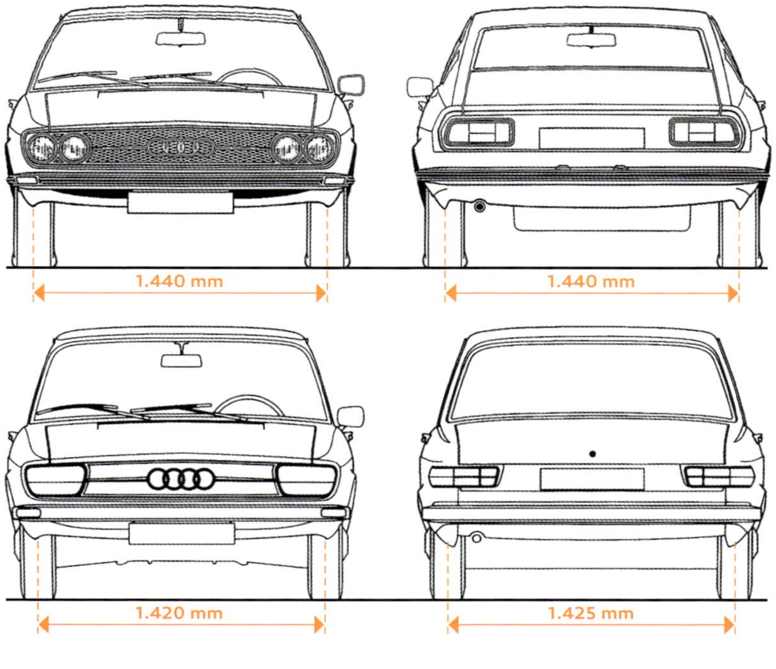

Verbreiterte Spurmaße als Ergänzung der breiteren Reifen: Im Vergleich zur 100 Limousine lebt (und rollt) das 100 Coupé S auf deutlich größerem Fuß.

Das gegenüber den 100 Limousinen geänderte Rad/Reifen-Format sorgte zudem für eine breitere Spur, was möglichen Querbeschleunigungen zusätzlich zugute kommt. So misst die Coupé-Spur vorn 1.440 statt 1.420 Limousinen-Millimeter, hinten sind es gleichfalls 1.440 statt 1.425 Millimeter.

Bereits diese kleinen Maßunterschiede – Verbreiterung vorn um 20, hinten nur um 15 Millimeter – sind Indizien dafür, dass es den Coupé-Fahrwerksentwicklern um eine Reduzierung des Untersteuerns ging, also um eine Verringerung der typischen Tendenz eines Frontantriebs-Fahrzeugs, in schnell gefahrenen Kurven über die Vorderräder zum Kurvenaußenrand zu schieben. Als weitere Maßnahmen zur Eindämmung der „Schiebelust" empfahl sich ein etwas stärkerer negativer Sturz der Vorderräder bei Geradeausstellung. Stehen die Vorderräder der Limousine mit einem Winkel zur Fahrbahn von minus

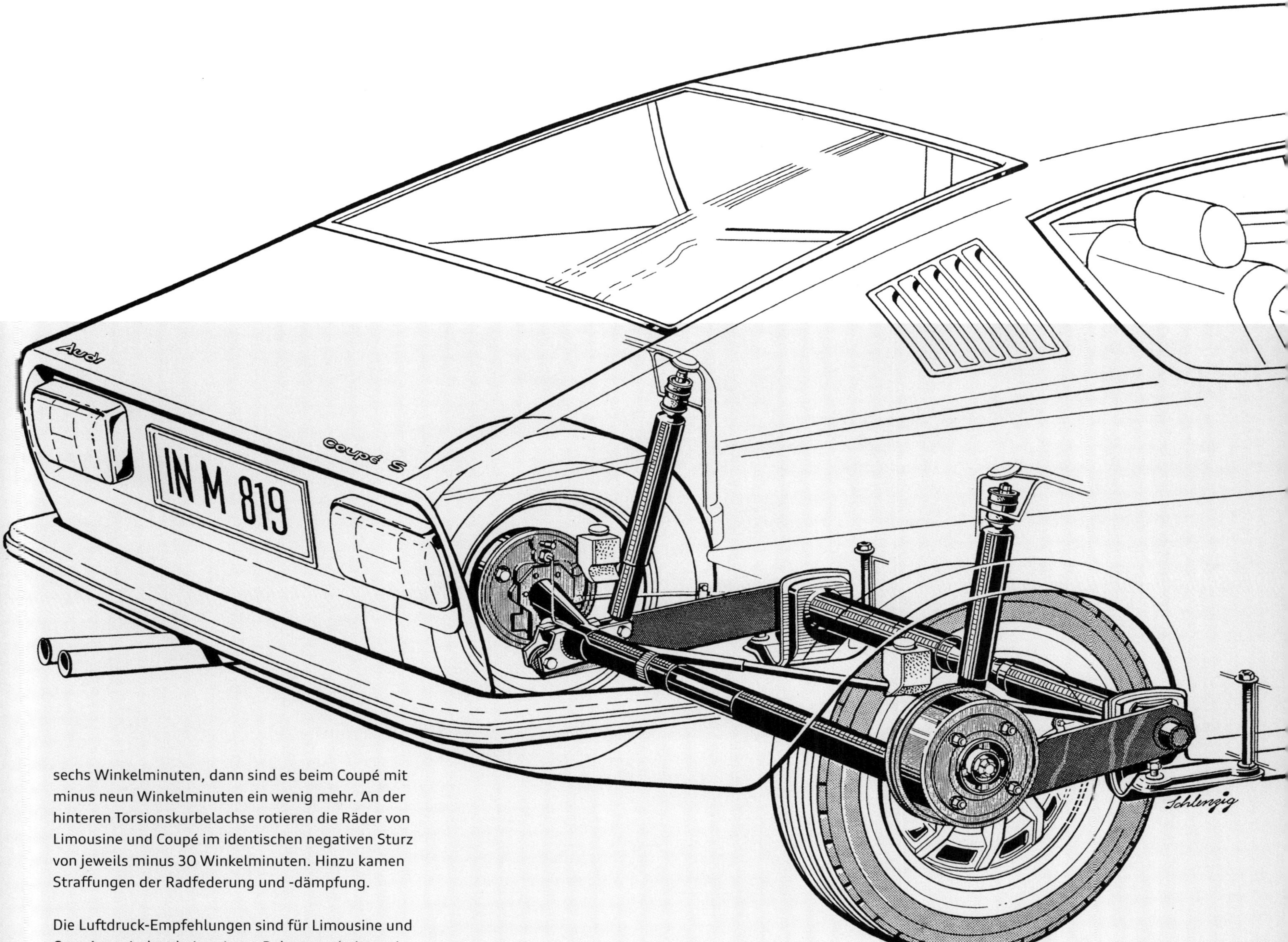

sechs Winkelminuten, dann sind es beim Coupé mit minus neun Winkelminuten ein wenig mehr. An der hinteren Torsionskurbelachse rotieren die Räder von Limousine und Coupé im identischen negativen Sturz von jeweils minus 30 Winkelminuten. Hinzu kamen Straffungen der Radfederung und -dämpfung.

Die Luftdruck-Empfehlungen sind für Limousine und Coupé zumindest bei geringer Belastung (mit zwei Personen) gleichlautend, nämlich rundum 1,8 bar. Unterschiede empfehlen die jeweiligen Betriebsanleitungen lediglich bei voller Belastung: Limousine unverändert 1,8 bar, Coupé rundum 2 bar. Bemerkenswerterweise gab Audi in der ersten Coupé-Betriebsanleitung (vom Juli 1970) „bei sportlicher Fahrweise und hoher Geschwindigkeit" sogar den Hinweis, unter diesen Umständen die Pneus auf im Konkurrenzvergleich ungewöhnliche 2,9 bar aufzublasen.

Relikt aus der DKW-Ära, der Audi 100-Generation angemessen: Rohrstarrachse mit blattförmigen Längslenkern, quer liegendem Federstab, Panhardstab, dazu ein leicht negativer Radsturz.

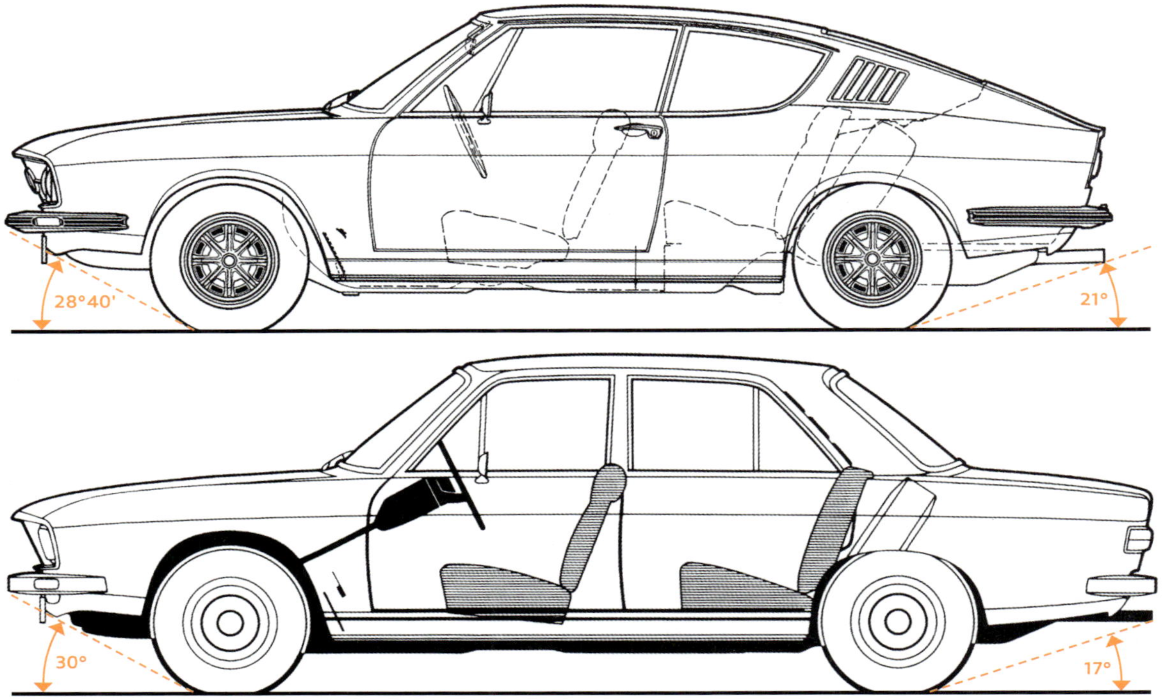

Unterschiedliche Böschungswinkel bei 100 Limousine und Coupé S: beim Coupé vorn wegen weniger Bodenfreiheit kleiner, hinten wegen kürzerem Überhang größer.

Coupé-Fahrwerksabstimmung: mit wenigen Mitteln „angeschärft“

Zwar sind das alles keine extrem tiefen Eingriffe in die Fahrwerks-Geometrie, doch es sind beim Fahren durchaus spürbare Modifikationen, die den Charakter des Coupés wie von seinen Schöpfern gewollt von der Limousine abgrenzen und sportlich anschärfen. Zudem wurde zu diesem Zweck der Coupé-Aufbau und damit der Fahrzeug-Schwerpunkt gegenüber der Limousine um 22 Millimeter tiefer gelegt – Bodenfreiheit der Karosserie 135 statt 157 Millimeter. Dadurch fällt auch der vordere Böschungswinkel der unbelasteten Karosserie ein wenig geringer aus, er beträgt beim Coupé 28° 40' statt 30° bei der Limousine. Wegen des im Vergleich zur Limousine um 83 Millimeter kürzeren hinteren Überhangs, übertrifft hier das Coupé die Limousine im Böschungswinkel trotz Tieferlegung deutlicher: 21° lautet der Wert für das Coupé, 17° für die Limousine (jeweils unbelastet).

Fahrsicherheit hatte Coupé-Priorität, weshalb Ex-Formel 1-Konstrukteur Ludwig Kraus und seine Mannschaft dem Coupé neben entsprechend verbesserten Fahreigenschaften auch eine üppig dimensionierte Bremsanlage auf den Weg gaben, um den im Vergleich zur Limousine 100 LS deutlich höheren Fahrleistungen Rechnung zu tragen. Zwar blieb es an der Hinterhand beim Standard der 100 Limousinen und somit bei Trommelbremsen mit einem Durchmesser von 200 Millimeter. Die Vorderräder kommen hingegen in den Genuss von im Umfang gegenüber der Limousinen-Ausführung von 280 auf 291 Millimeter vergrößerten und überdies innenbelüfteten Bremsscheiben. Aufschlussreich der Vergleich mit der vorderen Bremsanlage des Mitte der 1970er Jahre vorgestellten ersten Porsche 930 turbo: Bei einem Leergewicht von knapp 1,2 Tonnen, noch 95 Kilogramm schwerer als das Audi Coupé, verfügt der 250 km/h-Bolide vorn über innenbelüftete Bremsscheiben im Format 282,5 Millimeter. Hier wie da, bei Porsche turbo wie bei Audi Coupé S, sorgen im Übrigen Vierzylinder-Festsättel für eisernes Zupacken, sollte es den Fahrer im Notfall nach einem möglichst heftigen Verzögern der Fuhre gelüsten. Bei der 100 Limousine erledigen diese Aufgabe einfachere Zweikolben-Sättel.

Analog zur 100 Limousine ist die vordere Scheibenbremsanlage innenliegend angeordnet: Die topfförmig ausgebildeten Bremsscheiben sind direkt mit den Steckachsenflanschen und den Gelenkwellen verschraubt, die beiden Bremssättel sitzen in direkter Nachbarschaft zum Getriebe. Diese Position dient einerseits der Reduzierung der ungefederten Massen, hat jedoch einen im Verlaufe der frühen Audi 100-Geschichte aufgetretenen, denkbar unbefriedigenden Nachteil: Geringste Undichtheiten der Antriebseinheit können zum Verölen der vorderen Bremsanlage führen – mit unangenehmen Folgen für das gesamte Bremsvermögen oder zumindest für die Spursicherheit beim Bremsen (bei einseitiger Ölbenetzung einer Bremsscheibe). Womöglich war es diese Schwäche, die zum optionalen Angebot von Tropfblechen für die vordere Bremsanlage führte, auf das zumindest die Umwelt von Ölschäden verschont bliebe.

Die erwähnten Nürburgring-Tests sorgten mit ihrer außerordentlichen Beanspruchung auch für die Notwendigkeit diverser Materialverstärkungen im Fahrwerksbereich. So wurden beispielsweise die Gelenkwellen des Frontantriebs mit den Gleichlauf-Rzeppa-Gelenken entsprechend des größeren Motordrehmomentes genauso verstärkt, wie die vorderen Querlenker oder der für die Seitenführung verantwortliche Querlenkerstab an der starren Hinterachse. Auch die Fünfzoll-Räder des Coupés übertreffen in der Blechstärke die schmaleren 4,5 Zoll-Rundlinge der Limousine.

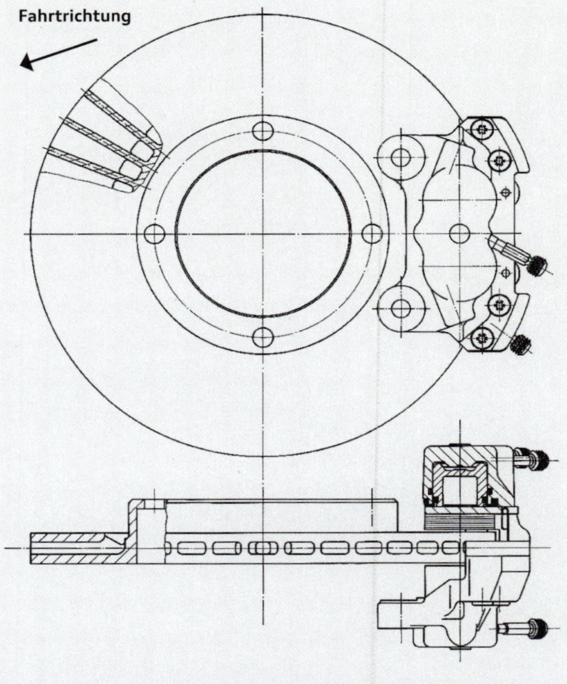

Für ein Höchstmaß an Verzögerungs-Potenz: innenbelüftete Coupé-Bremsscheibe mit Vierzylinder-Festsattel - Aufwand wie für den Porsche 911 turbo.

Gutes noch besser machen – oder kosten- günstiger

Modellpflege-Maßnahmen innen, außen und unten

Kein Automobil kommt perfekt auf die Welt. Erst im Gebrauch durch eine große Zahl an Käufern und entsprechend vielen Kilometern des Alltagsnutzens zeigen sich Schwächen, die im Prototypen-Stadium, in den Händen professioneller und folglich routinierter Testfahrer oft verborgen blieben. So ist bei jeder Automarke eine mehr oder weniger intensive Modellpflege vorprogrammiert, und Audi war beim 1968 lancierten Typ 100, der ersten kompletten Neukonstruktion unter diesem gerade erst, nämlich 1965, wiederbelebten Markennamen keine Ausnahme. Gründe zur Nachbesserung gaben allerdings nicht tiefgreifende konstruktive Schwächen mangels ausreichender Erprobung, wie sie beispielsweise Borgward-Produkte oft aufwiesen. Vielmehr dienten alle getroffenen Maßnahmen sozusagen dem Feintuning, dem Bestreben, ein von Anfang an wohl gelungenes Produkt noch zu perfektionieren.

Im Falle des Audi 100 Coupé S galt eine erste derartige Maßnahme der Lenkung, die in einigen Tests von Fachjournalisten, aber auch von Besitzern früher Serien-Coupés, im Stand als zu schwergängig befunden wurde. Gerade bei Parkmanövern und somit geringsten Geschwindigkeiten bedurfte es gehörigen Muskelschmalzes, um das Vierspeichen-Ruder zum Rädereinschlag zu ermutigen. Die im Vergleich zur Limousine geänderte Geometrie der Vorderradaufhängungen mit leicht negativem Radsturz war daran genauso beteiligt, wie die im Vergleich zur 100-Limousinenriege um 20 Millimeter breiteren HR-Reifen des Formats 185/70, deren größere Gummiauflagefläche naturgemäß auf dem Asphalt für einen höheren Reibungswiderstand sorgt.

Modelljahr 1971
Fahrgestellnummern
81 11 014 066 – 81 11 110 115

Die schon kurz nach dem im Oktober 1970 erfolgten Produktionsstart des Coupés vorgenommene Übersetzungsänderung der Lenkung bei Maximaleinschlag von 20,6:1 auf 21,6:1 vermochte diese Schwäche zwar nur wenig zu mildern, zumal die Zahl der Lenkradumdrehungen von Anschlag zu Anschlag mit 3,88 unverändert blieb. Besonders sensible Fahrernaturen glaubten indessen einen kleinen Fortschritt zu erfühlen. Wirklich leichtgängig sollte die 100-Lenkung jedoch erst im Modelljahr '74, somit ab August 1973, mit Einführung der (allerdings optionalen) Servolenkung werden (siehe auch Seite 186). Diese Neuerung war freilich so neu nicht und betraf lediglich europäische 100-Käufer – US-amerikanische Audi-Kunden, gewohnt ihre schweren Straßenkreuzer mittels des kleinen Fingers dirigieren zu können, kamen in den Genuss der Lenkhilfe bei Audi bereits zwei Jahre früher.

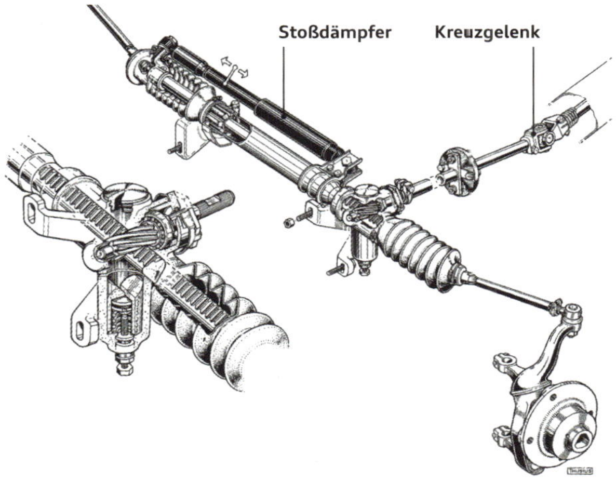

Audi 100-„Ruderanlage", nicht überaus leichtgängig: mit Zahnstange, Stoßdämpfer und progressiver Übersetzung (siehe auch Seite 93).

Versuchs-Ballon eines enthusiastischen Audi-Technikers: tiefergelegter Audi 100 Coupé S für Motorsport-Einsätze, Breitreifen auf verbreiterten Stahlrädern, Kotflügelverbreiterungen, …

… zwei Solex-Registervergaser 44 PHH mit kurzen Ansaugkrümmern, seitlicher Luftfilterkasten. Motorleistung? rund 180 PS (Schätzung).

Coupé-Interessenten mit gesteigerten Transport-Bedürfnissen, zum Beispiel dem Anspruch, ausgedientes Sperriges im Anhänger zum Wertstoffhof transportieren zu können, wurden von Audi zu Beginn der Coupé-Karriere nicht berücksichtigt: Während einer kurzen Anfangs-Phase des Ingolstädter Topmodells war eine Anhängerkupplung für den teuersten Audi tabu. Erst ab dem Januar 1971 hatten die Ingolstädter Erbarmen mit Hobby-Gärtnern und Mopped-Transporteuren, als für das Coupé zwei mögliche Anhängelasten amtlich geprüft und freigegeben wurden. Im „Nachtrag zur Allgemeinen Betriebserlaubnis“ des Coupés genehmigte der Flensburger KBA-Beamte Hadeler am 12. Januar 1971 „in Vertretung“ gebremste Anhängelasten von 1100 Kilogramm für Steigungen bis zu zwölf Prozent, bzw. 550 Kilogramm Maximalgewicht für Anhänger ohne Bremse.

Genehmigungen völlig anderer Art erteilte am 4. Februar und 30. Juni 1971 die Fédération Internationale de l`Automobile (FIA). Nachdem am 4. Februar das 1.000te Coupé fertig gestellt worden war, verlieh die Internationale Sportbehörde dem sportlichsten Audi unter der Nummer 1616 den Status eines im Motorsport einsetzbaren Tourenwagens nach der damaligen Gruppe 2[2]. Knapp fünf Monate später folgte unter der Nummer 5423 die Einstufung als Serien-Tourenwagen (Gruppe 1[1]), nachdem am 30. Juni 1971 das 5.000te Coupé vom Band gelaufen war. Gültig waren die Gruppen-Zuteilungen ab dem 1. April 1971 (Gruppe 2) bzw. ab dem 1. September 1971 (Gruppe 1). Fortan taugte das Ingolstädter Coupé also auch für motorsportliche Einsätze. So setzte beispielsweise Audi-France 1972 und 1973 ein Gruppe 1-Exemplar bei den 24 Heures de Francorchamps in Spa ein, wenngleich mit überschaubaren Resultaten. 1972 rangierte das Duo Marc Sourd/Yves Evrard im Gesamtklassement lediglich auf Position 24, gleichbedeutend mit Rang 10 in ihrer Division. Besser lief es für die Audi-Franzosen im Folgejahr, als das Team Daniel Dupré/Jean-Claude Boucher im Ziel immerhin Gesamtrang 12, bzw. Divisions-Rang 3 (hinter einem Toyota Celica GT und einem Alfa Romeo 2000 GTV) belegte. Kein Glück hatte Audi-NSU France dagegen 1972 bei der Tour de France für Automobile: Beide eingesetzten Gruppe 1-100 Coupé S mit den Teams Yves Evrard/J. L. Demarquet und Philippe Mercier/Jean-Pierre Nicolas[3] fielen aus.

Auf den Durchbruch des Audi 100 Coupé S im Motorsport mussten Freunde des Ingolstädter Hauses somit genauso vergebens warten, wie auf den Einsatz des NSU Ro 80-Kreiskolbenmotors im Audi 100 – obwohl Viktor Frankenberger[4], von 1968 bis 1972 stellvertretender Vorstandsvorsitzender der Audi NSU Auto Union AG, diese Variante 1971 für den großen Audi als „wahlweise“ in Aussicht gestellt hatte. Auch der künftige kleinere Audi, 1972 als Typ 80 präsentiert, sollte sowohl mit Wankel-, als auch mit Hubkolbenmotor zu haben sein, Letzterer „mit etwa 1.500 ccm und 80 bis 85 PS“. Aus der Dualität wurde freilich nichts: Ludwig Kraus setzte bei seinem

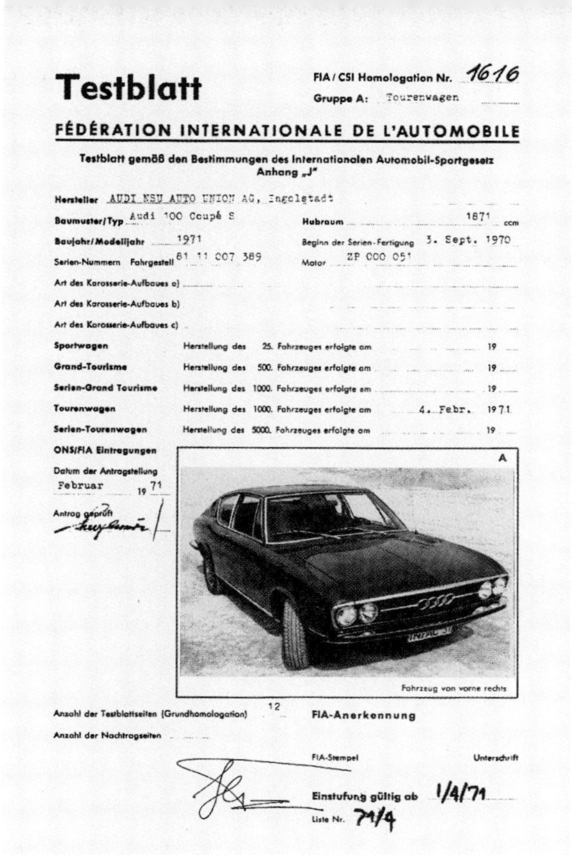
Testblatt

FIA / CSI Homologation Nr. 1616

Gruppe A: Tourenwagen

FÉDÉRATION INTERNATIONALE DE L'AUTOMOBILE

Testblatt gemäß den Bestimmungen des Internationalen Automobil-Sportgesetz Anhang „J"

Hersteller AUDI NSU AUTO UNION AG, Ingolstadt

Baumuster/Typ Audi 100 Coupé S — Hubraum 1871 ccm

Baujahr/Modelljahr 1971 — Beginn der Serien-Fertigung 3. Sept. 1970

Serien-Nummern Fahrgestell 81 11 007 389 — Motor ZP 000 051

Art des Karosserie-Aufbaues a)

Art des Karosserie-Aufbaues b)

Art des Karosserie-Aufbaues c)

Sportwagen — Herstellung des 25. Fahrzeuges erfolgte am 19

Grand-Tourisme — Herstellung des 500. Fahrzeuges erfolgte am 19

Serien-Grand Tourisme — Herstellung des 1000. Fahrzeuges erfolgte am 19

Tourenwagen — Herstellung des 1000. Fahrzeuges erfolgte am 4. Febr. 1971

Serien-Tourenwagen — Herstellung des 5000. Fahrzeuges erfolgte am 19

ONS/FIA Eintragungen

Datum der Antragstellung Februar 1971

Antrag geprüft

A

Fahrzeug von vorne rechts

Anzahl der Testblattseiten (Grundhomologation) 12 — FIA-Anerkennung

Anzahl der Nachtragseiten

FIA-Stempel — Unterschrift

Einstufung gültig ab 1/4/71

Liste Nr. 71/4

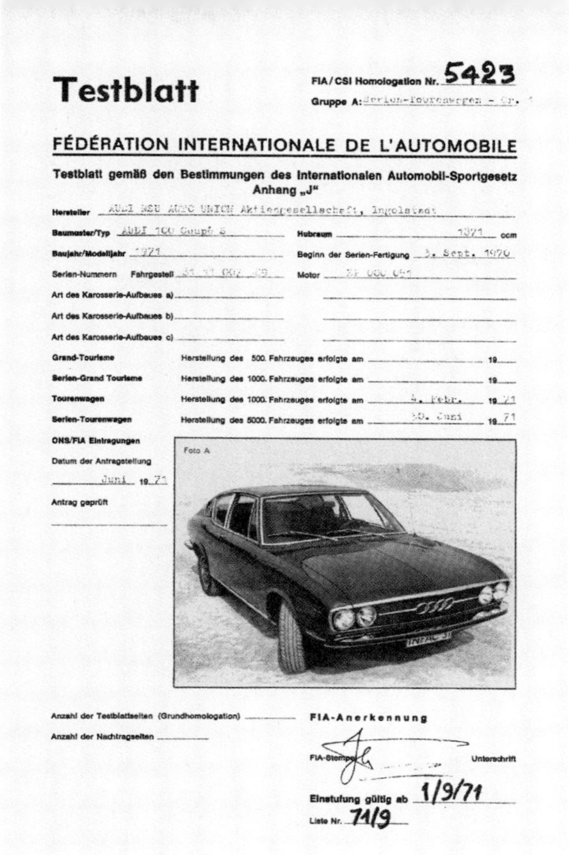
Testblatt

FIA / CSI Homologation Nr. 5423

Gruppe A: Serien-Tourenwagen – Gr.

FÉDÉRATION INTERNATIONALE DE L'AUTOMOBILE

Testblatt gemäß den Bestimmungen des Internationalen Automobil-Sportgesetz Anhang „J"

Hersteller AUDI NSU AUTO UNION Aktiengesellschaft, Ingolstadt

Baumuster/Typ AUDI 100 Coupé S — Hubraum 1871 ccm

Baujahr/Modelljahr 1971 — Beginn der Serien-Fertigung 3. Sept. 1970

Serien-Nummern Fahrgestell — Motor

Art des Karosserie-Aufbaues a)

Art des Karosserie-Aufbaues b)

Art des Karosserie-Aufbaues c)

Grand-Tourisme — Herstellung des 500. Fahrzeuges erfolgte am 19

Serien-Grand Tourisme — Herstellung des 1000. Fahrzeuges erfolgte am 19

Tourenwagen — Herstellung des 1000. Fahrzeuges erfolgte am 4. Febr. 19 71

Serien-Tourenwagen — Herstellung des 5000. Fahrzeuges erfolgte am 30. Juni 19 71

ONS/FIA Eintragungen

Datum der Antragstellung Juni 19 71

Antrag geprüft

Foto A

Anzahl der Testblattseiten (Grundhomologation)

Anzahl der Nachtragseiten

FIA-Stempel — Unterschrift

Einstufung gültig ab 1/9/71

Liste Nr. 71/9

Mitte 1971 offiziell Rennsport-tauglich: Im April erteilte die Motorsport-Behörde FIA dem Audi 100 Coupé S ihren Segen für die Gruppe 2, …

… im September des Jahres durfte das Ingolstädter Coupé auch bei den Serien-Tourenwagen der Gruppe 1 eingesetzt werden (siehe auch die Fußnoten auf dieser Seite).

Leichtbau-80 vielmehr ausschließlich auf seinen simplen, aber hoch effizienten, in der Fertigung extrem preisgünstigen und überdies sehr entwicklungsfähigen Vierzylinder EA 827, der später auch in den Volkswagen-Modellen Passat, Scirocco und Golf Furore machen sollte …

1968 wird der NSU Ro 80 „Auto des Jahres" – die NSU-Granden Gerd Stieler von Heydekampf (links) und Viktor Frankenberger genießen den Augenblick.

[1] **Gruppe 1** = Serien-Tourenwagen – Voraussetzungen: innerhalb von zwölf Monaten mindestens 5.000 Mal produziertes Fahrzeug mit mindestens vier Sitzplätzen; erlaubt sind nur wenige Modifikationen, zum Beispiel dürfen der Luftfilter entfernt und die Zylinder um maximal 0,6 Millimeter nachgeschliffen werden.

[2] **Gruppe 2** = Tourenwagen – Voraussetzungen: innerhalb von zwölf Monaten mindestens 1.000 Mal produziertes Fahrzeug mit mindestens vier Sitzplätzen; erlaubt sind gegenüber der Gruppe 1 tiefergreifende Modifikationen, zum Beispiel dürfen zugunsten einer gesteigerten Leistung alle mechanischen Teile durch Bearbeitung verändert und das Fahrwerk aufgerüstet werden.

[3] **Jean-Pierre Nicolas** (* 22. Januar 1945) gewann später unter anderem auf Alpine fünf Läufe zur Rallye-WM, darunter 1978 die Rallye Monte Carlo (auf Porsche 911 Carrera). Die Tour de France-Chronik führt Nicolas auf Ligier 1974 als Sieger. Nach dem Ende seiner Fahrerkarriere agierte der in Marseille gebürtige Franzose als Teamchef des Peugeot-Werksteams.

[4] **Viktor Frankenberger** (*19. August 1910, † 26. August 1988) studierte in München an Universität und Technischer Hochschule und trat bereits 1937 bei NSU ein. Während des Krieges fungierte er als Abteilungsleiter verschiedener Fertigungsabteilungen, avancierte 1946 zum Technischen Leiter der NSU-Werke. Mitglied des NSU-Vorstands wurde Frankenberger 1951. In diesem Jahr startete NSU auch die Zusammenarbeit mit Felix Wankel. Nach der Fusion von Auto Union und NSU hatte er ab 1969 auch hier das Amt des stellvertretenden Vorstandsvorsitzenden inne, dies mit Zuständigkeit für das Ressort Personal- und Sozialwesen. Am 30. Juni 1972 schied Frankenberger aus dem Audi/NSU-Vorstand aus.

JOHANN ABT MACHT AUDIS SCHNELLER

Die Erfolge eines Tunings sind beachtlich. Bei den Audi-Modellen 90 und 100 ändern sich die Fahrwerte nach einer Motor-Kur folgendermaßen: Statt in 12,5 Sekunden beschleunigt der Wagen in 10,5 Sekunden von 0 auf 100. Auch in der Spitze spürt man etwas: Statt der normalerweise erreichbaren 175 km/h läuft der Wagen 185 bis 190 Stundenkilometer. Selbstverständlich sind diese Zahlen Durchschnittswerte und weichen bei einzelnen Fahrzeugen leicht voneinander ab.

Ein sportliches Automobil mit vielen schnellen Pferdestärken unter der wohlgeformten Kühlerhaube dient nicht nur als Ausdrucksmittel sozialen Prestiges, sondern kann auch entscheidenden Einfluß auf die Lebensdauer eines verantwortlichen Fahrers haben – im positiven Sinn natürlich. Aus diesen beiden Gründen, wobei der erste das größere Stück vom Kuchen ist, kam der „Wolf im Schafspelz" ins Geschäft, ein nach außen hin lammfrohes Normalverbraucher-Mobil mit spurtschnellen Innenwerten. Mit solche… kann man Sport… zeugu… taten… hörh… Tren… Blic… Chr… lyes… Die… od…

Das Modelljahr '71 steht freilich nicht nur eine motorsportliche Befähigung des Audi 100 Coupé S, sondern ab Mitte 1970 auch für eine Erweiterung des Leistungs-Vermögens der diversen Audi 100-Varianten. Dies geschah allerdings nicht durch Audi, sondern durch einen Tuner in Kempten, der sich zuvor schon einen Namen mit der Leistungssteigerung der NSU-Heckmotormodelle TT und TTS gemacht hatte. Dass diesem Johann Abt stets an einer besonders zügigen Gangart gelegen war, bewies er zudem seit den 1950er Jahren mit persönlichen Renneinsätzen auf zwei und vier Rädern, anfangs mit DKW-, später auch mit Abarth-Fahrzeugen. Für beide Marken war der Kemptener gar Vertragsfahrer.

Abt fuhr freilich nicht nur Rennen, sondern betätigte sich auch als erfolgreicher Audi/NSU-Händler – und seit 1962 als Tuner. So kam ihm alsbald zu Ohren, dass insbesondere Audi Coupé-Käufer an etwas mehr Motorleistung Interesse hatten, um dem italienischen Schick und Überholprestige Ihres Gefährts standesgemäßere Fahrleistungen zuzugesellen. Als Komplettfahrzeug offerierte Abt einerseits ein Coupé mit circa 122 PS (90 kW) für 16.295 DM – rund 1.200 DM betrug somit das 7 PS-Leistungsplus, erzeugt mit Hilfe eines Weber-Doppelvergasers, dem ein durchsatzfreudiger Luftfilter das Atmen erleichtert. Damit

Motoren-Tuning im Allgäuer Kempten, für den Audi 100 Coupé S wie auch für die Limousinen: Weber-Doppelvergaser (Foto), Schmiedekolben und Feinarbeiten im Zylinderkopf sorgen für bis 30 mehr PS, 1970 dokumentiert …

… in der Auto Union-Zeitschrift *Vier Ringe*, einst im Halwart Schrader-Verlag publiziert.

[5] vermutlich 45 DCOE-Flachstromvergaser.
[6] O-Ton *Vier Ringe*: „Bei den Audi-Modellen 90 und 100 ändern sich die Fahrwerte nach einer Motor-Kur folgendermaßen: Statt in 12,5 Sekunden beschleunigt der Wagen in 10,5 Sekunden von 0 auf 100. Auch in der Spitze spürt man etwas: Statt der normalerweise erreichbaren 175 km/h läuft der Wagen 185 bis 190 Stundenkilometer …" (Die Ausgangswerte lassen dabei auf den Audi 100 LS schließen, die Leistungssteigerung entspricht mindestens der Abt-Stufe 2.)
[7] Anlässlich der Coupé-Markteinführung im Oktober 1970 beauftragte Audi-Marketing eine sogenannte Einführungs-Studie unter Interessenten. Zwar beurteilten knapp über 80 Prozent das Styling des Coupé S positiv, 23 Prozent erachteten jedoch den geforderten Preis von knapp 14.000 DM als zu hoch.

jedoch nicht genug: Für alle Audi 100-Modelle lieferte Abt drei verschiedene Motortuning-Kits sowie einen Fahrwerks-Kit. So bot die Tuning-Stufe 1 acht bis zehn zusätzliche PS, erzeugt durch eine speziell abgestimmte Doppelvergaseranlage von Weber mit widerstandsarmem Luftfilter sowie einer Abänderung des Kühlers zugunsten einer höheren Kühlleistung. Preis (incl. Montage): 1.530 DM. Die Stufe 2 sorgte gegen 2.780 DM Gebühr für 18 bis 20 Zusatz-PS, erzeugt durch die bereits erwähnte Weber-Vergaseranlage in doppelter Ausführung und zusätzlichem Spezial-Zylinderkopf mit „heißerer" Nockenwelle.

Spitzen-Tuning lieferte die Stufe 3, nämlich plus 28 bis 30 PS für 3.720 DM. Die Mittel für mindestens 140 PS (103 kW): Den Teilen des Stufe 2-Tunings gesellte Abt geschmiedete Kolben für eine Verdichtung von 12:1 hinzu. Der Abt-Fahrwerkssatz bot für 1.430 DM Bilstein-Stoßdämpfer, härtere vordere Federn, einen stärkeren vorderen Stabilisator sowie einen Satz Aluminium-Felgen des Formats 5 x 14 Zoll. Leider waren bei der Firma Abt rund 50 Jahre nach diesen Audi 100-Angeboten keine weiteren Details, etwa zum Vergaser-Typ[5], zu den Steuerzeiten der Spezial-Nockenwelle oder zum Alurad-Hersteller, in Erfahrung zu bringen. Auch stellte Johann Abt seinen Audi 100-Boliden keiner Fachzeitschrift zu Testzwecken zur Verfügung, so dass unabhängige Fahrleistungs-Werte leider nicht aktenkundig sind. Allerdings würdigte das im damaligen Halwart Schrader Verlag erschienene Audi-Magazin *Vier Ringe* in Ausgabe 4/1970 das Abt-Tuning auf drei Seiten und nannte dabei auch Beschleunigungs- und V_{max}-Angaben des Kemptener Tuners – dies freilich ohne Zuordnung zu einem speziellen 100-Typ[6] und somit ohne Wert für einen 100 Coupé S-Bezug ...

Modelljahr 1972 Fahrgestellnummern 81 21 000 062 – 81 21 137 018

Nicht alle lediglich mit Einfach- oder bestenfalls Register-Vergasern vertrauten Audi-Mechaniker der frühen 1970er Jahre beherrschten den sachgerechten Umgang mit Mehrvergaser-Anlagen. Die Einstellung und Synchronisation zweier Register-Vergaser, wie von den Konstrukteuren im Hinblick auf das sportliche Naturell des Coupé S anfangs vorgesehen, brachten nicht nur Hobby-Bastler an ihre Grenzen: „Sowohl für die Vergaser- als auch für die Leerlaufeinstellung", mahnt folglich die erste Ausgabe der Coupé-Betriebsanleitung, „sind Sonderwerkzeuge, die auch die Synchronisation der Vergaser ermöglichen, erforderlich."

Womöglich im Hinblick auf zu erwartende Service-Probleme mit dem Zweivergaser-Motor des Coupé S hatten die Audi-Verantwortlichen noch 1969 eine zweite Coupé-Version geplant, motorisiert mit dem „zahmeren" 100 PS-1,8-Liter des Limousinen-Modells 100 LS. Bei dieser Variante, für die das „S" in der Coupé-Bezeichnung entfallen sollte, erhoffte sich die Technik-Abteilung die Vermeidung von Vergaser-Wartungsproblemen. Zudem hätte die Audi-Händlerschaft nur allzu gern ein etwas preisgünstigeres Coupé-Modell im Angebot gehabt, schätzte doch ein beträchtlicher Teil möglicher Interessenten den Preis des S-Coupés als zu hoch ein[7]. Aus der Dualität wurde freilich nichts, woran nicht zuletzt der überwältigende Erfolg der kompletten 100-Reihe Schuld hatte. Es fehlte in Ingolstadt schlicht an den ausreichenden Produktionskapazitäten – Exemplare der 100 Limousinen wurden deshalb ab 1970 bereits auch in Wolfsburg gefertigt. So ging lediglich das Coupé S in den Verkauf, Audi-Spitze nicht nur in der Motorleistung, sondern gleichermaßen im Preis – und im erforderlichen Wartungsaufwand.

Mangelndes Fingerspitzengefühl einiger Mechaniker im Umgang mit dem Synchrometer war freilich nicht der Hauptgrund für eine Motoren-Modifikation, die bereits im Juli 1971, gerade mal neun Monate nach Produktionsstart, in die Coupé-Serienfertigung einfloss: Gemeint ist der Übergang von der Zweivergaser-Ausführung auf eine solitäre Gasanstalt, im Solex-Typ 32/35 TDID dem Vorläufer-Duo gleichend. Wesentlicher Grund für die Abrüstung war die Aussicht auf verschärfte Abgas-Bestimmungen, denen mit einem einsamen Register-Vergaser besser gerecht werden konnte, ein Umstand, der sicherlich auch die Rotstift-Akrobaten in der Ingolstädter Teppichetage erfreute.

Allerdings erfuhr auch dieser 32/35 TDID inklusiv seiner Peripherie zur Einhaltung der Abgas-Grenzwerte einige Maßnahmen im Innenleben, ergänzt um eine Umluftschraube, die dem modifizierten Vergaser einen Zusatz in der Bezeichnung bescherte, nämlich „Solex-**Umluft**-Registervergaser". Zwar blieben die Lufttrichter-Durchmesser mit 24 für die erste Stufe und 28 für Stufe 2 identisch, doch die Düsenbestückungen wurden wie folgt geändert:

Neues Vergaser-Konzept für den Audi 100 Coupé S ab Modelljahr 1972 mit Auswirkung auf die nun weniger monumentale Optik im Maschinenraum – vergleiche dazu die Abbildung auf Seite 155.

Die Beschränkung auf einen solitären Solex-Registervergaser 32/35 diente der Wartungsvereinfachung, und bescherte auch günstigere Abgaswerte.

Reduzierte Vergaser-Zahl, unauffälliger Luftfilter: Das große, ovale Filtergehäuse der 115 PS-Version wich einem deutlich kleineren, runden Luftfilter-Topf.

in beiden Register-Stufen größere Hauptdüsen, eine größere Luftkorrekturdüse in Stufe 1, eine größere Leerlaufluftdüse, ein verkleinerter Starterklappenspalt sowie ein vergrößerter Drosselklappenspalt gehen im Einzelvergaser einher mit einer deutlich von 1,05 auf 1,6 cm^3 erhöhten Einspritzmenge pro Hub zum Ausgleich der Leistung des amputierten zweiten Vergasers.

Gleichwohl ging etwas Nennleistung verloren – auch weil die Verdichtung geringfügig von 10,2:1 auf 10,0:1 reduziert wurde: Mit 112 PS (82 kW) bringt der Einvergaser-1,9 Liter drei PS weniger auf die Bremse, dafür steht das in der Höhe unveränderte maximale Drehmoment von 160 Nm bereits bei 3.500/min statt erst bei 4.000/min zur Verfügung. Als die Verdichtung im Laufe des Modelljahres '72 abermals mittels geringfügiger Vergrößerung der Kolben-Mulden etwas zurückgenommen wurde – dieses Mal auf 9,8:1 – blieb diese ergänzende Maßnahme ohne sichtbaren Einfluss auf die kommunizierten Leistungs-Daten.

Seine Premiere feierte der Einvergaser-1,9-Liter übrigens nicht im Coupé, sondern bereits zuvor in einer speziellen 100 Limousine des Modelljahres 1971: dem 100 LS Automatik für den Schweizer Markt (siehe auch „Audi 100-Motorvarianten" im Anhang auf Seite 234). Damit lieferte Audi den Eidgenossen bereits zum zweiten Mal eine 100-Extrawurst. Schon beim 100-Debüt bedurfte es 1969 zur Einhaltung von Schweizer Phon-Grenzwerten beim 100 LS einer Motorleistungs-Erhöhung durch etwas mehr Hubraum und eine Vergaser-Modifikation, um dadurch in einem skurrilen, Schweiz-exklusiven Geräusch-Messverfahren[8] zu bestehen. (siehe auch „Audi 100-Motorvarianten" im Anhang auf Seite 235).

Die zur Verbrennung benötigte Ansaugluft wird dem von Audi vollmundig als „abgasentgiftet" bezeichneten 112 PS-Triebwerk über ein konventionell topfförmig rundes und somit gegenüber der Zweivergaser-Ausführung weniger monumentales Luftfiltergehäuse zugeführt, in dessen Schnorchel eine thermostatische Regeleinrichtung integriert ist. Sie sorgt dafür, dass der Vierzylinder seinen Sauerstoffbedarf je nach Last und Motortemperatur über einen Schlauch entweder warm aufbereitet oder aber über eine zweite Zuführung kalt temperiert inhalieren kann. Des Weiteren werden während des Motorlaufs entstehende Gase nach dem Prinzip eines geschlossenen Einkreis-Systems von der Zylinderkopfhaube über mehrere Streckmetallschichten mit Flammenrückschlagschutz und einen im Durchmesser 18 Millimeter messenden Schlauch zum Luftfilter geführt. Ein speziell abgestimmter Verteiler mit Doppeldose ergänzte die Maßnahmen zur Einhaltung der Schadstoff-Grenzwerte.

Die Ergebnisse all dieser Maßnahmen wurden am 25. Juni 1971 vom amtlich anerkannten Sachverständigen Dipl.-Ing Weber gemessen und am 22. Juli 1971 vom Flensburger KBA attestiert, bzw. unter der Register-Nummer KBA-14.0145 dokumentiert, nämlich: Kohlenmonoxid bei einer Leerlaufdrehzahl von 940/min 1,6 Vol-% (statt 4,5 Vol-% beim nicht abgasentgifteten Pendant), Kohlenwasserstoffe 300 ppm bzw. 4,92 g/Test. Anweisung an das Werkstattpersonal zur Einregulierung des „entgifteten" Vergasers (durchzuführen nach Überprüfung der korrekten Zündeinstellung von 30° vor oberem Totpunkt): „Umluftschraube auf 5/2 Umdrehungen öffnen, CO-Gehalt mit der Gemischregulierschraube auf 1,5 +/– 0,2 Vol % einstellen. Leerlaufdrehzahl soll nun bei 950 +/– 50 U/min liegen; sie muß ggf. mit der Gemischregulierschraube korrigiert werden. Anschließend ist der geforderte CO-Wert mit der Umluftschraube wieder einzustellen."

Mit dieser Motorisierung gab im August 1972 auch das Spitzenmodell der 100-Limousinenreihe, der 100 GL, sein Debüt, ausgestattet außer mit der Potenz des Coupés zugleich auch serienmäßig[9] mit dessen „Vieraugen-Gesicht" – und, abgesehen vom Dreispeichen-Lenkrad der schwächeren Varianten, mit dem aufwändigeren Coupé-Cockpit. Das war im GL-Zusammenhang allerdings ein klein wenig abgemagert und zudem minimal modifiziert worden.

„Dauerschnell" und „spurtstark": Die Audi 100 GL Limousine rechtfertigte mit ihrer Coupé S-Motorisierung das Prädikat „Spitze der Sport-Komfortklasse".

So fehlte fortan in der breiten Mittelkonsole das anfangs rechts angeordnete Ampèremeter. Die zuvor mittig platzierte Zeituhr rückte nach rechts, während das im Kleininstrumenten-Format dargestellte Schaltschema in der Mittelkonsole weiterhin links über die Position der vier Vorwärtsgänge und des Retour-Ganges informierte.

[8] In der Schweiz orientierte sich damals die erlaubte maximale Geräuschentwicklung am Leistungsgewicht. Fahrzeuge ab 10 kg/PS wurden im Stand bei Nenndrehzahl gemessen, Fahrzeuge mit einem Leistungsgewicht besser als 10 kg/PS wurden lediglich bei ¾ der Nenndrehzahl gemessen. In beiden Fällen galten 82 Dezibel als Grenzwert. Der herkömmliche 100 LS, Leistungsgewicht 10,5 kg/PS, überschritt bei vorgegebener Volllast den Grenzwert um vier Dezibel. Um unter 10 kg/PS zu kommen erhöhte Audi die Nennleistung der Schweiz-Version mittels 0,5 Millimeter vergrößerter Bohrung und dadurch 22 cm^3 mehr Hubraum sowie eine modifizierte Vergaser-Bestückung auf 107 PS bei 5.500/min, wodurch sich ein Leistungsgewicht von nur noch 9,8 kg/PS ergab. Nun durfte die Geräuschentwicklung statt bei 5.500/min bei lediglich 4.125/min (¾ der Nenndrehzahl) gemessen werden, wodurch der Audi im gesetzlichen Geräuschrahmen blieb. Der gleichfalls zu laute 90 PS-100S wurde für die Schweiz aus dem Programm genommen, der 80 PS-100 bestand die Prüfung bei seiner Nenndrehzahl von 5.000/min.

[9] Gegen einen 260 DM-Aufpreis konnten seit Dezember 1970 auch Käufer minderer 100-Versionen das Coupé/GL-„Vieraugengesicht" ordern und damit von Halogen-Scheinwerfern profitieren.

Nicht länger Coupé-Indiz: Das „Vieraugen-Gesicht“, bislang typisch Coupé, trägt auch der 100 GL zu Markte – ohne Aufpreis. Limousinen-exklusives Extra: Cabrio-Look durch Kunststoffhaut für die Dachpartie.

Mut zur Lücke: Das anfangs in der Coupé-Mittelkonsole positionierte Ampèremeter fiel mit Einführung des 100 GL sichtbar dem Rotstift zum Opfer (unten) – da fehlt was …

Da die beiden verbliebenen Rundinstrumente, also Uhr und Schaltschema, weiterhin links und rechts außen angeordnet sind, klafft dazwischen ein relativ großer Abstand als Hinweis auf die offensichtliche Sparmaßnahme. Für einen kurzen, leider nicht exakt bestimmbaren Zeitraum überbrückte den Leerraum eine runde Instrumenten-Blende ohne Informationsgehalt, was jedoch den verantwortlichen Interieur-Gestaltern womöglich noch ärmlicher erschien, als den Zwischenraum völlig ungenutzt zu lassen. Eine das Manko besser kaschierende Lösung fand sich schließlich zum Modelljahr ’74, allerdings bereits in der Betriebsanleitung vom Juni 1973 dokumentiert.

Zwischen den beiden großen Rundinstrumenten, Tachometer und Drehzahlmesser, wechselten die beiden Kleininstrumente ihre Positionen: Das Fernthermometer rückt von unten nach oben, wo es auch unter ungünstigen Lenkrad- und Sitzeinstellungen komplett einsehbar ist. Die für das Wohlbefinden der Maschine weniger wichtige Tankanzeige wiederum wechselte von oben nach unten. Auch bei den in der Mittelkonsole unterhalb des Radioeinbaufeldes auf Höhe des mittig montierten Zigarettenanzünder angeordneten Kontrollleuchten gab es einen Positionswechsel. So wanderte die grüne Funktionslampe der

Annäherungsversuch: Ab dem Modelljahr '74 rückten Zeituhr und Schaltschema in der Mittelkonsole näher zusammen.

Erkenne den Unterschied: Anordnung der Kleinarmaturen anfangs (links) und ab Coupé-Modell 1972.

Option für Schaltmuffel, ab Modell '72 gegen 1.200 DM Aufpreis auch für eine „neue Sportfahrer-Klasse" (Coupé-Werbeslogan) lieferbar: Dreigang-Automatik, hergestellt im VW-Werk Kassel.

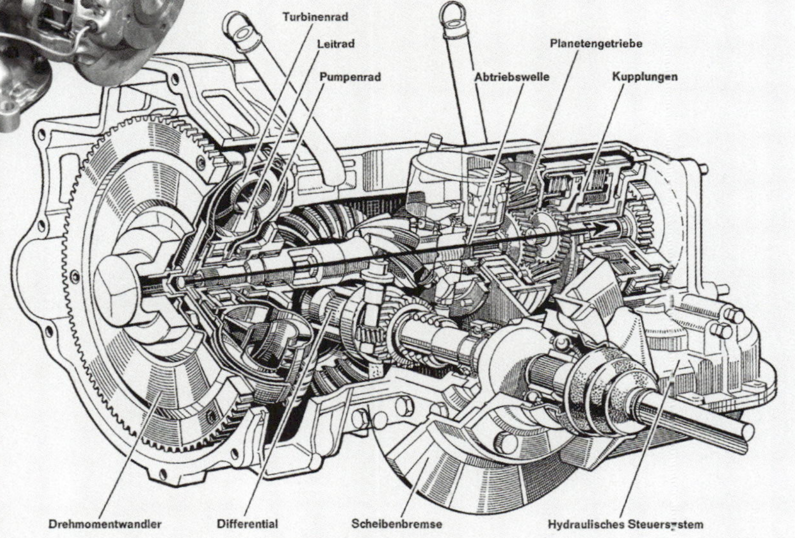

heizbaren Heckscheibe, deren Kippschalter in der Konsole zwischen Schalthebel und Aschenbecher betätigt wird, von links nach rechts, die rote Warnlampe zur Kontrolle der Zweikreisbremsanlage von rechts nach links. Nach wie vor können sicherheitsbewußte Piloten die korrekte Funktion der Zweikreisanlage durch einen Druck auf die Warnlampe checken. Sie muss dann bei ordnungsgemäßem Zustand der Bremsanlage rot aufleuchten – vorausgesetzt, die Zündung ist eingeschaltet.

Den relativ wenigen für das Coupé lieferbaren Optionen gesellten die Audi-Techniker ab dem Modelljahr '72 ein von Volkswagen zugeliefertes, im Werk Kassel gefertigtes und für die 100 Limousinen bereits seit Mitte 1970 lieferbares Dreigang-Automatikgetriebe hinzu. Das entsprechende Nachtrags-Gutachten zur Allgemeinen Betriebserlaubnis Nr. 7350 des Typs 100 Coupé S, erstellt vom TÜV Bayern, trägt das Datum 28. Juli 1971. Bei der VW/Audi-Vollautomatik handelt es sich um ein mechanisches Dreigang-Planetengetriebe mit hydraulisch-elektrischem Steuerteil und Drehmomentwandler. Die Fahrstufen-Übersetzungen: 2,65:1 (Gang I), 1,59:1 (Gang II), 1,0:1 (Gang III und 1,8:1 (R). Die Übersetzung des Kegeltriebs beträgt 3,727:1 (Zähnezahl 41:11).

Zierlicher Automatik-Hebel in den ersten 100-Modelljahren: Das Entsperren des Rückwärtsgangs und der Parkposition erfolgt durch Anheben des Hebels.

Wuchtiger Automatik-Hebel ab Modell '75: Hier werden der Rückwärtsgang, die Parksperre und der erste Gang durch Druck auf die Taste im linken Ausleger des Hebels entsperrt.

Gangwahl-Anzeige für das Automatikgetriebe: anfangs in Diagonal-Anordnung der Grafik (hier in einer 100 Limousine), ...

...ab Modell '75 als Vertikal-Grafik. Positioniert ist die im Verbund mit der Außenbeleuchtung illuminierte Anzeige jeweils in der Mittelkonsole an Stelle der Grafik für die Schaltgetriebe-Ganganzeige.

[10] Zum Modelljahr '75 änderte Audi die Schalthebel-Mimik, einhergehend mit einer Design-Änderung des Hebels. Der nun T-förmige Griff hat in der linken Auslegung eine Entriegelungs-Tast für die Positionen P und R und 1 integriert – Vorgabe der Betriebsanleitung: Der 1. Gang darf nur unterhalb von 65 km/h eingelegt werden. Bei der Vorgänger-Version war der erste Gang nicht durch eine Sperre gesichert, schaltete jedoch bei dessen Einlegen in Fahrt automatisch erst unterhalb von 35 km/h in Fahrstufe 1.

[11] Die bis 1998 geltende DIN 70030 für den Verbrauch von Personenwagen gab die Verbrauchswerte bei 90 km/h, 120 km/h, im Stadtbetrieb sowie einen Drittelmix aus den drei Werten an.

Bedient wird das Getriebe über einen längsverschiebbaren Mittelschalthebel mit den Fahrbereichen „D" (= automatischer Wechsel aller drei Vorwärtsgänge), „2" (= automatischer Wechsel der Gänge I und II), „1" (= Beschränkung auf den Gang I), „N" (= Leerlaufstellung, Möglichkeit des Motor-Startens), „R" (= Rückwärtsgang) und „P" (= Parksperre und Möglichkeit des Motor-Startens). Zum Einlegen der Positionen „R" und „P" muss der Schalthebel zwecks Aufhebens einer Sperre angehoben werden[10]. Wie in herkömmlichen Vollautomatikgetrieben der Brauch erfolgt das Umschalten von Gang zu Gang mit Hilfe von Lamellenkupplungen und Bandbremsen. Die jeweiligen Schaltsignale werden vom Unterdruck im Ansaugrohr des Motors ausgelöst.

Allerdings kann der Fahrer die Fahrstufen auch manuell wechseln – oder mit Hilfe des Gaspedals. So besteht die Möglichkeit, mit dem Gaspedal einen niedrigeren Gang herbei zu rufen, oder einen niedrigeren Gang länger zu halten, als dies das Getriebe im Automatik-Modus für richtig hielte. Sinnvoll ist das immer dann, wenn die Umstände ein besonders rasantes Beschleunigen erfordern. Zu diesem Zweck ist in der Mimik des rechten Pedals ein Vollgas-Druckpunkt eingerichtet. Wird dieser überdrückt, „Kick-down" genannt, kommt automatisch der nächstniedrigere Gang zum Einsatz. Im Sinne der Motorschonung zeigt „Kick-down" jedoch nur in begrenzten Geschwindigkeits-Bereichen Wirkung. So lässt sich von „D" per Fuß lediglich bis knapp 105 km/h auf „2" zurückschalten, von „2" nach „1" darf die aktuell gefahrene Geschwindigkeit nicht über 60 km/h liegen. Beim Hochschalten liegen die Maximal-Tempi unter „Kick-down"-Forcierung bei 55 km/h für den Wechsel von Gang I zu II, bzw. bei maximal 115 km/h von Gang II zu D.

„Kick-down" vermag allerdings nicht zu verhindern, dass so ein Automatik-Coupé in den gebotenen Fahrleistungen einem handgeschalteten Exemplar unterlegen ist – wie einst bei drehmomentwandelnden Automaten Fabrikats-übergreifend üblich. Sowohl beim Beschleunigen, als auch bei der Höchstgeschwindigkeit versickert etwas Motorleistung im Öl des Drehmomentwandlers mit dem Ergebnis einer um vier km/h niedrigeren V_{max} und einer um eine Sekunde langsameren Sprintzeit aus dem Stand bis 100 km/h. Mit 179 km/h „Spitze" und 11,2 Sekunden gehörte jedoch auch der Automatik-Audi zu den temperamentvollen Autos der 1970er Jahre – und zu den in Relation zu den gebotenen Fahrleistungen vergleichsweise sparsamen: Nach damaliger DIN 70030-Norm[11] verbrennt das Coupé S mit Automatikgetriebe 10,1 L/100 km, noch günstigere 8,9 L/100 km sind's allerdings beim handgeschalteten Kollegen. Das beide Verbrauchswerte im Alltag regelmäßig überschritten werden, gehört zu den Ungereimtheiten der 70030-Norm: In zeitgenössischen Tests von Automobilzeitschriften verbrauchten (handgeschaltete) 100 Coupé S durchschnittlich zwischen 12,4 und 14,4 Liter Super/100 km. Dabei steht der erste Wert für ein Exemplar des Modelljahres '74, der zweite Wert für ein sehr frühes Zweivergaser-Exemplar.

Was unter heutigen Umweltschutzgründen kaum toleriert werden dürfte, das empfahl Audi seinen Automatik-Kunden zur Gewährleistung des einwandfreien Funktionierens des Getriebes bei Kälte in der Betriebsanleitung – O-Ton: „Bei Temperaturen unter 0° C vor dem Starten Handbremse anziehen und vor dem Wählen eines Fahrbereiches Motor ca. 1 min. im Stand laufen lassen." Gleichfalls als Attribut an die Bedienungserleichterung verweist das Handbuch für den Gebrauch darauf, dass ein Automatik-Audi mit maximal 50 km/h über eine Strecke von maximal 50 Kilometer abgeschleppt werden dürfe – das Getriebe würde bei Missachtung dieser Regel wegen des fehlenden Öldrucks ansonsten Schaden nehmen. Auch könne so ein Automatik-Audi prinzipbedingt weder angeschleppt, noch angeschoben werden, sollte der Wagen „wider Erwarten einmal nicht anspringen".

Während derartige Vorsichtsregeln bei Automatikfahrzeugen ungeachtet der Marke durchaus üblich sind, erscheinen fahrwerksseitige Einsparungen im Zusammenhang mit dem Automatik-Coupé S von Audi einigermaßen unverständlich. So kommen beim Selbstschalter SR-Reifen an Stelle der HR-Spezifikation zum serienmäßigen Einsatz – als typische Erbsenzähler-Logik im Hinblick auf die im Vergleich zum Handschalter reduzierte V_{max}-Werksangabe von nur noch knapp 180 statt über 180 km/h. Zudem verfügt diese Version vorn statt der innenbelüfteten Bremsscheiben der handgeschalteten Version (Ersatzteil-Nummer 815 615 301) massive Scheiben (Ersatzteil-Nummer 803 615 301 A), deren Umfang (292 Millimeter) immerhin mit der Handschalter-Ausführung identisch ist.

Weniger aufwändige Bremsanlage in Kombination mit dem Automatikgetriebe: vordere Bremsscheiben in massiver Ausführung statt wie beim Schalter-Coupé innenbelüftet.

Zwangsoption für Käufer eines Automatik-Coupé S: Die Option M 188 Luftzuführungs-Teile zur Kühlung der Bremsscheiben.

Coupé-Produktion ab 1973 ausschließlich bei NSU in Neckarsulm, Premium-Werk des VW-Konzerns.

„Unverständlich" ist die weniger aufwändige Bremsscheiben-Belüftung deshalb, weil der Drehmomentwandler eines Automatikgetriebes das Bremsmoment eines Motors sozusagen puffert, wodurch die Ansprüche an die Radbremsen grundsätzlich höher ausfallen als bei getriebeseitigen „Do-it-yourself"-Fahrzeugen. Im Falle des VW/Audi-Automatikgetriebes kommt dieser Eigenart besondere Bedeutung zu, da bei ihm das automatische Herunterschalten erst bei relativ geringen Geschwindigkeiten geschieht – Folge: Der Fahrer hat in diesen Fällen praktisch keine Bremswirkung des Motors zur Verfügung und muss mit der Fußbremse verzögern.

Immerhin war die Automatikversion, Optionen-Kürzel M 685, zwangsweise mit der Option M 188 kombiniert, einem speziellen flexiblen Luftleitschlauch, kombiniert mit einem Kühllufttrichter zur Bremsenkühlung. Diese Teile waren ursprünglich als Option „für heiße Länder" vorgesehen. Das in manchen Publikationen erwähnte elektrische Kühlgebläse für die vorderen Bremsscheiben der Automatik-Version zählt allerdings zur Kategorie„Zeitungsente".

Trotz der etwas minderen Bremsen-Technologie erfordert das Automatik-Begehren vom Käufer einen 1.200 DM-Zuschlag, der sich im Laufe der Modelljahre gar noch erhöhte: 1.290 DM ab Modelljahr '73, 1.464 DM ab Modelljahr '74. Die Audi-Preisgestalter hielten zudem im Vergleich zu Volkswagen einen Premium-Zuschlag für angemessen – womöglich forderten die Wolfsburger von ihrer Ingolstädter Tochter aber auch einen allzu stattlichen Lieferanten-Obulus. Wie auch immer: Für einen VW 411/412 kostete das nahezu identische Selbstschalter-Aggregat lediglich 850 DM Aufpreis ...

VW profitierte von Audi also nicht nur als einst verlängerte Werkbank für den Käfer (siehe Seite 53) und später Dank des Audi 100 von höherer Auslastung in Wolfsburg (siehe Seite 98), sondern auch durch eine mögliche schnellere Amortisation von Entwicklungskosten und geringeren Stückkosten, wie im Falle des Automatikgetriebes geschehen. Doch zugleich profitierte auch Audi vom Konzernverbund. Bereits ab 1970 wurde die Ehe von Auto Union Audi und NSU unter dem VW-Dach mit Leben erfüllt, als erste Audi 100 LS nicht länger nur in Ingolstadt vom Band liefen, sondern auch in Neckarsulm.

Ab Modelljahr 1972 ergänzte das Coupé S die Neckarsulmer 100-Produktion, als dort die Mehrzahl der Coupés, nämlich 5775 Exemplaren gegenüber 2.631 Ingolstadt-Coupés, entstand. Neckarsulm gedieh damit innerhalb des Konzerns zur Produktionsstätte mit Premium-Anspruch und -Funktion: Alle Top-Modelle von VW, der NSU Ro 80 und die Audi-Modelle 100 LS, 100 GL und 100 Coupé S, wurden fortan überwiegend von stolzen Schwaben montiert. Im Falle des Audi Coupé S waren ab Modelljahr '72 auch erstmals Exemplare mit Rechtslenkung für Nationen mit Linksverkehr darunter, beginnend mit der Fahrgestellnummer 81 21 037 151. Unterschiedlich zu den Linkslenker-Versionen ist auch die Rechtslenker-Typnummer: nämlich 818 statt 817.

Doch mit welcher Nummer auch versehen: Der Typ 100 von Audi war – zumindest in den diversen Limousinen-Varianten – zum Erfolgsmodell gereift. „Wegen der starken Nachfrage nach den verschiedenen Audi 100-Modellen", meldete *auto motor und sport* im Mai 1972 (Ausgabe 11/1972), „legt Audi NSU im Werk Neckarsulm an vier Samstagen Sonderschichten ein." Die Produktionszahlen sprechen für sich – *auto motor und sport*: „In Neckarsulm werden täglich 620 Autos, darunter 340 Audi 100 hergestellt.“ In Summe produzierte Audi in Neckarsulm und in Ingolstadt pro Tag rund 1.000 Autos … Einziger Wermutstropfen: Das 100 Coupé S blieb im Absatz hinter den Erwartungen seiner Schöpfer zurück, obwohl, so *auto motor und sport* in einer Übersicht deutscher automobiler Offerten (Ausgabe 21/1972), „das Coupé gemessen an Leistung, Fahreigenschaften und Raumangebot recht preiswert erscheint.“ Die Stuttgarter Motor-Journalisten vermuteten deshalb gar „dunkle Mächte des Images“, die Audi „auf dem Markt der Auto-Eitelkeit keinen sportlichen Rang einräumen“.

Audi Typ-Nummer 818 statt 817: Die ab 1972 gebaute Rechtslenker-Version des Audi 100 Coupé S erhielt eine eigene Kennzahl.

Rechtslenker-Cockpit: Hier feierte der Multifunktions-Lenkstockhebel Premiere. Linkslenker sollten erst ab Juni 1973 davon profitieren.

Coupé-Produktion zu Serienbeginn, zunächst noch ausschließlich in Ingolstadt. Erst 1972 wurde die Fertigung des Top-Audi teilweise nach Neckarsulm ausgelagert.

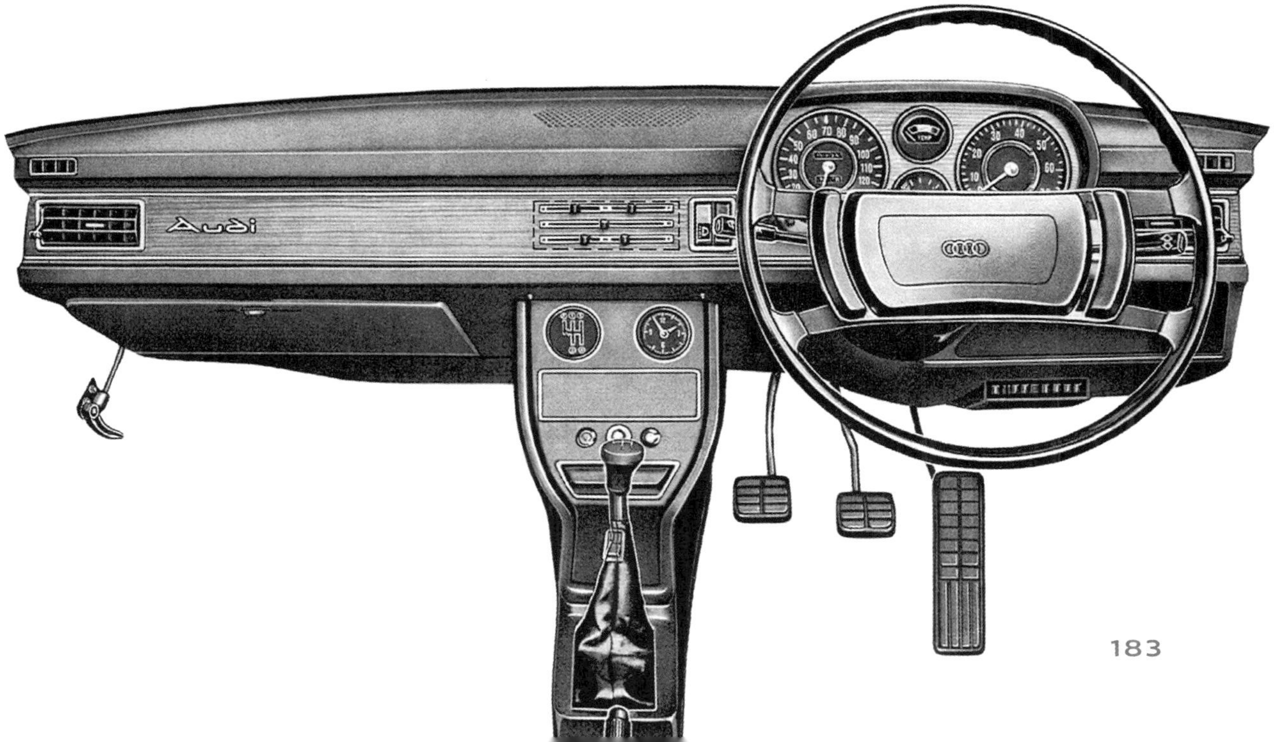

Mehr Luxus beim Öffnen der Hauben: Coupé-Besitzer werden ab Februar 1973 durch kleine Haubendämpfer entlastet.

Modelljahr 1973
Fahrgestellnummern
81 **31** 002 003 – 81 **31** 145 270

Ab dem Modelljahr '73 kamen alle 100 Coupés aus Neckarsulm – wie auch die weit überwiegende Mehrzahl der 100 Limousinen. Ingolstadt hingegen war mit der Produktion der 1972 vorgestellten zweiten Audi-Verkaufskanone mit der Typbezeichnung 80 mehr als ausgelastet. Das beschränkte zunächst auch die weitere Modellpflege des Typs 100 in dessen Coupé-Ausführung. Immerhin erhielt das Topmodell neue Aufhalte-Vorrichtungen für beide Hauben. Diese müssen nun nicht wie zuvor nach dem Entriegeln und Motorhauben-Entsichern nach oben gewuchtet werden, bis sie in Endstellung eine Federkraft offen hält. Vielmehr übernehmen das Hochstemmen und Arretieren fortan quasi automatisch kleine Stoßdämpfer-ähnliche Haubenstützen – eine dem Coupé-Status entsprechende, recht luxuriöse Variante, müssen doch Limousinen-Besitzer ihre Motorhaube weiterhin mit Muskelkraft stemmen und in Endstellung mit einer langen, in die Haube einzuhakenden Stange sichern.

Obwohl bereits im Februar 1973 eingeführt, befand es die damalige Audi-Presseabteilung übrigens nicht für notwendig, diese Neuerung zeitnah zu kommunizieren – das geschah erst Ende September des Jahres im Rahmen der Ankündigung des Modelljahres 1974. Auch das große Revirement des Lackfarben-Spektrums für das Coupé ging ohne besondere Öffentlichkeits-Aufmerksamkeit über die Audi-Bühne. So konnten Coupé-Käufer nun auch unter den neuen Farbtönen Achatbraun, Achatbraun metallic, Alaska metallic, Atlasweiß, Bermudagrün, Coralle, Delftblau, Marathon metallic, Saharabeige und Spanischgrün wählen. Andererseits wurden in der Coupé-Farbkarte die bisherigen Lacktöne Aeroblau metallic, Clementine, Gemini metallic, Jagdgrün, Lotosweiß, Nevadabeige, Opalgrün, Riverblau und Smaragdgrün getilgt. Für originalitätsbewußte Coupé-Restaurierer empfiehlt sich jedenfalls ein genaues Studium der Modelljahres-typischen Farbmuster, repräsentieren doch einige Lacke exklusive Jahrgangs-Spezifika.

Noch so attraktive Lackmuster konnten freilich nicht übertünchen, dass auch frühe Audi 100 an einer Epidemie der 1960er und 1970er Jahre litten, verursacht durch bei allen Herstellern verwendete minderwertige Stahlsorten: Gemeint ist der Rost-Befall, insbesondere an den Kotflügeln, den Scheinwerfereinfassungen, Türschwellen und -holmen. Audi zog daraus eine Lehre: Ab Modelljahr '73 und somit ab Mitte 1972 verbesserten die Ingolstädter die Neuwagen-Vorbehandlung, was das Übel zwar nicht vollständig beseitigte, jedoch für sichtbare Besserung sorgte. Zugleich begegnete Audi der anfänglichen Rostanfälligkeit der hinteren Bremsleitungen mit einer Verzinkung und zusätzlicher Olivchromatierung der Leitungen.

Modelljahr 1974
Fahrgestellnummern
81 **41** 001 791 – 81 **41** 127 491

Fiel das Modelljahr '73 ziemlich bescheiden aus, was Detail-Änderungen betrifft, dafür jedoch ausgesprochen opulent, was die Audi 100 Gesamtproduktionszahl anbelangt (siehe Seite 249 im Anhang), so sollte das Modelljahr '74 zum 100-Meilenstein geraten, für die Limousinen, wie für das Coupé S. Bedienung, Fahrwerk und Karosseriestruktur wurden gründlich überarbeitet. Doch der Reihe nach, und die beginnt mit der Neuausrichtung der Hebel und Schalter rund um das Coupé-Lenkrad. Bereits im Juni 1973 fand ein neuer Lenkstockschalter an die linke Seite der Lenksäule, der gegenüber seinem Vorgänger noch mehr Funktionen in sich vereinte. Die Funktionen des in drei Ebenen agierenden Bedienungselementes: wie zuvor Betätigung der Blinkleuchten (Hebel nach unten für linke Richtungs-Anzeigen, nach oben für rechte Seite), Lichthupe bei Tagfahrt (Hebel Richtung Lenkrad ziehen), Wechsel von Abblend- und Fernlicht bei Nachtfahrt (Hebel analog Lichthupe betätigen)

Neu im 100-Jahrgang '74: Multifunktions-Lenkstockhebel für die Scheinwerfer, Blinkleuchten und Scheibenwischer, …

… und näher zusammen gerückte Kleininstrumente sowie neu positionierter Schalter für die Heckscheiben-Heizung. Neu auch die ganggenaue Quarzuhr.

und Aktivierung der Scheibenwaschanlage mit anschließender mehrfacher Aktion der Wischer über einen Druckknopf am Kopf des Hebels.

Hinzu kam am Lenkstockhebel die generelle Aktivierung der Scheibenwischer, die zuvor über einen zur Linken des Armaturen-Gehäuses positionierten Kippschalter erfolgte. Dazu dient eine drehbare, vierstufige Rändelkappe am äußeren Ende des Lenksäulenhebels mit den Rasten „0“ = ausgeschaltet, drei Strichelchen = Intervallschaltung (als Modelljahres-Neuerung), „I“ = langsame Scheibenwischer-Geschwindigkeit und „II“ = schnelles Wischen. Die Scheinwerfer werden nach wie vor über einen Kippschalter zur Rechten der Hauptinstrumente unter Strom gesetzt, wo er mit dem Kippschalter für die Warnblinkanlage ein Beleuchtungs-Duo bildet. Zuvor hauste der Warnblink-Schalter zusammen mit dem Scheibenwischer-Initiator im Armaturenbrett zwischen dem Hauptinstrumenten-Gehäuse und der verstellbaren linken Frischluftdüse. Nach dem Entfall dieses Schalter-Gespanns wurde das Frischluftgitter um deren Ausmaße zugunsten eines intensivierten Lufteintritts verbreitert.

Der Vollständigkeit halber sei erwähnt, dass rechtsgelenkte Coupés seit Produktionsbeginn dieser Variante für den Linksverkehr, also bereits ab dem Modelljahr '72, eine vergleichsweise ergonomisch günstigere Hebelei aufwiesen. Bei Ihnen ragt zur Rechten der Lenksäule ein langer Lenkstockschalter mit den Funktionen Blinker und Auf/Abblenden heraus, über einen links angeordneten Lenkstockschalter werden hingegen, ohne Betätigung eines Kippschalters am Armaturenbrett, alle Aktionen zur Reinigung der Windschutzscheibe eingeleitet: langsames und schnelles Dauerwischen, Intervallwischen und – in jeder Position durch Heranziehen Richtung Lenkrad auszulösen – die Waschwasser-Zufuhr.

Zwar unterschiedlich orchestriert, doch ähnlich günstig ist somit ab Modelljahr '74 die Schalter-Armada in links gelenkten Coupés angeordnet. Und ein wenig neu orientieren musste sich zudem, wer im Coupé-Jahrgang '74 die heizbare Heckscheibe unter Strom setzen möchte: Der zugehörige Schalter wanderte nämlich aus seiner ursprünglich horizontalen Position in der Ebene zwischen Getriebeschalthebel und Aschenbecher in die Vertikale oberhalb des Radiofeldes. Zudem handelt es sich nun statt um einen Kippschalter um eine Schiebetaste mit integrierter Kontrollleuchte. Die ursprüngliche separate Heizfunktions-Info zur Linken des Zigarettenanzünders war somit obsolet. Und da das Lochbild der Mittelkonsole wegen der Schalter-Reorganisation ohnehin geändert werden musste, fanden zugleich auch die beiden kleinen Rundinstrumente unterhalb der Armaturenbrett-Kante näher zusammen, was die Mittelkonsolen-Optik harmonisierte – siehe Seite 178.

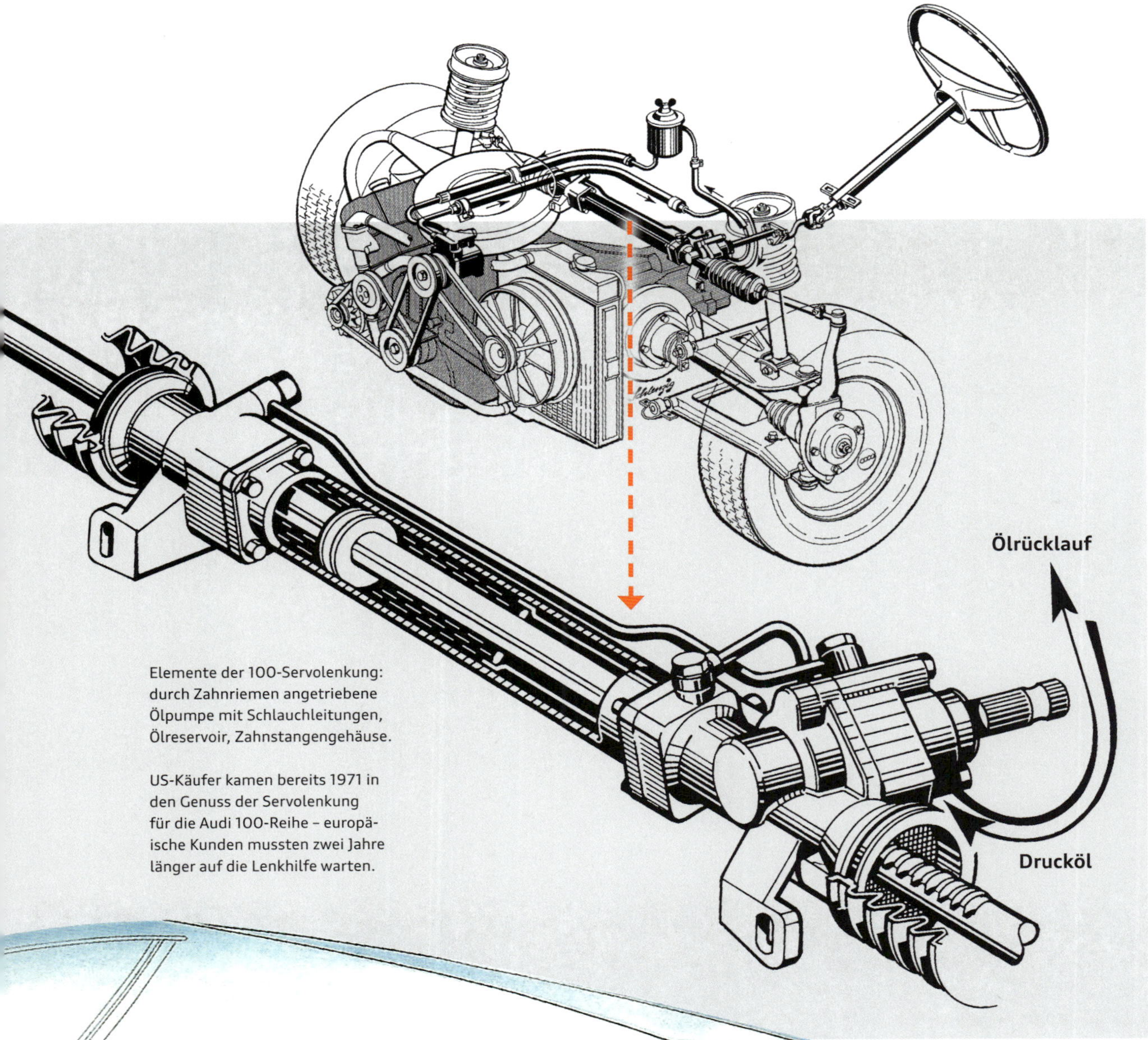

Elemente der 100-Servolenkung: durch Zahnriemen angetriebene Ölpumpe mit Schlauchleitungen, Ölreservoir, Zahnstangengehäuse.

US-Käufer kamen bereits 1971 in den Genuss der Servolenkung für die Audi 100-Reihe – europäische Kunden mussten zwei Jahre länger auf die Lenkhilfe warten.

Zwischen den beiden Kleininstrumenten sitzen oberhalb des Schalters für die Heckscheibenheizung zwei Kontrollleuchten für die vorderen Nebelscheinwerfer und das Nebelschlusslicht – sofern beides als Options-Paket für 255 DM geordert worden waren (was beim Foto-Muster auf Seite 185 nicht der Fall war ...).

Aktiviert werden die Nebel-Vorsorgen über Kippschalter auf der horizontalen Ebene der Mittelkonsole zwischen Schalthebel und Aschenbecher – also dort, wo ursprünglich die heizbare Heckscheibe eingeschaltet wurde. Sollte eines der höherwertigen Autoradios mit elektrisch ausfahrbarer Radio-Antenne zu Aufpreisen von 522 bis 710 DM gebucht worden sein, so gesellt sich der Antennen-Kippschalter dem Nebelschalter-Duo zu. Nebenbei: Die Neupositionierung der Kleininstrumente wurde bereits zwei Jahre zuvor in der Rechtslenker-Version vorweggenommen. Im Übrigen kam für die ursprüngliche konventionelle, elektrisch angetriebene Zeituhr das Aus. An ihre Stelle rückte eine Quarzuhr, deren Ganggenauigkeit – „maximale Abweichung von +/– 1 Sekunde pro Tag“ – der 74er Coupé-Prospekt eigens rühmt. Es waren bescheidenere Zeiten, damals in den 1970er Jahren, und bescheidenere Auto-Käufer, die sich auch an bescheidenen Neuigkeiten erfreuten ...

Eher unbescheiden war hingegen der seit Beginn der Coupé-Karriere vielfach geäußerte Wunsch der Audi 100-Interessenten nach einer Lenkerleichterung. Und dieser Forderung kam Audi ab dem Modelljahr

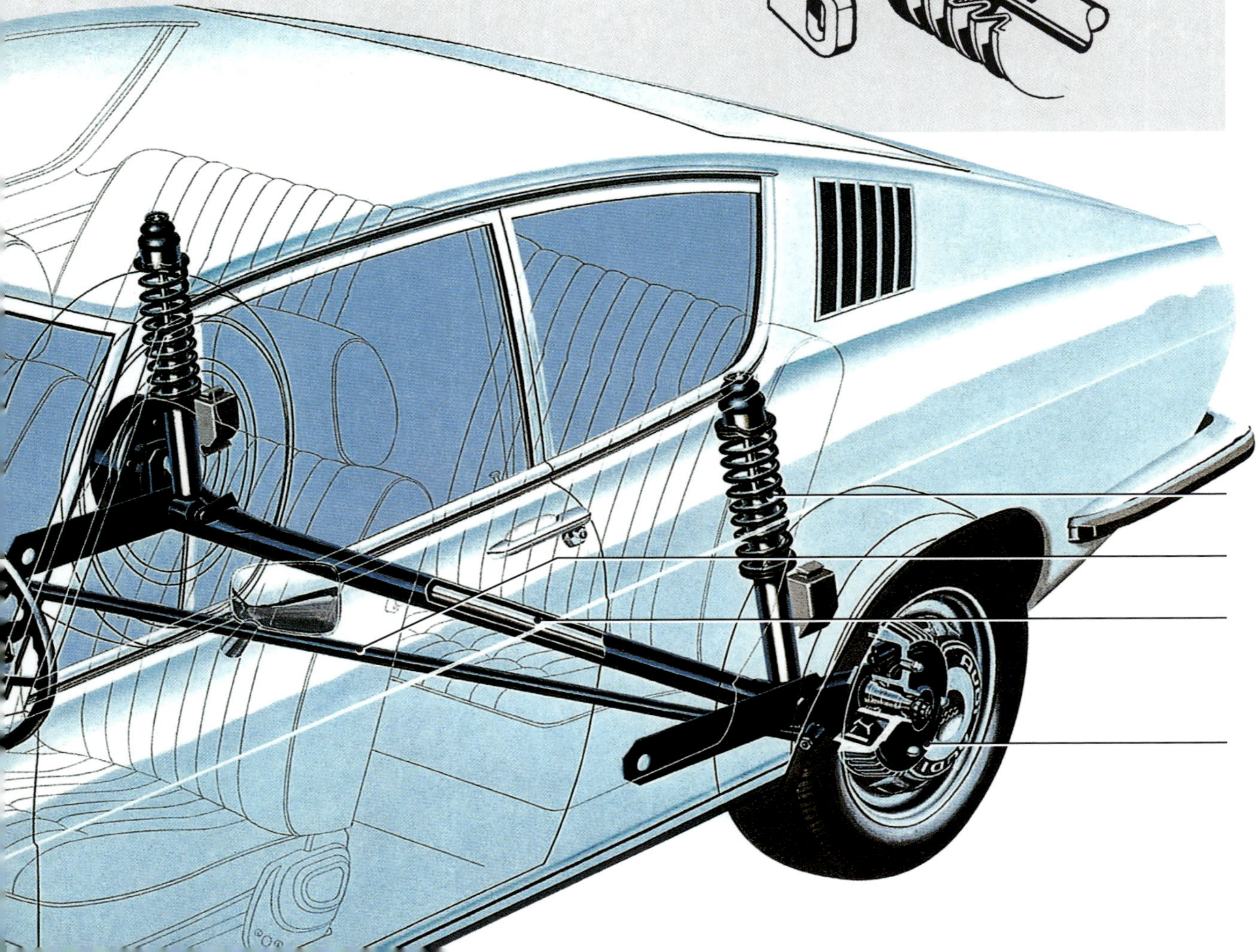

Neue Federelemente für die 100-Hinterachse: Ab Modell ’74 kamen statt der Auto Union-typischen Federstäbe Federbeine mit progressiver Federwirkung zum Einbau.

'74 endlich nach – wenngleich lediglich gegen Entrichtung eines Extra-Obolus von zunächst 725 DM und bereits im Mai 1974 auf 848 DM erhöht. Gemeint ist die optionale Zahnstangen-Servolenkung von ZF mit einer Übersetzung von 14,7:1, verbunden mit der Möglichkeit, wahlweise ein kleineres Lenkrad im Durchmesser von 380 statt 425 Millimeter zu ordern. Damit einher ging eine drastische Reduzierung der erforderlichen Lenkraddrehungen von Anschlag zu Anschlag, nämlich nur noch deren 2,91 statt 3,88, wie dies ohne Servo-Unterstützung erforderlich ist. Die aufzubringende Lenkkraft im Stand, also bei Parkmanövern, reduzierte die Hydrolenkung drastisch: nämlich auf nur noch 2,5 Kilogramm statt der 20 Kilogramm ohne Lenkhilfe.

Auch unter dem Heck der Audi 100-Reihe kam es zu einer signifikanten Änderung, durch die das häufig von Nutzern beklagte Absinken der Kofferraum-Partie bei voller Beladung oder beim Anhänger-Betrieb gemildert werden sollte. Zwar blieb es bei der seit DKW-Zeiten bewährten, von zwei Längslenkern geführten und mit einer schräg liegenden Lenkerstange (Panhardstab) seitlich im Zaum gehaltenen, starren Torsionskurbelachse. Doch das Federn übernahm fortan statt der beiden quer liegenden Drehstäbe links und rechts je ein Federbein mit progressiver Federwirkung. Bei ihnen kommt je nach Belastung ein elastischerer oder aber steiferer Bereich der Stahlwindung zur Wirkung, was bei voller Zuladung den Hecküberhang besser stützt – und die Scheinwerfer unter diesen Umständen nicht länger gen Himmel, bzw. in die Augen Entgegenkommender leuchten lässt. In diesem Zusammenhang wurde die Lagerung der hinteren Trommelbremsen verstärkt. Als weitere Fahrwerksmaßnahme rollt das Coupé künftig statt auf Textilgürtelreifen serienmäßig auf steiferen Pneus mit Stahlgürtel und kleinerem Schräglaufwinkel, was sowohl der Präzision, als auch dem Ansprechverhalten des Richtungsinitiators zugute kam. Basis des geänderten Reifen-Typs sind alternativ von Lemmerz oder Südrad angelieferte 5 Zoll-Stahlräder mit 50 Millimeter Einpresstiefe.

Doch damit nicht genug der Modellpflege für das vierte Jahr der Coupé-Geschichte. Zugunsten einer reduzierten Geräuschentwicklung erfolgte in der Ingolstädter Entwicklungsabteilung eine umfangreiche Auspuff-Überarbeitung. Die betraf sowohl den Vorschalldämpfer, nun in Gestalt eines zylindrischen Resonators, als auch den Nachschalldämpfer, der fortan als elliptischer Absorptionsschalldämpfer ausgebildet ist. Beide Abgas-Elemente lieferten die Firmen Paul Leistritz in Nürnberg und Zeuna-Stärker in Augsburg zu. Dazu gesellten die Audi-Techniker im Sinne einer verbesserten Ansauggeräuschdämpfung ein entsprechend modifiziertes Luftfiltergehäuse der Ludwigsburger Firma Mann & Hümmel. Nach außen hin gab das Audi Coupé somit etwas dezenter Laut, doch auch die Fahrzeug-Insassen sollten durch eine weitere Maßnahme von einer geringeren Geräuschbelästigung profitieren. Dafür sorgt eine überarbeitete Motorlagerung mit dem Ziel, die Geräuschübertragung in den Passagierraum zu verringern. Der Fahrer wiederum profitiert von einer neuen Schaltrohrlagerung, die das zuvor schon recht leichtgängige und durchaus exakte Wechseln der Gänge nochmals verbesserte und Vibrations-Übertragungen aus dem Maschinenraum besser dämpft.

Auch der 100-Aufbau, ob Limousine oder Coupé, erfuhr eine Überarbeitung, die äußerlich zwar nur von Modell-Kennern zu realisieren ist, doch im Falle eines Unfalls für die Insassen erhöhten Schutz gewährleisten soll. Zu diesem edlen Zweck wurden die Längsträger des Fahrzeug-Vorderbaus für noch mehr Verformungswiderstand erheblich verstärkt – eine Maßnahme, für die Materialstärken und -gestaltungen einmal mehr digital berechnet worden waren. Der passiven Sicherheit dienlich sind zudem serienmäßige Automatik-Sicherheitsgurte für die vorn Sitzenden, die das lästige Gefummel mit Dreipunkt-Statikgurten ein für alle Mal beseitigten und damit die Anlegebereitschaft deutlich erhöhte. Zuvor mussten Coupé-Käufer bereit sein, den erhöhten Anlegekomfort der Automatik-Gurte mit zusätzlichen 135 DM (Modelljahr '73) zu honorieren. Dreipunkt-Automatikgurte für die Fondpassagiere kamen übrigens erst im letzten Modelljahr als weitere Option zum Einsatz – Extrakosten: 165 DM.

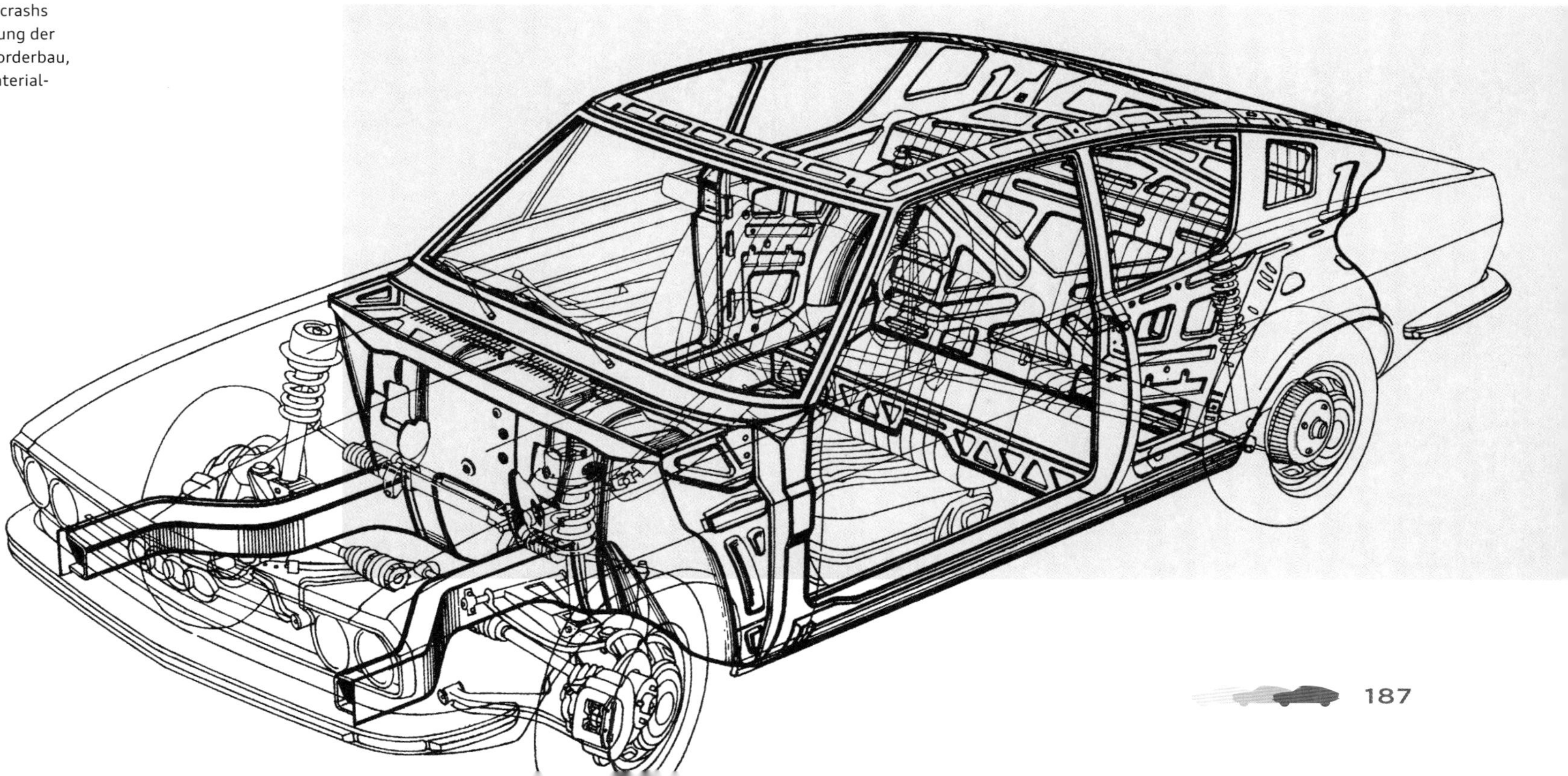

Erhöhter Schutz bei Frontalcrashs ab Modelljahr '74: Verstärkung der Längsträger im Fahrzeug-Vorderbau, digitale Berechnung von Materialstärken und -gestaltung.

Unauffällige Maßnahme mit auffälliger, optischer Wirkung: Die Schwarzfärbung unterhalb der Schwellen-Zierleiste lässt den Aufbau flacher erscheinen.

Gesichts-Operation für das Modell '74 zur Angleichung an die 1972 lancierte kleinere Erfolgsschwester Audi 80: Aus eher rundlicheren Kühlergrill-Flanken der ersten Jahre ...

... wurden kantiger geformte Chromleisten zur Einfassung des Doppelscheinwerfer-Grills.

Und wie identifizieren Audi-Kenner den 100-Modelljahrgang '74 äußerlich? Sie müssen dem Fahrzeug in die Augen blicken oder ihm mit dem Maßband zu Leibe rücken. Von vorn betrachtet fällt der modifizierte, an den Seiten etwas eckigere Kühlergrill auf, dies als optische Angleichung an die ähnlich gestaltete, markantere Front des vier Jahre nach dem ersten Audi 100 lancierten Typs 80. Die Gesamtlänge und -Breite des Coupés wuchs um einige Millimeter, und zwar von 4.398 auf 4.409 Millimeter in der Länge und von 1.729 auf 1.750 Millimeter in der Breite. Zugleich sorgt eine Schwarzfärbung der Türschwellen unterhalb der Zierleisten für eine etwas gestrecktere Erscheinung der Karosserie, die unterhalb der Gürtellinie durch diesen optischen Kniff niedriger und etwas weniger bauchig wirkt. Im Gegensatz zur Limousine, bei der größere Rückleuchten die Integration einer Nebelschlussleuchte erlaubten, blieb die Heckbeleuchtung beim Coupé unangetastet.

Um den Katalog der Modelljahr '74-Änderungen zu vervollständigen, sei abschließend noch auf vier vergleichsweise unwesentliche Änderungen am Fahrzeug und an der Bedienung hingewiesen – sowie auf eine wesentliche Neuerung im Bereich des Audi-Kundendienstes. So entfiel am Kraftstofftank die Ablass-Schraube, da von der entsprechenden EG-Richtlinie nicht länger gefordert. Die Kontrollleuchte für die (optionale) Nebelschlussleuchte ist fortan gelb statt grün eingefärbt. Ein neues Warmwasser-Ventil der Heizanlage ermöglicht ein noch feineres Dosieren der Heizleistung. Und ein elektronischer Blinkgeber gibt dem Fahrer nicht nur optisch mittels der Kontrollleuchte eine Funktions-Rückmeldung, sondern auch akustisch.

Von größerem Interesse ist indessen eine weiße Steckdose mit Klappdeckel im 100-Motorraum. Sie beweist, dass die von VW (in Zusammenarbeit mit Siemens) bereits 1971 eingeführte Computer-Diagnose nun auch in Audi NSU-Werkstätten Einzug hielt. O-Ton Audi zur Funktion und zu den Talenten des Systems: „Sie ermöglicht unter Anwendung moderner elektronischer Messtechnik eine weitgehend automatische Prüfung und Bewertung der für die Verkehrssicherheit und Betriebsbereitschaft von Audi NSU-Fahrzeugen wichtigen Funktionen und Einstellwerte. Die Ergebnisse werden im Diagnosebericht ausgedruckt."

Zum Zweck dieser zentralen Diagnosemöglichkeit wurde im Fahrzeug ein separater Prüf-Kabelbaum für nicht wenigere als 88 prüfrelevante Positionen verlegt, der in besagter Mehrfachsteckdose zusammenläuft. Über eine zentrale Steckverbindung wird diese an das elektronische System des Diagnose-Computers der Werkstatt angeschlossen. Dabei verrät eine vom Mechaniker eingesteckte Kunststoff-Lochkarte, um welchen Fahrzeug-Typ es sich gerade handelt, und welche diesem Modell entsprechenden Sollwerte einzuhalten sind. Autonom handelt der Service-Computer freilich nicht in jeder Hinsicht. Vielmehr muss der betreuende Werkstatt-Angestellte auf Computer-„Befehl" hin bestimmte Aktivitäten, zum Beispiel ein Prüfen des Bremspedalspiels, entfalten und dem Elektronik-Gehirn daraufhin via Drucktaste signalisieren, ob das Spiel ok ist, oder aber nicht. Automatisch checkt der elektronische Helfer hingegen Elektrik-Funktionen wie beispielsweise den Ladezustand der Batterie oder die ordnungsgemäße Beleuchtung des Prüflings.

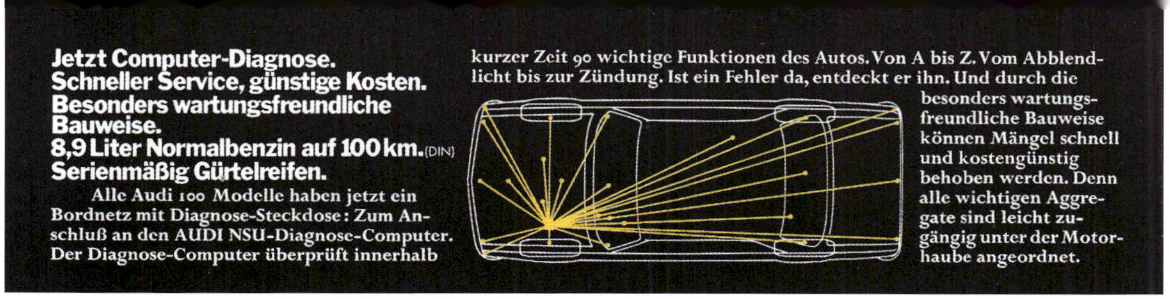

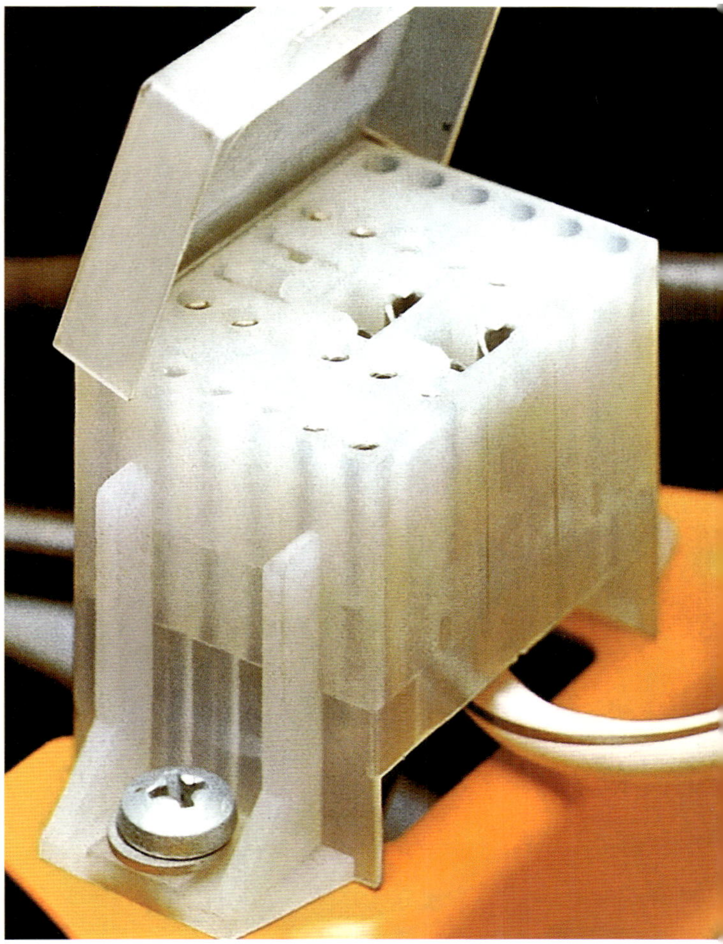

Aufwertung für den VW/Audi-Service, hohe Investition für die Werkstätten: Diagnose-Computer für das automatisierte Auffinden und Analysieren von Fehlern.

Auffälliges Indiz für eine automatisierte Diagnose-Möglichkeit im Audi-Jahrgang '74: Steckdose, Endstation eines PrüfKabelbaums im Fahrzeug (siehe Grafik oben links).

1. Kein langes Suchen mehr. Der Diagnose-Computer findet Fehler auf Anhieb.

Der AUDI NSU-Diagnose-Computer spürt die Fehler in Ihrem Wagen auf. Innerhalb kürzester Zeit überprüft er 90 wichtige Funktionen: Stimmt die Zündeinstellung? Der Säurestand der Batterie? Der Kompressionsdruck? Die Spur der Vorderräder? Der AUDI NSU-Diagnose-Computer bringt Fehler ans Licht. Damit sie schnell und kostengünstig behoben werden können.

2. Der Computer beweist die Diagnose: schwarz auf weiß.

Objektiv und unbestechlich ermittelt der Computer den Zustand Ihres Fahrzeuges vor einer Wartung. Das Prüfergebnis des Computers ist Grundlage für die Wartungs-Arbeiten.

3. Keine Inspektions-Pauschale mehr.

Mit Einführung des AUDI NSU-Computer-Diagnose-Systems entfällt das bisher praktizierte Prinzip der Inspektions-Pauschale. In Zukunft werden alle erforderlichen Arbeiten aufgrund der Computer-Diagnose durchgeführt. Jeder Wagen erhält seine individuelle Wartung, den Umfang bestimmen Sie.

4. Der Diagnose-Computer sagt, was los ist. Sie entscheiden, was gemacht wird.

Der Diagnose-Computer arbeitet 100 % zuverlässig – vor ihm kann sich kein Fehler verstecken. Der Diagnose-Computer arbeitet schnell – das bedeutet: nur kurzer Werkstatt-Aufenthalt. Der Diagnose-Computer arbeitet preiswert – er überläßt Ihnen die Entscheidung, welche von den notwendigen Arbeiten ausgeführt werden.

5. Der Diagnose-Computer arbeitet für alle AUDI NSU-Modelle.

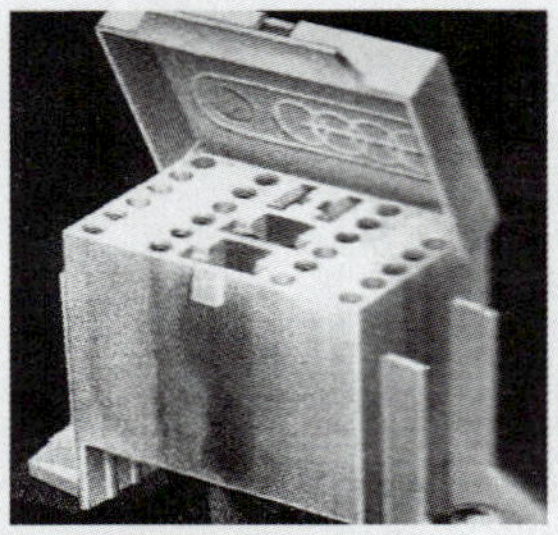

Alle Audi 80, alle Audi 100/74 und alle RO 80 sind mit einer Steckdose für das AUDI NSU-Computer-Diagnose-System ausgerüstet. Aber auch alle Audi- und NSU-Modelle ab Baujahr 1968 können über ein spezielles Adapter-Kabel an den Diagnose-Computer angeschlossen werden.

6. Drei Computer-Diagnosen kostenlos.

Mit dem Einsatz des AUDI NSU-Computer-Diagnose-Systems wird jedem Audi 80, Audi 100 und RO 80, wenn er das Werk verläßt, ein Diagnose-Paß in den Handschuhkasten gelegt.
Dieses Heft enthält vier Gutscheine. Der erste die kostenlose Durchführung der 1000-km-Insp Die weiteren drei berechtigen den Besitzer, je eine kostenlose AUDI NSU-Computer-Diagn einem AUDI NSU-Händler seiner Wahl durchfü zu lassen. Und zwar einmal jährlich, mindestens alle 15.000 km.

AUDI NSU
Vorsprung durch Technik

Ausführliche Aufklärung über das von VW übernommene Diagnosesystem in Audi/NSU-Anzeigen – Versprechen: „Kein langes Suchen mehr!"

Ergänzung von Betriebsanleitung und Serviceheft: der sogenannte Diagnosepass mit Gutscheinen für die kostenlose 1.000 km-Inspektion und drei kostenlose Computer-Diagnosen.

Schon eher revolutionär war in den 1970er Jahren das Vermögen des Service-Computers, vollautomatisch die Kompression in den einzelnen Zylindern zu ermitteln. Zu diesem Zweck aktiviert der digitale Helfer zunächst selbsttätig den Anlasser, der wiederum über sein kleines Zahnrad den Schwungscheiben-Zahnkranz in Rotation versetzt und damit zugleich die Kurbelwelle. Dabei müssen die Kolben die Kompressions-Drücke in den Brennräumen überwinden, wodurch sich Schwankungen in der Stromaufnahme des Anlassers ergeben. Ein Impulsgeber, erregt durch den Zündstrom der einzelnen Zündkerzen, meldet dem Computer den gerade komprimierenden Kolben. Nach diesem System werden entsprechend der Zündfolge alle Zylinder einzeln abgefragt, woraufhin der Diagnosebericht die einzelnen Werte dokumentiert.

Zumindest für dieses Gewerke einer Fahrzeug-Untersuchung bietet der Computer somit eine beträchtliche Ersparnis an Zeit und Manpower, müssen doch nicht länger die Zündkerzen aus- und eingeschraubt werden, um das Kompressions-Messgerät entsprechend der Zylinderzahl mehrfach einzusetzen, während ein Helfer bei jeder Messung den Anlasser zu betätigen hat. Als weitere Erleichterung für das Tun unter der Motorhaube gönnte Audi seinem Spitzenmodell ab Februar 1973 kleine Gasdruckheber (siehe Seite 184) für den Frontdeckel, wodurch sich dieser müheloser öffnen lässt und in Offenstellung nicht länger arretiert werden muss. Zugleich kam auch die Kofferraum-Haube in den Genuss der Bedienungserleichterung.

Aus Werkstatt-Unternehmersicht weniger erfreulich, jedoch aus Kundensicht von Vorteil: Mit Einführung des modernen Diagnosesystems verlängerte Audi die Intervalle für eine große Inspektion von 10.000 auf 15.000 Kilometer. Darüber hinaus, so verkündeten es Audi NSU-Anzeigen im Oktober 1973, „wird jedem Audi 80, Audi 100 und RO 80, wenn er das Werk verläßt, ein Diagnosepaß in den Handschuhkasten gelegt". Dieses Heft enthalte vier Gutscheine, den ersten für die erste, kostenlose 1.000 km-Inspektion. „Die weiteren drei", so das Versprechen der zweiseitigen Anzeige zur „Computer-Diagnose"; „berechtigen den Besitzer, je eine kostenlose Audi NSU-Computer-Diagnose bei einem Audi NSU-Händler seiner Wahl durchführen zu lassen. Und zwar einmal jährlich, mindestens alle 15.000 km."

Das Modelljahr '74 bedeutet neben der Computer-Diagnose auch die Einführung einer Option, die 50 Jahre später selbst in Kleinwagen Allgemeingut sein sollte, damals jedoch zumindest den europäischen Autofahrern als purer Luxus erschien: Gemeint ist die ab September 1973 lieferbare Klimaanlage, die ihr Debüt übrigens schon einige Monate zuvor in den Audi-Modellen 80 GL und 100 GL hatte. Der stattliche Aufpreis: anfangs 1.950 DM. Die in den USA bereits seit längerer Zeit selbstverständliche Innenraum-Kühlung wird über eine kleine, rechteckige Schaltereinheit in der Armaturenbrett-Mitte aktiviert. Ein daneben positionierter zusätzlicher Lüftungseinlass ergänzt das Klimatisierungs-System.

Noch mehr Komfort im Audi 100, ob Limousine oder Coupé: Ab Modelljahr 1974 offerierte Audi gegen knapp 2.000 DM Aufpreis auch europäischen Käufern eine Klimaanlage – wie zuvor bereits US-amerikanischen Kunden.

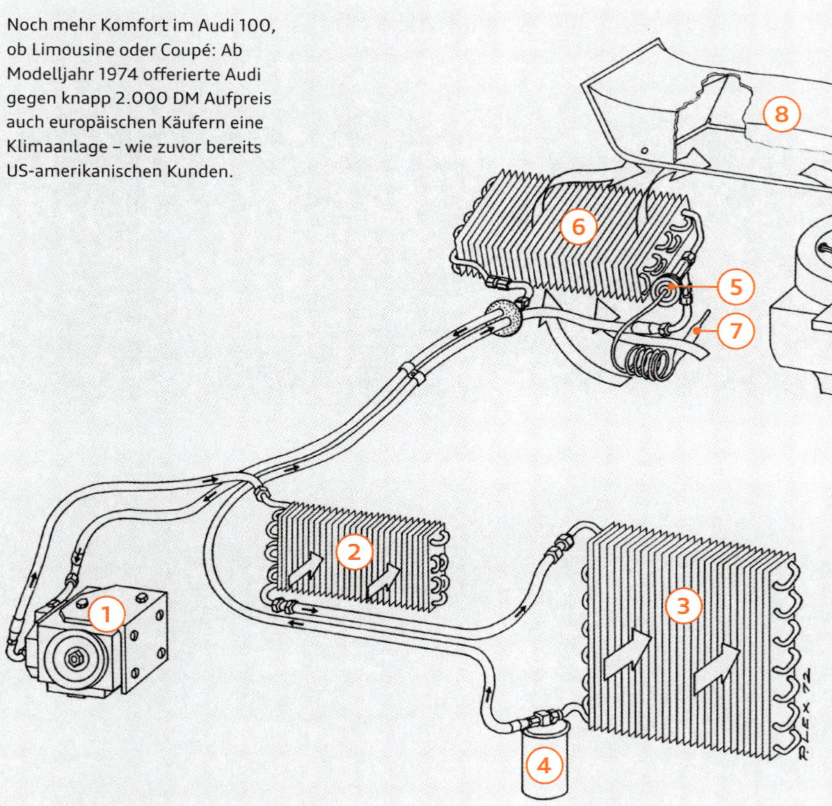

1 = Kompressor
2 = Kondensator, rechts
3 = Kondensator, links
4 = Abscheider
5 = Thermo-Kontrollventil
6 = Verdampfer
7 = Temperaturgeber
8 = Luftführung
9 = Heizung
10 = Luftdüse

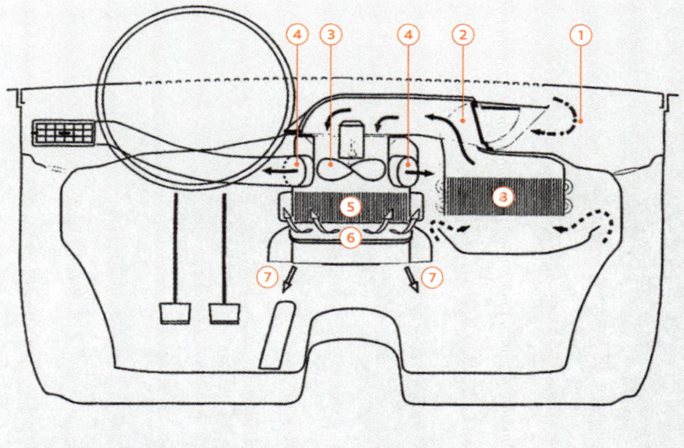

1 = **Frischluftklappe/Frischluft-Eintritt**
Regulierung des Luftdurchsatzes durch einen Betätigungshebel mit welchem ebenfalls der Lüftermotor sowie die Heizung betätigt wird.
2 = **Trockenluftklappe**
Nach Einschalten der Klimaanlage schließt der Servomotor die Frischluftdüsen mittels Unterdruck vom Motor, d.h. die Luftversorgung im Wageninnern erfolgt ausschließlich vom Verdampfer.
Unterdruck verschließt ebenfalls die Defrosterdüsen der Windschutzscheibe.
Bei Drehknopfstellung: DEFOG wird die Innenluft gekühlt, entfeuchtet und nachgeheizt über das gesamte Verteilersystem dem Innenraum zugeführt.
3 = Gebläse für **Heizung** und **Klimaanlage**
4 = **Frisch-Kühlluft-Auslässe** im Heizungsgehäuse für die äußeren Luftdüsen im Armaturenbrett
5 = **Wärmetauscher**
6 = **Frisch-/Kühl-/Warmluft-Auslässe** in der Mitte des Instrumentenbretts
7 = **Frisch-/Kühl-/Warmluft-Auslässe** im Fußraum
8 = **Verdampfer**
Das Gebläse arbeitet bei eingeschalteter Klimaanlage 3stufig, wobei die 1. Stufe ständig in Funktion ist, während bei eingeschalteter Heizung das Gebläse lediglich 2 Stufen zur Verfügung hat. Eine Erhöhung der Leerlauf-Drehzahl bei eingeschalteter Klimaanlage ist nicht vorgesehen und sollte unterlassen werden.

100-Armaturenbrett mit mehr Funktionsfeldern und zusätzlicher Lüftungsdüse, sofern die Klimaanlage geordert wurde.

Ziemlich weit abseits des Zugriffs durch den Fahrer (siehe auch oben): Klimaanlagen-Bedienteil für die Kühlintensität und das dreistufige Kühlluft-Gebläse.

Betätigt wird die Klimaanlage über zwei Schieberegler, deren Kennzeichnungen sprachliche Indizien für den ursprünglichen Markt des Luxus-Accessoires sind. So bedient der obere Regler mit der Bezeichnung „Fan“ („Ventilator“) das Kühlgebläse in drei möglichen Geschwindigkeits-Stufen, wobei allerdings bei eingeschalteter Klimaanlage die erste Stufe ohne Zutun des Fahrers ständig in Funktion ist. Bei eingeschalteter Heizung stehen lediglich zwei Gebläsestufen zur Verfügung. Der untere Klimaanlagen-Regler mit dem Schriftzug „Cooler“ („Kühler“) ist für die Kühlleistung-Intensität verantwortlich, und zwar von gering in Schieber-Position links bis sehr stark bei bis zum Anschlag nach rechts gerücktem Schieber.

Der Kühlkompressor sitzt im Motorraum rechts vorn, der Verdampfer beifahrerseitig im Armaturenbrett. Zwei unterschiedlich dimensionierte Kondensatoren ergänzen das System, das sich zur Kühlluftbewegung des Heizungsgebläses bedient. Nach dem Einschalten der Klimaanlage schließt ein Servomotor die Frischluftdüsen sowie die Defrosterdüsen der Windschutzscheibe mittels Motor-Unterdrucks. Nun erfolgt die Luftversorgung im Wageninnern ausschließlich über den Verdampfer. Einher ging die Werks-Klimaanlage mit einem geänderten, mehrfach durchlöcherten Frontblech, einer schmalen Spoilerlippe am unteren Windlaufblech zur Verbesserung der Kühlluft-Anströmung und einer zusätzlichen Luftführung Richtung Kühler. Zwar bedeutet der Gebrauch der Klimaanlage einen etwas höheren Treibstoffverbrauch – gleichwohl ist ihr Nutzen im Sinne der Verkehrssicherheit mittlerweile unbestritten. Allzu große Hitze im Fahrzeug mindert nämlich sowohl die Konzentration des Fahrers, als auch dessen Reaktionsvermögen. Schließlich verschlechtern zwecks Insassen-Kühlung geöffnete Türfenster wegen der dadurch verschlechterten Aerodynamik des Fahrzeugs den Treibstoffverbrauch gleichermaßen nicht unerheblich …

Positiv auf die Verhandlungsposition der Auto-Käufer sollte sich ab dem 1. Januar 1974 das Bundeskartellamt in Berlin[12] auswirken. Denn die in den Preislisten von Audi (und allen anderen Herstellern) abgedruckten Preise waren fortan nicht länger das letzte Wort: Nachdem das Kartellamt die Aufhebung der Preisbindung angemahnt hatte, handelte es sich künftig lediglich um „unverbindliche Richtpreise“. Die dadurch entstehenden Preis-Variablen wirkten sich zumeist zum Vorteil der Konsumenten aus – dies insbesondere dann, wenn eine nachlassende Konjunktur die Nachfrage nach hochpreisigen Konsumgütern dämpfte. Gerade im Zuge der sogenannten „Ölpreis-Krisen“ der 1970er Jahre, ausgelöst durch gedrosselte Ölförderungen der OPEC[13]-Staaten, sollten die Verbraucher von der Unverbindlichkeit der auf Preisschildern vorgeschlagenen Preise profitieren …

Modelljahr 1975

Fahrgestellnummern
81 **51** 000 088 – 81 **51** 080 205

Im Spätsommer 1974 näherte sich der Audi 100 und mit ihm dessen Spitzenmodell Coupé S dem Ende seines Modellzyklus. Deutlich über 650.000 Exemplare, zwei- und viertürige Limousinen sowie Coupés, waren mittlerweile entstanden – Audi war von der Verlegenheitslösung mit DKW-Wurzeln zum ernst zu nehmenden Konkurrenten von Mercedes-Benz und BMW in der gehobenen Mittelklasse gereift. Den Konzern-Konkurrenten in Sachen Image, den NSU Ro 80, ließ der Ingolstädter Erfolgswagen in Stückzahl und Rendite dabei weit hinter sich. Allerdings hatte der 100 den Spitzenplatz im internen Audi-Ranking mittlerweile abgeben müssen: Den nahm seit seinem Debüt 1972 der in der Presse gefeierte und im Absatz stürmische Typ 80 ein, wie der 100 ein

Kind des genialen Audi-Technikchefs Ludwig Kraus, der damit zum zweiten Mal die Existenz eines Automobil-Unternehmens sicherte. Garantierte noch sein Typ 100 der Audi NSU AG eine rosige Zukunft und sorgte zugleich aus der oberbayerischen Provinz für eine Verbesserung der Wolfsburger Bilanzen, so sollten sich die „Rettungswagen“ Audi 80 und dessen Parallelversion VW Passat als erste Schritte zur Sanierung des kompletten VW-Konzerns profilieren.

[12] Seit 1999 hat das Bundeskartellamt seinen Sitz in Bonn.
[13] Organization of the Petroleum Exporting Countries.

Überholte die 100-Reihe im Audi-Ranking bereits 1972 mit seinem Debüt: der Audi 80, das zweite Wunderkind des Ludwig Kraus, ...

Zusatzaggregate im Motorraum: Der Klimaanlagen-Kompressor sitzt vorn rechts hinter dem Kühlergrill, Kunststoffdeckel mit Auto Union-Ringen für den Verdampfer und das Gebläse.

... gebaut in vielen Variationen, von 55 bis 110 PS, als L, S, LS, GL, GT und GTE ...

... und in VW Passat-Ausführung Rettungswagen, der ab 1973 den VW-Konzern nach der Käfer-Ära sanieren half.

Trotz der Konzentration auf den Audi 80 wurde der größere Typ 100 in den letzten Jahren seiner ersten Generation keineswegs vernachlässigt – dies sowohl konstruktiv, als auch mittels einer weiteren Optionen-Anreicherung. Ein wichtiges, Mitte der 1970er Jahre noch keineswegs selbstverständliches Detail repräsentiert die im Juli 1974 für das Modelljahr '75 eingeführte Scheinwerfer-Reinigungsanlage als Option für relativ bescheidene 245 DM. Unbestritten ist, dass Regenfahrten mit ihrem Verschmutzungs-Potential der Scheinwerfer deren Leuchtstärke drastisch reduzieren – natürlich auch im Falle 100 und trotz der in diesem Modelljahr eingeführten H4-Scheinwerfer.

Abhilfe schafft hier die in Zusammenarbeit mit Bosch entwickelte Wisch/Wasch-Anlage mit jeweils einem kleinen Wischblatt pro Scheinwerfer, pro Leuchten-Duo angetrieben über eine jeweils gemeinsame Welle, die oberhalb der unteren Kühlergrill-Zierleiste und zwischen den beiden Scheinwerfern positioniert ist. In Ruhestellung lagern die leicht gekrümmten Wischerchen bei den innen angeordneten Scheinwerfern liegend unterhalb der Leuchten, bei den äußeren Scheinwerfern jeweils vertikal zwischen den Scheinwerfern. Mit Waschwasser gespeist werden die vier Saubermänner aus einem Fünfliter-Behälter, aus dem sich auch die Frontscheiben-Waschanlage bedient. Ihre Betätigung erfolgt zusammen mit der Scheibenwaschanlage über den Druckknopf am Kopf des entsprechenden Lenkstockhebels an der linken Seite der Lenksäule (siehe auch Seite 185).

Hatte der Audi 80 im Modelljahr '74 bereits Einfluss auf die Kühlergrillgestaltung des größeren Bruders 100 ausgeübt (siehe Seite 188), so bedeutete das 100-Modell Jahrgang '75 auch eine Annäherung an das Audi 80-Fahrwerk. Die vorderen Bremsscheiben rückten vom Differential nach außen in die Radschüsseln, wo sie zwar einerseits nicht länger verölen können, dafür jedoch die ungefederten Massen erhöhen. Diesem Umstand trugen die Audi-Entwickler mit etwas zierlicheren und folglich leichtgewichtigeren Bremsscheiben Rechnung, deren Umfang von 291 auf 257 Millimeter, ihre Stärke von 20 auf 13 Millimeter reduziert wurde. Der Änderung fiel zudem die Innenbelüftung der Bremsscheiben genauso zum Opfer, wie die sehr aufwändigen Vierkolben-Festsättel der vorderen Bremsanlage. Fortan tun hier Einkolben-Schwimmsattelanlagen Dienst. Deren Vorteile im Vergleich zum Festsattel-System: Der Wegfall von jeweils drei Bremskolben pro Rad trägt zur Minderung der ungefederten Massen bei, der geringere Aufwand bedeutet geringere Kosten sowohl für das Unternehmen, als auch beim eventuellen Ersatz für den Coupé-Besitzer. Auch für das Servicepersonal verheißt der Bremsenkonzeptions-Wechsel eine Erleichterung, lassen sich doch die Bremsbeläge an Schwimmsattel-Anlagen einfacher austauschen – und vor allem weniger zeitraubend.

Doch damit nicht genug der gründlichen Überarbeitung der vorderen Radaufhängungen. Die erhielten nämlich nach dem Muster des Audi 80 einen negativen Lenkrollradius (siehe Erläuterungen im Kasten auf der nächsten Seite), was ein Ausbrechen beim Bremsen auf ungleich griffigem Fahrbahnbelag erfolgreich verhindert und überdies die Antriebseinflüsse in die Lenkung reduziert. Einher mit den geänderten Vorderradaufhängungen ging eine marginale Erhöhung der Übersetzung des Lenkgetriebes ohne Servounterstützung auf maximal 21,8 (statt 21,6). Statt 3,88 Lenkraddrehungen von Anschlag zu Anschlag waren's fortan deren 3,9.

Der geänderte Lenkrollradius erlaubte zudem die gefahrlose Modifikation des Zweikreis-Bremssystems des Audi 100, bei dem beide Kreise ab Fahrgestellnummer 80 51.000.001 diagonal angeordnet sind. Zuvor wirkte jeweils ein Kreis auf die Vorderräder, der zweite Kreis auf die Hinterräder, weshalb bei Ausfall des vorderen Kreises nur eine marginale Bremswirkung zur Verfügung steht. Bei Ausfall eines Diagonal-Kreises bleibt hingegen stets ein Vorder- und ein Hinterrad bremsfähig – dies Dank des negativen Lenkrollradius und eines lastabhängigen Bremskraftreglers an der Hinterachse ohne Gefahr eines Schleuderns. Die hinteren Bremstrommeln erhielten zugunsten einer verbesserten Hitzeabfuhr Kühlrippen, was zugleich auch der Lebensdauer der Bremsbeläge verlängert.

Äußerlich sind mit der neuen Bremsanlage gerüstete Audi 100 Coupé S an neu gestalteten Lochscheibenrädern aus Stahl zu identifizieren. Sie tragen nun konventionelle Radkappen mit schwarz lackiertem Schmuckring und darin eingebettet jeweils drei helle Intarsien in Gestalt von Audi-Schriftzügen.

Bildreihe links, Seite 194:

Wirksame Option zur Vermeidung einer durch Schmutz verminderten Leuchtwirkung: Scheinwerfer-Reinigung, ab Modell '75 buchbar.

Bremsanlagen-Vereinheitlichung mit dem kleineren und jüngeren Typ 80: leichtere und kleinere Bremsscheiben in den Radschüsseln statt am Differential.

Optisches Indiz für die mit Modell '75 geänderte Bremsanlage und den negativen Lenkrollradius: Stahlräder mit konventionellen, statt sternförmigen Radkappen.

Negativer Lenkrollradius – das ist damit gemeint, so wirkt er sich aus

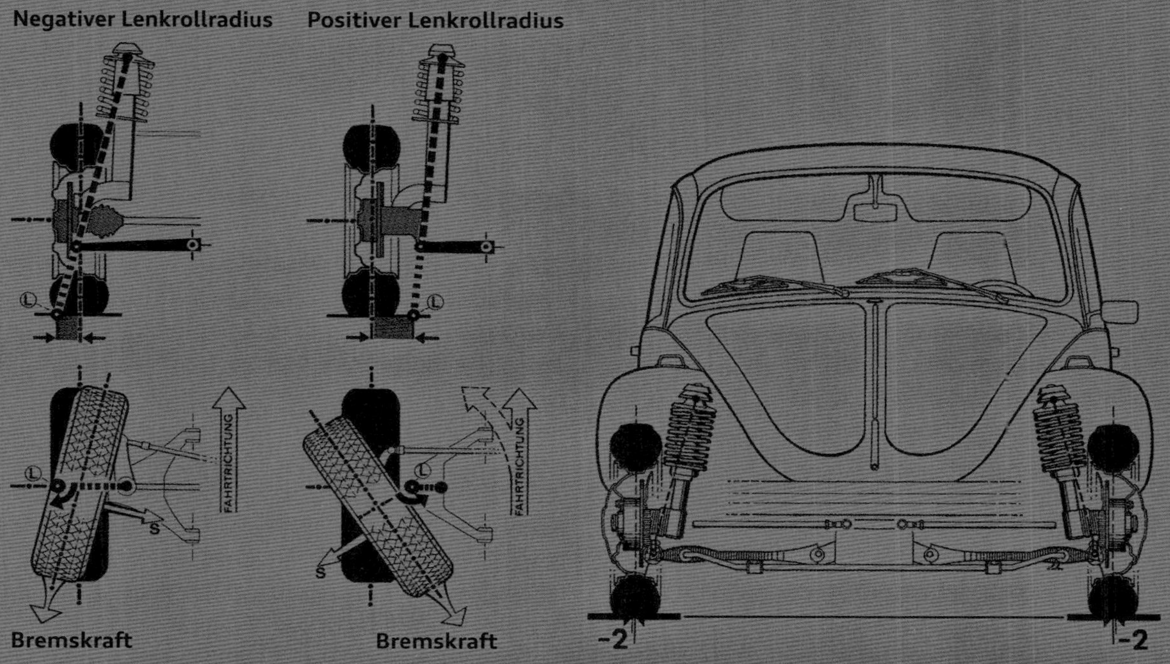

Obwohl bereits Anfang der 1950er Jahre erdacht und erstmals 1965 beim frontangetriebenen Oldsmobile Toronado in Großserie umgesetzt, wurde der negative Lenkrollradius erst 1972 mit Erscheinen des damit gerüsteten Audi 80 in der europäischen Öffentlichkeit populär. Zwar wussten nur technologisch interessierte Insider um die genauen Details dieser Novität, ihre Wirkung war indessen – auch wegen der entsprechenden Audi 80-Werbung – in aller Munde. Sofern der Lenkrollradius negativ statt positiv ist, stabilisiert das die Geradeaus-Spurhaltung des Fahrzeugs beim Bremsen auch dann, wenn die Fahrbahn links und rechts unterschiedliche Reibwerte aufweist. Auch die Antriebseinflüsse auf die Lenkung, das zuvor bei Frontantriebswagen übliche Ruckeln beim Gasgeben während des Lenkeinschlags, minimiert der negative Lenkrollradius.

Erzielt werden diese wünschenswerten Eigenschaften, indem der entsprechend lange Lenkhebel am Radträger außerhalb der Mitte der Radaufstandsfläche angreift (siehe die Schema-Skizze). Dadurch endet eine zwischen dem Domlager, also dem „Kopf" der Feder/Dämpfer-Einheit, dem besagten Angreifpunkt und der Fahrbahn gedachte Linie auf der Reifen-Aufstandsfläche, also der Fahrbahn, außerhalb statt innerhalb der Reifen-Mitte. Eine einseitig wirkende Bremskraft wirkt deshalb auf das entsprechende Rad durch einen Drall nach innen richtungsstabilisierend, anstatt es nach außen ausscheren zu lassen.

Erst der negative Lenkrollradius ermöglichte eine diagonale Aufteilung der Bremskreise einer Zweikreis-Bremsanlage – bei Ausfall des ersten Kreises (für alle vier Räder) bleibt somit ein Vorderrad und das diagonal zu diesem hinten rotierende Rad bremsfähig. Zuvor mussten in jedem Fall beide Vorderräder bremsfähig bleiben, um bei einer Vollbremsung ein Schleudern zu verhindern: Bei herkömmlichen Zweikreisanlagen wirkt deshalb ein Kreis auf alle vier Räder, der zweite Kreis nur auf die beiden Vorderräder. Nebenbei: Der Übergang bei der Audi 100-Bremsanlage von der Festsattel- zur Schwimmsattelbremsanlage hatte als einen Grund auch den geringeren Platzbedarf des Schwimmsattels, der sich in der Felgenschüssel den verfügbaren Raum mit dem besonders langen Lenkhebel teilen muss.

Neuerlicher Umbau der Coupé- und GL-typischen Mittelkonsole mit Modelljahr '75: Zwecks besseren Zugriffs durch den Fahrer rückte das Radiofeld nach oben (vgl. mit den Seiten 178 und 185).

Dieses neue Rad-Design wurde von Audi-Enthusiasten bis heute nicht einhellig begrüßt, nahm es doch Abstand von der Coupé-individuellen, wenn auch gewöhnungsbedürftigen Gestaltung der Vorgänger-Version. Änderungen ergaben sich im Übrigen auch unter den Raddeckeln: Der Lochkreis-Durchmesser der Felgen sank von 140 auf 108 Millimeter, die Einpresstiefe von 50 auf 48 Millimeter. Zusätzlich sorgte ein geänderter unterer Vorderachs-Querlenker mit verstärkter Befestigung für eine vordere Spurverbreiterung um acht auf 1448 Millimeter. In diesem Zusammenhang erfuhr der vordere Radsturz eine geringfügige Korrektur von -9' zu 0° 10'.

Auch motorseitig bedeutete das Modelljahr '75 Änderungen. So schrieb Audi ab September 1974 Zündkerzen eines kälteren Wärmewertes, nämlich W 230 statt zuvor W 240, vor, um diese Vorgabe ab November 1974 abermals zu reduzieren, diese Mal auf den Wert W 225. Als Grund für die Korrekturen verwies Audi auf Probleme im Kurzstreckenverkehr: Die W 240-Kerzen neigten unter diesen Fahrbedingungen gelegentlich zum Verrußen. Des Weiteren kommt – allerdings erst ab Fahrgestellnummer 81 51 052 731 und damit erst ab Dezember 1974 – ein verbesserter Anlasser in Kurzbauweise mit temperaturfestem Magnetschalter zum serienmäßigen Einbau. Der Einsatz verbesserter Kennzeichenleuchten mit integriertem Leitungssatz ergänzt das Elektrik-„Paket" für das Modelljahr '75.

Im Cockpit müssen sich Coupé-Kenner abermals neu orientieren, wurden doch die Funktionen auf der Mittelkonsole ein weiteres Mal neu sortiert. Zwecks besseren Zugriffs sitzt das Radiofeld nun oberhalb der beiden Kleininstrumente und damit direkt unterhalb des gepolsterten unteren Armaturenbrett-Abschlusses. Zwischen Radioposition und Kleinanzeigen erstreckt sich ein Schalter- und Kontrollleuchten-Band mit (in Grundausstattung) Schiebeschalter mit Funktionsleuchte für die heizbare Heckscheibe, einer Kontrollleuchte für das Zweikreisbremssystem und vier Leerfeldern für Optionen. Falls zusätzlich geordert dienen die beiden äußeren Schalter dem Ausfahren und Absenken der elektrisch betätigten Radioantenne. Je ein Schalter schließt die Stromkreise für die optionalen vorderen Nebenscheinwerfer und für die mit diesen im Verein gebuchte Nebelschlussleuchte. Eine kleine Ablage ergänzt die neue Mittelkonsolen-Architektur.

War's das für '75?

Keineswegs: Die Quarzuhr rückte nämlich in der Mittelkonsole von rechts nach links, das Schaltdiagramm wiederum von links nach rechts. Apropos Schaltschema: Auch die manuelle Getriebeschaltung hielten die Ingolstädter Perfektionisten für abermals verbesserungsbedürftig: Bereits ab Juni 1974 und somit noch in der Schlussphase des Modelljahres '74 sorgte ein solcherart komplett überarbeitetes Schaltgestänge einerseits für ein nochmals exakteres Wechseln der Gänge, andererseits aber auch dafür, dass es mit der Vorgängerversion im Schadensfall nicht kompatibel ist.

Liebhaber des automatischen Gangwechsels mussten sich im 100-Jahrgang '75 ein wenig umgewöhnen: Der nun im Stil eines Garten-Spatens T-förmige Schalthebel erhielt zwecks Entsperrens des Rückwärtsgangs, der Parksperre und der Stufe 1 eine Drucktaste im linken T-Ausleger – zuvor musste der oben mit korkenförmigem Knopf versehene Hebel zum selben Zweck in zwei Stufen angehoben werden.

Modelljahr 1976

Fahrgestellnummern

81 **61** 000 094 – 81 **61** 077 678

Für das letzte Coupé S-Modelljahr listet ein Nachtrags-Gutachten zur Allgemeinen Betriebserlaubnis Nr. 7350 vom 1. August 1975 geänderte Übersetzungen der Gänge I und II sowie des Rückwärtsgangs im Schaltgetriebe Typ YC und der Gänge I und II sowie des Rückwärtsgangs im Automatikgetriebe Typ YE. Im YE-Wandler erfolgt zudem eine mit 2,1 geringfügig reduzierte maximale Verstärkung des Drehmomentes (zuvor 2,2). Die neuen Übersetzungen lauten (in Klammern jeweils die Vorgänger-Versionen):

Schaltgetriebe

Gangübersetzung / Gesamtübersetzung / Zähnezahlen

Gang I:	3,6 / 13,32 / 36:10 (3,4 / 12,58 / 34:10)
Gang II:	2,125 / 7,862 / 34:16 (1,944 / 7,194 / 35:18)
Gang III:	1,360 / 5,032 / 34:25 (unverändert)
Gang IV:	0,966 / 3,576 / 29:30 (unverändert)
Gang R:	3,5 / 12,950 / 42:12 (3,1 / 11,7 / 31:10)

Automatikgetriebe

Gangübersetzung / Gesamtübersetzung

Gang I:	2,55 / 9,50 (2,65 / 9,877)
Gang II:	1,45 / 5,40 (1,59 / 5,926)
Gang III:	1,0 / 3,727 (unverändert)
Gang R:	2,41 / 8,98 (1,8 / 6,709)

Einher ging mit den neuen Getriebetypen eine etwas höhere gebremste Anhängelast von nun 1.200 Kilogramm statt zuvor 1.100 Kilogramm (bis zu einer Steigung von maximal zwölf Prozent). Wahlweise können nun auch etwas breitere Räder montiert werden, nämlich 5 ½ J x 14-Felgen mit 48 Millimeter Einpresstiefe, alternativ in Stahlausführung von Kronprinz, Lemmerz oder Südrad, oder in Leichtmetallversion mit neun Speichen von Volkswagen. Unverändert: das Reifen-Maximalformat mit 185/70 – 14,

Zeugt von wachsendem Vertrauen in die eigenen Produkte: Garantie-Erweiterung für Audi/NSU-Modelle ab Modelljahr 1976.

in HR-Version für die über 180 km/h schnelle Schaltgetriebeausführung, in SR-Version für die in der ABE mit knapp 180 km/h geführte Automatikausführung.

Das Vertrauen in die eigenen Produkte hatte bei Audi Mitte der 1970er Jahre offensichtlich zugenommen – dafür spricht jedenfalls die für das Modelljahr 1976 erweiterte Garantie: Nun haftete Audi für eventuelle Mängel und Schäden ein komplettes Jahr ohne Kilometer-Begrenzung – zuvor hatten Audi-Fahrer für eventuelle Malaisen ihres Fahrzeugs nicht nur den Schaden, sondern auch die Kosten, sofern ihr Tacho bereits eine fünfstellige Kilometer-Strecke dokumentierte. Allzu viele Coupé-Käufer profitierten freilich nicht von der Garantie-Kampagne: Im letzten Modelljahr fanden in Deutschland nur noch 833 Coupés Absatz – von 996 im Modelljahr '76 und insgesamt 30.687 seit 1969 gefertigten Exemplaren. Das letzte 100 Coupé lief in Neckarsulm mit Fahrgestellnummer 81 61 074 259[14] am 30. Juni 1976 vom Band und machte dort Platz für einen Zweisitzer. Der wurde zwar von einer Weiterentwicklung des Audi 100-Motors (eher milde) befeuert, gelangte jedoch bereits ab Februar 1976 unter einem anderen Marken-Namen in den Verkauf: Es war der Porsche 924 (siehe auch „Die Nachfolger: mit Transaxle, Front- und quattro-Antrieb …“ ab Seite 214).

Das Audi 100 Coupé S hatte eine seiner Aufgaben erfüllt: Es ging als Image-Booster für die Ingolstädter Marke in die Firmen-Annalen ein, doch zum grandiosen Markterfolgt wie die ersten Limousinen-Generationen der Reihen 100 und 80 gedieh es offenkundig nicht – mit Folgen für den kleineren Audi 80. Bei dem verkniffen sich die Ingolstädter eine Coupé-Version, „denn einerseits fehlt es an Produktionskapazität“, wusste *auto motor und sport* im IAA-Sonderteil der Ausgabe 19/1973 und vermutete außerdem, dass „der nur mäßige Erfolg des 100 S Coupés“ gezeigt habe, „daß Automobile dieser Machart von Audi gar nicht erwartet werden“.

So hatte in Sachen Absatz das Mercedes Coupé der mit dem Audi 100 indirekt konkurrierenden /8-Reihe den Kühler vorn, das sich von 1968 bis 1976 immerhin 67.038 Mal verkaufte, obschon in einer höheren Preisklasse und gleich in vier Sechszylinder-Varianten angeboten. Das bayerische Coupé-Duell entschied der Audi allerdings für sich: Der in Zylinderzahl, Leistung und Preis dem Ingolstädter Coupé sehr nahe kommende, bei Karmann in Osnabrück eingekleidete und von 1965 bis 1970 offerierte BMW 2000 C/CS musste sich in der gehobenen Coupé-Mittelklasse mit Platz 3 und nur 11.720 Exemplaren begnügen.

[14] Die Fahrgestellnummern-Chronologie verlief aus unbekannten Gründen nicht analog zur Baudatums-Chronologie. Das heißt: Vor dem 30. Juni 1976 vom Band rollende 100 Coupé S hatten teilweise höhere Chassisnummern als das letztgebaute Exemplar.

Ein Gast-arbeiter als Entwicklungs-helfer

30.687 Audi 100 Coupé S sind in der Produktions-Statistik von Audi dokumentiert – nicht protokolliert ist darin, ob darin auch jene drei unvollständigen Exemplare gezählt wurden, die Audi 1973 und 1974 gen Weissach nahe Stuttgart-Zuffenhausen lieferte. Die dortigen Porsche-Ingenieure hatten allerdings nicht den Auftrag, das Ingolstädter Spitzenmodell weiter zu entwickeln. Ihre Initiative galt der Erprobung eines Eigengewächses, und dieses neue Porsche-Modell mit der Typnummer 928 sollte möglichst lange inkognito auf Versuchs-Fahrt gehen können. Dieses Vorhaben gelang perfekt, wie sich Porsche-Entwicklungschef Professor Helmuth Bott[1] gegenüber *auto motor und sport*-Redakteur Uwe Brodbeck 1982 mit sichtlichem und hörbarem Vergnügen erinnerte: „Mit dem 928", so die Weissacher Porsche-Legende, „haben wir die Fotografen ganz schön geleimt."[2]

[1] **Helmuth Bott** (*23. August 1925, † 14. Mai 1994) trat nach dem Maschinenbau-Studium 1952 bei Porsche ein und avancierte bald zum Testchef. 1960 initiierte Bott das ab 1961 in Weissach gebaute Porsche-Versuchsgelände. Unter Botts Regie gelangte der Porsche 911 zur Serienreife und entstand legendäre Porsche-Serien- und Rennwagen, seien es der 928, der 959, der 936 oder der 956. Von 1978 bis zur Pensionierung 1988 fungierte Bott bei Porsche als Technik-Vorstand.

[2] Quelle: *auto motor und sport* 7/1982, „Mit List und Tücke" von Uwe Brodbeck.

„... die Fotografen geleimt" – Porsche-Entwicklungschef Professor Helmuth Bott freute sich noch im Nachhinein über den Trick, den Porsche 928 unter der Hülle eines Audi Coupés zu entwickeln.

Wie das Audi Coupé zum Porsche 928 wurde

Neben dem Audi 100 Coupé Entwicklungshelfer für den Porsche 928: Mercedes SL zur Prüfung des 928-Transaxle-Systems …

… und Opel Admiral, in dem die künftigen 928-Fahrwerkskomponenten einer Tauglichkeits-Prüfung unterzogen wurden.

Erzählt aus dem nordafrikanischen Versuchsfahrten-Nähkästchen: Porsche-Versuchschef, einst verantwortlich für die 928-Entwicklung zur Serienreife: Peter Falk.

Mit dem „Leimen“ startete die Bott'sche Porsche-Truppe bereits 1972, als sie zu diesem Zweck bei Mercedes-Benz und bei Opel jeweils ein Fahrzeug orderte – in Untertürkheim einen 350 SL, in Rüsselsheim einen Admiral. Der V8-Roadster diente fortan als „V1“, die Oberklasse-Limousine als „V2“, wobei das „V“ für „Versuchswagen“ steht. „V3“, „V4“ und V5“ folgten in den beiden Folgejahren – und das waren die besagten 100 Coupés, in denen bereits weit fortgeschrittene 928-Technik erprobt wurde. Diente noch der 350 SL lediglich der Tauglichkeits-Prüfung des später 928-typischen Transaxle-Antriebsstranges unter Beibehaltung des 200 PS starken Mercedes-3,5 Liters, so lieferte der umgebaute Opel den Porsche-Ingenieuren Erkenntnisse über die für den 928 vorgesehenen Fahrwerks-Komponenten, nämlich Doppel-Querlenker vorn und hinten. Auch „V2“ entsprach motorisch dem Original und trug somit den Opel-Reihensechszylinder unter der vorderen Haube.

Die komplette 928-Technik gab erst in den Versuchswagen 3 bis 5 ihre Premierenvorstellung – und somit im Dress des Audi 100 Coupé S. Peter Falk[3], seit 1970 bei Porsche Versuchschef und in dieser Funktion einst auch für die Erprobung des 928 und dessen Entwicklung zur Serienreife verantwortlich, gab Anfang 2023 zum damaligen Versuchs-Procedere diese Fakten zu Protokoll – in der für ihn so typischen wortkargen Manier, wenn es um technische Details geht:

„**V3:** im Dezember 1973 Karosserie beschafft (wohl bei Audi), vorgesehen für die 928-Bodengruppe und komplette 928-Technik, Kotflügelverbreiterungen, Anpassung an im Vergleich zum Audi beim 928 um 60 Millimeter kürzeren Radstand (2.500 zu 2.560 mm);

V4: im Juli 1974 Karosserie beschafft und mittig längs um 110 mm verbreitert, entsprechend auch breitere Front- und Rückscheiben angefertigt, für komplette 928-Bodengruppe, Fahrwerk- und Motor-Versuche;

V5: Ende 1974 Karosserie beschafft, Modifikationen, Technik und Einsatzzweck analog V4. Interieur von V3, V4 und V5 entsprechend Audi, jedoch hinter Armaturenbereich Anpassung an 928-Technik; Fond-Möblierung (mit oder ohne Rücksitze) nicht definitiv erinnerlich, wegen Transaxle jedoch wahrscheinlich ausgeräumt.
Die Versuchswagen waren bis 1975/76 im Gebrauch, auch als Dauerläufer mit laufenden Modifikationen entsprechend des 928-Entwicklungsfortschritts.“

Technik-Details lieferte der schwäbische Vollblut-Techniker zwar im Falk'schen Telegramm-Duktus. Doch der andere Peter Falk kommt in Fahrt, wenn es um seine vielfältigen Erlebnisse im Motorsport und anlässlich von Versuchsfahrten geht – etwa in den 1970er Jahren mit originell getarnten Prototypen auf dem afrikanischen Kontinent. In seinen spannenden und amüsanten Erinnerungen *Peter Falk, 33 Jahre Porsche*[4] lässt er Enthusiasten daran teilnehmen, auch an jenem heißen Ritt in Algerien, an dem unter anderen auch einer der Porsche 928 im Audi Coupé-Kleid einer Härteprüfung unterzogen wurde. Mit Falks Erlaubnis sei diese Anekdote unter dem Titel „Zyankali“ hier nachgedruckt – O-Ton Falk:

„Nein, wir hatten kein Zyankali bei unseren Wüstenerprobungen im Gepäck, weder für uns, noch TNT für die Autos, auch wenn manches manchmal richtig schief lief. Bei einer unserer Algerien-Fahrten starteten wir von unserem Standquartier Ouargla aus nach Süden und hatten vor, bis zu einer kleinen Oase vorzudringen, die aber nach 370 km guter Asphaltstraße nur über eine etwa 65 km lange Geröllpiste zu erreichen war. Auf alten Algerien-Karten (1962) heißt der Ort Fort Flatters, also ein Legionärs-Camp, auf unseren neueren Karten (1970) steht Zaouia el Kahla, das nannten wir kurzerhand und einprägsamer ‚Zyankali‘. (Nebenbei: Auf Karten von 1984 kann man Bordj Omar Driss lesen, heute zeigt Google-Earth dort einen größeren Ort.)

Unsere Fahrzeuge, zwei 911, ein 924 unter einer BMW-Karosserie, ein 924 als Opel Manta verkleidet und ein 928 unter der Tarnung eines Audi 100 Coupés, legten die Asphaltstrecke schnell und ohne Zwischenfälle zurück und bogen bei der Oase Bel Guebbour auf die Piste Richtung Zyankali ab. Wir kannten einige Sahara- Pistenwege und waren guter Dinge, trotz über 40° Außentemperatur bald die Oase zu erreichen.

Dachten wir. Die Piste dachte anders und malträtierte die Autos mit verheerender Brutalität in Form von Gräben, tiefen Rinnen, Sprunghügeln, grobem Geröll, Sandbänken. Irgendwann, etwa nach 30 km, taten uns die Räder, Federn und Stoßdämpfer so leid, dass wir in Hinsicht auf die 30 km Pisten- und dann

Bullige Erscheinung: Die verbreiterte und tiefer gelegte Audi 100 Coupé S-Karosserie tarnte erfolgreich die Porsche 928-Technik.

Drangvolle Enge: Im für vier in Reihe angeordnete Zylinder konzipierten Audi-Motorraum machen sich die acht im V angeordneten 928-Zylinder breit.

Aufsehen erregend: Im algerischen Porsche-Standquartier Ouargla standen die ‚Audi-Porsche" stets im Mittelpunkt des Interesses.

noch 370 km Asphalt-Rückfahrt schweren Herzens umdrehten, zumal wir außer einiger Benzinkanister keine Ersatzteile und keinen Werkstattbus bei uns hatten. Es tat weh, ein angepeiltes Ziel nicht erreicht zu haben, zu gerne hätten wir die Oase mit dem speziellen Namen kennengelernt.

Ich fuhr den 928 als Führungswagen und musste so nicht in der Staubwolke eines Vordermannes ersticken. Trotz guter Sicht rauschte ich dennoch einmal in eine Senke und der Audi setzte hart auf. Da sowas öfter passiert, fährt man weiter und merkt dann schon, ob etwas gebrochen oder verbogen ist. So auch ich. Bald spürte ich, dass mich jemand überholen wollte, nämlich der 924-Manta, der etwas hochgestellt in diesem rauen Gelände schneller fahren konnte als der schwerere, tiefgelegte 928-Audi. Das konnte ich nicht zulassen, denn erstens lasse ich mich nicht gerne überholen, zweitens lässt sich ein 928, auch wenn er getarnt ist, nicht gern überholen und drittens wollte ich nicht in einer Geröll- und Staubwolke die Sicht verlieren. Aber mein Mitarbeiter Walter Näher im 924-Manta war äußerst hartnäckig, und irgendwann schaffte er es, seitlich neben der eigentlichen Piste an mir vorbeizukommen. Dann fuhr er langsam, winkte hektisch zum Fenster hinaus das internationale Stoppzeichen, hielt an, kam zu mir, zeigte auf das Audi-Heck und sagte ganz nebenbei: ‚Ich roch Benzin und sah eine Flüssigkeitsspur auf der Piste!'. Er hatte recht, wie ein schneller Check ergab: Der Tank des Audi war aufgerissen und die letzten Liter versickerten gerade im Sand.

Natürlich hatten wir Abschleppstangen und -Seile sowie kräftige Zugwagen in Form unserer 911 dabei; aber unsere Ehre als Porscheleute ließ es nicht zu, dass erstens ein 928 abgeschleppt wird und zweitens wir Techniker nicht wenigstens den Versuch gemacht haben, das Auto wieder flott zu bekommen. Außerdem, in fünf Meter Abstand hinter einem Zugwagen herzufahren, kann auf dieser Geröllpiste Windschutzscheibe, Scheinwerfergläser und im schlimmsten Fall einen Kühler infolge Steinschlags kosten. Also was tun? Den Tank reparieren geht nicht ohne Schweißgerät, aber ein Benzinkanister kann als Tank dienen. Wir brauchten Benzinschläuche. Die lagen in Ouargla. Oder?

Jetzt wurde jeder Kofferraum, jeder Stauraum in jedem Auto durchwühlt. Kennen Sie den Film ‚Das Boot'? Das Schicksal des U-Bootes auf Meeresgrund liegend hing einmal von ein paar Meter Draht ab, um tote Batteriezellen zu überbrücken. Der Draht wurde schließlich gefunden, auch wir fanden schließlich irgendwo ein paar Meter Benzinschlauch, Kabelbinder, Klebeband und notdürftiges Bordwerkzeug, um Kanister, Benzinpumpe und Motor zu verbinden. Wohin mit dem Kanister? Den nahm mein Beifahrer zwischen die Beine und hielt eisern Saug- und Rückförderschlauch in die Öffnung.

Es funktionierte hervorragend, es stank im Cockpit zwar fürchterlich nach Benzin, aber der 928 lief wieder, die Piste lag bald hinter uns, wir absolvierten noch ein Nachtanken durch Kanister-Wechsel fliegend im Auto und erreichten am späten Abend wohlbehalten unser Quartier in Ouargla. Es sei nicht verschwiegen, dass diesmal ich selbst für die Getränke beim Abendessen sorgen musste, denn wer wollte unbedingt eine Pistenfahrt, und wer hat blöderweise den Tank des 928 aufgerissen?

Und so geschah es, dass wir leider nicht die Gelegenheit hatten, in den Genuss von Zyankali zu kommen!"

[3] **Peter Falk** (*27. November 1932), nach dem Abitur von 1952 bis 1954 Kfz-Schlosserlehre, danach Maschinenbau-Studium an der TH Stuttgart, Abschluss als Diplom-Ingenieur; Berufsstart 1959 bei Porsche im Fahrversuch. Weitere Stationen: 1970 Abteilungsleiter Fahrversuch, Erprobung und Entwicklung zur Serienreife, 1982 Leiter Rennsport-Entwicklung und -Einsätze, 1989 Leiter der Gesamt-Fahrwerksentwicklung. Ruhestand zum Jahresende 1992.

[4] *Peter Falk, 33 Jahre Porsche, Rennsport und Entwicklung. Menschen Autos Geschichten*. Erschienen in der Edition Porsche Museum (McKlein Publishing), ISBN 978-3-927458-86-4.

Fehleranalyse im Wüstensand, unter dem Fahrzeug und unter der Motorhaube: Peter Falk (mit Brille hinter der Frontscheibe) weiß offensichtlich ganz genau, wo der Hund begraben ist …

Das Audi Coupé im Presse-spiegel

Test-Urteile von Automobil-Fachzeitschriften können Kaufanreiz sein – oder aber Impuls-Käufe verhindern. Deshalb unterhalten Auto-Hersteller und auch die meisten Importeure mehr oder weniger umfangreiche, in jedem Fall jedoch bestens präparierte Testwagen-Flotten. Bei wichtigen Neuerscheinungen bedarf es in den Presseabteilungen des diplomatischen Verteilungs-Geschicks, besteht doch jeder Chefredakteur einer Motor-Zeitschrift darauf, mit einem möglichst ausführlichen Testbericht über die Novität als Erster am Kiosk zu hängen.

Im Falle des Audi 100 Coupé S hatte nicht etwa der Platzhirsch der Motor-Journaille, *auto motor und sport (ams)*, wie so oft zuvor die Pole Position inne. Schneller war vielmehr eine andere Publikation aus den Stuttgarter Motor-Verlagen, die Zeitschrift *mot* unter Chefredakteur Dr. Paul Simsa, dem einstigen U-Boot-Offizier. Dort erschien ein erster Test des Coupés in finaler Serienversion bereits im Dezember 1970 – Kennzeichen des Testwagens: IN-AD 444. Traditionell wurde „der kleine Bruder“ in der Stuttgarter Leuschnerstraße 1 jedoch nicht wirklich ernst genommen, und so ließen sich die auto *motor und sport*-Kollegen etwas länger Zeit, um das Ingolstädter Top-Modell auf Herz und Nieren zu prüfen. Ein ausführlicher Coupé-Test, ermittelt und verfasst nach umfangreichen Erprobungen und Messungen, erschien deshalb erst in der *ams*-Ausgabe vom 16. Januar 1971. Schon im November des Vorjahres war der entsprechende Testwagen mit dem Kennzeichen IN-AK 15 Stuttgart angeliefert worden – einen starken Monat nach Produktionsstart. Zum Lohn für die offensichtliche Bevorzugung durch die Ingolstädter Presseabteilung setzten die Stuttgarter Blattmacher, von *mot* wie von *ams*, den Audi jeweils sehr dominant auf den Titel.

„Aufregend schön“, „gediegen verarbeitet“

Die damalige Kölner Konkurrenz, gerade erst gegründet, hatte das Nachsehen – und revanchierte sich auf dem Titel vom 6. Februar 1971 mit der mageren und durchaus skeptisch formulierten Titelzeile „Ist das Audi 100 Coupé sein Geld wert?" Groß ins Titelbild setzte die *Deutsche Auto Zeitung (DAZ)* hingegen einen heute nahezu in Vergessenheit geratenen Franzosen: den Simca Chrysler 180. Freilich soll nicht verschwiegen werden, dass weder *ams*, noch *mot* oder die *DAZ* als Allererste über das Audi Coupé berichteten. Prototypen und Vorserienwagen waren bereits zuvor von Redakteuren anderer Magazine für Vorstellungen kurz gefahren worden. Die Ehre des „Ersttäters" gebührt dabei dem in Stuttgart erscheinenden Multitechnik-Magazin *Hobby*, das dem sportlichen Audi bereits in dessen Prototypen-Stadium Ende 1969 die Aufwartung machen durfte – ganz dem Magazin-Motto gemäß: „... die Zukunft miterleben."

Hobby-Tester Heinz Kranz hatte offensichtlich als bekennender Zweitakt-, DKW- und Frontantriebs-Enthusiast seine guten Beziehungen zur Auto Union genutzt und den Ingolstädtern ein Vorserien-Exemplar mit dem Kennzeichen IN-AD 40 für erste Fahreindrücke entrissen. Eine Kiesgrube sollte dabei als Testgelände dienen, vergessen wurde auch nicht eine langhaarige Blondine, die für das Titelmotiv breitbeinig im geöffneten Motorraum (!) abgelichtet wurde. Das Kranz'sche Lob in Ausgabe 23/1969 fiel denn auch geradezu überschwänglich aus – O-Ton auf den Aufmacher-Seiten: „Mit diesem Audi müsste man die ‚Monte Carlo' gewinnen! Meinte der Tester, nachdem das Coupé auf losem Kies (als Schnee-Ersatz) sagenhafte Kurvenfestigkeit demonstrierte." Alle Achtung!

Am 9. Januar 1970 zog die einst in Frankfurt/Main erschienene *Motor Rundschau* nach, wobei in diesem Fall ein Versuchswagen – Kennzeichen IN-AC 31 – ersten Fahreindrücken diente. Das Terrain war auch hier die Kiesgrube nahe Ingolstadt, dieses Mal jedoch im verschneiten Zustand. Keine Kiesgruben-Drifts oder Jungmaid-Posen, sondern handfeste Analysen lieferte etwas später, nämlich am 7. Februar 1970, einmal mehr die *mot Auto-Kritik* – und das gleich auch noch im Vergleich mit der gerade erschienenen zweitürigen Version der Audi 100 Limousine. Der Blatt-Philosophie entsprechend ging es in diesem Bericht weniger um Fahrspaß und Auto-Faszination, mehr jedoch um Vernunft und Kosten-Analyse – und damit war *mot*-Autor Dr. Paul Simsa auf Linie mit dem damaligen Buchhalter-Image von Audi. Weder *Hobby* noch die *Motor Rundschau* oder *mot* hatten freilich zu einem so frühen Zeitpunkt Gelegenheit, das Audi Coupé in seiner endgültigen Serienausführung und zudem über eine längere Test-Distanz zu fahren, um dadurch kompetent zu beurteilen, was der Coupé-Käufer letztendlich erwarten durfte. Alle Daten, auch die Fahrleistungen betreffend, bezogen sich hier wie da auf die Ingolstädter Werksangaben.

Welchen Eindruck machte jedoch rund ein Jahr später und auch danach die Serienausführung des Audi 100 Coupé S auf die sehr verehrten Herren Tester in einer Epoche, als Damen mit dem verantwortungsvollen Tun des Auto-Prüfens noch nicht betraut wurden ...? Im Folgenden sei das Spektrum der Beurteilungen auszugsweise sozusagen „Gewerke"-spezifisch dokumentiert: Urteile und Meinungen zu den Bereichen „Karosserie", „Ausstattung und Bedienung", „Motor und Kraftübertragung", „Temperament und Kraftstoff-Verbrauch", „Fahreigenschaften und Bremsen" sowie „Fahrkomfort und Lenkung". Abschließend folgen danach Exzerpte aus drei einst in Deutschland und England publizierten Vergleichstests, in denen die Coupé S-Version des Audi 100 damaligen Konkurrenten gegenübergestellt wurde – auch dies ohne Anspruch auf Vollständigkeit.

Audi 100 Coupé S: seine Karosserie im Spiegel der Kritik

„... Als Coupé geräumige Karosserie, für Kurzstrecke als Viersitzer, für Langstrecke als Dreisitzer ... Gepäckraum mit viel Fassungsvermögen ... kleine Gepäckraumklappe ... Gepäckraum nicht verkleidet ... Reserverad an Gepäckraum-Vorderwand nur nach Entladen des Gepäckraums erreichbar ... beim Ein- und Aussteigen vorn machen sich die hohen Türschwellen lästiger bemerkbar als in der Limousine ... deutliches Bemühen um erstklassige Verarbeitung ..."

Dr. Paul Simsa in *mot* Ausgabe 26/1970 vom 26. Dezember 1970

„... Aus der hübschen Limousine ist ein aufregend schöner sportlicher Wagen geworden ... etwas schlechtere Sicht nach hinten beim Einparken ... für Coupé-Verhältnisse bombastischer Kofferraum ... der Scheibenwischer lässt bei Regen einen ungebührlich großen toten Winkel frei ..."

Herbert Völker in der *Auto Revue*/Österreich Ausgabe 8/1971

„… ein höchst komfortabel und luxuriös ausgestatteter Reisewagen, den man noch als echten Viersitzer ansprechen kann …“

Deutsche Automobil Revue 5/1970, keine Autoren-Angabe

„… Von der Karosserie-Operation muß man sagen, daß sie gut gelungen ist … von den guten Rücksitzverhältnissen der Limousine blieb nicht mehr viel übrig … der Kofferraum ist nur wenig kleiner als bei der Limousine, aber viel schlechter zugänglich …“

Reinhard Seiffert in *auto motor und sport* Ausgabe 2/1971 vom 16. Januar 1971

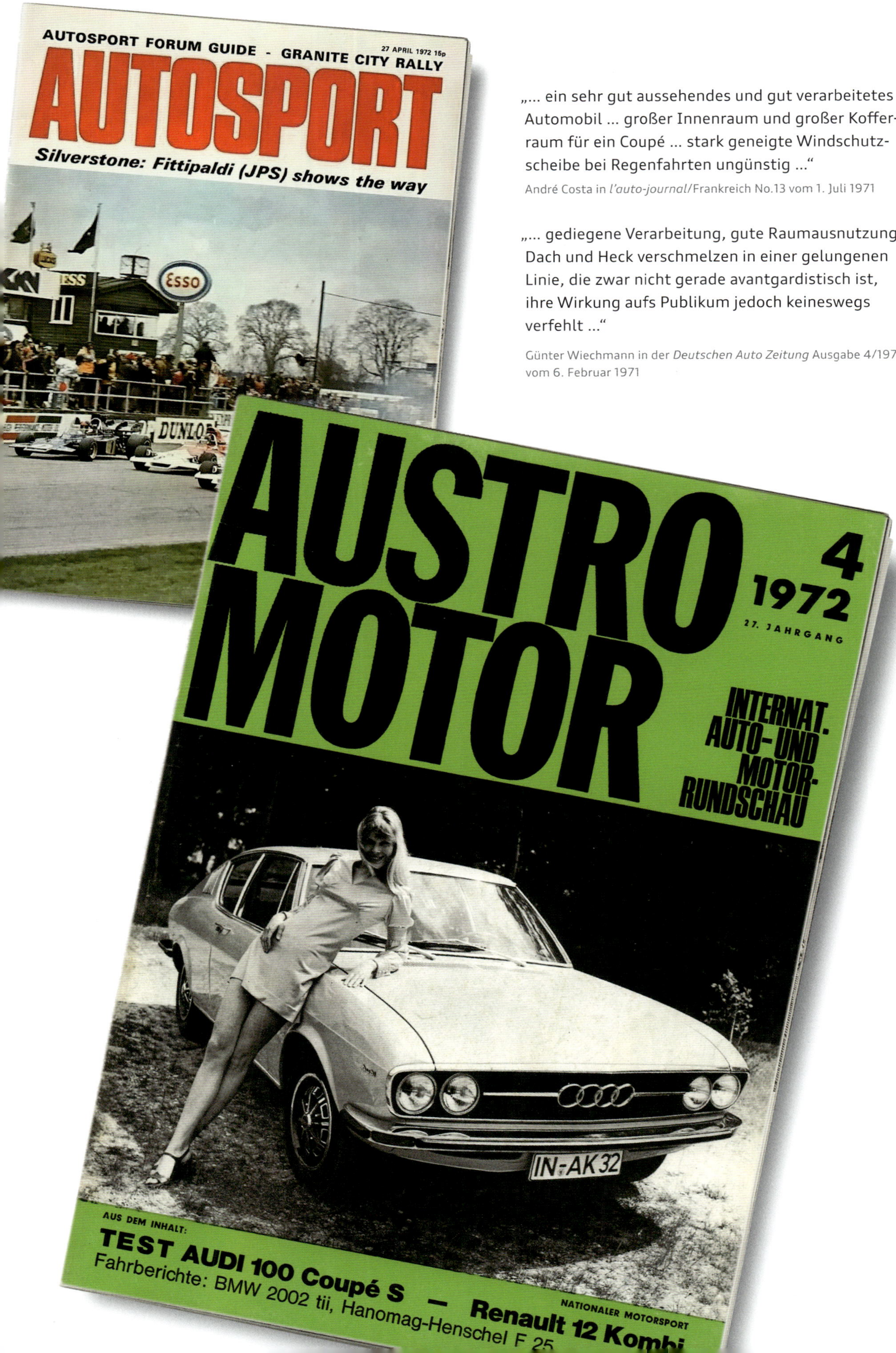

„... ein sehr gut aussehendes und gut verarbeitetes Automobil ... großer Innenraum und großer Kofferraum für ein Coupé ... stark geneigte Windschutzscheibe bei Regenfahrten ungünstig ..."

André Costa in *l'auto-journal*/Frankreich No.13 vom 1. Juli 1971

„... gediegene Verarbeitung, gute Raumausnutzung ... Dach und Heck verschmelzen in einer gelungenen Linie, die zwar nicht gerade avantgardistisch ist, ihre Wirkung aufs Publikum jedoch keineswegs verfehlt ..."

Günter Wiechmann in der *Deutschen Auto Zeitung* Ausgabe 4/1971 vom 6. Februar 1971

„... Es sieht wie aus einem Guß aus, und die direkte Ableitung von der Limousinenkarosserie ist kaum erkennbar ... die knappe Kniefreiheit hinten entspricht einem Kleinwagen ... die Türen lassen sich beim Öffnen fast um 90 Grad nach vorn schwenken, nur fehlt ihnen in dieser Position eine wirksame Arretierung ... zu bemängeln ist die Position des Reserverades ... die Lackqualität ganz hervorragend und man findet im Finish nicht die geringsten Mängel ..."

(O.K. in *Austro Motor*/Österreich Ausgabe 4/1972)

„... good looks and refinement ..."

John Bolster in Autosport/GB vom 20. April 1972

„... das 100 Coupé trägt ein ausgesprochen attraktives Fastback, das eine Menge Aufmerksamkeit erregte, wo immer wir damit auftraten. Einige Leute hielten das Coupé sogar für einen Aston Martin ..."

Das britische Magazin *Motor* am 22. Juli 1972

Audi 100 Coupé S: seine Ausstattung und Bedienung im Spiegel der Kritik

„... eine auch für extrem Langbeinige ausreichende Längsverstellung der Sitze ... gestatten jedem Fahrer seine ideale Sitzposition einzunehmen ... die Innenausstattung des Audi 100 Coupé S entspricht den Vorstellungen, die man sich von einem Spitzenmodell macht ... besonders große Sorgfalt wurde auf die Auslegung der Heizungs- und Lüftungsanlage gelegt ..."

O.K. in *Austro Motor*/Österreich Ausgabe 4/1972

„... großzügige Auslegung der Vordersitze, die sowohl kleinen als auch ausgesprochen großen Personen eine Vielzahl von Verstellmöglichkeiten und körpergerechten Sitzpositionen erlaubt ... die Hauptinstrumente sind durch das recht groß geratene Lenkrad gut überschau- und ablesbar ..."

Günter Wiechmann in der *Deutschen Auto Zeitung* Ausgabe 4/1971 vom 6. Februar 1971

„... der Innenraum könnte für das Interieur eines doppelt so teuren Autos gehalten werden. Die Instrumente und Schalter sind gut angeordnet, allerdings muss ich leider sagen, dass das Tachometer des Testwagens schamlos übertrieben hat ..."

John Bolster in *Autosport*/GB vom 20. Juli 1972

„… Audi hat dem Coupé kompromißlos eine Luxus-Ausstattung gegeben … das vorbildliche Vierspeichenlenkrad ist … in der Höhe um 4 cm verstellbar … gefahrlos auch in Fahrt zu betätigen … hätte man für den Preis ausstellbare hintere Seitenfenster erwarten können … sehr gute Heizung und Belüftung …“

Dr. Paul Simsa in *mot* Ausgabe 26/1970 vom 26. Dezember 1970

„… das Interieur hat ein wunderschönes Finish, wie wir es mittlerweile von Audi erwarten. Der Kofferraum ist von immenser Größe, allerdings ist die Kofferraum-Luke ziemlich schmal und das Bord recht hoch, so dass man Mühe hat, größeres Gepäck zu verstauen. Das Audi-Belüftungssystem ist wohl eines der besten zur Zeit verfügbaren Systeme – ungeachtet des Fahrzeug-Preises. Es sollte den Konkurrenten als Beispiel dienen …“

Das britische Magazin *Motor* am 22. Juli 1972

„… Das Armaturenbrett und die Innenausstattung sind äußerst schön präsentiert, mit einem diskreten Luxus … die Sitze sind fest gepolstert, jedoch gut geformt und mit Seitenhalt und verstellbaren Kopfstützen … bei sehr hohen Außentemperaturen ungenügende Belüftung …“

André Costa in *l'auto-journal*/Frankreich No.13 vom 1. Juli 1971

„… reichhaltige Ausstattung … übersichtliche Instrumente, verwechslungssichere Schalter und Hebel …“

Reinhard Seiffert in *auto motor und sport* Ausgabe 2/1971 vom 16. Januar 1971

„… Das Cockpit ist reichlich und gediegen ausgestattet … die Sitze sind sowohl bequem als auch elegant … ein vorbildlich sicherer Fahrgastraum …“

Herbert Völker in der *Auto Revue*/Österreich Ausgabe 8/1971

Audi 100 Coupé S: sein Motor und seine Kraftübertragung

„… Dieser neue Zweiliter Audi-Motor erweist sich beim Fahren als eine überraschend kultivierte und zugleich kräftige Antriebsquelle … gut funktionierende Startautomatik … gut abgestuftes, leicht schaltbares Vierganggetriebe mit handlichem Mittelschalthebel, gute Schalt-Exaktheit …“

Reinhard Seiffert in *auto motor und sport* Ausgabe 2/1971 vom 16. Januar 1971

„… Der Motor ist bei mittleren Drehzahlen flexibel und leise, doch fehlt ihm der gewisse Punch … gut synchronisiertes Getriebe … niedriger Treibstoffverbrauch …“

André Costa in *l'auto-journal*/Frankreich No.13 vom 1. Juli 1971

„… für den Hubraum hohe Leistung ohne Gefahr für die Motorgesundheit … das Vierganggetriebe ist günstig gestuft, Schaltung präzise, Hebel griffgerecht, Leichtgängigkeit ausreichend, sollte besser werden …“

Dr. Paul Simsa in *mot* Ausgabe 26/1970 vom 26. Dezember 1970

„… Der Audi-Motor erwies sich auch bei tiefen Temperaturen als guter Starter …“

O.K. in *Austro Motor*/Österreich Ausgabe 4/1972

„… Die Maschine ist nur durchschnittlich laut und niemals wirklich störend … zum guten Handling passt auch der angenehme Schaltknüppel, der sich leicht und exakt bedienen lässt …“

Herbert Völker in der *Auto Revue*/Österreich Ausgabe 8/1971

„… Trotz seiner Literleistung von 62 PS gibt sich der Motor eher bürgerlich. Er ist enorm elastisch … raue Geräusch-Charakteristik, die … allerdings nie lästig wird … Getriebe gut abgestuft, leichtgängige und günstig angebrachte Mittelschaltung … die angetriebenen Vorderräder neigen im Anfahrbereich leicht zum Durchdrehen …“

Günter Wiechmann in der *Deutschen Auto Zeitung* Ausgabe 4/1971 vom 6. Februar 1971

„… das Auto ist genau richtig übersetzt, um bei Höchstgeschwindigkeit knapp an den roten Drehzahlbereich heran zu reichen … trotz relativ kleinem Hubraum hohe Flexibilität im obersten Gang und eine Menge Drehmoment im mittleren Drehzahlbereich …“

John Bolster in *Autosport*/GB vom 20. April 1972

„… Auslegung des Antriebs für hohes Reisetempo – und weniger auf optimale Beschleunigung … der Motor zeigt sich erstaunlich gutartig und elastisch …“

Deutsche Automobil Revue 5/1970, keine Autorer-Angabe

„... zwar gibt sich der Vierzylinder bei moderater Drehzahl recht weich an, doch wenn er gefordert wird, bei Vollgas und über 5.000/min, ist er recht laut und rauh ... andererseits dreht er problemlos zu seiner Drehzahlgrenze von 6.200/min ... Das Audi-Viergang-getriebe mit Porsche-Synchronisierung ist wohl eines der besten Frontantriebs-Getriebe im Konkurrenzumfeld: gut definierte Schaltebenen, kurze Schaltwege, selbst bei schnellem Schalten ohne Widerstände."

Das britische Magazin *Motor* am 22. Juli 1972

Audi 100 Coupé S: sein Temperament und sein Verbrauch im Spiegel der Kritik

„... Die Leistung reicht aus, dem Audi zu Fahrleistungen zu verhelfen, die ihn über die Beurteilung als Möchtegern-Sportwagen hinausheben ..."

Günter Wiechmann in der *Deutschen Auto Zeitung* Ausgabe 4/1971 vom 6. Februar 1971

„... erstaunlich gute Elastizität – ruckfreies Beschleunigen aus 45 km/h im vierten Gang ... sehr gute Beschleunigung, hohe Spitze ... lobenswert sparsam (scharfe Testfahrt auf gemischten Strecken nur 12,2 Liter/100 km) ..."

Dr. Paul Simsa in *mot* Ausgabe 26/1970 vom 26. Dezember 1970

„... bei vollem Ausnutzen der Gänge fühlt sich das Auto sehr lebhaft an, Beschleunigung bis 60 mph[1] in 10,2 Sekunden, 116 mph Höchstgeschwindigkeit ..."

John Bolster in *Autosport*/GB vom 20. April 1972

„... sehr gute Beschleunigungsleistungen in allen Geschwindigkeitsbereichen, hohe Dauergeschwindigkeiten möglich ... gemessen an den Fahrleistungen günstige Verbrauchswerte zwischen 12 und 16 Liter/100 km ..."

Reinhard Seiffert in *auto motor und sport* Ausgabe 2/1971 vom 16. Januar 1971

„... hohe Spitze, rasante Beschleunigung ... überraschend ist der geringe Benzinverbrauch des Audi-Motors ... im Durchschnitt bewegt sich der Verbrauch zwischen 12 und 13 L/100 km ..."

O.K. in *Austro Motor*/Österreich Ausgabe 4/1972

[1] 60 mph (Meilen pro Stunde) entsprechen rund 96 km/h

„... Wirklich rasant ist der Audi nur im oberen Drehzahlbereich, in mittleren Regionen ist er nicht so arg eindrucksvoll ... im Verbrauch lassen sich ganz erstaunliche Werte für ein Auto dieser Klasse erzielen: wer's drauf anlegt, kann mit 9 Liter pro 100 Kilometer auskommen ..."

Herbert Völker in der *Auto Revue*/Österreich Ausgabe 8/1971

„... in Montlhéry notierten wir, lediglich mit dem Fahrer besetzt, eine Höchstgeschwindigkeit von 179,2 km/h, mit vier Personen an Bord waren es 176,4 km/h; den Kilometer mit stehendem Start maßen wir mit 33 3/5 Sekunden. Durchschnittlich verbrauchten wir 11,4 Liter pro 100 Kilometer, maximal waren es 16,2 L/100 km ..."

André Costa in *l'auto-journal*/Frankreich No.13 vom 1. Juli 1971

„... in jeder Hinsicht der Kraftentfaltung ist das Coupé gegenüber seinen Limousinen-Kollegen ein beträchtlicher Sprung nach vorn. Auf der MIRA-Teststrecke erreichte das 100 S Coupé, eine Automatik-Version, eindrucksvolle 112,7 mph[2] bei 5.720/min ... Dabei erwies er sich mit durchschnittlich 23,1 mpg[3] Verbrauch als genügsamer als seine direkten Konkurrenten ...

Das britische Magazin *Motor* am 22. Juli 1972

Audi 100 Coupé S: seine Fahreigenschaften und Bremsen im Spiegel der Kritik

„... Durch eine geschickte Fahrwerksauslegung konnte beim Coupé ein neutrales Lenkverhalten erreicht werden ... das Auto fährt sich schön leicht und läßt sich auch bei hohem Tempo haargenau plazieren ... Lob verdienen auch die Bremsen – und nicht nur wegen ihrer Wirksamkeit ..."

Deutsche Automobil Revue 5/1970, keine Autoren-Angabe

„... Untersteuerer mit spürbaren Gaswechsel-Reaktion, Gewöhnung erforderlich ... durch harte Beläge beim Treten des Bremspedals hoher Kraftaufwand erforderlich ..."

Günter Wiechmann in der *Deutschen Auto Zeitung* Ausgabe 4/1971 vom 6. Februar 1971

[2] 112,7 mph (Meilen pro Stunde) entsprechen rund 180 km/h
[3] 23,1 mpg (Meilen pro Gallone) entsprechen rund 10,2 L/100 km.

„... unerschütterliche Spurhaltung bei absolut ruhiger Lenkung, keine Seitenwindempfindlichkeit, kein Versetzen auf welliger Straße ... tadellose Bodenhaftung der Räder ... Bremsen in Wirkung und Verhalten tadellos, keine Ausbrechneigung ..."

Dr. Paul Simsa in *mot* Ausgabe 26/1970 vom 26. Dezember 1970

„... untersteuerndes Fahrverhalten, beim Gaswegnehmen in schnell gefahrenen Kurven kurzzeitige Übersteuer-Reaktion ... gute Richtungsstabilität ... leistungsfähige Bremsanlage, gut dosierbar, unempfindlich gegen hohe Beanspruchung ..."

Reinhard Seiffert in *auto motor und sport* Ausgabe 2/1971 vom 16. Januar 1971

„... Das Handling des Audi Coupés ist womöglich seine hervorstechendste Eigenschaft. Der Fahrer realisiert praktisch nicht, dass die Vorderräder angetrieben werden: keine heftigen Lastwechselreaktionen, nur ganz leichtes Verlassen der eingeschlagenen Richtung, wenn inmitten der Kurve vom Gas gegangen wird. ... Die Bremsanlage ist sehr leichtgängig und sehr gefühlvoll – allerdings beobachteten wir am Ende unseres 20fachen Bremsmanövers etwas Fading, was wir bei innenbelüfteten Bremsscheiben nicht erwartet hatten ..."

Das britische Magazin *Motor* am 22. Juli 1972

„... Das Fahrverhalten ist weitgehend neutral, bei forcierter Fahrweise tritt naturgemäß die Tendenz zum Untersteuern etwas deutlicher hervor ..."

O.K. in *Austro Motor*/Österreich Ausgabe 4/1972

„... sehr gute Straßenlage ... sehr gutes Handling in scharfen Kurven bei relativ kleinem Wendekreis ... sehr präzise und angenehme Lenkung ... sehr guter Geradeauslauf ... die Servounterstützung der Bremsanlage ist beachtlich und das Bremsvermögen ist in der Stadt oder bei mittlerer Geschwindigkeit voll zufriedenstellend. Allerdings erschienen uns die Bremsen bei hoher Geschwindigkeit ziemlich fadingempfindlich – womöglich eine Frage der Qualität der Bremsbeläge? ..."

André Costa in *l'auto-journal*/Frankreich No.13 vom 1. Juli 1971

„... obwohl das Coupé nicht gerade ein Leichtgewicht ist, biete es bemerkenswerte Kurvengeschwindigkeiten und dabei nur moderate Wankbewegungen. Der Geradeauslauf ist so stabil, wie man das von

einem Fronttriebler erwarten darf, dabei ist die Tendenz zum Untersteuern weit weniger ausgeprägt wie bei früheren Audi-Modellen. So fühlt sich der Wagen sehr gut auslanciert an. Die großzügig dimensionierten Bremsen sind der Leistung jederzeit gewachsen …“
John Bolster in *Autosport*/GB vom 20. April 1972

„… großartige Richtungsstabilität in Kurven, bis im Grenzbereich das leichte Untersteuern des Fronttrieblers auftritt … der Audi ist mit recht guten Bremsen ausgestattet, die Wirkung ist auch dementsprechend … bei forciertem Dauereinsatz macht sich ein deutliches Fading bemerkbar …“
Herbert Völker in der *Auto Revue*/Österreich Ausgabe 8/1971

Audi 100 Coupé S: sein Fahrkomfort und seine Lenkung im Spiegel der Kritik

„… Motorgeräusch im Innenraum etwas lauter als im LS, aber nicht störend, eher kernig … Federung und Stoßdämpfung, die ganz hervorragend gelungen ist … vorbildliche Lenkungseigenschaften, leichtgängig, aber nicht nervös … die progressive Lenkübersetzung passt perfekt auch für scharfes Fahren …“
Dr. Paul Simsa in *mot* Ausgabe 26/1970 vom 26. Dezember 1970

„… Die Federung erschien uns ein wenig straffer als bei der Limousine – so wie man sich das für ein sportliches Auto wünscht …“
Deutsche Automobil Revue 5/1970, keine Autoren-Angabe

„… Federung härter als bei der Limousine, auf Querfugen Neigung zum Stuckern, sonst befriedigendes Schluckvermögen … exakte und ausreichend direkte, jedoch – besonders beim Rangieren – schwergängige Lenkung, gelegentlich Antriebseinflüsse spürbar …“
Reinhard Seiffert in *auto motor und sport* Ausgabe 2/1971 vom 16. Januar 1971

„… Der Fahrkomfort bei niedriger Geschwindigkeit ist gut und bei hohen Geschwindigkeiten wirklich exzellent. Die Lenkung ist akzeptabel leichtgängig …“
John Bolster in *Autosport*/GB vom 20. April 1972

„… etwas straffer gefedert, ohne noch lange nicht unkomfortabel zu wirken … in Geradeausstellung arbeitet die Lenkung leichtgängig … mit zunehmendem Radeinschlag wird die Lenkung immer direkter …“
O.K. in *Austro Motor*/Österreich Ausgabe 4/1972

„… Der Fahrkomfort ist speziell bei Durchschnittsgeschwindigkeiten ziemlich straff und trocken; er ähnelt im Wesentlichen dem eines reinen Sportwagens …“
André Costa in *l'auto-journal*/Frankreich No.13 vom 1. Juli 1971

„… Die Lenkung gehört zu den Glanzstücken des Wagens … in punkto Komfort hat das Coupé unter der Radstands-Verkürzung gelitten, jedenfalls spürt man Fahrbahn-Unebenheiten stärker als in der Limousine …“
Herbert Völker in der *Auto Revue*/Österreich Ausgabe 8/1971

„… Federung sehr viel straffer als bei der Limousine, sportliche Dämpfer-Abstimmung …“
Günter Wiechmann in der *Deutschen Auto Zeitung* Ausgabe 4/1971 vom 6. Februar 1971

„… vor allem bei hohen Geschwindigkeiten überfordern nur wenige Fahrbahnunebenheiten das Federungsvermögen des Audi. Der allgemeine gute Fahrkomfort wird auch von den exzellenten Sitzen gefördert …
Das britische Magazin *Motor* am 22. Juli 1972

Audi 100 Coupé S in Vergleichstests: seine Talente und Mängel

Erst relativ spät in seiner Laufbahn und nach einigen Einzel-Beurteilungen wurde das Audi 100 Coupé S auch Vergleichstest-Kandidat: In Deutschland stellte das in Stuttgart erscheinende, eher motorsportlich orientierte Magazin *sport auto* das Ingolstädter Coupé in Ausgabe 2/1974 zwei deutschen Konkurrenten gegenüber, nämlich dem Ford Capri 3000 GXL und dem Opel Commodore GS/E, beide mit drei bzw. 2,8 Liter großen Sechszylinder-Triebwerken dem Audi auf dem Papier zumindest motorisch überlegen.

Die in Köln publizierte *Auto Zeitung* (zuvor *Deutsche Auto Zeitung*) sah im April 1975 eher die beiden Italiener Alfetta GT und Lancia Beta Coupé als adäquate Gegner des Audi – alle drei mit knapp zwei Liter großen Vierzylindern von ähnlicher Nennleistung motorisiert. Das britische Autoblatt *Car* wiederum präferierte im August 1975 eine gemischte Vergleichs-Gesellschaft, bestehend aus dem Sechszylinder-Ford Capri 3000 Ghia und dem Vierzylinder-Alfa Romeo Alfetta GT.

Wie aber schlug sich der Audi 100 Coupé S in diesen Gegenüberstellungen?

Obwohl in allen drei Vergleichen das älteste Modell, hielt sich der Audi nicht nur wacker, sondern in fast allen Kriterien hervorragend. Selbst gegenüber den in der Nennleistung um 28 PS (Ford Capri) und sogar 48 PS (Opel Commodore GS/E) deutlich überlegenen Gegnern des *sport auto*-Vergleichs, zeigten sich auf anderen Gebieten herausragende und folglich ausgleichende Qualitäten des Audi.

So überraschte dieser im Hockenheimer Motodrom „mit Fahrzeiten, die stets besser lagen als die des Opel Commodore“. Bei diesen Tests wurden die Zeiten auf einem Asphaltkreisel mit 50 Metern Durchmesser und einer Slalomgasse mit 36 Meter Pollerabstand gemessen. Die Geschwindigkeiten zum Vergleich (jeweils Audi/Opel): 50 Meter-Kreis 53,8/51,9 km/h, 36 Meter-Slalom 112,6/109,0 km/h. (Anmerkung: Für den Ford ermittelte *sport auto* lediglich die Werte des 160 PS-Extrem-Sportlers Capri RS, die mit 53,3/110,3 km/h im Kreise dieser eher zivilen Coupés und besonders im Vergleich zum Audi Coupé S gleichwohl aussagekräftig sind ...).

Die Audi-Zeit für eine Runde auf dem Kleinen Kurs in Hockenheim (Länge 2,6 Kilometer, überwiegend Rechtskurven mit Ausnahme einer weitläufigen Linkskurve kurz vor dem Übergang vom kleinen in den großen Kurs und der 180 Grad-Sachskurve im Motodrom) ist gleichfalls aller Ehren wert, wenngleich auf dieser längeren Fahrprüfung die beiden Gegner ihre Mehrleistung ausspielen konnten: Audi 1.31,8 Minuten, Ford (RS) 1.29,0 Minuten, Opel 1.30,7 Minuten – O-Ton *sport auto*: „... Pluspunkt für den satt auf der Straße liegenden Fronttriebler. Der Umgang ist zwar gewöhnungsbedürftig, weil man immer einen größeren Lenkeinschlag wählen muß, als man am Kurveneingang vorausberechnet. Dann darf man sich freilich bedenkenlos in die Kurve stürzen ...“

Auch die Getriebeschaltung und Bremsanlage erweckten weitgehendes Wohlwollen des Test-Autors Jürgen Rapp: „Bei Fronttrieblern ist die Schaltübertragung meist nicht leicht zu lösen, und unter diesen Umständen ist den Audi-Ingenieuren eine recht passable Lösung gelungen. Die Gangebenen sind deutlich angelegt, und die Schaltwege sind kurz gehalten ...“ Weiter im Rapp-Text: „Auch mit den Bremsen bewegt man sich in Grenzbereichen: Der Audi blieb knapp unter 8 m/sec^2, aber zeigte die gleichmäßigste Wirkung, wenn man von einem leichten Schiefziehen absieht ...“ Zum Vergleich die Bremsverzögerungen der drei Test-Aspiranten mit kalter und mit nach zehn Vollbremsungen heißer Bremsanlage: Audi 7,5/7,9 m/sec^2, Ford 7,9/7,2 m/sec^2, Opel 7,2/6,4 m/sec^2. Da der Audi unter den drei *sport auto*-Kandidaten das aufwändigste Fahrwerk hat, verwundert es nicht, dass er im Test des Stuttgarter Magazins außer für seine Fahreigenschaften auch für seinen Fahrkomfort gute Noten erhielt – im Gegensatz zu Ford und Opel: „Erstaunlich dagegen das Audi-Coupé: Nur im Langsamfahrkomfort wirkt es rauh, sonst fühlt man sich fast wie in einer Sänfte. ...“

Keine Chance hatte der Audi bei *sport auto* naturgemäß, nachdem zur Ermittlung der Fahrleistungen das Peiselerrad angeschraubt worden war – ihm ging „bei den Beschleunigungs- und Elastizitäts-Messungen erwartungsgemäß die Puste aus“. In Zahlen bedeutete das beispielsweise für den Beschleunigungs-Klassiker 0–100 km/h einen Audi-Wert von 11,2 Sekunden gegenüber 8,3 Sekunden für den Ford und 9,4 Sekunden für den Opel. Für den Geschwindigkeits-Zuwachs von 50 auf 100 km/h, gemessen im vierten Gang, nahm sich der Audi 16,4 Sekunden Zeit, 11,3 bzw. 11,9 Sekunden dagegen die Werte für den Ford und den Opel. Auch in Sachen V_{max} hatte Ingolstadt gegenüber Köln und Rüsselsheim das Nachsehen – die Werte: 182, 198, 201 km/h ... Trost könnte Audi-Freunden der geringere Durst ihres Coupés spenden – die Werte im *sport auto*-Vergleich: 12,4 (Audi), 13,5 (Ford) und gar 14,7 (Opel) L/100 km.

Und wie lautete das Fazit des Vergleichs für den Audi? Rapp formulierte es mit einer Mischung aus Hochachtung und milder Ironie: „... erweist sich auch diesmal der Audi als der Ausgewogenste, doch dürfte er auf Grund seiner komfortablen Abstimmung und

der wohnlichen Ausstattung sicher nicht den Geschmack engagierter Autofans treffen. Viel eher ist das 100 Coupé das ideale Gefährt für den in die Jahre gekommenen Familienvater, der sich auch noch am Steuer etwas fit halten möchte."

Es traf somit nach Meinung des Motorsport-Journalisten nicht wirklich den Geschmack der Sportfahrer-Gemeinde, das Audi 100 Coupé S – ganz anders wiederum die Einschätzung der auf eine eher bürgerliche und vernunftorientierte Klientel spezialisierten Publikation *Auto Zeitung*. Die setzte den Audi, das sei vorweg genommen, gegenüber den italienischen Grazien Alfetta GT und Lancia Beta Coupé in der Gesamtwertung mit 385 Wertungs-Punkten auf Platz 1 (Lancia 361 Punkte, Alfa Romeo 339 Punkte). Gleichwohl musste sich der Audi in einem Kapitel mit der Schlusslaterne abfinden – wenn auch sehr knapp: „Motor/Getriebe und Fahrleistungen" waren nicht seine Stärke, wenngleich seine gute Startwilligkeit, sein geringer Geräuschpegel und seine im Vergleich höhere Anhängelast das Schlimmste verhüteten. 75 Punkte gaben die Kölner Tester im Motoren/Fahrleistungs-Kapitel dem Audi, 76 dem Alfa und 79 dem Kapitel-Sieger Lancia.

Klar für sich entschied das Coupé S hingegen das Test-Kapitel „Karosserie und Innenraum". In Sachen Raumangebot, Ladevolumen, Instrumentierung und Einstiegsbequemlichkeit war es unschlagbar, Defizite gab es hingegen bei der nach Meinung der Tester zu geringen Zuladung von nur 310 Kilogramm und dem vergleichsweise üppigen Wendekreis von 11,1 Metern. Die Rangfolge: Audi 76, Lancia 66, Alfa 65 Punkte. Auch in Sachen „Komfort und Bedienung" war der zum Testzeitpunkt bereits in Neckarsulm gefertigte Audi dem Mailänder und dem Turiner Coupé überlegen – Audi 86, Alfa 78, Lancia 71 Punkte. Die Audi-Stärken im Vergleich: seine gute Innengeräuschdämpfung und die (Servo-)Lenkung. Knapp dem Lancia geschlagen geben musste sich das Audi Coupé hingegen mit 76 Punkten bei der Beurteilung der Kriterien „Fahrverhalten und Sicherheit" – der Lancia erhielt hier 78, der Alfa hingegen nur 70 Punkte ...

Was fiel den Vergleichstestern beim Audi besonders auf? „Die im Testwagen installierte Servolenkung erleichtert die Beherrschung des Audi Coupés in schwierigen Situationen", doch die latente Untersteuerneigung wurde nicht goutiert, trage sie doch auf Serpentinenstraßen zur körperlichen Ertüchtigung bei. Allerdings: „In schnell gefahrenen Kurven kann der Fahrer ... bedenkenlos vom Gas gehen: Das Coupé dreht sich dann nur langsam zum Innenrand hin." Eine Lastwechselreaktion sei somit nur milde spürbar – in dieser Hinsicht hatte die Fahrwerks-Überarbeitung (siehe auch Seite 187) offensichtlich gefruchtet, waren doch bei frühen Coupés die etwas heftigen Lastwechselreaktionen stets Anlass zur Kritik gewesen. Als „befriedigend" bezeichnete die *Auto Zeitung* die Audi-Bremsanlage, Hinterachse und negativer Lenkrollradius sorgten „bei Panikbremsungen für absolute Spurtreue". Auch die Halogenleuchten des Audi – besser als bei den Konkurrenten – fanden das Wohlwollen der Kölner Redaktion.

Im letzten Bewertungs-Kapitel, „Unterhaltskosten und Preiswürdigkeit", spielte der Audi seine „gute Grundausstattung und das komplett installierte Sicherheitspaket" aus. Außerdem sei er günstiger zu reparieren und hätte längere Wartungsintervalle. Dass er – wie die beiden Konkurrenten – auf relativ teuren Reifen rollt und mit durchschnittlich 11,8 L/100 km den Lancia um 0,6 Liter, den Alfa gar um 0,9 Liter übertraf, rechneten ihm die Test-Redakteure negativ an.

Auto Zeitung-Fazit zum Audi 100 Coupé S: „Wer Solidität auch unter einer Coupé-Karosse höher bewertet als technisches Raffinement, der ist mit dem Audi gut bedient. Dieser Wagen gefällt überdies durch den funktionell gestalteten Arbeitsplatz des Fahrers. Sitzposition Anordnung der Anzeigen und des Bedienungs-Instrumentariums – in all diesen Dingen passt das Audi Coupé. Dem gegenüber steht jedoch ein etwas behäbiger Charakter. In den Fahrleistungen muß sich das Frontantriebs-Coupé aus Bayern von der italienischen Konkurrenz klar schlagen lassen. Und auch das Fahrverhalten reizt nicht gerade zum sportlichen Fahren."

Ähnlich beurteilten die Tester des britischen Auto-Magazins *Car* das Audi-Topmodell, als sie es in Ausgabe 8/1975 mit dem Ford Capri und dem Alfa Romeo Alfetta GT verglichen: „Der 100 Coupé S will lediglich die Prestige-Version der komfortablen und praktischen 100 Limousine sein ..." Das Design gefiel dem Test-Autor vor allem von schräg hinten sehr gut – aus einigen anderen Winkeln betrachtet erschien es ihm freilich „curiously bulky" („eigenartig plump"). Dafür sei der Audi ein müheloser „three-figure cruiser", er fühle sich also im Geschwindigkeitsbereich über 100 mph (160 km/h) sehr wohl. So überschätze man im Capri regelmäßig die gerade gefahrene Geschwindigkeit, während man sich im Audi stets um zehn bis 15 mph (16 bis 24 km/h) langsamer wähne, als man tatsächlich fuhr. Der Motor sei dabei keineswegs außerordentlich „smooth", doch fühle er sich über den gesamten Drehzahlbereich von 2.000 bis 6.500/min wohl.

Das Coupé-Fahrverhalten empfanden die englischen Tester zunächst eigenartig und nicht unbedingt Vertrauen einflößend. Zunächst habe man den falschen Eindruck, als sei die Straßenlage limitiert und man verlasse schon in der ersten leichten Biegung die Fahrbahn. Doch das sei nur während einer ersten Phase so. Wenn das Auto erst einmal seinen gewünschten Grad des Untersteuerns gefunden habe, ließe es sich mit Gas perfekt balancieren und „takes a firm hold on the bitumen" („haftet fest auf dem Asphalt"). Im Grenzbereich schöbe der Audi, auf den Test-Seiten mit einem entsprechenden Kurvenfahrt-Beweisfoto dokumentiert, schließlich über alle vier Räder zum Kurvenaußenrand. Lobenswert seien auch die kräftigen Bremsen – und die Tatsache, dass das Fahrzeug trotz seiner Frontlastigkeit beim Bremsen vorne nicht allzu sehr eintauchen würde.

Nicht zufrieden waren die Test-Insulaner mit der Sitzposition im Audi, die ihnen zu niedrig schien, weshalb die Nase des Fahrers auf Höhe des oberen Lenkradkranzes positioniert sei – eine Reduzierung des Lenkrad-Umfangs sei folglich empfehlenswert. Damit zusammenhängend wurde die Sicht aus Fahrerwarte als verbesserungsbedürftig eingestuft. Auch an der Schaltung, obwohl insgesamt durchaus ordentlich, gab es auszusetzen, dass sich der Schalthebel gelegentlich zwischen den Gangebenen verlöre.

Volles Lob wiederum galt dem Platzangebot im Audi und vor allem dessen Belüftungssystem, das „really first class" sei. Für Wohlbefinden sorge überdies der sehr gute Fahrkomfort – dies speziell im Vergleich zu seinen Test-Konkurrenten. Das gelte auch für den Geräuschkomfort, sowohl was die Mechanik anbelangt, als auch den Auspuff-Sound und die Windgeräusche an der Karosserie.

Fazit der *Car*-Tester: „Der Audi erwies sich als unerwartet gutes Automobil. Er hält perfekt die Balance zwischen guten allgemeinen dynamischen Qualitäten und Limousinen-Komfort und -Raumangebot. Seine Wirtschaftlichkeit ist eindrucksvoll, und der Motor kann mehr, als man erwarten durfte. Die Sitzposition für den Fahrer ist womöglich seine am wenigsten befriedigende Eigenschaft."

Coupé-Fahreigenschaften:
schnell in Kurven, nervös beim Lastwechsel

Waren die beschriebenen Fahrwerks-Maßnahmen von Erfolg gekrönt? Ja und nein. Zwar lobte Herbert Völker, Chefredakteur der österreichischen *Auto Revue* in Ausgabe 8/1971 die „... großartige Richtungsstabilität in Kurven"; und ergänzte sein wohlwollendes Zeugnis mit dem Hinweis, nach dem „bis im Grenzbereich das leichte Untersteuern des Fronttrieblers" auftrete. Doch die mit allerlei Maßnahmen erzielte Minderung des Frontantriebs-typischen Schiebens über die Vorderräder hatte in Verbindung mit dem gekürzten Radstand nicht nur Vorteile. Das in schnellen Kurven beobachtete stoische Gebaren der Limousine war zwar einerseits deutlich höheren möglichen Querbeschleunigungen gewichen, zugleich aber auch einer gewissen Nervosität unter bestimmten Betriebsbedingungen. Dann nämlich, wenn der Fahrer in derartigen Kurven-Grenzsituationen etwas zu schreckhaft das Gaspedal lupft und dadurch die entlasteten Hinterräder eines Teils ihrer Seitenführung beraubt, antwortet das Coupé mit einem energischen Heckschwenk. Bei Ungeübten kann eine solche Lastwechsel-Reaktion schon einmal für eine gesteigerte Adrenalin-Ausschüttung sorgen.

Ein solches Gebaren müsse, so Günter Wiechmann, Chefredakteur der Kölner *Deutschen Auto Zeitung (DAZ)* in Ausgabe 4/1971, „vom Neuling auf diesem Wagen vorsichtig ertastet werden, sonst ist das Fahren im Grenzbereich nicht ohne Gefahr". *DAZ*-Konkurrent *auto motor und sport (ams)* pflichtete dieser Einschätzung in Ausgabe 2/1971 bei – Testautor Reinhard Seiffert zum Verhalten bei plötzlichem Gaswegnehmen in Kurven: „Der Wagen reagiert übersteuernd und dreht sich in die Kurve hinein." Dieser Effekt sei deutlicher als bei der 100 Limousine, was Seiffert nicht zuletzt auch der höheren Leistung zuschreibt. Wirklich riskant sei das Coupé-Verhalten freilich nur auf feuchter Fahrbahn – Seiffert: „Auf trockener Fahrbahn wird der Grenzbereich allerdings erst bei betont wettbewerbsmäßigem Fahren erreicht, Reifen und Fahrwerk lassen hohe Kurvengeschwindigkeiten zu." Nicht verschwiegen werden soll auch, dass sich derartige Lastwechsel-Reaktionen in kundiger Hand durchaus für eine besonders flinke Gangart nutzen lassen: Wer des zu erwartenden Heckschwenks gewahr ist, der kann davon für ein besonders zügiges Umrunden von Kurven profitieren. Nicht umsonst pflegen Profi-Rallyefahrer solche heckbetonten Lastwechselreaktionen bewusst mit Hilfe des Gaspedals und/oder sogar der Handbremse herbei zu führen, um in Kurven Geschwindigkeits-Vorteile zu erlangen.

Ein sportlicheres Fahrverhalten als die bravere Limousine bot er somit, der Audi für die „neue Sportfahrer-Klasse" (Werbeslogan) – und damit einhergehend ergab sich auch ein sportlicheres Federungs-Gebaren: Das Coupé steckt kurze Fahrbahnstöße und lange Bodenwellen deutlich schlechter weg, als die Limousine. Speziell die relativ stark modifizierte Vorderradaufhängung ist, was den Federungskomfort anbelangt, von holpriger Wegstrecke bisweilen überfordert. Das Coupé sei, so *ams*-Kritiker Seiffert, „nicht unkomfortabel, aber man muss gegenüber der Limousine Abstriche machen."

Es sei eben sehr gewissenhaft auf die höhere Leistung abgestimmt worden, wofür auch der erhöhte Bremsen-Aufwand mit innenbelüfteten vorderen Bremsscheiben inklusiv 4-Zylinder-Bremssätteln spräche. Die Coupé-Bremsanlage sei jedenfalls Dank Servounterstützung leicht zu bedienen und allen in der Fahrpraxis vorkommenden Beanspruchungen mühelos gewachsen. Gleichwohl feilten die Ingolstädter Techniker am Fahrwerk ihres Spitzenproduktes im Laufe von dessen rund sechsjähriger Produktions-Karriere und sorgten für Feinschliff. Über Details berichtet das Folgekapitel „Gutes besser machen – oder kostengünstiger: Modellpflege-Maßnahmen innen, außen und unten".

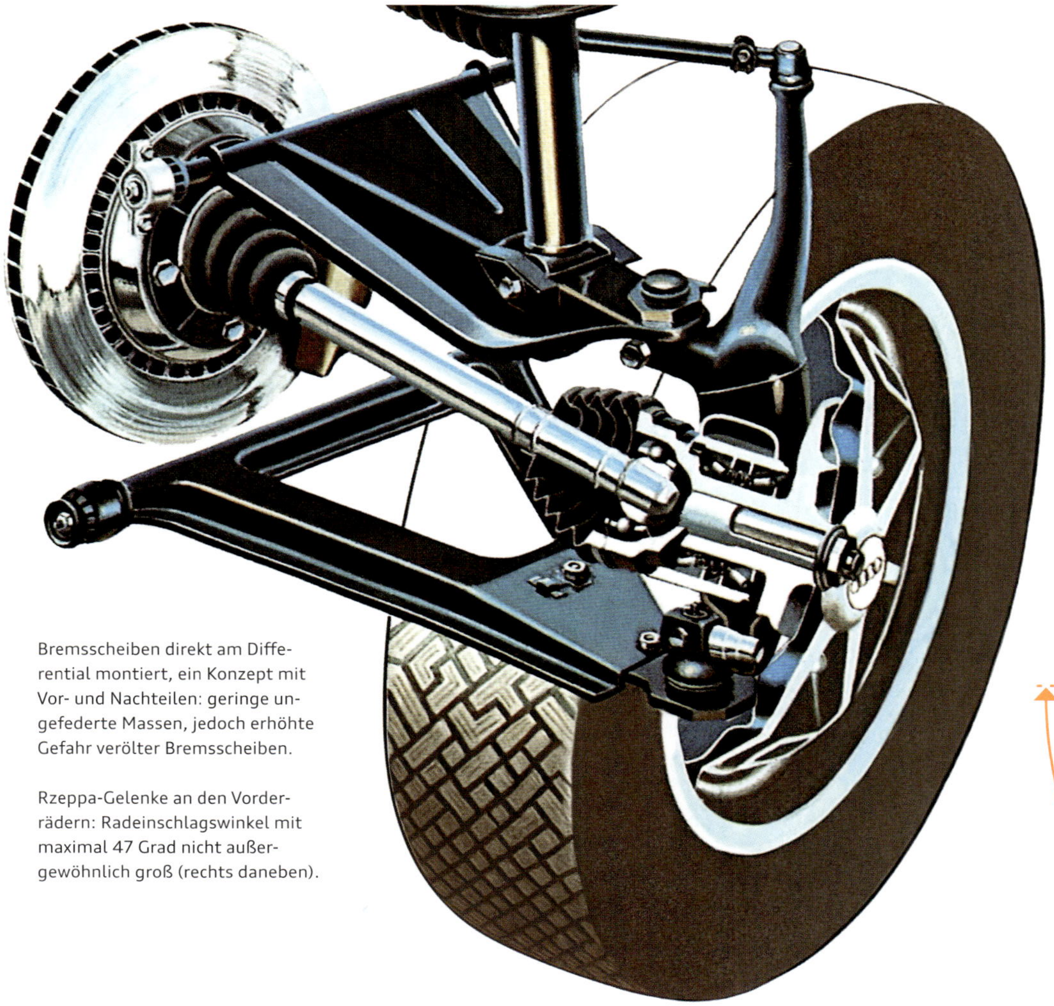

Bremsscheiben direkt am Differential montiert, ein Konzept mit Vor- und Nachteilen: geringe ungefederte Massen, jedoch erhöhte Gefahr verölter Bremsscheiben.

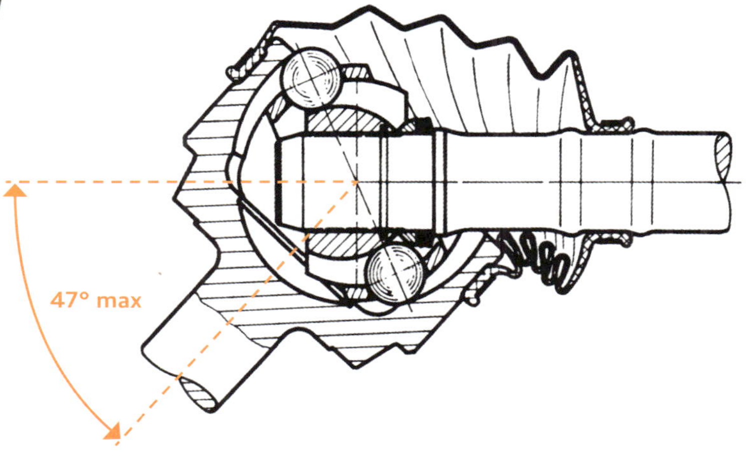

Rzeppa-Gelenke an den Vorderrädern: Radeinschlagswinkel mit maximal 47 Grad nicht außergewöhnlich groß (rechts daneben).

Die 100 Coupé S-Nachfolger

Wichtiger Entscheider sowohl für das Debüt des Typs 100 als Audi (siehe Seite 97), als auch bei der Entwicklung des Porsche 924: einstiger VW-General Kurt Lotz.

Der Audi 100 Coupé S entstand sehr geradlinig als die einsame Entscheidung eines Machers namens Ludwig Kraus. Die Vorgeschichte des Porsche 924 nahm hingegen einige Kurven und unterlag den Entscheidungen gleich dreier VW-Chefs. Was aber hat der Porsche mit dem Audi zu tun?

Der Reihe nach: Den 924-Startschuss gab 1970 der eher glücklose Kurt Lotz[1] mit seinem Auftrag an Porsche, künftige VW-Modelle zu entwickeln, darunter einen Käfer-Nachfolger (EA 266) und ein sportliches Coupé (EA 425) als späteren Ersatz für den gerade erst gestarteten VW-Porsche 9˙4. Vorgabe für EA 425 war einmal mehr die Verwendung von möglichst vielen Teilen bereits existenter Modelle des VW-Konzerns. Der ursprüngliche P.an: Wie beim 914 sollte VW die schwächeren 924-Varianten verantworten und vermarkten, Porsche wiederum sah in potenteren 924-Modellen ein Einstiegsmodell in die Zuffenhausener Marke zur Kompensation der nachlassenden Nachfrage nach dem Typ 911. Und Audi? Neben Wolfsburg sollte Ingolstadt wesentliche Technik-Komponenten zusteuern.

[1] **Kurt Lotz** – siehe auch Seite 97.

Mit Transaxle, Front- und quattro-Antrieb, doch nicht nur von Audi

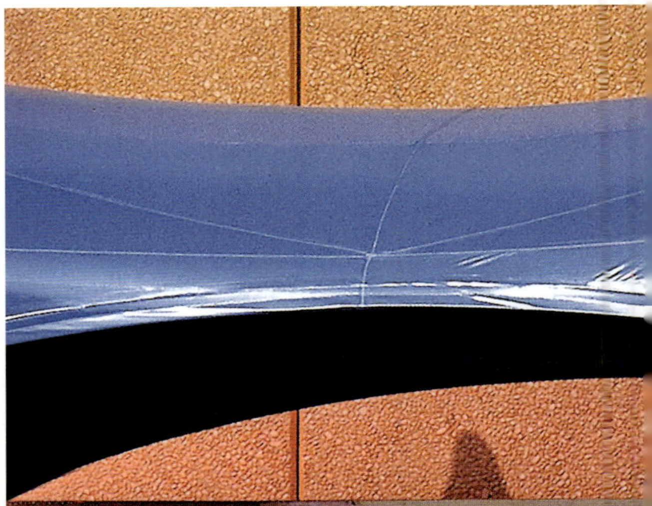

Wie der VW-Porsche, der sowohl von Volkswagen als 914/4 (oben), als auch von Porsche als 914/6 (darunter) vermarktet wurde, sollte auch der 924 (rechts) zahmer motorisiert für VW-Kunden, deutlich potenter als Porsche-Einstiegsmodell offeriert werden.

Entschieden über das Schicksal von EA 425, der 1975 als Porsche 924 auf den Markt kam: ab 1971 der neue VW-Chef Rudolf Leiding ...

... und ab 1975 Leiding-Nachfolger Toni Schmücker, der das Sportwagen-Projekt als Volkswagen-Exklusivität erachtete – zunächst. Es sollte anders kommen.

Es sollte zunächst anders kommen ... und dann wiederum anders. Lotz-Nachfolger Rudolf Leiding, im Oktober 1971 in Wolfsburg angetreten, cancelte zwar die Porsche-Entwicklung EA 266 eines Käfer-Nachfolgers mit Mittelmotor, blieb aber dem Sportwagen-Projekt treu. Die anlässlich des VW-Porsche 914 gegründete VW-Porsche Vertriebsgesellschaft in Tamm bei Ludwigsburg, unter deren Regie auch der 924 entstehen und vermarktet werden sollte, hatte freilich keine Zukunft. Sie fiel dem Leiding'schen Konsolidierung-Prozess zum Opfer, hatten sich doch die Verluste des VW-Konzerns Mitte der 1970er Jahre zu über 800 Millionen DM angehäuft. Damit stand die Zukunft von EA 425 genauso auf der Kippe, wie zwecks Gesundung des Konzerns das einstige NSU-Werk in Neckarsulm, wo seit geraumer Zeit Audi 100 Limousinen und Coupés vom Band liefen.

Leiding schied Anfang 1975 bei Volkswagen aus, womit im Februar 1975 der dritte für das Schicksal des 924 maßgebliche Entscheider, Toni Schmücker[2], ins Spiel kam. Der sah in der von Porsche bereits weitgehend fertig entwickelten Konstruktion eine VW-Exklusivität: Anlässlich der VW-Bilanzpressekonferenz im Mai 1975 kündigte der neue VW-Chef das neue Coupé für die IAA '75 als VW-Sportwagen mit Audi-Aggregaten an – Hiobs-Botschaft für die Porsche-Crew, der plötzlich leere Hände drohten, ein Einstiegsmodell betreffend. Einmal mehr nahm der Fall EA 425 eine neue Wendung, als mit dem damaligen baden-württembergischen Ministerpräsidenten Hans Filbinger die Regional-Politik ins Spiel kam. Die Situation stellte sich nun so dar:

- Filbinger sorgte sich um die Neckarsulmer Arbeitsplätze.
- Porsche bangte um das erhoffte Einstiegs-Modell.
- Und VW war nicht länger am Nischenprodukt eines reinrassigen Sportwagens gelegen, zumal mit dem neuen Scirocco ein für VW-Verhältnisse ausreichend sportliches Hausgewächs in den Startlöchern stand.

Die in Krisensitzungen unter Teilnehmern aus Politik und Wirtschaft gefundene Lösung hatte letztlich „Win-win"-Charakter. Aus dem VW 924 sollte der Porsche 924 werden, produziert im Audi/NSU-Werk Neckarsulm, und das mit vorteilhaften Folgen für alle drei Beteiligten:

- Die Baden-Württembergische Landesregierung rettete in Neckarsulm Arbeitsplätze, wobei zugesagtes Steuergeld zur Umstellung der dortigen Produktionsbänder – Porsche 924 statt Audi 100 – womöglich förderlich war. Weiterhin sprudelnde Unternehmens- und Lohnsteuer-Einnahmen, so die Rechnung der Politik, würden den Einsatz sicherlich rechtfertigen.
- Porsche bekam für eine vergleichsweise geringe Summe, nämlich für etwa die Hälfte der einst mit VW gemeinsamen Entwicklungskosten von rund 150 Millionen DM, das ersehnte Einstiegsmodell – logistisch vorteilhaft ganz in der Nähe des Zuffenhausener Stammwerkes zu produzieren.
- Und der VW-Konzern hatte nicht nur Mieteinnahmen für das schwäbische Werk am Neckar, sondern zudem Erträge aus Porsche zugelieferten VW- und Audi-Teilen für den 924.

Damit ist die Beziehung des Audi 100 Coupé S mit dem Porsche 924 geklärt. Zwar mutierte EA 425 nicht dem finalen Markennamen nach, so doch in vielerlei Hinsicht zum durchaus legitimen Nachfolger des Audi 100 Coupé S. Das beginnt mit der fließenden Staffelholz-Übergabe im Werk Neckarsulm, wo die Produktion des Porsche 924 im Februar 1976 begann, während am 30. Juni 1976 am selben Ort das letzte Audi Coupé mit Chassisnummer 81 61 074 259 vom Band rollte. Audi 100 und Porsche 924 haben jedoch auch eine technologische Verwandtschaft, zwar nicht im Konzept – hier Frontantrieb, dort Transaxle-Heckantrieb – , so doch in einigen wesentlichen Technik-Komponenten. Zwar wird der Ursprung des 924-Vierzylinders überwiegend dem VW-Kleinlastwagen LT zugeschrieben, doch der wiederum erhielt seinen

Transaxle-Konzeption für den Porsche 924 mit Audi-Motorentechnik, in Neckarsulm auf einstigen Audi-Bändern gefertigt.

War an der Rettung des Porsche 924 als einstiger Baden-Württembergischer „Landesvater" beteiligt: Ministerpräsident Hans Filbinger.

Schien VW-Chef Toni Schmücker für Volkswagen-Käufer sportlich genug, um auf den 924 verzichten zu können: der im März 1974 vorgestellte Volkswagen Scirocco.

Profitierte ab 1977 von in Lizenz gefertigter Audi-Motorentechnologie: der Kompaktwagen Gremlin von American Motors.

Antrieb genauso durch eine Audi-Konstruktion, wie in den USA ab 1977 in Lizenzfertigung der Kompaktwagen AMC Gremlin.

So handelt es sich bei diesem Zweiliter um eine bei Audi unter der Entwicklungsnummer EA 831 erfolgte umfassende Weiterentwicklung des 100 Coupé S-1,9-Liters, mit dem das Porsche-Triebwerk den Kurbelwellen-Hub von 84,4 Millimeter und das Heron-Prinzip des Zylinderkopfes (siehe auch Seite 64) mit Brennräumen in Kolben-Mulden gemeinsam hat.

[2] **Toni Schmücker** (*23. April 1921, † 6. November 1996) startete seine Berufslaufbahn vor dem Zweiten Weltkrieg nach mittlerer Reife bei den Kölner Ford-Werken. 1968 Wechsel in den Vorstand der Rheinischen Stahlwerke, 1975 VW-Vorstandsvorsitzender. 1982 wechselte Schmücker in den VW-Aufsichtsrat, 1987 Ruhestand.

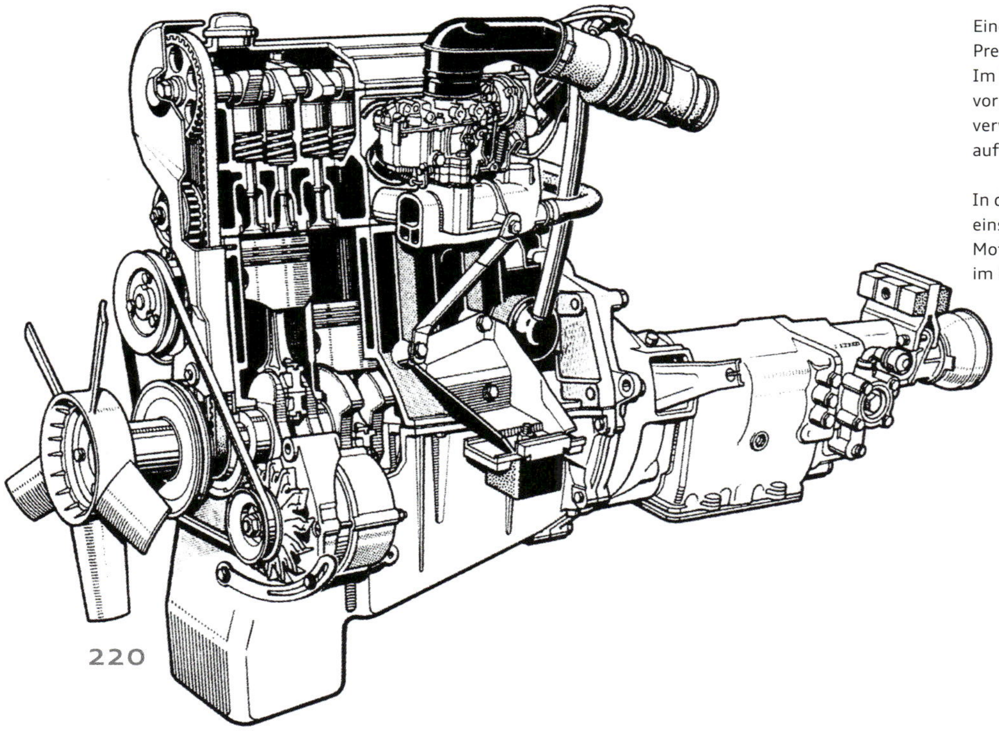

Eindeutige Geste von Porsche-Pressemann Rico Steinemann: Im Porsche 924 sitzt der Motor vorn. Das Vorserienexemplar verweist auf dem Ventildeckel auf den Motorlieferanten Audi.

In der Weiterentwicklung des einstigen Audi 100 Coupé S-Motors rotiert die Nockenwelle im Kopf statt seitlich.

Darüber hinaus stimmen allerdings nurmehr der Zylinderabstand und die Lagerdimensionen mit der Audi-Urversion überein – mit gutem Grund: Der neue Motor sollte auf der Bandstraße des Vorgängers zu fertigen sein, wofür die beiden Maß-Kriterien Voraussetzungen waren. Wie auf Seite 150 erläutert, war der ursprüngliche, einstige „Mitteldruck-Motor" mit 84 Millimeter Bohrung ausgereizt.

Noch bei der Weitung des ursprünglichen 100-1,8 Liters zum Coupé-1,9 Liter war die Bohrungs-Vergrößerung nur durch Verzicht auf Kühlkanäle zwischen den Zylindern möglich geworden. Folglich bedurfte es für eine nochmalige Bohrungserweiterung um nunmehr 2,5 auf 86,5 Millimeter der Zylinderblock-Neukonstruktion mit zusammengegossenen Laufbüchsen, was sich auch insofern anbot, als der Block

Was dem Porsche 928 im Vorfeld der Audi 100 Coupé S, das war bei der Porsche 924-Entwicklung der Opel Manta ...

... und der BMW 02: Tarnung für die weiterentwickelten Audi-Aggregate für den künftigen Vierzylinder-Porsche 924.

Prototypen-Stadium des Audi-Vierzylinders mit obenliegender Nockenwelle und Bosch-Benzin-Einspritzung für den Porsche 924.

ohnehin gründlich reformiert werden musste. Schließlich bestand im neuen Zweiliter kein Platzbedarf mehr für die zuvor seitlich auf halber Blockhöhe angeordnete Nockenwelle samt zugehöriger Stoßstangen-Mimik für den Antrieb der Ventile.

Denn im Zweiliter rotiert der Taktgeber für die acht in Reihe hängenden Ventile oben liegend im neu konstruierten Aluminium-Zylinderkopf, wobei die Ventile von der Nockenwelle direkt über Tassenstößel betätigt werden. Für den Nockenwellen-Antrieb sorgt ein laufruhiger Zahnriemen statt der noch in den Audi 100-Modellen rasselnden Steuerkette. Einlass und Auslass sind im neuen Zylinderkopf entsprechend dem Querstromprinzip gegenüber liegend angeordnet. Auch die Gemisch-Versorgung des 924-Motors unterscheidet sich vom Register-Vergaser des 100 Coupé S: Porsche gab dem Bosch-Einspritzsystem namens K-Jetronic den Vorzug. Diese in den 1970er Jahren aktuelle Technologie sieht entgegen der Bezeichnung, die eine elektronische Regelung suggeriert, eine mechanisch gesteuerte Dosierung der Einspritzmenge vor. Verwendung fand die K-Jetronic bei Audi erstmals 1974 für die US-Version des 100-1,9 Liters (siehe auch „Audi 100-Motorvarianten" im Anhang auf Seite 234). Für den europäischen Markt feierte die K-Jetronic ihre Audi-Premiere 1975 mit Einführung des 80 GTE, der wiederum auch das Triebwerk für den Golf GTI lieferte.

Besteht schon zwischen den Motoren von Audi 100 und Porsche 924 ein (entferntes) Verwandtschafts-Verhältnis, so stehen die Vierganggetriebe der beiden Modelle im deutlich engeren Zusammenhang: Bei beiden handelt es sich um den von Audi ab August 1975 verwendeten Getriebe-Typ YC aus dem VW-Werk Kassel mit identischen Gang-Übersetzungen (Daten siehe Seite 234 im Anhang). Die längere 924-Achsübersetzung – 3,444 statt 3,7 – berücksichtigt die gegenüber den Audi 100-Modellen höhere Spitzengeschwindigkeit des Porsche von rund 200 km/h. Die windschlüpfigere Karosserie des 924 und seine höhere Leistung von 125 PS (92 kW) entfalten dabei ihre Wirkung. Selbst das leere YC-Kupplungsgehäuse trägt der 924 mit sich herum, obwohl dessen Kupplung nicht am Getriebe im Heck, sondern vorn, direkt am Motor, angeflanscht ist. Erst später, ab Oktober 1976, hatte dieses Gehäuse beim optionalen Automatikgetriebe eine Aufgabe: nämlich als Heimat des zugehörigen Drehmomentwandlers.

Obwohl von vielen Porsche-Enthusiasten nie als „echter" Porsche akzeptiert, erreichte der 924 bis zur Produktions-Einstellung 1985 eine beachtliche Stückzahl: Knapp 135.000 Exemplare entstanden in knapp zehn Jahren in Neckarsulm, darunter gut 12.000 in Turbo-Version mit 170 und 177 PS, 400 Carrera GT mit 210 PS sowie 59 Carrera GTS mit bis zu 270 PS. Damit fungierte der 924 womöglich als „Rettungswagen" für die Zuffenhausener Sportwagen-Legende. Zugleich verwässerte er jedoch nach Meinung der sogenannten „Gusseisernen" unter den Marken-Fans das Porsche-Image mit seinem eher Limousinenhaften, durchaus an das Audi-Coupé erinnernden Gebaren. Im Gegensatz dazu begründete das 100 Coupé S mit seiner für Audi-Verhältnisse hohen Exklusivität und selbst mit seiner vergleichsweise geringen Stückzahl das Image von Audi als Hersteller hochwertiger, luxuriöser und sehr spezieller Automobile.

Coupé GT 5S: der 100 Coupé S-Nachfolger mit Namen Audi statt Porsche

Trotz ihrer in Teilen technologischen Gemeinsamkeiten galten Audi 100 Coupé S und Porsche 924 in der öffentlichen Wahrnehmung nie als Verwandte. Zeitgenossen spotteten über die 924-Motorisierung nicht etwa wegen deren Audi-Herkunft, sondern über die Verbindung zum VW-Kleinlastwagen LT. Gleichwohl darf der Transaxle-Porsche zumindest im Rückblick als Brückenlösung gelten, bis Audi selbst einen legitimen Nachfolger des 100 Coupé S lancierte. Im März 1980 geschah das anlässlich des Genfer Automobil-Salons mit einem Paukenschlag, und der hatte einen nachhaltigen Klang: nämlich „quattro". Dieses Coupé sollte mit seinem legendären Allradantrieb und Turbo-Fünfzylindermotor als Meilenstein in die Automobil-Geschichte eingehen, dies jedoch in einer zum ersten Audi Coupé völlig unterschiedlichen Kategorie und Preisklasse. Denn der quattro verband die Eigenschaften eines luxuriösen Viersitzer-Coupés mit zuvor unbekannten Allwetter-Fahreigenschaften, mit atemraubenden Fahrleistungen – und er war dementsprechend in einer viel höheren Preisregion angesiedelt.

Der tatsächliche Ingolstädter 100 Coupé S-Nachfolger des Entwicklungsauftrages (EA) 458 bildete zwar die Ausgangsbasis für den quattro, wurde jedoch erst ein halbes Jahr später, im September 1980, dem Publikum vorgestellt. Wie sein legitimer Ahn heißt dieses Modell schlicht Coupé, jedoch gleichfalls um ein Kürzel ergänzt: GT statt S. Im Gegensatz zum ersten Audi Coupé, das einst auf der zeitgenössischen Spitzenbaureihe 100 von Audi (C1) basierte, wurde das neue Coupé für die 1980er Jahre von der intern B2 genannten kleineren Baureihe abgeleitet. „B2" steht dabei für die zweite Generation der B-Reihe, und die vermarktete Audi einst mit der Typzahl 80. Unter der Haube tut im Premierenmodell GT 5S eine Variante jenes Fünfzylinder-Reihenmotors Dienst, der seit 1976 das Audi-Motoren- und Marken-Image geprägt hatte: Gemeint ist der legendäre, von Ferdinand

Porsche 924: Zweisitzer mit zwei Notsitzen, für Kids ausreichend. Der Kofferraum ist erstaunlich groß und gut zugänglich.

Im Vergleich zum Motoren-Lieferanten Audi 100 Coupé S deutlich weniger geräumig, dafür nochmals windschlüpfiger: Porsche 924.

Mit Turbolader auf dem Leistungs- und Fahrleistungs-Niveau des klassischen 911 jener Tage: 924 turbo mit 170 bis 177 PS.

Höchstentwickelter Audi-Zweiliter:
Im für Rennsporteinsätze konzipierten
Leichtbau-Porsche 924 Carrera GTS ...

... leistet der Vierzylinder Dank
großem Turbolader und Ladeluft-
kühlung in der Basis 245 PS,
in Rennversion gar bis zu 375 PS.

Paukenschlag zur Einführung des
100 Coupé S-Nachfolgers von Audi:
Der quattro geriet 1980 mit Allradantrieb
und Turbo-Fünfzylinder zur Sensation.

und je nach Modelljahr mit Vergaser oder Einspritzung, besagter 1,9-Liter-Fünfzylinder mit Vergaser, zudem Zweiliter-Fünfzylinder mit Einspritzung und 115 PS, 2,2 Liter-Fünfzylinder mit je nach Modelljahr 130 oder 136 PS, anfangs Frontantrieb und ab 1985 optional auch mit Allradantrieb.

Piëch konzipierte Reihen-Fünfzylinder, mit dem vier Jahre zuvor die zweite Generation des Audi 100 ihre Aufsehen erregende Premiere gefeiert hatte.

Für das B2 Coupé hatten die Audi-Motoreningenieure den Hubraum verkleinert – so viel Hierarchie musste offensichtlich zumindest anfangs sein. So handelt es sich auch in diesem Coupé um eine 1,9 Liter-Maschine – und damit zumindest im Hubraum dem „Ur-Coupé“ 100 S ähnelnd. Diesem gleicht der GT 5S zudem in der Nennleistung, die mit 115 PS (85 kW) exakt jenem Potential entspricht, mit dem das erste Audi Coupé ein Jahrzehnt zuvor seine Premiere gefeiert hatte. Doch im Gegensatz zur Motoren-Monokultur der Nummer 1 bot die Nummer 2 im Laufe ihrer Karriere ein umfangreiches Motorenspektrum mit vier und fünf Zylindern: 1,8 Liter-Vierzylinder von Volkswagen mit 75, 90 sowie 110/112 PS

Galt zur Herabwürdigung des Porsche 924 unter Fans als dessen Motorenlieferant: der Kleinlieferwagen Volkswagen LT mit Audi-Vierzylinder als Antrieb.

Gerade Linienführung und Karosserielieferant für den quattro: Audi GT auf Audi 80-Basis, ...

... lieferbar mit vier und fünf Zylindern, 1,8 bis 2,2 Liter Hubraum und 75 bis 136 PS. Im Foto: GT 5S mit 115 PS.

Coupé-Gesichtspflege 1984:
Weichere Rundungen sollten die anfangs nicht überragende Windschlüpfigkeit des Audi Coupés verbessern.

Hartmut Warkuß: Ende der 1960er Jahre bei Audi Novize (oben Zweiter von links), Ende der 1970er Jahre Audi-Chefdesigner.

Karl Witowski: Unter Warkuß-Supervision verantwortlich für das kantige Design der Audi Coupé-Generation von 1980.

Mit dem Hubraum und der Nennleistung der Premieren-Motorisierung ist die direkte Linie zwischen den beiden Ingolstädter Coupés freilich noch nicht ausreichend gezogen. Denn im Karosserie-Design des B2 Coupés spielte einmal mehr Hartmut Warkuß die entscheidende Rolle – dieses Mal nicht als Audi-Designnovize wie beim „Ur-Coupé", sondern als mittlerweile zum Design-Chef der Marke avancierte Respektsperson. In dieser Funktion hatte Warkuß Anfang 1977 seinem Mitarbeiter Karl („Charly") Witowski[3] zugerufen „Machen wir aus dem B2 ein Coupé!" – so, wie ihn selber das rund zehn Jahre zuvor Ludwig Kraus für den Audi 100 angewiesen hatte.

Witowski, seit 1970 bei Audi an Bord, zeichnete das künftige Mittelklasse-Coupé betont geradlinig – eben entsprechend dem „damaligen Zeitgeist im Automobildesign", beschrieb Hartmut Warkuß 2018 in einem Interview mit dem Autor den Trend der späten 1970er Jahre. Dieser Zeitgeist bestimmte für eine kurze Design-Epoche die Abkehr von eher rundlichen Formen, es war die Zeit des sogenannten „Quader-Design", die Ära von „Keil und Kante", wie sie der italienische Design-Shootingstar Giorgetto Giugiaro in den 1970er Jahre maßgeblich beeinflusst hatte. Ein besonders günstiger Luftwiderstandsbeiwert (c_w) spielte dabei offensichtlich eine nachgeordnete Rolle: Mit c_w = 0,42 geriet das 1980er Jahre-Coupé von Audi deutlich schlechter als die Ingolstädter Coupé-Nummer 1 – siehe Seite 114. Obwohl „ein heute übliches Lastenheft noch nicht existierte", erinnerte sich Warkuß 2018, „gab es natürlich dennoch Vorgaben: Ein Viersitzer musste es sein, wenn auch durchaus etwas eingeschränkt. Einen gewissen Kofferraum-Standard musste das Auto erfüllen." Warkuß weiter: „Man hat dann eben gemacht. Klar waren vier Sitze, der Radstand der Limousine musste beibehalten werden, der Motor war gesetzt, dessen Masse die Gestaltung der Frontpartie beeinflusste."

An diesen eher lockeren Vorgaben orientierte sich Witowski: Radstand 2.540 mm, Spurweiten vorn/hinten 1.395/1.420 mm – so, wie beim 80 B2. Selbst die Fahrzeugbreiten von Limousine und Coupé sind mit 1.682 mm auf den Millimeter identisch, einzig in der Höhe geriet das Coupé mit 1.350 mm um 15 Millimeter sportlicher, in der Länge mit 4.349 mm um 34 Millimeter kompakter. Wie einst beim 100 Coupé S verhinderten Sachzwänge weiter führende erstrebenswerte Details, seien sie ästhetischer oder funktioneller Natur. So, wie damals rahmenlose Seitenscheiben oder der Verzicht auf eine B-Säule an Karosserie-technologischen Vorgaben scheiterten, so kam es beim zweiten Audi Coupé nicht zu einer eigentlich wünschenswerten großen Heckklappe (wie etwa beim VW Scirocco realisiert) – Hartmut Warkuß Ende 2018: „Eine große Heckklappe war sicher eine Überlegung. Da bei Audi jedoch Leichtbau eine vorrangige Rolle spielte, verzichteten wir darauf." Warkuß weiter: „Eine große Heckklappe hat mehr Gewicht und beeinträchtigt schließlich auch die Steifheit des Aufbaus. Gerade die Steifheit war damals in unseren Gesprächen oft ein Thema, ein wichtiges Thema, das eine große Rolle gespielt hat. Damit hängt auch zusammen, dass die Rücksitzbank im Coupé fest, also nicht klappbar, konzipiert wurde."

Für die Innenraumgestaltung der künftigen, für 1978 vorgesehenen zweiten Audi 80-Generation (B2) zeichnete mit dem Briten Martin Smith[4] ein Designer verantwortlich, der 1977 gerade erst zum Leiter der Bereiche Interieur und Konzepte berufen worden war. Wie sein Kollege Witowski setzte auch er im Innenbereich bis ins Detail die funktionale Geometrie der damals herrschenden Formensprache um: kantige Gestaltung des kompletten Armaturenbrett-Bereiches, quaderförmige Instrumententräger, rechtwinklige Anordnung der Bedienelemente, der Lüftungseinheiten, der Mittelkonsole und der Schaltkulisse. Das anfangs für eine bürgerliche Mittelklasse-Limousine vorgesehene, zwar sehr klare, doch wenig emotionale Innenraum-Ambiente sollte nahezu unverändert auch im Coupé Verwendung finden – so mancher Coupé-Käufer und erst recht die quattro-Interessenten hätten sich hier etwas mehr stilistischen „Pfiff" gewünscht ...

[3] **Karl Witowski** (* 15. Januar 1949, † 11. Juni 2020), Audi-Designer, siehe Datenschutzanmerkungen zu einigen Audi-Protagonisten im Anhang auf Seite 256.
[4] **Martin Smith** (*1949) startet nach Maschinenbau- und Design-Studium in Liverpool und London 1973 als Designer bei Porsche, wechselte 1977 zu Audi und leitete ab 1984 das Münchner Advanced Design Studio von Audi. Weitere Stationen: 1991 Audi-Interieurdesign, 1997 Opel, 2004 Ford, 2014 Ruhestand.

Martin Smith: avancierte 1977 bei Audi zum Leiter der Bereiche Interieur und Konzepte – …

… das wie das Coupé-Außendesign sehr geradlinige, geradezu kastenförmige Armaturenbrett des Audi Coupés von 1980 ist sein Werk.

Große Klappe: bei der zweiten Coupé-Generation vermisst, in Generation 3 Realität – und dies ohne Einbußen in Sachen Karosserie-Steifheit.

Premiere in der dritten Coupé-Generation von Audi: Neben dem viersitzigen B3 Coupé …

… offerierte Audi ab 1991 auf dessen Basis serienmäßig ein viersitziges Cabriolet – als Nummer 1 in der modernen Audi-Zeitrechnung.

Coupé (B3): Rundling mit großer Heckklappe – und später auch als Cabrio

Den „Pfiff" bot freilich erst der B2-Nachfolger – und auf den mussten Coupé-Freunde mit Audi-Präferenz nach der im September 1987 erfolgten Produktionseinstellung des rund 169.000 Mal gebauten B2 Coupés wieder ein wenig warten. Erst im November 1988 ließ Audi nach gut einem Jahr der Coupé-Pause die dritte Ingolstädter Coupé-Generation (B3) vom Stapel, basierend auf der bereits 1986 vorgestellten dritten 80-Generation. Wie die B3-Limousine, so unterscheidet sich auch das B3-Coupé optisch dramatisch von der Vorgänger-Generation: Statt wie diese betont kantig geriet es sehr rundlich, mit einer möglichst guten Aerodynamik als Funktion und Stilmittel, in den Maßen nur ein wenig gestreckt. Die Länge wuchs um 17 Millimeter auf 4.366 mm, die Breite um 34 Millimeter auf 1.716 mm, die Höhe um 28 Millimeter auf 1.378 mm und der Radstand um 19 Millimeter auf 2.557 mm. Der Abstand der B3-Achsen mag im Generationen-Vergleich als Kuriosum gelten: Wurde dieses für die Innenraumgröße wichtige Maß noch beim ersten Audi Coupé gekürzt und beim zweiten Coupé (B2) exakt von der 80 Limousine übernommen, so bedeuten besagte 2.557 Millimeter des B3 Coupés gegenüber der B3 Limousine gar eine Streckung um elf Millimeter … Die Gründe für diese im Coupé-Zusammenhang ungewöhnliche Erweiterung sind offensichtlich nicht überliefert – auch Hartmut Warkuß, 2023 dazu befragt, musste passen: „Daran kann ich mich nicht erinnern …!“

Was bei den Vorgängern 100 Coupé S und Coupé GT 5S noch an diversen Sachzwängen scheiterte, das lieferte die B3-Version:

- eine große, weit ins Dach reichende Heckklappe aus hochfestem Kunststoff und mit eingeklebter Heckscheibe,
- eine zwecks Laderaum-Vergrößerung im Verhältnis ⅓ und ⅔ umklappbare Rücksitzlehne sowie
- rahmenlose Türfensterscheiben.

Zudem erlaubte die sehr steife Karosserie-Konstruktion mit relativ hoher Ladekante im Heck eine Variante, die sich Audi-Freunde schon beim 100 Coupé S gewünscht hatten: 1989 präsentierte Audi anlässlich der IAA die Studie eines vom Coupé B3 abgeleiteten Cabriolets, das 1991 in Serienfertigung ging – eine Aufsehen erregende Premiere im Audi-Programm der Nachkriegsjahre und bis 2024[5] Konstante im Ingolstädter Modell-Angebot.

Gleichwohl traf das Design des B3 Coupés wie die Form seines Vorgängers nicht den Geschmack eines breiten Publikums: Schien die Generation 2 vielen zu kastenförmig, so kritisierten andere bei der Generation 3 deren etwas pummelige Erscheinung. Die Geschmäcker, so der Volksmund, sind freilich verschieden: Als Clauspeter Becker in *auto motor und sport* Ausgabe 22/1988 das neue Coupé vorstellte, lobte er „die klare Handschrift von Chefdesigner Hartmut Warkuß, die frei von Schnörkeln sichere Akzente“ setze. Zudem entdeckte der Stuttgarter Motor-Journalist trotz des so differenten Gesamtbildes eine stilistische Verwandtschaft zwischen Vorgänger und Nachfolger: Die „strenge Linienführung der Seitenfenster“ des B3 Coupés nehme die „stilistische Thematik“ des B2 Coupés auf und signalisiere wie dieses eine „geradlinige Sportlichkeit“.

Der wesentliche Unterschied zwischen B2 und B3: In der Tradition des 1982 vorgestellten Aerodynamik-Pioniers Audi 100 C3 und des 1986 lancierten Audi 80 B3 wartet das neue Coupé mit einem exzellenten c_w-Wert von nur 0,32 auf und damit sogar um 0,02 besser als bei der B3 Limousine. Geradezu dramatisch die c_w-Verbesserung des B3 Coupés im Vergleich zum B2-Vorgänger: Hier ergaben sich im Windkanal Unterschiede von immerhin c_w 0,1 zugunsten der B3-Version. War die im zeitgenössischen Vergleich exzellente Aerodynamik des „Ur-Coupés“ von Audi 1969/70 noch ein Zufallsprodukt (siehe Seite 114), so entstand die herausragende Windschlüpfigkeit der dritten Ingolstädter Coupé-Generation mit planvoller Absicht. Folglich sei das Audi B3 Coupé, so Redakteur Eckhard Eybl von *auto motor und sport* in Ausgabe 1/1990, „der Schwarm jedes Tropfens“, die Coupé-Form ruhe „in sich wie ein Ei“.

Für hervorragende Fahrleistungen und einen ökonomischen Umgang mit dem Treibstoff ist das eine gute Voraussetzung. Zu Herzen genommen hatte sich die Warkuß-Abteilung offensichtlich Kritiken an der außerordentlichen Innenraum-Aufheizung der vorangegangenen Ingolstädter Aerodynamik-Limousinen. Wärmedämmendes Glas am oberen Windschutzscheibenbereich sowie steilere und knapper dimensionierte Seitenfensterpartien sollten, da Klimaanlagen Ende der 1980er Jahre noch nicht wie heute zum Serienstandard zählten, das thermische Wohlbefinden der Passagiere fördern.

Diesem Zweck diente unter anderem auch die Gestaltung und Positionierung des Armaturenbrett-Bereiches, der relativ weit in den Innenraum ragt und damit Fahrer und Beifahrer nach hinten in den Schattenbereich des Daches rückt. Bei der Beurteilung des Innenraum-Designs und dessen qualitativer Anmutung gab es im Übrigen keine zwei Meinungen, dafür Lob im Überfluss. Vordersitze mit stützenden, im Vergleich zu den Sitzflächen härteren Seitenflanken, die zu zwei Einzelsitzen ausgeformte Rücksitzbank und (serienmäßig) hochwertige Flanell-Sitzbezüge sind Attribute, die Dr. Piëchs Anspruch einer Höherpositionierung der Marke Audi genauso dokumentieren, wie zuvor in der Branche unbekannte, extrem enge Spaltmaße zwischen den einzelnen vollverzinkten Karosserie-Elementen. Die Zehnjahres-Garantie gegen Durchrostungen war damals folgerichtig ein Alleinstellungsmerkmal der Audi AG.

Vorläufer und im Design Vorbild für das 1988 neue Audi Coupé B3: Die gleichfalls aerodynamisch perfektionierte 80-Limousine ging bereits 1986 in Serienfertigung.

Kein Grund zum Meckern: Das B3-Interieur überzeugte in der Gestaltung wie in der Qualitäts-Anmutung und bei den verwendeten Materialien.

[5] 2024 wurden die Audi-Modelle A5 Coupé und Cabriolet eingestellt.

Insbesondere die völlig neu gestaltete Cockpit-Region setzte auf Betreiben des damaligen Technik-Vorstands Dr. Ferdinand Piëch neue Maßstäbe ähnlich denen, die BMW Anfang der 1970er Jahre mit der 5er-Reihe gesetzt hatte. Dessen Armaturenbrett war von Dr. Piëch, was die Ergonomie und optische Anmutung anbelangt, seinen Designern als vorbildlich definiert worden. Die Warkuß-Truppe erfüllte den hohen Anspruch des Chefs derart, dass Dr. Piëch nach Aussage von Zeugen beim Betrachten erster Cockpit-Designmodelle für ihn völlig untypisch ins Schwärmen geriet: „genau so ...!"

Tatsächlich ist das B3-Cockpit ein heute noch eindrucksvolles Ereignis: weiche Rundungen aus geschäumtem Kunststoff mit lederähnlich genarbter, griffsympathischer Oberfläche, flüssiger Übergang des oberen Armaturenbrett-Wulstes in die Fensterbrüstungen der beiden Türen – im B3 Coupé erfreut den Betrachter ein Armaturen-Design im sachlich-eleganten Stil, wie ihn der Designer und Architekt Dieter Rams[6] für die legendären Braun-Elektrogeräte prägte. Die perfekt ablesbaren Instrumente werden bei eingeschalteten Scheinwerfern in Durchleuchte-Technik sanft rot illuminiert, die breite Mittelkonsole ist nicht improvisiert angesetzt, wie zuvor bei derartigen Accessoires üblich, sondern integraler Bestandteil des Armaturenbretts. Sie trägt nicht weniger als drei verstellbare Lüftungs-Elemente (zusätzlich zu jeweils deren zwei links und rechts an den Armaturenbrett-Rändern), das Radioeinbaufeld, eine Schalterreihe und drei Drehregler für die Klimatisierung.

Motorisiert ist die dritte Coupé-Generation von Audi zunächst ausschließlich mit dem legendären Reihen-Fünfzylinder, im Hubraum als Langhuber (Bohrung x Hub: 82,5 x 86,4 mm) 2.309 cm³ messend, in der Leistung alternativ mit zehn Ventilen 136 PS (100 kW) oder mit 20 Ventilen 170 PS (125 kW) stark. Beide Motorversionen erinnern im Extrem-Maß ihrer Verdichtung an das erste Ingolstädter Coupé: 10,0 : 1 sind es bei der schwächeren Version, im Vierventil-Triebwerk verdichten die fünf Kolben die Brennraum-Volumina gar im Verhältnis 10,3 : 1. Dabei bedurfte es Dank aufwändiger, vollelektronischer Einspritz-Technologie zur Vermeidung schädlichen Klingelns keiner trickreichen Einlasskrümmer-Gestaltung wie beim Coupé-Urahn: Den Motorenbau-Fortschritt dokumentieren auch leistungsfördernde gerade und somit widerstandsarme Ansaugrohre. Im Sommer 1989 erweiterte ein Einstiegsmodell mit dem (knappen) Leistungsvermögen des ersten Audi 100 Coupé S die B3-Motorenauswahl: Dieser Zweiliter-Vierzylinder bietet 113 PS (83 kW), die dem Coupé mit seiner ausgesprochen windschlüpfigen Karosserie eine Höchstgeschwindigkeit von immerhin knapp 200 km/h (Fünfgang-Version; mit Automatikgetriebe 192 km/h) ermöglichen.

Während das Basismodell ausschließlich mit Frontantrieb geordert werden konnte, ließ sich die mittlere Motorisierung-Potenz je nach Käufer-Wunsch und -Geldbeutel alternativ nur über die Vorderräder, oder aber als quattro über alle Viere auf den Asphalt übertragen. Das Spitzen-Modell kommt grundsätzlich als Allradler daher. In Fahrwerks-Details unterscheiden sich Fronttriebler und quattro – Letzterer ist hinten mit Einzelradaufhängungen an Querlenkern und Federbeinen gerüstet, bei bloßem Frontantrieb kommt im Heck die bewährte Torsionskurbel-Hinterachse mit Längslenkern, Panhardstab und Schraubenfedern zum Einsatz. In den McPherson-Vorderradaufhängungen gleichen sich quattro- und Frontantriebs-Version hingegen.

Trotz der technologischen Verwandtschaft mit der zweiten Coupé-Generation von Audi erreichte das bis 1996 angebotene B3 Coupé weder deren spektakulären, vom Ur-quattro geprägten Status, noch das nostalgische Moment des allerersten Audi Coupés mit Namen 100 Coupé S. Auch der legitime Nachfolger des Ur-quattro im B3-Gewandt, das 1990 lancierte Audi Coupé S2 mit 220 Turbo-PS (162 kW) starkem Vierventil-Fünfzylinder und knapp 250 km/h Höchstgeschwindigkeit, verharrt bislang im Schatten der beiden Coupé-Legenden von Audi. Gemeint ist der motorsportlich erfolgreichste seiner Art, der 1980

Alle möglichen Motoren-Extras im Audi Coupé S2: fünf Zylinder, zwei obenliegende Nockenwellen, pro Brennraum vier Ventile, somit total deren 20 an der Zahl.

Spitzenmodell der dritten Audi Coupé-Generation: der S2 mit 220 PS starkem Vierventil-Fünfzylinder und knapp 250 km/h Höchstgeschwindigkeit – unter Fans im Kommen …

lancierte erste quattro, und gemeint ist auch der erste seiner Art, 1969 vorgestellt und ab 1970 produziert: der Audi 100 Coupé S, Titelheld dieser Chronik.

Doch was nicht ist, kann ja noch werden: Auch das erste Coupé von Audi war ein Spätentwickler, was seine Akzeptanz und Wertschätzung in der Liebhaber-Szene anbelangt, abzulesen an dessen Preisentwicklung. „Das Sammlerinteresse erwachte erst spät,“ analysierte *Auto Bild Klassik* in der Juni-Ausgabe des Jahres 2023, „sorgte zwischen 2012 und 2018 aber für einen Rekordzuwachs um 220 bis 275 Prozent. … seither hält sich der Ingolstädter Zweitürer auf hohem Niveau.“ Die Zahlen? Der jährlich von *Oldtimer Markt* veröffentlichte *Classic Data* Preisspiegel dokumentierte im Laufe der Erscheinungsjahre diese 100 Coupé S-Preissteigerungen für Exemplare des Zustandes 2[7] (in Klammern die jeweiligen Werte für die 100 GL Limousine viertürig/zweitürig):

1995	11.200 DM	(5.200 DM/–[7])
2000	10.500 DM	(7.000 DM/–[7])
2004	8.200 €	(4.100 € / 4.500 €)
2007	11.700 €	(6.000 € / 6.400 €)
2010	14.000 €	(6.900 € / 7.400 €)
2012	14.900 €	(9.000 € / 11.400 €)
2014	17.400 €	(9.500 € / 12.000 €)
2016	28.000 €	(10.000 € / 12.600 €)
2018	43.100 €	(14.500 € / 16.200 €)
2020	43.200 €	(16.000 € / 18.300 €)
2023	43.700 €	(19.500 € / 24.100 €)
2025	42.800 €	(19.900 € / 24.600 €)

[6] **Dieter Rams** (*20. Mai 1932) studierte nach dem Zweiten Weltkrieg Architektur und Innenarchitektur. 1955 trat er bei Braun ein, wo er von 1961 bis 1995 als Designchef für Audio-Geräte das typische „Braun-Design“ prägte.
[7] Zustand 2 = mängelfrei und im Originalzustand, mit nur leichten Gebrauchsspuren, entsprechend einem +/– drei Jahre alten Fahrzeug mit maximal 50.000 km Laufleistung. Die Notierungen 1995 und 2000 listeten die zweitürige Limousine nicht separat.

Der Audi 100 Coupé S – Anhang

Zahlen, Daten, Fakten, Quellenverzeichnisse

Daten und Fakten

Motor (Basisdaten)
Wassergekühlter Vierzylinder-Reihenmotor, Motor-Kennzeichen ZP (interne Bezeichnung 058), vorn längs angeordnet und um 40° nach rechts geneigt, Bohrung x Hub 84,0 x 84,4 mm, Hubraum 1.871 cm³.

Motorblock aus Grauguss, Zylinderkopf aus Leichtmetall, Position der Motornummer am Schwungradflansch, seitlich angeordnete Nockenwelle, Antrieb mit Duplexkette, jeweils ein Einlass- und Auslassventil über Stoßstangen und Kipphebel betätigt und in Reihe hängend, 5fach gelagerte Kurbelwelle, Kolbenlaufspiel 0,03 mm, Maximal-Drehzahl 6.200/min.

Drucköl-Umlaufschmierung mit Ölwanne, Ölfilter im Hauptstrom, Motorölvolumen minimal/maximal 2,5/4,0 Liter, Öldruck minimal (bei 1.000/min)/maximal (bei 6.000/min) 1,3/6,9 bar (bei 80° Öltemperatur und SAE 20-Ölviskosität).

Kühlwassersystem mit 7,5 Liter Inhalt, Kühlwasser-Temperatur thermostatisch gesteuert (öffnet bei 83° C, Kühlwassertemperatur maximal 118° C); mechanische Kraftstoffpumpe; Zündfolge 1-3-4-2, Batterie 12V 54 Ah.

Motor (Entwicklungschronik)
Verdichtungsverhältnis anfangs 10,2:1, ab 9/1971 (Modell '72) 10,0:1, ab 4/1972 9,8:1, ab 8/1975 9,7:1.
Nennleistung nach DIN zunächst 84 kW (115 PS) bei 5.500/min, nach SAE 96 kW (130 PS) bei 5.800/min, ab 9/1971 (abgasentgifteter) Motortyp 058-2, Motor-Kennzeichen ZJ, mit nach DIN 82 kW (112 PS), nach SAE 95 kW, jeweils bei 5.600/min.
Spezifische Leistung zunächst 44,9 kW/L (61,5 PS/L), ab 9/1971 42,7 kW/L (59,9 PS/L).
Maximales Drehmoment zunächst 160 Nm (16,3 mkp) bei 4.000/min, ab 9/1971 160 Nm (16,3 mkp) bei 3.500/min.
Mittlere Kolbengeschwindigkeit bei Nenndrehzahl zunächst 15,5 m/s (5.500/min) ab 9/1971 15,75 m/s (5.600/min).
Leerlauf-Drehzahl 1.000/min (115 PS-Version), 950–1.000/min (112 PS-Version), Maximal-Drehzahl jeweils 6200/min.
Steuerzeiten anfangs (115 PS-Zweivergaser-Version, Kennzeichen ZP): Einlass öffnet 14° vor OT, Einlass schließt 46° nach UT, Auslass öffnet 45° vor UT, Auslass schließt 15° nach OT; ab 7/1971 (112 PS-Einvergaser-Version, Kennzeichen ZJ): zunächst Einlass öffnet 17° vor OT, Einlass schließt 49° nach UT, (Hub 11 mm), Auslass öffnet 36° vor UT, Auslass schließt 6° nach OT; ab 1.10.1974 Einlass öffnet 14° vor OT, Einlass schließt 46° nach UT, (Hub 11 mm), Auslass öffnet 36° vor UT, Auslass schließt 6° nach OT (Hub 10,45 mm).
Gemischaufbereitung zunächst durch zwei Fallstromregistervergaser Solex 32/35 TDID, ab 7/1971 durch einen Fallstrom-Umluft-Registervergaser Solex 32/35 TDID, jeweils mit Startautomatik.
Elektrik: Drehstromlichtmaschine zunächst 490 Watt, ab 9/1971 770 Watt.

Kraftübertragung
Frontantrieb, mechanisch betätigte Einscheiben-Trockenkupplung, vollsynchronisiertes Viergang getriebe mit Mittelschaltung, Getriebe/Differential-Ölinhalt 2 Liter.
Schaltgetriebe-Übersetzungen/Gesamtübersetzung des jeweiligen Ganges: I. 3,4/12,58 (Zähnezahl 34:10), II. 1,944/7,194 (35:18), III. 1,36/5,032 (34:25), IV. 0,966/3,576 (29:30), R. 3,1/11,47 (16:10x31:16), Achsantrieb 3,7 (37:10).
Schaltgetriebe-Übersetzungen ab 8/1975 (Getriebe-Typ YC): I. 3,6/13,32 (Zähnezahl 36:10), II. 2,125/7,862 (34:16), III. 1,360/5,032 (34:25), IV. 0,966/3,576 (29:30), R. 3,5/12,950 (42:12).
Automatikgetriebe mit hydraulischem Drehmomentwandler und Dreigang-Planetengetriebe, optional ab 9/1971; anfangs Getriebe-Typ RE, Übersetzungen/Gesamtübersetzung des entsprechenden Ganges: I. 2,65:1/9,877, II. 1,59:1/5,926, III. 1:1/3,727, R. 1,8:1/6,709, Achsantrieb 3,727 (Zähnezahl 41:11), 2,2fache Drehmoment-Verstärkung im Wandler; ab 8/1975 Getriebe-Typ YE, Übersetzungen: I. 2,55:1, II. 1,45:1, III. 1,0:1, R. 2,41:1, Achsantrieb 3,727, Drehmomentwandler bis 2,1fach, Gesamtübersetzungen je nach Übersetzung im Drehmomentwandler.

Karosserie und Fahrwerk
Fünfsitziges Coupé, selbsttragende, zweitürige Ganzstahlkarosserie mit Rahmenbodenanlage verschweißt, Position der Fahrgestellnummer am Wasserkasten. Vorn Einzelradaufhängungen mit zwei Dreiecks-Querlenkern, McPherson-Federbeinen und Querstabilisator, hinten Starrachse mit zwei Kurbellängslenkern und Panhardstab, Querstabilisator innerhalb des Achsrohrs, Federung zunächst mit zwei querliegenden Drehstäben, ab August 1973 mit Federbeinen, hydraulisch doppelt wirkende Zweirohrstoßdämpfer vorn und hinten; Zahnstangenlenkung zunächst ohne, ab August 1973 optional mit Servounterstützung, Lenkübersetzung progressiv 20,6:1–17,8:1, im Mittel Lenkübersetzung 19,5, mit optionaler Servounterstützung 14,7, Lenkradumdrehungen von Anschlag zu Anschlag 3,88, mit Servounterstützung 2,91 Umdrehungen, Lenkrad in der Höhe über einen Bereich von 40 mm verstellbar, Lenkraddurchmesser 425 mm, mit Servolenkung optional 380 mm.

Hydraulisches Zweikreisbremssystem, dabei Kreis 2 zunächst lediglich auf die Vorderräder wirkend, ab September 1974, Fahrgestellnummer 80 51.000.001, in Verbindung mit nun negativem Lenkrollradius Diagonal-Anordnung der beiden Bremskreise, vorn zunächst innen am Differential angeordnete, innenbelüftete Scheibenbremsen mit Vierkolben-Sattel und einem Durchmesser von 291 mm bei einer Bremsscheibenstärke von 20 mm, Automatik-Version mit massiven Bremsscheiben; ab September 1974 außen in den Vorderrädern angeordnete, massive Scheibenbremsen mit Durchmesser 257 mm, Stärke 13 mm und einer wirksamen Bremsbelagfläche von 2 x 66 cm², hinten Trommelbremsen mit einem Durchmesser von 200 mm (x 40 mm) und einer wirksamen Bremsfläche von 2 x 146 cm², Teves-Bremskraftverstärker, Handbremse über Seilzüge auf die Hinterräder wirkend.

Felgengröße 5 J x 14 H2-B, ab 9/1975 optional 5 ½ J x 14 H2 (Stahlscheibenräder mit Original-Ersatzteilnummer 810601025 oder optional Aluminiumräder mit Original-Ersatzteilnummer 803601025B), Reifengröße 185/70 HR 14 (mit ab 7/1971 optionalem Automatikgetriebe 185/70 SR 14), alternative Reifengröße (Winterreifen) 165 SR 14 M&S.

Abmessungen (Werte unbelastet) und Gewichte[1]
Radstand 2.560 mm, Spur vorn/hinten 1.440/1.440 mm, Länge x Breite x Höhe 4.398 x 1.750 x 1.340 mm, Überhänge vorn/hinten 895/943 mm, Stoßstangenhöhen vorn/hinten 410/447 mm, kleinste

Audi 100-Motorvarianten bis Modelljahr 1971

Typ	Audi 100
Motor-Kennzeichen	ZV
Kraftstoff	Normal
Bohrung	81,5 mm
Hub	84,4 mm
Hubraum	1.760 cm³
Verdichtung	9,1:1
DIN-Leistung	80 PS bei 5.000/min
SAE-Leistung	90 PS bei 5.000/min
DIN-Drehmoment	13,8 mkp bei 3.000/min
SAE-Drehmoment	14,5 mkp bei 3.000/min
Literleistung	45,5 PS/Liter
Mitteldruck[2]	9,88 kp/cm²
Ventilspiel[3]	
Einlass	0,15 mm
Auslass	0,40 mm
Steuerzeiten	
Einlass öffnet	8° KW vor OT
Einlass schließt	40° KW nach UT
Auslass öffnet	43° KW vor UT
Auslass schließt	7° KW nach OT

Zur Tabelle:
[1] mit Automatikgetriebe
[2] mittlere Arbeitsdruck bei maximalem Drehmoment
[3] Ventilspiel warm

Bodenfreiheit 135 mm, bei voller Beladung 130 mm, Wendekreisdurchmesser 10,1 m, Böschungswinkel vorn/hinten 28°40'/21°.

Innenhöhe vorn/hinten[2] 905/825 mm, Sitztiefen vorn/hinten 495/455 mm, Sitzhöhen vorn/hinten[3] 311/357 mm, Innenraumbreiten vorn/hinten 1.412/1.418 mm.

Kofferraumvolumen 500 Liter, Kofferraum-Breite zwischen/hinter den Radkästen 960/1.500 mm, Kofferraum-Höhe 510 mm, Kofferraum-Tiefe 654 mm.

Leergewicht 1.100 kg (mit Schiebedach 1.115 kg, mit Automatikgetriebe 1.120 kg), Motorgewicht 154 kg, Achslast vorn/hinten 670/430 kg, Zuladung 350 kg, zulässige Anhängelast gebremst/ungebremst zunächst 950/550 kg, ab September 1971 1.100/550 kg.

Kraftstoffverbrauch und Fahrleistungen[1]
ROZ mindestens 98, Kraftstofftank-Volumen 58 Liter, Tank-Anordnung unterhalb des Kofferraums, hinter der Hinterachse, Normverbrauch 8,9 L/100 km, mit Automatikgetriebe 10,1 L/100 km.

V_{max} zunächst 185 km/h, ab September 1971 183 km/h (mit Automatikgetriebe 182/179 km/h) Beschleunigung 0–80 km/h zunächst in 7,0 Sekunden, ab 9/71 in 7,3 Sekunden, 0–100 km/h zunächst in 9,9 Sekunden, ab 9/71 in 10,2 Sekunden (mit Automatikgetriebe in 11,2 Sekunden).

[1] Werksangaben
[2] Werksangaben, jeweils gemessen über den unbelasteten Sitzhinterkanten
[3] Werksangaben, jeweils gemessen an den unbelasteten Sitzvorderkanten

Audi 100 Schweden	**Audi 100 S**	**Audi 100 LS**	**Audi 100 LS** Schweden	**Audi 100 LS** USA	**Audi 100 LS** Schweiz	**Audi 100 LS Auto** Schweiz '72–'74	**Audi 100 Coupé S**
ZU	ZX	ZZ	ZS	ZY/ZT[1]	ZM	ZN	ZP
Normal	Super	Super	Super	Super	Super	Super	Super
81,5 mm	81,5 mm	81,5 mm	81,5 mm	81,5 mm	82,0 mm	84,0 mm	84,0 mm
84,4 mm	84,4 mm	84,4 mm	84,4 mm	84,4 mm	84,4 mm	84,4 mm	84,4 mm
1.760 cm^3	1.760 cm^3	1.760 cm^3	1.760 cm^3	1.760 cm^3	1.782 cm^3	1.871 cm^3	1.871 cm^3
9,1:1	10,2:1	10,2:1	10,2:1	10,2:1	10,2:1	10,2:1	10,2:1
85 PS bei 5.100/min	90 PS bei 5.500/min	100 PS bei 5.500/min	100 PS bei 5.500/min	100 PS bei 5.500/min	107 PS bei 5.500/min	112 PS bei 5.600/min	115 PS bei 5500/min
97 PS bei 5.100/min	102 PS bei 5.500/min	115 PS bei 5.500/min	115 PS bei 5.500/min	115 PS bei 5.500/min	115 PS bei 5.500/min	127 PS bei 5.600/min	130 PS bei 5.500/min
13,8 mkp bei 3.000/min	14,5 mkp bei 3.000/min	15,3 mkp bei 3.200/min	15,3 mkp bei 3.200/min	15,3 mkp bei 3.200/min	15,3 mkp bei 3.500/min	16,3 mkp bei 3.500/min	16,3 mkp bei 4.000/min
14,5 mkp bei 3.000/min	15,5 mkp bei 3.000/min	16,5 mkp bei 3.200/min	16,5 mkp bei 3.200/min	16,5 mkp bei 3.200/min	16,5 mkp bei 3.500/min	17,0 mkp bei 3.500/min	17,0 mkp bei 4.000/min
45,5 PS/Liter	51,2 PS/Liter	57,0 PS/Liter	57,0 PS/Liter	57,0 PS/Liter	60,0 PS/Liter	59,8 PS/Liter	61,5 PS/Liter
9,88 kp/cm^2	10,38 kp/cm^2	10,95 kp/cm^2	10,95 kp/cm^2	10,95 kp/cm^2	10,75 kp/cm^2	10,95 kp/cm^2	10,95 kp/cm^2
0,15 mm	0,15 mm	0,15 mm	0,15 mm	0,20 mm	0,15 mm	0,15 mm	0,15 mm
0,40 mm	0,40 mm	0,40 mm	0,40 mm	0,40 mm	0,40 mm	0,40 mm	0,40 mm
5° KW vor OT	8° KW vor OT	8° KW vor OT	5° KW vor OT	5° KW vor OT	8° KW vor OT	17° KW vor OT	14° KW vor OT
37° KW nach UT	40° KW nach UT	40° KW nach UT	37° KW nach UT	37° KW nach UT	40° KW nach UT	49° KW nach UT	46° KW nach UT
39° KW vor UT	43° KW vor UT	43° KW vor UT	39° KW vor UT	39° KW vor UT	43° KW vor UT	48° KW vor UT	45° KW vor UT
3° KW nach OT	7° KW nach OT	7° KW nach OT	3° KW nach OT	3° KW nach OT	7° KW nach OT	18° KW nach OT	15° KW nach OT

Audi 100-Motorvarianten abgasentgiftet
ab Modelljahr 1972/73

Typ	Audi 100	Audi 100 ab Baujahr 1974	Audi 100 LS	Audi 100 USA[4]	Audi 100 GL ab Juli 1971	Audi 100 Coupé S ab Juli 1971
Motor-Kennzeichen	ZU	YM	ZZ	ZL/ZK[1]	ZJ	ZJ
Kraftstoff	Normal	Normal	Super	Normal	Super	Super
Bohrung	81,5 mm	79,5 mm	81,5 mm	84,0 mm	84,0 mm	84,0 mm
Hub	84,4 mm	80,0 mm	84,4 mm	84,4 mm	84,4 mm	84,4 mm
Hubraum	1.760 cm^3	1.588 cm^3	1.760 cm^3	1.871 cm^3	1.871 cm^3	1.871 cm^3
Verdichtung	8,5:1	8,2:1	9,8:1	8,2:1	9,8:1	9,8:1
DIN-Leistung	85 PS bei 5.100/min	85 PS bei 5.800/min	100 PS bei 5.500/min	95 PS bei 5.200/min	112 PS bei 5.600/min	112 PS bei 5.600/min
SAE-Leistung	95 PS bei 5.100/min	–	115 PS bei 5.500/min	110 PS bei 5.200/min	129 PS bei 5.600/min	129 PS bei 5.600/min
DIN-Drehmoment	13,8 mkp bei 3.000/min	12,7 mkp bei 3.200/min	15,3 mkp bei 3.200/min	15,3 mkp bei 3.200/min	16,3 mkp bei 3.500/min	16,3 mkp bei 3.500/min
SAE-Drehmoment	14,5 mkp bei 3.000/min	–	16,5 mkp bei 3.200/min	16,5 mkp bei 3.200/min	17,5 mkp bei 3.500/min	17,5 mkp bei 3.500/min
Literleistung	48,3 PS/Liter	53,5 PS/Liter	57,0 PS/Liter	51,0 PS/Liter	60,0 PS/Liter	60,0 PS/Liter
Mitteldruck[2]	9,9 kp/cm^2	–	10,95 kp/cm^2	10,3 kp/cm^2	11,0 kp/cm^2	11,0 kp/cm^2
Ventilspiel[3]						
Einlass	0,15 mm	0,2–0,3 mm	0,15 mm	0,20 mm	0,15 mm	0,15 mm
Auslass	0,40 mm	0,4–0,5 mm	0,40 mm	0,40 mm	0,40 mm	0,40 mm
Steuerzeiten						
Einlass öffnet	5° KW vor OT	4° KW vor OT	5° KW vor OT	5° KW vor OT	17°/14° KW vor OT	17°/14° KW vor OT
Einlass schließt	37° KW nach UT	46° KW nach UT	37° KW nach UT	37° KW nach UT	49°/46° KW nach UT	49°/46° KW nach UT
Auslass öffnet	39° KW vor UT	44° KW vor UT	39° KW vor UT	39° KW vor UT	36°/36° KW vor UT	36°/36° KW vor UT
Auslass schließt	3° KW nach OT	6° KW nach OT	3° KW nach OT	3° KW nach OT	6°/6° KW nach OT	6°/6° KW nach OT

[1] mit Automatikgetriebe
[2] mittlere Arbeitsdruck bei maximalem Drehmoment
[3] Ventilspiel warm
[4] ab 10/1974 Motor-Kennbuchstaben YA und YD (Automatik) mit Verdichtung 8,0:1, Bosch K-Jetronic, 98 PS bei 5.500/min und 15,1 mkp bei 3.200/min

Lackfarben und Lack/Polster-Kombinationen[1]
Modelljahre 1971–1976

Audi stellte Coupé-Käufern in jedem Modelljahr eine variierende Lackfarben-Palette zur Auswahl – und dies mit einem jeweils breiten Spektrum sowohl was aufpreisfreie Farbtöne anbelangt, als auch optionale Sonderfarben (zumeist auffällige Signalfarben) und Metalliclacke.

Wer folglich heute ein 100 Coupé S restaurieren möchte, tut gut daran, die nachfolgende Aufschlüsselung von Modelljahren und jeweils gelieferten Lackmustern genau zu studieren, soll neben der persönlichen Präferenz auch die Originaltreue Gewicht haben.

[1] Lackfarben- und Polsterangaben in internen Verkaufshandbüchern (denen die Daten dieser Listung entnommen sind) unterscheiden sich teilweise von in Verkaufsbroschüren veröffentlichten Farb/Polster-Varianten. Die Hintergründe solcher Abweichungen lassen sich über 50 Jahre nach Drucklegung der Prospekte leider nicht klären.
[2] Serien-Lackfarben in halbfetter grauer Schrift, optionale Lackfarben gegen Aufpreise in halbfetter schwarzer Schrift (jeweilige Aufpreise siehe „Audi 100 Coupé S – Optionen und deren Einführung“ auf den Seiten 247 und 248)

Lackfarben-Bezeichnung[2] (Verkaufs-Nummer)	Lack-Nummer	Modelljahre	Polster Stoff (Verkaufs-Nummer)	Polster Kunstleder (Verkaufs-Nummer)	Anmerkungen
Achatbraun (48, T1)	L 86 Z	1973/1974/1975	Bambus (07)	Bambus (50)	bis #41003087 (Kunstleder) bis #41010192 (Stoff)
			Bernstein (90)	Bernstein (58)	ab #41003088 (Kunstleder) ab #41010193 (Stoff)
			Flaschengrün (08)	Flaschengrün (52)	bis #41007749 (Kunstleder) bis #41015385 (Stoff)
			Flaschengrün (91)	Chromgrün (63)	ab #41007750 (Kunstleder) ab #41015386 (Stoff)
			Schwarz (10) Schwarz (93)	Schwarz (54)	bis #41001050 (Stoff) ab #41001051 (Stoff)
Achatbraun metallic (72, Z1)	L 95 Y/L 98 Z	1973/1974	Bambus (07)	Bambus (50)	bis #41003087 (Kunstleder) bis #41010192 (Stoff)
			Bernstein (90)	Bernstein (58)	ab #41003088 (Kunstleder) ab #41010193 (Stoff)
			Flaschengrün (08)	Flaschengrün (52)	bis #41007749 (Kunstleder) bis #41015385 (Stoff)
			Flaschengrün (91)	Chromgrün (63)	ab #41007750 (Kunstleder) ab #41015386 (Stoff)
			Schwarz (10) Schwarz (93)	Schwarz (54)	bis #41001050 (Stoff) ab #41001051 (Stoff)
Aeroblau metallic (85)	L 96 Z	1972	Marineblau (09) Schwarz (10) Bordeaux (11)	Marineblau (53) Schwarz (54) Bordeaux (51)	–
Alaska metallic (78, X4)	L 96 B	1973/1974	Bambus (07)	Bambus (50)	bis #41003087 (Kunstleder) bis #41010192 (Stoff)
			Bernstein (90)	Bernstein (58)	ab #41003088 (Kunstleder) ab #41010193 (Stoff)
			Schwarz (10) Schwarz (93)	Schwarz (54)	bis #41001050 (Stoff) ab #41001051 (Stoff)
			Bordeaux (11)	Bordeaux (51)	bis #41001855 (Stoff) bis #41009125 (Kunstleder)
			Weinrot (92)	Weinrot (59)	ab #41001856 (Stoff) ab #41009126 (Kunstleder)
Aquablau (K8)	L 54 Y	1975/1976	Bernstein (90) Marineblau (97)	Bernstein (58) Marineblau (53)	–
Atlantic metallic (W7)	L 98 Y	1975/1976	Bernstein (90) Marineblau (97)	Bernstein (58) Marineblau (53)	–
Atlasweiß (69, R3)	L 91 Z	1973/1974/1975/1976	Flaschengrün (08)	Flaschengrün (52)	bis #41007749 (Kunstleder) bis #41015385 (Stoff)
			Flaschengrün (91)	Chromgrün (63)	ab #41007750 (Kunstleder) ab #41015386 (Stoff)
			Marineblau (09) Marineblau (97)	Marineblau (53)	bis #41002630 (Stoff) ab #41002631 (Stoff)
			Schwarz (10) Schwarz (93)	Schwarz (54)	bis #41001050 (Stoff) ab #41001051 (Stoff)

Lackfarben und Lack/Polster-Kombinationen[1]
Modelljahre 1971–1976

Lackfarben-Bezeichnung[2] (Verkaufs-Nummer)	Lack-Nummer	Modelljahre	Polster Stoff (Verkaufs-Nummer)	Polster Kunstleder (Verkaufs-Nummer)	Anmerkungen
			Bambus (07)	Bambus (50)	bis #41003087 (Kunstleder) bis #41010192 (Stoff)
			Bernstein (90)	Bernstein (58)	ab #41003088 (Kunstleder) ab #41010193 (Stoff)
			Bordeaux (11)	Bordeaux (51)	bis #41001855 (Stoff) bis #41009125 (Kunstleder)
			Weinrot (92)	Weinrot (59)	ab #41001856 (Stoff) ab #41009126 (Kunstleder)
			ab Modelljahr 1975 nur Weinrot und Marineblau, im Modelljahr 1976 zusätzlich Flaschengrün (Stoff) bzw. Chromgrün (Kunstleder)		
Bananagelb (L5)	L 11 Y	1975/1976	Flaschengrün (91) Weinrot (92) Schwarz (93)	Chromgrün (63) Weinrot (59) Schwarz (50)	–
Bermudagrün (52, N1)	L 64 Z	1973/1974	Bambus (07)	Bambus (50)	bis #41003087 (Kunstleder) bis #41010192 (Stoff)
			Bernstein (90)	Bernstein (58)	ab #41003088 (Kunstleder) ab #41010193 (Stoff)
			Schwarz (10) Schwarz (93)	Schwarz (54)	bis #41001050 (Stoff) ab #41001051 (Stoff)
			Bordeaux (11)	Bordeaux (51)	bis #41001855 (Stoff) bis #41009125 (Kunstleder)
			Weinrot (92)	Weinrot (59)	ab #41001856 (Stoff) ab #41009126 (Kunstleder)
Cadizorange (L2)	L 21 C	1975/1976	Flaschengrün (91) Schwarz (93)	Chromgrün (63) Schwarz (50)	–
Ceylonbeige (D1)	L 13 H	1975	Flaschengrün (91) Weinrot (92)	Chromgrün (63) Weinrot (59)	–
Clementine (12)	L 20 D	1971/1972	Bambus (07) Flaschengrün (08) Schwarz (10)	Bambus (50) Flaschengrün (52) Schwarz (54)	–
Colorado metallic (81, Z3)	L 97 D	1971/1972/1973/1974	Bambus (07)	Bambus (50)	bis #41003087 (Kunstleder) bis #41010192 (Stoff)
			Bernstein (90)	Bernstein (58)	ab #41003088 (Kunstleder) ab #41010193 (Stoff)
			Schwarz (10) Schwarz (93)	Schwarz (54)	bis #41001050 (Stoff) ab #41001051 (Stoff)
Coralle (45, G7)	L 32 Z	1973/1974/1975/1976	Bambus (07)	Bambus (50)	bis #41003027 (Kunstleder) bis #41010192 (Stoff)
			Bernstein (90)	Bernstein (58)	ab #41003088 (Kunstleder) ab #41010193 (Stoff)
			Flaschengrün (08)	Flaschengrün (52)	bis #41007749 (Kunstleder) bis #41015385 (Stoff)
			Flaschengrün (91)	Chromgrün (63)	ab # 41007750 (Kunstleder) ab # 41015386 (Stoff)
			Schwarz (10) Schwarz (93)	Schwarz (54) Schwarz (54)	bis #41001050 (Stoff) ab #41001051 (Stoff)
			ab Modelljahr 1975 nur Bernstein und Schwarz		

Lackfarben-Bezeichnung[2] (Verkaufs-Nummer)	Lack-Nummer	Modelljahre	Polster Stoff (Verkaufs-Nummer)	Polster Kunstleder (Verkaufs-Nummer)	Anmerkungen
Coronagelb (26, B7)	L 10 Z	1971/1972/1973/1974	Bambus (07)	Bambus (50)	bis #41003087 (Kunstleder)
					bis #41010192 (Stoff)
			Bernstein (90)	Bernstein (58)	ab #41003088 (Kunstleder)
					ab #41010193 (Stoff)
			Flaschengrün (08)	Flaschengrün (52)	bis #41007749 (Kunstleder)
					bis #41015385 (Stoff)
			Flaschengrün (91)	Chromgrün (63)	ab #41007750 (Kunstleder)
					ab #41015386 (Stoff)
			Schwarz (10)	Schwarz (54)	bis #41001050 (Stoff)
			Schwarz (93)		ab #41001051 (Stoff)
			Bordeaux (11)	Bordeaux (51)	bis #41001855 (Stoff)
					bis #41009125 (Kunstleder)
			Weinrot (92)	Weinrot (59)	ab #41001856 (Stoff)
					ab #41009126 (Kunstleder)
Delftblau (61, K1)	L 55 Z	1973/1974	Bambus (07)	Bambus (50)	bis #41003087 (Kunstleder)
					bis #41010192 (Stoff)
			Bernstein (90)	Bernstein (58)	ab #41003088 (Kunstleder)
					ab #41010193 (Stoff)
			Schwarz (10)	Schwarz (54)	bis #41001050 (Stoff)
					ab #41001051 (Stoff)
			Bordeaux (11)	Bordeaux (51)	bis #41001855 (Stoff)
					bis #41009125 (Kunstleder)
			Weinrot (92)	Weinrot (59)	ab #41001856 (Stoff)
					ab #41009126 (Kunstleder)
Gemini metallic (86)	L 96 E	1971/1972	Bambus (07)	Bambus (50)	–
			Schwarz (10)	Schwarz (54)	
			Bordeaux (11)	Bordeaux (51)	
Iberischrot (28, G3)	L 31 F	1971/1972/1973/1974/1975/1976	Bambus (07)	Bambus (50)	bis #41003087 (Kunstleder)
					bis #41010192 (Stoff)
			Bernstein (90)	Bernstein (58)	ab #41003088 (Kunstleder)
					ab #41010193 (Stoff)
			Schwarz (10)	Schwarz (54)	bis #41001050 (Stoff)
			Schwarz (93)		ab #41001051 (Stoff)
			Flaschengrün (08)	Flaschengrün (52)	bis #41007749 (Kunstleder)
					bis #41015385 (Stoff)
			Flaschengrün (91)	Chromgrün (63)	ab #41007750 (Kunstleder)
					ab #41015386 (Stoff)
			ab Modelljahr 1975 nur Bernstein und Schwarz		
Isisgrün (36)	L 61 Z	1971	Bambus (07)	Bambus (50)	–
			Schwarz (10)	Schwarz (54)	
			Bordeaux (11)	Bordeaux (51)	
Jagdgrün (73)	L 60 Y	1971/1972	Bambus (07)	Bambus (50)	ab Modelljahr 1972
			Schwarz (10)	Schwarz (54)	ab Modelljahr 1971
Kansasbeige (65)	L 91 D	1971	Flaschengrün (08)	Flaschengrün (52)	–

Lackfarben und Lack/Polster-Kombinationen[1]
Modelljahre 1971–1976

Lackfarben-Bezeichnung[2] (Verkaufs-Nummer)	Lack-Nummer	Modelljahre	Polster Stoff (Verkaufs-Nummer)	Polster Kunstleder (Verkaufs-Nummer)	Anmerkungen
Lotosweiß (42)	L 282	1971/1972	Flaschengrün (08)	Flaschengrün (52)	ab Modelljahr 1972
			Marineblau (09)	Marineblau (53)	ab Modelljahr 1971
			Schwarz (10)	Schwarz (54)	ab Modelljahr 1971
			Bordeaux (11)	Bordeaux (51)	ab Modelljahr 1971
Malachit metallic (W3)	L 96 Y	1975/1976	Bernstein (90)	Bernstein (58)	–
			Schwarz (93)	Schwarz (50)	
Marathon metallic (89, X2)	L 96 M	1973/1974/1975/1976	Marineblau (09)	Marineblau (53)	bis #41002630 (Stoff)
			Marineblau (97)		ab #41002631 (Stoff)
			Schwarz (10)	Schwarz (54)	bis #41001050 (Stoff)
			Schwarz (93)		ab #41001051 (Stoff)
			Bambus (07)	Bambus (50)	bis #41003087 (Kunstleder)
					bis #41010192 (Stoff)
			Bernstein (90)	Bernstein (58)	ab #41003088 (Kunstleder)
					ab #41010193 (Stoff)
			Bordeaux (11)	Bordeaux (51)	bis #41001855 (Stoff)
					bis #41009125 (Kunstleder)
			Weinrot (92)	Weinrot (59)	ab #41001856 (Stoff)
					ab #41009126 (Kunstleder)
			ab Modelljahr 1975 nur Schwarz und Marineblau		
Marineblau (21)	L 54 D	1971	Bambus (07)	Bambus (50)	–
Maroon (T4)	L 87 Z	1974	Bambus (07)	Bambus (50)	bis #41003087 (Kunstleder)
					bis #41010192 (Stoff)
			Bernstein (90)	Bernstein (58)	ab #41003088 (Kunstleder)
					ab #41010193 (Stoff)
			Flaschengrün (08)	Flaschengrün (52)	bis #41007749 (Kunstleder)
					bis #41015385 (Stoff)
			Flaschengrün (91)	Chromgrün (63)	ab #41007750 (Kunstleder)
					ab #41015386 (Stoff)
			Schwarz (10)	Schwarz (54)	bis #41001050 (Stoff)
			Schwarz (93)		ab #41001051 (Stoff)
Nevadabeige (19)	L 81 Z	1971/1972	Schwarz (10)	Schwarz (54)	–
			Bordeaux (11)	Bordeaux (51)	
Opalgrün (22)	L 62 Z	1972	Bambus (07)	Bambus (50)	–
			Schwarz (10)	Schwarz (54)	
			Bordeaux (11)	Bordeaux (51)	
Pastellweiß (06)	L 90 D	1971	Flaschengrün (08)	Flaschengrün (52)	–
Phönixrot (G5)	L 32 K	1975	Flaschengrün (91)	Chromgrün (63)	–
			Schwarz (93)	Schwarz (50)	
Rauchblau (24, J4)	L 51 Z	1972/1973/1974	Bambus (07)	Bambus (50)	bis #41003087 (Kunstleder)
					bis #41010192 (Stoff)
			Bernstein (90)	Bernstein (58)	ab #41003088 (Kunstleder)
					ab #41010193 (Stoff)
			Marineblau (09)	Marineblau (53)	bis #41002630 (Stoff)
			Marineblau (97)		ab #41002631 (Stoff)
			Schwarz (10)	Schwarz (54)	bis #41001050 (Stoff)
			Schwarz (93)		ab #41001051 (Stoff)

Lackfarben-Bezeichnung[2] (Verkaufs-Nummer)	Lack-Nummer	Modelljahre	Polster Stoff (Verkaufs-Nummer)	Polster Kunstleder (Verkaufs-Nummer)	Anmerkungen
			Bordeaux (11)	Bordeaux (51)	bis #41001855 (Stoff)
					bis #41009125 (Kunstleder)
			Weinrot (92)	Weinrot (59)	ab #41001856 (Stoff)
					ab #41009126 (Kunstleder)
Riverblau (70)	L 50 Y	1971/1972	Bambus (07)	Bambus (50)	ab Modelljahr 1972
			Schwarz (10)	Schwarz (54)	ab Modelljahr 1971
			Bordeaux (11)	Bordeaux 51)	ab Modelljahr 1971
Saharabeige (60, D3)	L 80 Z	1973/1974	Bambus (07)	Bambus (50)	bis #41003087 (Kunstleder)
					bis #41010192 (Stoff)
			Bernstein (90)	Bernstein (58)	ab #41003088 (Kunstleder)
					ab #41010193 (Stoff)
			Flaschengrün (08)	Flaschengrün (52)	bis #41007749 (Kunstleder)
					bis #41015385 Stoff)
			Flaschengrün (91)	Chromgrün (63)	ab #41007750 (Kunstleder)
					ab #41015386 (Stoff)
			Schwarz (10)	Schwarz (54)	bis #41001050 (Stoff)
			Schwarz (93)		ab #41001051 (Stoff)
			Bordeaux (11)	Bordeaux (51)	bis #41001855 (Stoff)
					bis #41009125 (Kunstleder)
			Weinrot (92)	Weinrot (59)	ab #41001856 (Stoff)
					ab #41009126 (Kunstleder)
Saphirblau (01)	L 50 D	1971	Bambus (07)	Bambus (50)	–
Schwarz (10, A1)	L041	1971/1972/1973/	Bernstein (90)	Bernstein (58)	–
		1975/1976	Flaschengrün (91)	Chromgrün (63)	
			Weinrot (92)	Weinrot (59)	
Signalgrün (N2)	L 62 Y	1975/1976	Bernstein (90)	Bernstein (58)	–
			Schwarz (93)	Schwarz (50)	
Silber metallic (80)	L 96 D	1971	Marineblau (09)	Marineblau (53)	–
			Schwarz (10)	Schwarz (54)	
			Bordeaux (11)	Bordeaux (51)	
Smaragdgrün (44)	L 60 Z	1971/1972	Bambus (07)	Bambus (50)	ab Modelljahr 1972
			Schwarz (10)	Schwarz (54)	ab Modelljahr 1971
			Bordeaux (11)	Bordeaux (51)	ab Modelljahr 1971
Spanischgrün (38)	L 63 Z	1973	Bambus (07)	Bambus (50)	–
			Schwarz (10)	Schwarz (54)	
			Bordeaux (11)	Bordeaux (51)	
Tibetorange (40, E4)	L 21 Z	1971/1972/1973/	Bambus (07)	Bambus (50)	bis #41003087 (Kunstleder)
		1974/1975/1976			bis #41010192 (Stoff)
			Bernstein (90)	Bernstein (58)	ab #41003088 (Kunstleder)
					ab #41010193 (Stoff)
			Flaschengrün (08)	Flaschengrün (52)	bis #41007749 (Kunstleder)
					bis #41015385 (Stoff)
			Flaschengrün (91)	Chromgrün (63)	ab #41007750 (Kunstleder)
					ab #41015386 (Stoff)
			Schwarz (10)	Schwarz (54)	bis #41001050 (Stoff)
			Schwarz (93)		ab #41001051 (Stoff)
			ab Modelljahr 1975 nur Flaschengrün und Schwarz		

Erklärung der Fußnoten siehe auf Seite 236 bzw. 242

Lackfarben und Lack/Polster-Kombinationen[1]
Modelljahre 1971–1976

Lackfarben-Bezeichnung[2] (Verkaufs-Nummer)	**Lack-Nummer**	**Modelljahre**	**Polster Stoff** (Verkaufs-Nummer)	**Polster Kunstleder** (Verkaufs-Nummer)	**Anmerkungen**
Tiefseegrün/Seegrün (60)	L 66 B	1971	Bambus (07)	Bambus (50)	–
Tizian metallic (W6)	L 97 Y	1975/1976	Bernstein (90) Schwarz (93)	Bernstein (58) Schwarz (50)	–
			ab Modelljahr 1976 nur Bernstein und Flaschengrün (Stoff) bzw. Chromgrün (Kunstleder), Entfall von Schwarz		
Tropengrün (N6)	L 90 A	1974	Bambus (07)	Bambus (50)	bis #41003087 (Kunstleder) bis #41010192 (Stoff)
			Bernstein (90)	Bernstein (58)	ab #41003088 (Kunstleder) ab #410010193 (Stoff)
			Schwarz (10)	Schwarz (54)	bis #41001050 (Stoff)
			Schwarz (93)		ab #41001051 (Stoff)
			Bordeaux (11)	Bordeaux (51)	bis #41001855 (Stoff) bis #41009125 (Kunstleder)
			Weinrot (92)	Weinrot (59)	ab #41001856 (Stoff) ab #41009126 (Kunstleder)
Türkis metallic (79)	L 95 B	1972/1973	Bambus (07) Schwarz (10) Bordeaux (11)	Bambus (50) Schwarz (54) Bordeaux (51)	–
Türkis hellmetallic (Y4)	L 99 Z	1974	Bambus (07)	Bambus (50)	bis #41003087 (Kunstleder) bis #41010192 (Stoff)
			Bernstein (90)	Bernstein (58)	ab #41003088 (Kunstleder) ab #41010193 (Stoff)
			Schwarz (10)	Schwarz (54)	bis #41001050 (Stoff)
			Schwarz (93)		ab #41001051 (Stoff)
			Flaschengrün (08)	Flaschengrün (52)	bis #41007749 (Kunstleder) bis #41015385 (Stoff)
			Flaschengrün (91)	Chromgrün (63)	ab #41007750 (Kunstleder) ab #41015386 (Stoff)
			Bordeaux (11)	Bordeaux (51)	bis #41001855 (Stoff) bis 41009125 (Kunstleder)
			Weinrot 92)	Weinrot (59)	ab #41001856 (Stoff) ab #41009126 (Kunstleder)
Ulmengrün (09)	L 60 D	1971	Bambus (07)	Bambus (50)	–

[1] Lackfarben- und Polsterangaben in internen Verkaufshandbüchern (denen die Daten dieser Listung entnommen sind) unterscheiden sich teilweise von in Verkaufsbroschüren veröffentlichten Farb/Polster-Varianten. Die Hintergründe solcher Abweichungen lassen sich über 50 Jahre nach Drucklegung der Prospekte leider nicht klären.
[2] Serien-Lackfarben in halbfetter grauer Schrift, optionale Lackfarben gegen Aufpreise in halbfetter schwarzer Schrift (jeweilige Aufpreise siehe „Audi 100 Coupé S – Optionen und deren Einführung“ auf den Seiten 247 und 248)

Fahrzeuglackierung[1,2]
Farbübersicht

Farbe	Code
Achatbraun	48, T1
Achatbraun metallic	72, Z1
Aeroblau metallic	85
Alaska metallic	69, 78, X4
Aquablau	K8
Atlantic metallic	W7
Atlasweiß	R3
Bananagelb	L5
Bermudagrün	52, N1
Cadizorange	L2
Ceylonbeige	D1
Clementine	12
Colorado metallic	81, Z3
Coralle	G7, 45
Coronagelb	26, B7
Delftblau	61, K1
Gemini metallic	86
Iberischrot	28, G3
Isisgrün	36
Jagdgrün	73
Kansasbeige	65
Lotosweiß	06
Malachit metallic	W3
Marathon metallic	X2, 89

Fahrzeuglackierung[1,2]
Farbübersicht

Farbe	Code
Marineblau	21
Maroon	T4
Nevadabeige	19
Opalgrün	22
Pastellweiß	06
Phönixrot	G5
Rauchblau	24, J4
Riverblau	70
Saharabeige	60, D3
Saphierblau	01
Schwarz	10, A1
Signalgrün	N2
Silber metallic	80
Smaragdgrün	44
Spanischgrün	38
Tibetorange	40, E4
Tiefseegrün	60
Tizian metallic	W6
Tropengrün	N6
Türkis metallic	79
Türkis hellmetallic	Y4
Ulmengrün	09

Polsterbezüge[1]

Stoffe

Bambus 07

Flaschengrün 08

Flaschengrün 91

Bordeaux 11

Weinrot 92

Kunstleder

Bambus 50

Flaschengrün 52

Chromgrün 63

Bordeaux 51

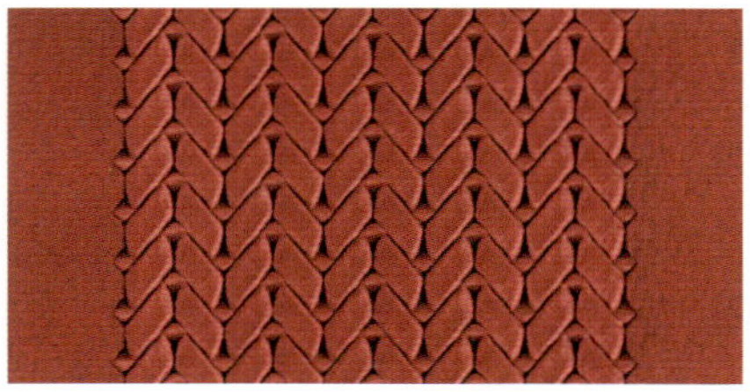
Weinrot 59

Stoffe

Bernstein 90

Marineblau 09

Marineblau 97

Schwarz 10

Schwarz 93

Kunstleder

Bernstein 58

Marineblau 53

Marineblau 53

Schwarz 54

Schwarz 50

[1] Lackfarben- und Polsterangaben in internen Verkaufshandbüchern (denen die Daten dieser Listung entnommen sind) unterscheiden sich teilweise von in Verkaufsbroschüren veröffentlichten Farb/Polster-Varianten. Die Hintergründe solcher Abweichungen lassen sich über 50 Jahre nach Drucklegung der Prospekte leider nicht klären.
[2] Serien-Lackfarben in halbfetter grauer Schrift, optionale Lackfarben gegen Aufpreise in halbfetter schwarzer Schrift (jeweilige Aufpreise siehe „Audi 100 Coupé S – Optionen und deren Einführung“ auf den Seiten 247 und 248)

Fahrgestell[1]- und Motornummern[2]
Modelljahre 1971–1976

Modelljahr[3] 1971

Typ-Nr.	Ausführung	Chassis-Nummer	Motor-Nummer 85 kW (115 PS)
817	Linkslenker	81 11 014 066– 81 11 110 115	ZP 000 045– ZP 006 454

Modelljahr[3] 1972

Typ-Nr.	Ausführung	Chassis-Nummer	Motor-Nummer 82 kW (112 PS)
817	Linkslenker mit Abgas-Reinigung	81 21 000 062– 81 21 137 018	ZJ 000 057– ZJ 033 512
818	Rechtslenker mit Abgas-Reinigung	81 21 037 151– 81 21 136 597	ZJ 000 537– ZJ 033 512
817	Linkslenker	81 21 000 062– 81 21 137 018	ZN 000 467– ZN 012 369
818	Rechtslenker	81 21 037 151– 81 21 136 597	ZN 001 818– ZN 012 327

Modelljahr[3] 1973

Typ-Nr.	Ausführung	Chassis-Nummer	Motor-Nummer 82 kW (112 PS)
817	Linkslenker mit Abgas-Reinigung	81 31 002 003– 81 31 145 270	ZJ 033 354– ZJ 066 644
818	Rechtslenker mit Abgas-Reinigung	81 31 002 013– 81 31 143 764	ZJ 033 354– ZJ 066 644
817	Linkslenker	81 31 002 003– 81 31 145 217	ZN 012 184– ZN 029 059
818	Rechtslenker	81 31 002 013– 81 31 143 764	ZN 012 370– ZN 028 911

Modelljahr[3] 1974

Typ-Nr.	Ausführung	Chassis-Nummer	Motor-Nummer 82 kW (112 PS)
817	Linkslenker mit Abgas-Reinigung	81 41 001 791– 81 41 127 491	ZJ 067 352– ZY 092 624
818	Rechtslenker mit Abgas-Reinigung	81 41 005 555– 81 41 127 454	ZJ 069 908– ZJ 092 624
817	Linkslenker	81 41 001 791– 81 41 118 734	ZN 028 912– ZN 033 602
818	Rechtslenker	81 41 005 555– 81 41 099 595	ZN 028 912– ZN 033 602

Modelljahr[3] 1975

Typ-Nr.	Ausführung	Chassis-Nummer	Motor-Nummer 82 kW (112 PS)
817	Linkslenker mit Abgas-Reinigung	81 51 000 088– 81 51 080 205	ZJ 091 694– ZJ 111 382
818	Rechtslenker mit Abgas-Reinigung	81 51 008 661– 81 51 080 205	ZJ 091 694– ZJ 111 382

Modelljahr[3] 1976

Typ-Nr.	Ausführung	Chassis-Nummer	Motor-Nummer 82 kW (112 PS)
817	Linkslenker mit Abgas-Reinigung	81 61 000 094– 81 61 077 678	ZJ 111 728– ZJ 125 346
818	Rechtslenker mit Abgas-Reinigung	81 61 000 094– 81 61 077 678	ZJ 111 728– ZJ 125 346

[1] Die Fahrgestellnummer ist im Motorraum am Wasserkasten rechts angebracht.
[2] Die Motornummer ist in das Zylinderkurbelgehäuse links eingeschlagen.
[3] Die Audi-Modelljahre starten im August des Vorjahres und enden im Juli des Jahres (Beispiel: Modelljahr 1972 = August 1971–Juli 1972).

Grundpreis-Entwicklung
1969–1976

Entsprechend seines Status als Top-Modell des Audi-Programms dokumentierte das 100 Coupé S seine Stellung nicht nur mit einer vergleichsweise üppigen Serienausstattung, sondern auch mit einem im Vergleich zu den bürgerlicheren 100 Limousinen stattlichen Preis-Aufschlag. Der geriet nach dem Serienstart gar noch deutlich höher, als anlässlich der Vorstellung bei der IAA 1969 in Aussicht gestellt. Und auch der Premieren-Preis vom September 1970 hatte lediglich einen guten Monat Bestand.

Die folgende Listung dokumentiert die Preisentwicklung des Coupés vom Start bis zur Produktionseinstellung knapp sechs Jahre später – in Klammern hinter den Grundpreis-Angaben steht jeweils der Coupé-Aufpreis gegenüber dem jeweils teuersten Limousinen-Modell (100 LS bis zur Angabe Oktober 1970, später 100 GL, jeweils zweitürig/viertürig).

Ankündigung[1]	„ca. 13.000 DM“	
Dezember 1969[2]	12.500 DM	(–)
September 1970	13.900 DM	(3.610/3.610 DM)
Oktober 1970	14.400 DM	(2.680/2.680 DM)
Februar 1972	14.700 DM	(2.700/2.350 DM)
Februar 1973	14.990 DM	(2.465/2.090 DM)
August 1973	15.090 DM	(2.390/2.015 DM)
März 1974	16.000 DM	(2.540/2.145 DM)
Mai 1974	16.815 DM	(2.670/2.250 DM)
Januar 1975	17.420 DM	(2.770/2.335 DM)
April 1975	18.285 DM	(2.760/2.275 DM)
März 1976	19.365 DM	(–[3]/2.925 DM)

[1] zur Vorstellung anlässlich der IAA im September 1969
[2] gemäß *auto motor und sport* 25/1969, Stand 1. Dezember 1969
[3] Die entsprechende Preisliste führt lediglich die viertürige GL-Version auf.

Optionen und deren Einführung[1]
Modelljahre 1971–1976

Modelljahr 1971

Option	Preis	ab Modelljahr 1972	ab Modelljahr 1973	ab Modelljahr 1974	ab Modelljahr 1976
Sonderlackierung Gruppe[2]	125 DM				135 DM
Sonderlackierung Gruppe[3]	450 DM		325 DM		380 DM
Skai-Sitzbezüge	100 DM				109 DM
Radio „Wolfsburg“ (MW/LW)	210 DM	Entfall			
Radio „Emden“ (MW/LW/UKW)	300 DM	325 DM[4]	345 DM	270 DM	345 DM
Radio „Braunschweig“ (MW/LW/UKW)	370 DM	395 DM[4]	Entfall		255 DM
Radio „Ingolstadt“ (MW/LW/KW/UKW)	460 DM	485 DM[4]	400 DM	425 DM	450 DM
Versenkantenne (manuell)	25 DM	Entfall[4]			
Automatikantenne	280 DM				
3-Punkt-Sicherheitsgurte vorn	85 DM				
Dreipunkt-Sicherheitsgurte hinten	110 DM			117 DM	
Stahlkurbeldach	440 DM	470 DM	495 DM		606 DM
2 Halogen-Nebelscheinwerfer, 1 Nebelschlussleuchte, Wisch-Intervallschalter	260 DM			255 DM	277 DM
Rundumverglasung grün	325 DM			366 DM	397 DM

Modelljahr 1972

Option Wie 1971 (siehe ebenda), außerdem:	Preis		ab Modelljahr 1973	ab Modelljahr 1974	ab Modelljahr 1976
Radio Blaupunkt „Köln“ mit Automatikantenne	930 DM		Entfall		
3-Punkt-Automatikgurte vorn	165 DM		135 DM		serienmäßig
Automatikgetriebe	1.200 DM		1.290 DM	1.464 DM	1.490 DM

Modelljahr 1973

Option	Preis			ab Modelljahr 1974	ab Modelljahr 1976
Radio „Ingolstadt“ (MW/LW/KW/UKW) mit Automatikantenne	490 DM			522 DM	
Kassettenradio „Neckarsulm“ (MW/UKW) mit Automatikantenne	675 DM			710 DM	
Radio „Hannover“ (MW/LW/UKW) mit Sendersuchlauf und Automatikantenne	710 DM				
Hochspannungs-Kondensatorzündung	190 DM			233 DM	253 DM
Abdeckbleche für Bremsscheiben	35 DM			53 DM	

[1] ohne Anspruch auf Vollständigkeit
[2] anfangs Coronagelb, Isisgrün und Tibetorange; ab Modelljahr 1972 Coronagelb, Opalgrün, Tibetorange; ab Modelljahr 1973 Coronagelb, Bermudagrün, Tibetorange.
[3] anfangs Silber metallic, Colorado metallic und Gemini metallic; ab Modelljahr 1972 Aeroblau metallic, Colorado metallic, Gemini metallic, Türkis metallic; ab Modelljahr 1973 Alaska metallic, Colorado metallic, Marathon metallic, Türkis metallic, Achatbraun metallic – siehe auch „Audi 100 Coupé S – Lackfarben und Lack/Polster-Kombinationen“ ab Seite 236.
[4] fortan inkl. manueller Versenkantenne (ohne Zusatzkosten).

Optionen und deren Einführung[1]
Modelljahre 1971–1976

Modelljahre 1974/75

Option	Preis	ab Mai 1974	ab Modelljahr 1976
Scheinwerfer-Reinigungsanlage	245 DM		267 DM
Klimaanlage	1.950 DM	2.200 DM	2.393 DM
Servolenkung	840 DM	848 DM	922 DM

Modelljahr 1976

Option	Preis
3-Punkt-Automatikgurte hinten	142 DM
Beckengurt hinten Mitte	27 DM
Beifahrer-Außenspiegel	24 DM
Nebelschlussleuchte	43 DM
Radio „Salzgitter" (UKW, Verkehrsfunkdecoder)	199 DM
Halogen-Nebelscheinwerfer	234 DM
HKZ-Anlage	253 DM

Feine Gesellschaft mit Pferdestärken: Audi 100 Coupé S und feiernde Reiterschaft.

Produktion / Zulassungen / Absatz
1964–1976

Audi 100 Coupé S: Produktion und Zulassungen (BRD) sowie Absatz weltweit 1970–1976

	1970[1]	1971	1972	1973	1974	1975	1976	1970–76 Summe
Produktion Ingolstadt	741	8.586	2.631	0	0	0	1	**11.962[1]**
Produktion Neckarsulm	0	0	5.775	7.989	2.490	1.476	995	**18.725**
Produktion total	741	8.586	8.406	7.989	2.490	1.476	996	**30.687[1]**
Zulassungen BRD	689	4.994	4.158	3.903	1.430	1.036	833	**17.043**
Absatz weltweit	**689**	**8.234**	**8.094**	**8.347**	**2.666**	**1.618**	**1.039**	**30.687**

[1] Produktionsstart im Oktober 1970, 1969 entstanden in Ingolstadt 3 Vorserien-Exemplare (für Ausstellungen)

Produktionszahlen 1964–1976[2,3]
Audi im Vergleich mit BMW und Mercedes-Benz

Jahr	Auto Union / Audi	BMW	Mercedes-Benz
1964	78.790	54.770	165.532
1965	52.207	63.491	174.007
1966	67.248	71.274	191.625
1967	39.062	82.360	200.470
1968	67.564	101.024	216.284
1969	120.499	136.489	256.713
1971	184.706	163.832	181.964
1972	240.631	181.964	323.878
1973	397.914	196.075	331.682
1974	287.280	184.681	340.006
1975	288.194	217.458	350.098
1976	293.822	275.022	370.347

Produktionszahlen/Neuzulassungen (BRD) 1968–1976[3]
Audi 100

Jahr	100 / 100 S / LS	100 GL	100 Coupé S
1968	90 / 63	–	–
1969	67.852 / 42.622	–	–
1970	101.655 / N.N.	–	741 / 689
1971	91.267 / 58.047	9.715 / 4.760	8.586 / 4.994
1972	109.467 / 44.607	43.650 / 21.505	8.406 / 4.158
1973	111.211 / 43.054	40.016 / 16.084	7.989 / 3.903
1974	78.365 / 34.349	14.880 / 7.617	2.490 / 1.430
1975	68.519 / 35.125	15.826 / 7.320	1.476 / 1.036
1976	39.206 / 21.625	7.812 / 3.337	996 / 833

[2] Quelle (1964–1967): *auto, motor und sport* 4/1968
[3] Quellen (1968–1976): *auto modelle* (Vereinigte Motor-Verlage, Stuttgart), Kataloge 1970/71, 1974, 1975, 1976, 1977, 1979

Neuzulassungen (BRD) 1964–1974[4]
Audi[5] im Vergleich mit BMW und Mercedes-Benz

Mitte der 1960er Jahre wäre für nicht zurechnungsfähig erklärt worden, wer Modelle der damaligen Auto Union auf Augenhöhe mit dem Premiumklassen-Platzhirsch Mercedes-Benz sah. Auch BMW dümpelte damals noch im Tal der Tränen – trotz „Neuer Klasse“ und durchaus gutem, aus der Vorkriegszeit herüber gerettetem Image. Beide, die Auto Union und BMW, waren folglich Übernahmekandidaten, was im Falle der Ingolstädter bereits Realität geworden war und bloßes Gerücht, was BMW anbelangte. Beide Hersteller verkauften den Deutschen jeweils maximal die Hälfte der Autos, wie dies den Stuttgartern gelang – oft lieferte Mercedes-Benz in Deutschland bis zu drei Mal so viele Einheiten aus.

Ende der 1960er Jahre mischte zunächst der Audi 100 die Karten neu. 1969 überholte Audi den bayerischen Konkurrenten BMW in den deutschen Zulassungszahlen und schloss zu Mercedes auf. Das zweite Überholmanöver gelang schließlich mit Hilfe der zweiten Kraus'schen Konstruktion: Dieser Audi 80 schlug derart ein, dass in seinem ersten kompletten Produktionsjahr, 1973, Audi unter den drei Premium-Herstellern an die deutsche Zulassungsspitze rückte – und zugleich sowohl BMW als auch Mercedes-Benz in der Jahresproduktion deutlich übertraf. So lauten die entsprechenden Produktionszahlen des Jahres 1973 in der Reihenfolge Audi (ohne NSU) / Mercedes / BMW: 397.914 / 331.682 / 196.075 gegenüber den 1972er Zahlen 269.991 / 323.878 / 182.858.

Die Statistik auf den beiden Folgeseiten erzählt mit trockenen Zahlen die Neuzulassungs-Chronologie des „Wunders von Ingolstadt“:

[4] Quellen: *auto, motor und sport*, diverse Ausgaben der Jahre 1964ff
[5] Die Zahlen der Jahre 1964/65 gelten für die Auto Union (DKW-Modelle F 11, F 12, AU 1000 und F 102), ab September 1965 ausschließlich für Audi (also OHNE NSU), wobei ab 1971 die jeweiligen Zahlen in Klammern den Deutschland-Absatz des Typs 100 (sofern bekannt) beziffern.

Neuzulassungen (BRD) 1964–1974[4]
Audi[5] im Vergleich mit BMW und Mercedes-Benz

Jahr	Auto Union / Audi	BMW	Mercedes-Benz
1964[5]			
Januar	2.517	1.656	6.240
Februar	5.183	2.153	7.068
März	4.848	4.527	7.687
April	4.839	4.160	8.136
Mai	4.376	3.028	6.160
Juni	4.937	3.485	7.262
Juli	5.259	3.580	7.834
August	3.417	1.534	6.453
September	3.532	2.744	7.035
Oktober	2.953	2.831	7.727
November	2.001	2.167	7.331
Dezember	2.103	1.922	7.345
1964 total	**45.965**	**33.787**	**86.278**
1965[5]			
Januar	1.961	1.950	5.524
Februar	4.148	2.294	7.079
März	6.123	4.069	9.539
April	6.594	4.300	8.549
Mai	3.882	3.653	7.443
Juni	2.891	3.564	7.107
Juli	2.351	3.730	7.149
August	1.580	2.210	6.954
September	1.322	2.423	7.691
Oktober	2.559	2.603	8.395
November	1.974	1.928	7.965
Dezember	1.875	1.583	7.636
1965 total	**37.260**	**34.307**	**91.031**
1966			
Januar	1.807	1.838	7.297
Februar	2.520	2.228	7.925
März	4.787	4.784	9.570
April	4.085	4.929	7.610
Mai	3.490	4.578	8.116
Juni	3.144	4.523	8.047
Juli	2.812	4.762	8.158
August	1.959	2.611	8.313
September	2.137	4.207	8.543
Oktober	2.238	3.873	8.428
November	1.595	3.095	7.958
Dezember	1.420	2.509	7.749
1966 total	**31.994**	**43.937**	**97.714**

Jahr	Audi	BMW	Mercedes-Benz
1967			
Januar	2.141	2.663	7.682
Februar	2.386	3.527	7.583
März	3.990	5.743	10.027
April	3.190	5.088	9.661
Mai	2.991	4.762	8.682
Juni	2.589	4.856	9.649
Juli	2.435	4.257	8.846
August	1.727	2.772	8.020
September	2.218	3.764	8.556
Oktober	3.040	4.473	7.931
November	2.727	3.904	6.764
Dezember	2.676	3.503	5.567
1967 total	**32.110**	**49.312**	**98.968**
1968			
Januar	1.309	2.343	4.595
Februar	1.939	3.627	8.243
März	3.941	5.776	11.869
April	5.392	6.447	11.083
Mai	5.771	6.644	11.347
Juni	4.348	4.535	8.072
Juli	5.247	5.312	10.874
August	2.106	3.276	9.231
September	3.743	4.603	9.543
Oktober	4.667	5.723	11.000
November	3.249	4.925	9.055
Dezember	2.968	4.474	8.378
1968 total	**44.680**	**57.685**	**113.290**
1969			
Januar	3.475	4.847	9.291
Februar	4.394	5.661	9.518
März	8.217	8.081	11.429
April	7.073	7.964	10.828
Mai	6.677	6.801	10.752
Juni	6.773	6.457	10.064
Juli	8.353	7.405	12.065
August	3.996	3.193	10.137
September	7.610	5.068	10.744
Oktober	9.312	7.052	13.034
November	8.271	5.881	10.149
Dezember	6.941	4.376	9.289
1969 total	**81.092**	**72.786**	**127.300**

Jahr	Audi	BMW	Mercedes-Benz
1970			
Januar	6.149	5.250	9.930
Februar	6.781	5.720	10.526
März	9.355	8.328	13.228
April	9.777	9.413	14.134
Mai	7.541	6.548	10.499
Juni	9.604	7.598	12.767
Juli	11.002	9.034	13.734
August	3.577	4.472	11.115
September	9.973	7.013	12.229
Oktober	9.876	7.211	12.007
November	9.994	7.373	12.145
Dezember	7.940	7.441	12.403
1970 total	**101.569**	**85.401**	**144.717**
1971			
Januar	6.258	5.551	13.107
Februar	8.241	6.221	12.069
März	13.322 (7.470)	9.396	16.317
April	11.403	9.354	14.807
Mai	10.376 (5.743)	8.051	14.231
Juni	10.936 (6.179)	8.876	13.691
Juli	13.406 (7.736)	9.885	15.417
August	5.898 (3.422)	4.795	12.949
September	8.470 (4.527)	7.233	13.798
Oktober	7.354 (4.235)	6.967	12.756
November	8.822 (5.417)	6.271	12.204
Dezember	4.793 (2.697)	4.426	4.625
1971 total	**109.279**	**87.026**	**155.971**
1972			
Januar	6.843 (3.713)	7.126	14.266
Februar	8.576 (5.092)	7.130	13.518
März	14.544 (8.281)	12.062	17.363
April	11.603 (7.285)	8.713	13.734
Mai	12.383 (7.920)	9.442	14.780
Juni	12.138 (8.246)	9.399	14.968
Juli	10.956 (7.246)	8.532	15.084
August	6.378 (4.467)	7.710	13.089
September	6.629 (4.069)	4.966	13.086
Oktober	10.143 (5.524)	7.829	16.184
November	11.243 (4.379)	7.921	13.737
Dezember	12.297 (4.014)	6.124	10.845
1972 total	**123.733**	**96.954**	**170.654**

Jahr	Audi	BMW	Mercedes-Benz
1973			
Januar	16.233 (4.538)	8.865	14.844
Februar	20.298 (7.837)	9.064	14.216
März	24.427 (9.042)	11.268	16.925
April	21.073 (7.965)	10.471	15.289
Mai	20.838 (6.911)	9.982	16.186
Juni	17.143 (5.640)	8.238	15.301
Juli	17.675 (5.356)	7.958	14.992
August	6.354 (2.384)	3.983	14.366
September	12.231 (4.183)	5.934	14.860
Oktober	15.683 (4.605)	7.903	14.070
November	11.230 (2.880)	4.938	14.727
Dezember	5.704 (1.705)	2.303	10.436
1973 total	**188.889**	**90.907**	**176.212**
1974			
Januar	7.699 (3453)	4.954	15.815
Februar	11.971 (4642)	5.139	14.353
März	17.038 (6168)	8.794	15.981
April	15.462 (4705)	9.637	16.007
Mai	11.966 (4149)	10.223	17.318
Juni	11.037 (3692)	7.959	13.671
Juli	10.243 (3218)	7.041	16.238
August	9.876 (3.189)	6.897	15.167
September	9.235 (3389)	6.103	14.685

[5] Die Zahlen der Jahre 1964/65 gelten für die Auto Union (DKW-Modelle F 11, F 12, AU 1000 und F 102), ab September 1965 ausschließlich für Audi (also OHNE NSU), wobei ab 1971 die jeweiligen Zahlen in Klammern den Deutschland-Absatz des Typs 100 (sofern bekannt) beziffern.

Stichwortverzeichnis

Personen

Technik

Zulieferer und sonstige Unternehmen

Automarken und -modelle

Sonstiges

Textquellenverzeichnis

Zeitungen, Magazine und Homepages

auto motor und sport
- Ausgabe 2/1964 (Test DKW F 102)
- Ausgabe 3/1964 (Wir fuhren: Opel Kadett Coupé)
- Ausgabe 6/1964 (Mercedes/AU-„Erlkönig")
- Ausgabe 8/1964 (Wir fuhren: DKW F 102)
- Ausgabe 23/1964 (Schachzug mit der Auto Union, Daimler-Benz und VW am gleichen Strang)
- Ausgabe 4/1965 (Fritz B. Busch: Der üble Scherz; Preissenkungen für Auto Union-Modelle)
- Ausgabe 16/1965 (Test Porsche 912)
- Ausgabe 17/1965 (Neue Autos)
- Ausgabe 19/1965 (Mehr als 11:1 Verdichtung, der Auto Union-Mitteldruckmotor)
- Ausgabe 20/1965 (Wir fuhren die neuen Autos: Audi)
- Ausgabe 23/1965 (Test Audi)
- Ausgabe 24/1965 (Sechszylinder-Zweitakter für den DKW F 102)
- Ausgabe 26/1965 (Vergleichstest Teil 1: Audi, Ford 17M, Glas 1700, Opel Rekord, VW 1600 TL)
- Ausgabe 1/1966 (Vergleichstest Teil 2: Audi, Ford 17M, Glas 1700, Opel Rekord, VW 1600 TL)
- Ausgabe 10/1966 (Frontantrieb auf dem Vormarsch)
- Ausgabe 26/1966 (Vergleichstest Teil 1: Audi, BMW 1600, Fiat 1500, Opel Rekord, Renault 16, Simca 1501)
- Ausgabe 1/1967 (Vergleichstest Teil 2: Audi, BMW 1600, Fiat 1500, Opel Rekord, Renault 16, Simca 1501)
- Ausgabe 3/1967 (VW schließt Verträge mit Porsche und Pininfarina)
- Ausgabe 5/1967 (Luftwiderstand als Konstruktionsfaktor)
- Ausgabe 6/1967 (Test Audi Super 90)
- Ausgabe 8/1967 (50.000 km Dauertest Audi 72 PS)
- Ausgabe 15/1967 (Doppeltest Audi 80, Opel Rekord)
- Ausgabe 26/1967 (Vergleichstest Teil 1: Audi L, Fiat 125, Ford 15M TS, Opel Olympia, Renault 16, VW 1600L)
- Ausgabe 1/1968 (Vergleichstest Teil 2: Audi L, Fiat 125, Ford 15M TS, Opel Olympia, Renault 16, VW 1600L
- Ausgabe 4/1968 (Vergleich deutscher Auto-Produktionen 1964–1967)
- Ausgabe 10/1968 (Test Audi 60)
- Ausgabe 25/1968 (Vorstellung Audi 100)
- Ausgabe 26/1968 (Vergleichstest Teil 1: Audi, Fiat 125,
- Ford 17M, Opel Rekord, Renault 16, VW 411)
- Ausgabe 1/1969 (Vergleichstest Teil 2: Audi, Fiat 125, Ford 17M, Opel Rekord, Renault 16, VW 411)
- Ausgabe 4/1969 (Vergleich deutscher Auto-Produktionen 1965–1968)
- Ausgabe 8/1969 (Test Audi 100 LS)
- Ausgabe 10/1969 (Fusion NSU-Audi perfekt)
- Ausgabe 19/1969 (IAA 1969)
- Ausgabe 23/1969 (künftige Audi 100-Produktion in Wolfsburg)
- Ausgabe 26/1969 (Vergleichstest Teil 1: Audi 100 LS, Alfa Romeo 1750, BMW 2000, Ford 26M, Mercedes 200, Opel Commodore
- Ausgabe 1/1970 (Vergleichstest Teil 2: Audi 100 LS, Alfa Romeo 1750,
- BMW 2000, Ford 26M, Mercedes 200, Opel Commodore)
- Ausgabe 8/1970 (Neuzulassungen von 1966–1969)
- Ausgabe 10/1970 (Der Kampf ums Image)
- Ausgabe 21/1970 (Deutsche Autos 70/71)
- Ausgabe 26/1970 (Vergleichstest Teil 1: Audi 100S, BMW 1600, Renault 16TS, VW K70, VW 411 LE; Test-Tagebuch)
- Ausgabe 1/1971 (Vergleichstest Teil 2: Audi 100S, BMW 1600, Renault 16TS, VW K70, VW 411 LE)
- Ausgabe 2/1971 (Test Audi 100 Coupé S)
- Ausgabe 22/1971 (Zurück zu den Panzern)
- Ausgabe 24/1971 (Test Audi 100 GL)
- Ausgabe 3/1972 (Sicherheit aus dem Computer)
- Ausgabe 7/1972 (Deutsche Automobilproduktion 1971)
- Ausgabe 19/1972 (Audi-Entwicklung und Interview mit Ludwig Kraus)
- Ausgabe 7/1973 (Wolfsburger Roulette)
- Ausgabe 9/1973 (Die Marketing-Konzeptionen der deutschen Autoindustrie/VW und Audi/NSU)
- Ausgabe 11/1972 (Sonderschichten bei Audi und BMW)
- Ausgabe 13/1972 (Positions-Kampf: Konzeptionen-Vergleich Audi 100, BMW 1802, VW 411LE, VW-Porsche 914)
- Ausgabe 12/1973 (Das Angebot der Tuner/Audi NSU)
- Ausgabe 14/1973 (Vergleichstest Automatik-Limousinen: Audi 100 LS, Chrysler 2 Liter, Ford Consul 2000, Opel Rekord 1900, VW 412 LE)
- Ausgabe 19/1973 (Audi auf der IAA/Frankfurt)
- Ausgabe 23/1973 (Crayford: Audi 100-Cabrio)
- Ausgabe 26/1973 (Vergleichstest Teil 1: Audi 100 GL, BMW 520i, Mercedes 230/4, Peugeot 504 TI, Volvo 144 E)
- Ausgabe 1/1974 (Vergleichstest Teil 2: Audi 100 GL, BMW 520i, Mercedes 230/4, Peugeot 504 TI, Volvo 144 E)
- Ausgabe 20/1974 (Audi: schöne teure Tochter)
- Ausgabe 23/1974 („Federn ohne Federkern", Audi 50-Sitz-konstruktion)
- Ausgabe 6/1976 („Solides Stück", Ratschläge für Gebraucht-wagenkäufer: Audi 100)
- Ausgabe 25/1976 (Test neuer Audi 100 Fünfzylinder)
- Ausgabe 23/1978 (Dr. Fritz Indra: „Von Alpina zu Audi")
- Ausgabe 1/1981 („Weiche Welle", Test Audi Coupé GT 5S)
- Ausgabe 7/1982 („Mit List und Tücke")
- Ausgabe 22/1988 (Vorstellung des Audi Coupé dritter Generation)
- Ausgabe 14/1989 (Die IAA Neuheiten: u.a. Audi Cabrio)
- Ausgabe 1/1990 („Ein Plus für Singles", Vergleich Audi 90 und coupé)

Austro Motor
- Ausgabe 4/1972 (Test Audi 100 Coupé S)

Auto Bild Klassik
- Ausgabe 6/2023 (Preisentwicklung Audi 100 Coupé S)
- Ausgabe 8/2023 (Fahrbericht Audi 100 GL Crayford Cabriolet)

Automobiltechnische Zeitschrift (ATZ)
- Ausgabe Januar 1971 (Audi 100, Heizungs- und Lüftungsanlage)
- Ausgabe 10/11 1981 (Die Frontantriebs-Entwicklung bei Audi, NSU, Auto Union und DKW)

Automobil Revue (CH)
- Ausgabe vom 10. Juli 1969 (Audi 100 LS überspringt die Barrikaden der Typprüfung)
- Jahres-Kataloge der Jahre 1964–1989

Auto Modelle
Jahres-Kataloge der Vereinigten Motor-Verlage, Stuttgart
- Ausgaben 1970/71, 1974, 1975, 1977 (jeweils Produktions- und Zulassungs-Statistiken)

Auto Revue (A)
- Ausgabe 8/1971 (Test Audi 100 Coupé S)

Bild am Sonntag
- Ausgabe vom 10. November 1969 (Beinahe wäre das Audi-Coupé ein Cola-Auto geworden)

Car/GB
- Ausgabe August 1975 (Vergleichstest: Audi 100 Coupé S, Alfa Romeo Alfetta GT, Ford Capri 3000 Ghia)

Car & Driver/USA
- Ausgabe Januar 1973 (Vergleichstest Audi 100 LS, Peugeot 504, Saab 99 LE, Volvo 144, Ford Maverick, Pontiac Ventura)

Deutsche Automobil Revue
- Ausgabe 5/1970 (Fahrbericht Audi 100 Coupé)

(Deutsche) Auto Zeitung
- Ausgabe 4/1969 (Design-Skizze künftiges Audi-Coupé)
- Ausgabe 21/1969 (Der Schnelle aus Ingolstadt: Audi-Coupé)
- Ausgabe 27/1969 (Test Audi 75L)
- Ausgabe 4/1971 (Test Audi 100 Coupé S)
- Ausgabe 16/1971 (Vergleichstest: Audi 60, VW 1600)
- Ausgabe 14/1971 (Test Audi 100 LS Automatic)
- Ausgaben 26/1971 und 1/1972 (Vergleichstest Audi 10 GL, BMW 2000, Mercedes 220, Peugeot 504 Injection, Volvo 144)
- Ausgabe 9/1975 (Vergleichstest: Audi 100 Coupé S,
- Alfa Romeo Alfetta GT, Lancia Beta Coupé)

Capital
- Ausgabe 3/1969 (Leser-Aktion Ideales Auto)
- Ausgabe 7/1969 (Auswertung der Leser-Aktion)

Car & Driver/USA
- Ausgabe 1/1973 (Vergleichstest Audi 100 LS, Ford Maverick, Peugeot 504, Pontiac Ventura, Saab 99 LE, Volvo 144)

Classic Data
- Marktspiegel Oldtimer, Youngtimer, Liebhaberfahrzeuge Ausgabe 1/95

Hamburger Abendblatt
- Ausgabe vom 6. Mai 1970 (Das neue Audi Coupé)

Hobby
- Ausgaben 14, 15 und 16/1966 (Vergleichstest Audi, BMW 1600)
- Ausgabe 23/1969 (Fahrbericht Audi 100 Coupé S)
- Ausgabe 23/1969 (Fahrbericht Audi 100 Coupé)
- Ausgaben 1 und 2/1970 (Vergleichstest Audi 60 Variant, Austin Maxi, VW 1600 Variant)
- Ausgabe 6/1970 (Das Auto des Jahres 1969)

L'auto journal (F)
- Ausgabe 13/1971 (Test Audi 100 Coupé S)
- Ausgabe 5/1972 (Test Audi 100 GL)

mot Auto-Kritik
- Ausgabe 8/1969 (Test Audi 100)
- Ausgabe 12/1969 (Leserbrief einen Audi 100-Besitzers und Vergleichstest Audi 100/Peugeot 504)
- Ausgabe 16/1969 (Erspart der Audi den Mercedes? Vergleich Audi 100 gegen Mercedes-Benz 200/220)
- Ausgabe 3/1970 (Test Audi 100 Zweitürer und Coupé)
- Ausgabe 6/1970 /Vergleichstest Audi 60, Ford 15M, Peugeot 304, VW 1600)
- Ausgabe 26/1970 (Test Audi 100 Coupé S)

Motor, The (GB)
- Ausgabe September 1964 (Interview mit Auto Union-Direktor Dr. Werner Henze)
- Ausgabe Mai 1966 (Test Audi)

Motor Klassik
- Ausgabe 1/1984 (Der erste Nachkriegs-Audi)
- Ausgabe 3/1987 („Aerodynamik")
- Ausgabe 10/1990 („Gut für Überraschungen": Kaufberatung Audi 100 S Coupé)
- Ausgabe 6/1996 (Fahrbericht Audi 100 Coupé S)
- Ausgabe 10/2008 („Doppelt gemoppelt": Restaurierung Audi 100 Coupé S)
- Ausgabe 9/2016 (Vergleich Audi 100 Coupé S, Mercedes 250 CS, Opel Commodore Coupé)
- Ausgabe 10/2017 („Ganz schön schräg": Vergleich Audi 100 Coupé S, Ford Granada 2.3 Coupé, Opel Commodore GS/E Coupé)

Motor Revue
- Ausgabe 20/Winterausgabe 1956 (Preise der deutschen Personenwagen, Stand 15. November 1956)
- Ausgabe 35/Herbstausgabe 1960 (Deutsche Personenwagen-produktion 1950–1960)
- Ausgabe 42/Sommerausgabe 1962 („Coupé x 5", Vergleich von fünf Coupés)
- Ausgabe 47/Herbstausgabe 1963 (Die deutschen Autos: DKW)

Motor-Rundschau
- Ausgabe 18/1965 (Wir fuhren den neuen Audi)
- Ausgabe 13/1966 (Test Audi)
- Ausgabe 14/1967 (Test Audi Super 90)
- Ausgabe 15/1969 (Test Audi 100 LS)
- Ausgabe 23/1969 (Leserbefragungs-Ergebnis „Welches
- Auto gefiel Ihnen auf der IAA am besten?")
- Ausgabe 1/1970 (Wir fuhren Audi 100 Coupé)

Octane
- Ausgabe 221 vom 22. September 2021 (Portrait Hartmut Warkuß)

Oldtimer Markt
- Ausgabe 3/1986 (Kaufberatung Audi 100 Coupé S)
- Ausgabe 4/1988 („Herr der Ringe")
- Ausgabe 7/2015 („Gran Turismo aus Ingolstadt")
- Ausgabe 8/2021 („Verpackungs-Künstler", Vergleich Audi 100 Coupé S und Fiat Dino Coupé)
- Jahres-Ausgaben „Preise Klassische Autos ..." von 2000, 2004, 2007, 2010, 2012, 2014, 2016, 2023 und 2025/26

Road & Track (USA)
- Ausgabe 11/1972 (Vergleichstest Audi 100, Peugeot 504, Saab 99, Volvo 144)
- Ausgabe 5/1976 (Leserbrief „Audi Adulation")

Roller Mobil Kleinwagen
- Ausgabe 1/1960 (Vergleichstest Austin 850/Fiat 600)

Spiegel, Der
- Ausgabe 10/1965 („Die Käfer kommen")
- Ausgabe 29/1966 („Rennen um Macht")
- Ausgabe 45/1966 („Auto Union – Harte Welle")
- Ausgabe 44/1968 („Bayerischer Bruderkrieg")
- Ausgabe 49/1968 („Auto Union – am langen Zügel")
- Ausgabe 53/1971 („Der Deutsche und sein Auto")

sport auto
- Ausgabe 4/1969 (Test Audi 100 LS)
- Ausgabe 21/1970 (Neues Audi Coupé)
- Ausgabe 11/1971 (Vorstellung Audi 100 Coupé S)
- Ausgabe 2/1974 (Vergleichstest: Audi 100 Coupé S,
- Ford Capri 3000 GXL Opel Commodore GS/E Coupé)

Bücher

Meine Jahre mit Volkswagen"
von Carl Horst Hahn
Signum Verlag, München
ISBN 3-7766-8000-8

DKW Hahn
von Peter Kirchberg
Verlag Heimatland Sachsen
ISBN 978-3-910186-93-4

Das Rad der Zeit
Verlag Delius Klasing
ISBN 978-3-7688-2579-5

Audi 1965–1975
von Christian Steiger/Thomas Wirth
Heel Verlag, Königswinter
ISBN 3-89365-445-3

33 Jahre Porsche
von Peter Falk
McKlein Publishing, Köln; Edition Porsche Museum
ISBM 978-3-927458-89-5

NSU Ro 80, 50 Jahre Vorsprung durch Technik
von Klaus Arth
Delius Klasing, Bielefeld
ISBN 978-3-667-11045-9

Hartmut Warkuß
von Marco Degl'Innocenti
Reihe Car Men, Automobilia, Milano
ISBN 88-7960-130-X

Alle Audi Automobile 1910/1980
von Werner Oswald
Motorbuch Verlag, Stuttgart
ISBN 3-87943-685-1

Audi quattro
von Dirk-Michael Conradt
Delius Klasing, Edition Audi Tradition
ISBN 978-3-667-11946-9

Carrozzeria Fissore
von Paolo Fissore
Gorgio Nada Editore, Milano
ISBN 88-7911-065-9

Audi Design, zwischen Evolution und Revolution
von Prof. Dr. Othmar Wickenheiser
Delius Klasing, Bielefeld
ISBN 978-3-7688-3751-4

Audi-Werkspublikationen

Audi-Pressetexte
- Geschäftsbericht 1964 der Auto Union GmbH
- Geschäftsbericht 1965 der Auto Union GmbH
- Geschäftsbericht 1966 der Auto Union GmbH
- Audi 100, Technik-Beschreibung von 1969
- Audi 100 Coupé, Presse-Broschüre zur IAA im September 1969
- Aktuelle Umschau – Interne Nachrichten für unsere
- Geschäftsfreunde, Ausgabe 9/1969
- „Audi bei der IAA" vom September 1975
- „Das neue Audi Coupé" vom November 1988
- „Das Audi Coupé" vom Juli 1989
- „Geschichte der Motorenentwicklung: Audi seit 1965" vom 11. Juni 2007

Betriebsanleitungen
- Audi Coupé, Ausgabe Juli 1970
- Audi 100, Ausgabe März 1972
- Audi 100 Coupé S, Ausgabe Februar 1973
- Audi 100 Coupé S, Ausgabe August 1975

Sonstiges

VDA-Datenblätter DKW F 102 und Audi

Porsche-Dokumentation F/E vom 25. November 1988 (Untersuchungen im Porsche-Windkanal (MZA) am Porsche 904 Carrera GTS)

Links

www.crayfordconvertibleclub.com

www.kuladig.de
(Geschichte der Karl Deutsch GmbH)

Bildquellenverzeichnis

Audi Tradition
Seiten 3, 6, 8, 9, 11, 12, 14, 16, 18–20, 31–34, 36–42, 44–47, 49–57, 59–65, 70, 76, 79, 85–89, 92–95, 99, 102, 104, 106–110, 112–121, 123–127, 129–131, 133–142, 144–151, 154–157, 159–162, 164–176, 178–188, 190–194, 196, 204, 214, 223–232, 248

Mercedes-Benz Classic
Seiten 28, 46, 47, 73, 75, 83, 86, 94, 107, 110

Unternehmensarchiv Porsche AG
Seiten 9, 11, 78, 198, 199–203, 216–222

Unternehmensarchiv Volkswagen AG
Seiten 8, 25, 41, 48, 97, 193, 195, 215, 218, 219

Unternehmensarchiv Škoda
Seite 23

August Horch Museum Zwickau
Seite 23

Alfa Romeo, Centro Storico
Seiten 27, 28, 67

Autostadt GmbH
Seiten 41, 81

Opel Automobile GmbH, historisches Archiv
Seiten 43, 54

Archiv Dirk-Michael Conradt
Seiten 7, 9, 10, 13–17, 19, 21, 23–31, 39, 41, 43, 44, 47, 48, 51, 53, 54, 56, 58, 60, 62–64, 66, 68–72, 74–77, 80, 82–85, 91, 96, 98, 100, 101, 103, 105, 108, 111, 117, 118, 121, 122, 127–129, 132, 143, 145, 152, 153, 157, 158, 177, 189, 190, 192, 197, 200, 205–209, 211, 212, 219, 223

Archiv Hermann Ries
Seiten 143, 144

Adobe Stock
Seiten 6/7, 12/13, 20/21, 34/35, 50/51, 72/73, 104/105, 130/131, 149/150, 156/157, 162/163, 170/171, 198/199, 204/205, 214/215, 232/233

Anmerkung zu einigen der in dieser 100 Coupé S-Chronik erwähnten Audi-Protagonisten:
Aus Gründen der seit 2018 erweiterten Datenschutz-bestimmungen war es leider nicht möglich, persönliche Daten von ALLEN quattro-Akteuren zu ermitteln – insbesondere von solchen Persönlichkeiten, die nicht mehr für die Audi AG tätig sind. Wir bitten um Verständnis für dieses Defizit.

Impressum

Herausgeber
Auto Union GmbH
Auto-Union-Str. 1
85057 Ingolstadt
www.audi.de/tradition

Texte
Dirk-Michael Conradt

Lektorat
Dirk-Michael Conradt
Ralf Friese

Gestaltung
ö_konzept Zwickau
Sven Rahnefeld

Druck
Print Consult, München
Printed in Poland

Delius Klasing Verlag GmbH
Siekerwall 21
33602 Bielefeld
Tel. 0521 / 559-0
Fax 0521 / 559-115
info@delius-klasing.de
www.delius-klasing.de

Bibliografische Information der Deutschen Nationalbibliothek
Die Deutsche Nationalbibliothek verzeichnet diese Publikation in der Deutschen Nationalbibliografie; detaillierte bibliografische Daten sind im Internet über http://dnb.dnb.de abrufbar.

1. Auflage
ISBN 978-3-667-12975-8